专利开放许可制度
实施机制研究

Research on the Enforcement Mechanism of
Patent Open License Regime

 刘 强 著

知识产权出版社

全国百佳图书出版单位

——北京——

图书在版编目（CIP）数据

专利开放许可制度实施机制研究 / 刘强著 . —北京：
知识产权出版社，2023.8
ISBN 978-7-5130-8829-9

Ⅰ . ①专…　Ⅱ . ①刘…　Ⅲ . ①专利制度—研究—中国
Ⅳ . ① D923.424

中国国家版本馆 CIP 数据核字（2023）第 134691 号

责任编辑：罗　慧　　　　　　　　　责任校对：潘凤越
封面设计：乾达文化　　　　　　　　责任印制：刘译文

专利开放许可制度实施机制研究

刘　强　著

出版发行：知识产权出版社有限责任公司		网　　址：http：//www.ipph.cn	
社　　址：北京市海淀区气象路 50 号院		邮　　编：100081	
责编电话：010-82000860 转 8343		责编邮箱：lhy734@126.com	
发行电话：010-82000860 转 8101/8102		发行传真：010-82000893/82005070/82000270	
印　　刷：天津嘉恒印务有限公司		经　　销：新华书店、各大网上书店及相关专业书店	
开　　本：720mm×1000mm　1/16		印　　张：24.75	
版　　次：2023 年 8 月第 1 版		印　　次：2023 年 8 月第 1 次印刷	
字　　数：404 千字		定　　价：128.00 元	
ISBN 978-7-5130-8829-9			

本书为国家社会科学基金项目"专利开放许可制度实施机制研究"（21BFX199）资助成果。

目　录

绪　论

2020 年全国人民代表大会常务委员会（以下简称全国人大常委会）通过的《中华人民共和国专利法》（以下简称《专利法》）第四次修改建立了专利开放许可制度。依据该项制度，专利权人自愿向国家知识产权局提交专利开放许可声明，国家知识产权局将专利开放许可声明向社会公众公开发布，被许可人可以向专利权人发出通知并缴纳许可费，从而获得专利开放许可实施权，对专利技术进行实施。我国专利开放许可制度的建立，构建了一种新型专利许可模式，对进一步完善我国专利制度，丰富我国专利许可规则体系，减少专利许可领域交易成本，促进专利许可和实施活动，能够发挥重要的推动作用。专利开放许可制度规则的建立，为该项制度的有效实施提供了较好的规则基础。专利开放许可制度实施机制的合理构建将为该项制度充分实施并体现应有作用提供更有效的机制保障。在《专利法》制度框架下，专利许可传统上主要包括专利自愿许可和专利强制许可两种类型，专利开放许可制度的引入将原有的专利许可"二元"结构拓展为"三元"结构，使专利许可的制度类型得到发展，专利许可制度的构造得到进一步优化，有助于专利权人和被许可人选择最适合于专利实施主体和专利实施对象特点的许可模式，从而弥补原有两种专利许可类型的缺失和不足。专利许可对专利实施转化和实现经济价值有重要作用，专利开放许可制度将推动专利交易和转化实施，促进市场主体专利运营能力的提升，为相关专利权人和中介服务机构拓展业务类型提供更为充分的制度保障。

我国知识产权强国建设规划为包括专利开放许可制度在内的专利制度规则的实施提供了有力的战略引领。2021 年，《知识产权强国建设纲要（2021—

2035 年）》提出到 2025 年的发展目标包括"专利密集型产业增加值占 GDP 比重达到 13%，版权产业增加值占 GDP 比重达到 7.5%，知识产权使用费年进出口总额达到 3500 亿元，每万人口高价值发明专利拥有量达到 12 件（上述指标均为预期性指标）"，由此突出知识产权对经济发展的重要贡献和其市场价值的充分实现，在知识产权产品生产制造和知识产权许可转化等方面提出了较为明确的发展目标。其中，知识产权使用费主要为包括专利许可在内的知识产权许可交易所产生的经济收益，对该项费用国际贸易进出口总额提出较为具体的预期指标，体现了对知识产权转移和运用活动的重视。不仅如此，对专利密集型产业和版权产业增加值而言，也会有相当一部分体现在专利许可或者版权许可使用费中。在高价值发明专利的评价指标中，虽然未明确提及专利许可因素，但是也将"质押融资"等专利商业化实施作为重要内容。2021 年，《"十四五"国家知识产权保护和运用规划》提出，"建立完善专利开放许可制度和运行机制"，为专利开放许可制度实施机制的进一步构建和完善提出总体要求。为此，专利开放许可制度实施有必要围绕提升专利权的市场价值和经济效益而开展，以此为目标进行相应实施机制规则的构建和运行。

我国专利制度实施已将近四十年，专利事业取得了很大发展。但是，其中一个较为受人诟病的问题是专利实施转化率较低，很多专利处于"沉睡"状态而并未体现其应有的价值。有不少专利申请目的并不在于转化实施，而是其他非市场目的，偏离了专利制度本身应当具有的经济激励的价值目标，并且造成行政管理成本和其他社会成本的消耗和浪费。我国专利转化实施率较低，究其原因，既有专利权本身是否具有市场前景的问题，也有专利权人对专利技术进行商品化和市场化能力的问题，另一个不可忽视的原因是专利许可交易成本较高的问题。在专利行政管理部门对专利许可的介入程度方面，专利自愿许可和专利强制许可处于光谱的两端。但是，在上述两种许可模式适用专利权对象之间还存在需要专利行政管理部门中等程度介入的专利许可类型，对此专门设立新型专利许可模式将有利于实现交易成本问题解决路径的优化。专利开放许可制度能够对专利许可制度规则体系原有不足给予相当程度的弥补。在专利开放许可制度实施过程中，需要对相应实施机制进行合理构建。这一方面能够充分发挥专利开放许可制度的优势和特点，并使该项制度与其他相关制度更好地衔接和契合，实现该项制度应有的效益；另一方面能够克服该项制度规则中可能存在的不足，特别是解决与我国专利实施活动和市场主体特点可能出现的偏差和不适应之处，从而避免可能产生的负面效应。

对我国专利制度来说，专利开放许可制度是"舶来品"，主要借鉴了英国、德国等国家已经建立多年的相应制度规则。其他国家专利开放许可制度的法律规则和实施指南为我国专利开放许可制度规则的制定提供了参考，也能够为我国该项制度实施机制的构建和运行提供域外经验。我国专利开放许可制度的主要价值目标和规则特点与其他相关国家相应制度有相同之处，但是在具体实施机制方面也存在较为显著的差异。总体而言，我国专利开放许可制度的特殊之处是为了适应我国专利许可交易活动的特点，并在此基础上更为有效地推动专利许可交易行为而制定的。从自愿性和法定性两个角度而言，我国专利开放许可制度在自愿性规则方面意思自治程度更强，在法定性规则方面强制程度也更为显著，体现了较为两极化的特点，彰显了该项制度规则的内部张力。专利开放许可制度的实施，能够为该项制度今后的进一步发展和完善提供现实基础，在拓展该项制度适用对象范围等方面提供更好的依据。我国专利开放许可制度可能在某些方面灵活性体现不足，在专利行政管理部门介入程度方面相对较为保守，在相关纠纷解决机制等方面有待深化，但在借鉴其他国家制度经验的基础上，我国专利开放许可制度能够发挥后发优势，使其在实施方面产生更为积极的效果。

为合理构建我国专利开放许可制度实施机制，有必要从理论、制度和实践层面进行探讨，辨析相关法律概念，分析其定位、属性和特征；解读其基本框架和立法简要历程，对其遵循的法律原则进行探讨；分析专利开放许可声明问题、专利开放许可制度管理机制和激励机制问题；探讨专利开放许可实施纠纷解决机制问题；对特定领域专利开放许可制度实施机制进行构建。由此，以期通过相关研究，促进专利开放许可制度实施机制的合理构建和有效运用，充分发挥专利开放许可的制度效益，推进我国专利制度的发展和专利许可活动的实施，为我国知识产权强国建设和知识产权制度的完善作出贡献。

第一章　专利开放许可制度实施机制理论问题

第一节　专利开放许可制度实施机制概念辨析

一、专利开放许可制度实施机制的概念

专利开放许可制度实施机制的基本概念和功能问题是对该机制进行研究的基础问题。专利开放许可制度实施机制的概念是专利开放许可制度、法律实施机制等概念相互结合而成的，是在专利制度及其实施机制中将其合理定位的基础要素。法律实施是特定法律制度建立以后，为促进其价值目标的有效实现，对其制度规则予以贯彻落实，使其功能有效实现并发挥其有益效果的过程。《现代汉语词典》(第7版)将"实施"的含义界定为"实行(法令、政策等)"[1]。这意味通过"实施"能够使某事物产生相应的实际效果，其中对法律或者政策实施而言可能会产生"实施细则"等具体制度规则。在英文中，有"enforcement""implementation"等多个术语与法律制度领域的"实施"概念相关。[2] 在较为普遍意义上，法律制度实施主要是法律制度理念、原则和规则在社会中得到实现和适用。[3] 在法律制度制定以后，法律实施将成为重点关注的问题，通过法律实施能够使法律规范产生实际效果，参与法律实施各主体依据法律规则从事法律行为、构建法律关系、产生权利义务并实现社会资源的有序配置。[4]《现代汉语词典》(第7版)对"机制"的解释是："①机器的构造和工

---

[1]　现代汉语词典［M］.7版.北京：商务印书馆，2016：1186.

[2]　饶戈平.国际组织与国际法实施机制的发展［M］.北京：北京大学出版社，2013：4.

[3]　何治中.反垄断法实施的反垄断——论中国反垄断法的私人执行［J］.南京师大学报（社会科学版），2010（5）：24-30.

[4]　李俊峰.法律实施中的私人监督——"罚款分享"制度的经验与启示［J］.社会科学，2008（6）：103-110，191.

作原理，如计算机的机制。②机体的构造、功能和相互关系，如动脉硬化的机制。③指某些自然现象的物理、化学规律，如优选法中优化对象的机制。‖也叫机理。④泛指一个工作系统的组织或部分之间相互作用的过程和方式：市场～|竞争～"❶。根据该定义，"机制"一词既指构成某项事物的各个组成部分，由此形成空间上或者观念上的结构，也指各个组成部门之间的相互运作关系及其所蕴含的规律和动力。有学者认为："法律实施机制是法律实施过程中诸要素和环节的构成方式及运作方式的总和，也即法律实施过程推动法律由应然效力转化为实然效力的各种法律手段之相互联系。"❷在法律制度的实施机制中，既包含组成该项法律制度及其实施机制的各项要素，也包括各项要素之间相互所处位置关系及其互动关系。从功能和效果方面来看，法律制度实施机制发挥着将形式上的法律制度向实质上的法律运行过程和法律运行效力转化的作用。法律制度只有通过相应的实施机制加以转化和运用，才能使其不停留在法律文本和纸面上，而且能够产生立法者和社会公众预期的实际效果。在法律制度实施机制中，涉及如何有效地构建该机制的各组成部分，包括主体要素、客体要素、内容要素等法律关系所涉及的诸多方面有效地进行法律资源配置，从而为形成良好的法律实施机制提供保障。在此基础上，该机制应当促使相应实施主体积极而充分地参与法律实施活动，并发挥其他要素的功能，实现应有的法律效果。法律实施机制是围绕实现法律的宗旨和价值目标建立和运行的。作为一项法律制度的实施机制，专利开放许可制度实施机制是专利开放许可制度和法律实施机制共同作用及结合发展的产物。

本书所称专利开放许可制度实施机制，是指在专利开放许可制度实施中使该制度实现功能的各项要素的集合，包括各项要素的组成模式以及在运行过程中产生效果的方式。其中，专利开放许可是指由专利权人向国家知识产权局提交专利开放许可声明，国家知识产权局将该声明向社会公众发布，被许可人通过向专利权人发出实施该专利权的通知并支付许可费，由此获得专利实施权并对专利技术进行实施的专利许可模式。专利开放许可制度在《专利法》中的确立是该项制度实施机制的规则前提，并为实施机制的建立和运

❶　现代汉语词典［M］.7 版.北京：商务印书馆，2016：600.
❷　肖北庚.WTO《政府采购协定》之实施机制［J］.现代法学，2002（6）：74–79.

行构建了基本框架。法律制度整体实施机制是专利开放许可制度实施机制所能够依托和运用的法律资源和其他相关资源，包括在法律制度运行中所能够利用（除立法以外）的行政资源、司法资源和相应的机制资源。作为《专利法》建立的一项新制度，专利开放许可制度实施机制的合理构建和有效运行对促进该项制度的顺利实施，并产生促进科学技术进步和经济社会发展的效果具有重要意义。关于专利开放许可制度实施机制含义的界定，可以从以下方面进行解读：一是专利开放许可制度实施机制围绕该项法律制度得到建立，其目标是使该项制度能够从纸面上的法律条款转变为现实中的法律活动，并产生预期的法律效果和经济效果。二是专利开放许可制度实施机制具有多元化的特点，是由不同部分共同组成，并且在实施过程中相互作用和相互配合。三是专利开放许可制度实施机制不同组成部分及其相互作用对机制构建和有效运行将起到非常重要的作用，也关系到专利开放许可制度能否得到顺利实施并发挥应有作用。

专利开放许可制度是专利制度的组成部分，因此专利开放许可制度实施机制应当是在专利制度实施机制框架下构建，其目标应当是通过专利开放许可制度的有效实施促进专利制度的充分实施和价值目标的实现。❶在专利开放许可制度实施机制中，相应的措施和手段既包括法律层面的措施，这是各项措施的核心内容；也包括行政层面和市场层面的措施，它们围绕法律措施发挥作用。专利开放许可制度实施机制可以分为相应的子系统，或称子机制。表1为专利开放许可制度实施机制的主要构成部分，可以分为核心机制和配套机制。其中，核心机制是每项专利开放许可行为均会涉及的机制构成部分，也是专利开放许可制度实施必不可少的要素。配套机制是部分专利开放许可行为可能会使用的机制构成部分，对当事人能够起到重要的辅助作用。专利开放许可制度的核心机制和配套机制为《专利法》中明确规定的内容，尚不包括《专利法实施细则》《专利审查指南》的相关内容。在《专利法》第四次修改的基础上，2020年11月国家知识产权局发布《专利法实施细则修改建议（征求意见稿）》（以下《专利法实施细则修改建议（征求意见稿）》均为

---

❶ 杨德桥. 专利契约论及其在专利制度中的实施机制［J］. 理论月刊, 2016（6）: 86–92; 曹源. 论专利当然许可［M］// 易继明. 私法: 第14辑第1卷. 武汉: 华中科技大学出版社, 2017: 128–259.

此版本）❶，2021 年 8 月国家知识产权局发布《专利审查指南修改草案（征求意见稿）》（以下《专利审查指南修改草案（征求意见稿）》均为此版本）❷，之后2022 年 10 月国家知识产权局发布《专利审查指南修改草案（再次征求意见稿）》❸，上述征求意见稿对专利开放许可规则作出进一步规定，相关配套机制在表 2 中有相应体现。2021 年 6 月国家知识产权局制定了《专利开放许可声明》和《撤回专利开放许可声明》模板表格❹，2022 年 5 月国家知识产权局发布了《专利开放许可试点工作方案》❺，推进专利开放许可制度实施相关工作。在专利开放许可制度实施相关主体方面，包括专利权人和被许可人等当事人，以及国家知识产权局和人民法院等公权力部门。

表 1 专利开放许可制度实施机制主要构成部分

核心机制	①专利权人向国家知识产权局提交专利开放许可声明； ②国家知识产权局向社会公众公布专利开放许可声明； ③被许可人向专利权人发出实施专利的通知并支付许可费； ④国家知识产权局给予专利权人年费减免
配套机制	⑤专利权人提供实用新型和外观设计专利权评价报告； ⑥专利权人撤回专利开放许可声明； ⑦国家知识产权局调解纠纷或者人民法院裁判纠纷； ⑧专利权人与被许可人另行达成专利普通许可合同

表 2 为专利开放许可制度实施机制分类表。以专利开放许可制度实施机制在程序方面的展开为线索，按照该实施机制的总体类型划分，主要包括专利开放许可制度常规实施机制、专利开放许可制度管理机制、专利开放许可制度激

---

❶　国家知识产权局 . 关于就《专利法实施细则修改建议（征求意见稿）》公开征求意见的通知［EB/OL］.（2020–11–27）［2021–11–26］.https：//www.cnipa.gov.cn/art/2020/11/27/art_75_155294.html.

❷　国家知识产权局 . 关于就《专利审查指南修改草案（征求意见稿）》公开征求意见的通知［EB/OL］.（2020–08–03）［2021–12–04］.https：//www.cnipa.gov.cn/art/2021/8/3/art_75_166474.html.

❸　国家知识产权局 . 关于就《专利审查指南修改草案（再次征求意见稿）》公开征求意见的通知［EB/OL］.（2022–10–31）［2023–03–20］.https：//www.cnipa.gov.cn/art/2022/10/31/art_75_180016.html.

❹　2021 年 6 月，国家知识产权局发布了这两份模板表格，并于 2023 年 1 月发布新版模板表格。国家知识产权局 ."与专利实施许可合同相关"的表格下载［EB/OL］.（2021–06–01，2023–01–11）［2023–2–20］.https：//www.cnipa.gov.cn/col/col187/index. html.

❺　2022 年 5 月，国家知识产权局在部分省市开展专利开放许可试点工作。国家知识产权局办公室 . 关于印发专利开放许可试点工作方案的通知（国知办函运字〔2022〕448 号）［EB/OL］.（2022–05–17）［2022–05–20］.https：//www.cnipa.gov.cn/art/2022/5/17/art_75_175617.html.

励机制和专利开放许可纠纷解决机制等方面。❶ 其中，专利开放许可制度常规实施机制包括专利开放许可声明机制和专利开放许可实施机制。专利开放许可声明机制包括专利权人对专利开放许可声明提交和撤回机制、专利行政管理部门对专利开放许可声明审查和发布机制等；专利开放许可实施机制包括被许可人向专利权人发出实施通知机制、专利开放许可费认定及支付机制、专利开放许可实施活动监督检查机制等。专利开放许可制度管理机制包括专利开放许可集中发布机制和专利开放许可合同备案机制。专利开放许可制度激励机制包括专利开放许可年费减免机制。专利开放许可纠纷解决机制包括当事人纠纷协商机制、专利行政管理部门纠纷调解机制和司法机关纠纷裁决机制。按照公私主体类型划分，主要包括民事主体权利实现机制和公权力机关职权行使机制。专利开放许可民事主体权利包括专利权人的专利开放许可声明提交权和被许可人的专利开放许可实施权等，专利开放许可公权力机关职权包括专利行政管理部门专利开放许可纠纷调解权、司法机关专利开放许可纠纷裁判权等。按照专利开放许可主体划分，可以分为职务发明专利开放许可实施机制、非职务发明专利开放许可实施机制，前者包括企业、高等学校和科研院所三种类型主体专利开放许可实施机制，后者主要是个人专利开放许可实施机制。按照专利开放许可技术领域划分，可以分为普通技术专利开放许可实施机制和特定技术领域专利开放许可实施机制，前者包括独立型技术专利开放许可实施机制和集成型技术专利开放许可实施机制，后者包括公共利益领域专利开放许可实施机制、国防专利开放许可实施机制、研究工具专利开放许可实施机制。以上从不同角度对专利开放许可制度实施机制的分类，可以分别形成相应的实施机制内容。

---

❶ 特定法律制度的实施机制通常是由多种方式或者途径共同发挥作用得到实现的，除常规工作机制以外还包括激励机制、监督机制、约束机制等各组成部分。王彬辉.加拿大环境法律实施机制研究[M].北京：中国人民大学出版社，2014：14.

表 2　专利开放许可制度实施机制分类

按照实施机制总体类型划分	专利开放许可常规实施机制	专利开放许可声明机制	专利开放许可声明提交和撤回机制
			专利开放许可声明审查和发布机制
		专利开放许可实施机制	被许可人向专利权人发出实施通知机制
			专利开放许可费认定及支付机制
按照实施机制总体类型划分	专利开放许可常规实施机制	专利开放许可实施机制	专利开放许可实施活动监督检查机制
	专利开放许可管理机制	专利开放许可集中发布机制	
		专利开放许可合同备案机制	
	专利开放许可激励机制	专利开放许可年费减免机制	
	专利开放许可纠纷解决机制	当事人纠纷协商机制	
		专利行政管理部门纠纷调解机制	
		司法机关纠纷裁决机制	
按照公私主体类型划分	民事主体权利实现机制	专利权人专利开放许可声明提交权行使机制	
		被许可人专利开放许可实施权行使机制	
	公权力机关职权行使机制	专利行政管理部门专利开放许可纠纷调解机制	
		司法机关专利开放许可纠纷裁判机制	
按照专利权人主体类型划分	职务发明专利开放许可实施机制	企业专利开放许可实施机制	
		高等学校专利开放许可实施机制	
		科研院所专利开放许可实施机制	
	非职务发明专利开放许可实施机制	个人专利开放许可实施机制	
按照专利技术领域划分	普通技术领域专利开放许可实施机制	独立型技术专利开放许可实施机制	
		集成型技术专利开放许可实施机制	
	特定技术领域专利开放许可实施机制	公共利益领域专利开放许可实施机制	
		国防专利开放许可实施机制	
		研究工具专利开放许可实施机制	

专利开放许可制度实施与专利开放许可实施是两个具有包含关系的概念，专利开放许可实施是指被许可人依据专利开放许可对专利技术进行实施的活动，这是被包含在专利开放许可制度实施的含义范围内的。专利开放许可制度实施概念的外延更为广泛，除专利开放许可实施以外，还包括专利开放许可声明发布及撤回、专利开放许可纠纷解决、专利年费减免等多项实施内容。因此，在专利开放许可常规实施机制中，是将专利开放许可实施机制纳入其中作为重要组成部分的。从功能角度来说，专利开放许可声明机制具有启动和终止专利开放许可活动的作用，并且能够协助确定当事人权利义务；专利开放许可实施机制是专利开放许可价值实现的重要保障，在使技术产生实施效果和促进专利市场价值实现方面将发挥独特作用。

明确专利开放许可制度实施机制的含义并对其合理构建和运用，有三个方面的重要意义。首先，有助于促进专利开放许可制度得到更好实施。法律制度的生命在于实施，不能得到实施或者得到良好实施的法律制度将不能实现法律制定的目的。法律实施机制对法律制度实际效果的产生与制度规则的完善有重要作用，"法律实施的目的在于使法律发生所规定之效力，使社会关系向其预设的方向发展，使法律的一定社会目的或社会功能获得实现"❶。专利开放许可制度得到良好实施，一方面能充分发挥其正面功能，另一方面能够防止其实施效果走向制度价值目标的反面或者产生制度异化问题。❷ 其次，能够促进专利开放许可制度进一步得到完善。专利开放许可制度实施机制使专利开放许可制度的内涵得到发展和丰富，也能够探索专利开放许可制度与其他法律制度或者其他制度规范的契合之处。在专利开放许可制度实施机制运行中，可以发现专利开放许可制度可能存在某些方面的缺失或者不足，以及该项制度可能产生的负面影响，从而为制度规则的发展提供现实依据。同时，通过专利开放许可制度实施机制的完善，也能够防止该项制度被异化，避免被特定个人用作逐利工具。最后，有助于专利制度目标得到更好实现。专利开放许可制度的重要价值目标是促进专利许可，并由此激励专利转化实施，从而推动技术创新和经济社会发

---

❶ 王红霞.论法律实施的一般特性与基本原则——基于法理思维和实践理性的分析［J］.法制与社会发展，2018，24（4）：167–189.

❷ 张扬欢.责任规则视角下的专利开放许可制度［J］.清华法学，2019，13（5）：186–208.

展。法律制度规则本身不能单独产生效益，必须通过实施机制的构建和运行产生相应的经济效益和社会效益，鼓励人们投入资源加入该项制度的实施，并使其在成本效益对比方面实现效益最大化。因此，专利开放许可制度实施机制能否得到合理构建将在很大程度上决定该项制度的正当性和适应性，并为制度发展提供动力。

二、专利开放许可制度实施机制与相关概念的区别和联系

从法律概念角度来说，"许可"是指权利人允许对方实施一定行为，并且放弃本可以提起诉讼的权利。❶《布莱克法律词典》（第 11 版）对"许可"（license）含义的一种解释为："对实施特定行为的允许，该行为未经许可是违法的，这一允许通常是可以被撤销的"❷。该概念认为许可是对违法行为给予授权的活动，并且许可是可以基于法定或者约定事由被撤销的。《韦氏法律词典》认为对"许可"的解释之一是"著作权人或者专利权人向他人授予著作权或者专利权人的权利内容，并且该项授权弱于将所有权利内容转让"❸。该解释是针对知识产权许可而言的，并且将许可行为与转让行为对权利归属影响程度进行了对比。《元照英美法词典》将"专利许可"解释为"license"中的"许可证"的一种典型例子，认为："专利权所有人允许他人在规定地区或时间内制造、使用或销售其专利产品的许可并给予的书面许可证。专利使用许可的效力次于专利转让。"❹该定义对专利许可给予专门解释，认为专利许可是专利权人给予被许可人允许其实施专利的承诺，并且对专利许可与专利转让的法律效力进行比较。在专利领域，专利权人有权禁止未经许可的实施行为，在授予许可后承诺不提起侵权诉讼。❺专利许可是专利权人与期望获得专利实施权的第三方之间的协议，专利

---

❶　马忠法. 国际技术转让法律制度理论与实务研究［M］. 北京：法律出版社，2007：289.

❷　Garner B A. Black's Law Dictionary［M］.11th ed. Thomson Reuters, 2019: 1104. 该词典对 license 含义进行解释时，特别举例许可他人进入权利人的土地。

❸　梅里亚姆 – 韦伯斯特公司. 韦氏法律词典［M］. 北京：中国法制出版社，2014：290.

❹　薛波. 元照英美法词典［M］. 北京：北京大学出版社，2014：846.

❺　世界知识产权组织. 世界知识产权组织知识产权指南：政策、法律及应用［M］. 北京大学国际知识产权研究中心，译. 北京：知识产权出版社，2012：140.

权人承诺不会针对被许可方主张维护其排他权。[1] 由此可见，专利权人以许可形式放弃对专利实施者主张追究其侵权责任的权利，是以获得专利许可费或者其他方面商业利益为对价的。专利许可费等经济收益成为通过专利制度给予权利人财产回报的重要方式，对实现专利制度的激励功能具有重要作用。[2] 在美国专利案件中，法院曾将技术使用费界定为："被许可方为使用许可方的专利发明向许可方支付的补偿。"[3] 专利许可是专利权人允许他人在一定条件下实施前者本有权禁止的特定技术使用行为的承诺，并且对方不会遭到侵权诉讼。[4] 专利许可是专利权人获得经济利益的重要路径和法律手段，权利人可以通过授权他人实施专利技术构建市场或者技术合作关系。[5] 被许可人向专利权人支付许可费是为获取专利实施权而付出的对价，专利权源于使用、授权使用或排除他人使用该对象的权利。[6] 专利许可费成为专利独占权在经济上的一种体现，"由此产生的权利包括利用知识产权赚取收入的权利，以及许可或转让知识产权权益的权利"[7]。被许可人在获得专利许可后，可以免除专利侵权风险并获得较为稳定的预期，有利于鼓励其投入更多资源对专利产品进行后续研发及实施。[8] 被许可人需要承担支付专利许可费的经济成本，但是可以免除专利技术研发成本和回避研发风险，因而获得专利许可能够使其更为快速地获得专利实施的技术

[1] ［美］兰宁·G. 布莱尔，［美］斯科特·J. 莱布森，［美］马修·D. 阿斯贝尔. 21 世纪企业知识产权运营［M］. 韩旭，方勇，曲丹，等译. 北京：知识产权出版社，2020：113.

[2] 李晓秋. 专利许可的基本原理与实务操作［M］. 北京：国防工业出版社，2018：25-27.［法］多米尼克·格莱克，［德］鲁诺·范·波斯特斯伯格. 欧洲专利制度经济学——创新与竞争的知识产权政策［M］. 张南，译. 北京：知识产权出版社，2016：79-80.

[3] 徐红菊. 专利权战略学［M］. 北京：法律出版社，2009：110.

[4] Poltorak A I, Lerner P J. Essentials of Licensing Intellectual Property［M］. Hoboken：John Wiley & Sons, Inc., 2004：1.

[5] Taubman A, Wager H, Watal J. A Handbook on the WTO TRIPS Agreement［M］. 2nd ed. Cambridge：Cambridge University Press, 2020：1.

[6] George A. Constructing Intellectual Property［M］. Cambridge：Cambridge University Press, 2012：146.

[7] George A. Constructing Intellectual Property［M］. Cambridge：Cambridge University Press, 2012：146.

[8] Brougher J T. Intellectual Property and Health Technologies：Balancing Innovation and the Publics Health［M］. New York：Springer Science+Business Media, 2014：41.

信息和法律保障。❶从经济角度来说，专利许可是专利权人与被许可人就专利技术成果及相应经济资源进行配置的一种法律表现形式，能够使智力资源和经济资源通过交易向利用效率更高的主体或者技术领域进行配置。❷通过专利许可制度安排促进资源的有效配置，将为经济效益的实现和增长提供较好的法律规则保障。

关于"专利许可"的含义，可以从两个角度加以理解，分别属于单方法律行为和双方法律行为的范畴。第一种理解为，专利许可是专利权人允许对方实施专利技术并放弃对其起诉专利侵权的承诺。❸这属于单方法律行为，只要专利权人作出同意授予专利许可的意思表示即可产生法律效力，不以专利技术实施者作出相应的意思表示或者给予专利许可费回报作为成立要件。在英国知识产权局《专利实务指南》(以下简称英国《专利实务指南》)中，对专利开放许可制度实施相应规则作出规定。❹其中，该指南第46.05节对专利许可作出的规定为："专利所有者允许作为另一主体的被许可人，从事专利所有者有权实施的特定行为，以防止任何人未经专利所有者的同意从事该行为。"该界定是从专利权人单方面意思表示的角度作出的，在产生法律效力的条件方面较为单纯，但是该行为是否能够产生法律约束力则会存在疑问。从法律行为效力角度来说，专利权人单方面作出专利许可意思表示应当具有法律约束力，才能成为民事行为。在合同订立过程中，要约不能单独产生法律约束力和可执行力，因此不能作为民事法律行为。❺法律行为的约束力可能并非即时产生和单独成立，有可能是在具备其他条件后产生效力的。对专利许可的第二种理解为，该行为是专利权人与被许可人达成的关于实施专利权的协议。在此情况下，需要双方意思表示一致才能产生法律效力。《专利法》第12条对专利实施许可合同的规定体现了双方法律行为的特点，在此基础上还具备有偿性和双务性。在《中华人民共和

---

❶ Knight H J. Patent Strategy For Researchers and Research Managers［M］. 3rd ed. Chichester：John Wiley & Sons，Ltd.，2013：72–73.

❷ 崔建远. 合同法总论：上卷［M］.2版. 北京：中国人民大学出版社，2011：25.

❸ 此处"承诺"并非合同订立要约和承诺中的后者，而是一种对法律行为效果的认可。

❹ United Kingdom Intellectual Property Office. Manual of Patent Practice Section［EB/OL］.（2022–10–03）［2022–12–20］.https：//www.gov.uk/guidance/manual-of-patent-practice-mopp.

❺ 王利明. 合同法：上册［M］.2版. 北京：中国人民大学出版社，2021：69.

国民法典》(以下简称《民法典》)技术合同章中还要求技术合同具备书面形式，这是对包括专利许可合同在内的技术合同具有双务合同属性的体现。❶ 将专利许可归属为双方法律行为，可以使专利权人和被许可人的合意形成更为明确，权利义务内容更为确定，并且在纠纷解决方面也更有保障。在专利开放许可中，应当将专利开放许可作为双方法律行为看待，使专利许可的属性定位得到更为充分的依据。

专利开放许可制度实施机制与专利开放许可制度之间有联系和区别。专利开放许可制度的概念有狭义与广义两个层面。在狭义层面，专利开放许可制度是以《专利法》为代表的专利法律制度中关于专利开放许可的法律规范，包括私法性规范与公法性规范两种类型。私法性规范主要调整开放许可专利权人与被许可人之间的基于民事交易活动而产生的法律关系，当事人之间的法律地位具有私人性和平等性；公法性规范则主要涉及专利行政部门对专利开放许可活动的管理和执法活动，行政部门与行政管理执法对象之间的法律地位具有公共性和隶属性。❷ 在广义层面，专利开放许可制度实施机制能够将该项制度从静态的法律规则转变为动态的法律活动。狭义的专利开放许可制度与专利开放许可制度实施机制共同组成广义的专利开放许可制度，使其成为既具有法律规则，也具有现实法律行为的制度体系和行为体系。专利开放许可制度若脱离了相应的实施机制，将会是抽象的和不完整的，难以在现实交易活动中得到落实。

三、专利开放许可与相关类型专利许可的异同

(一)专利开放许可与专利默示许可

从专利许可是否以专利权人明确作出许可他人实施专利的意思表示为判断依据，可以将专利许可分为明示许可和默示许可。专利开放许可具有自愿性、主动性、公示性、事前性等方面特点，专利默示许可则具有非自愿性、被动性、

---

❶ 关于专利实施许可合同是否需要具备书面形式的问题，《民法典》技术合同章与《专利法》的规定有差别。考虑到《专利法》第四次修改晚于《民法典》的制定，《专利法》属于特别法而《民法典》属于一般法，可以推论《专利法》的相应条款应当得到优先适用，这意味着专利实施许可合同不必具备书面形式。

❷ 罗莉.专利行政部门在开放许可制度中应有的职能〔J〕.法学评论，2019，37（2）：61-71.

隐蔽性和事后性的特点。❶为使专利许可符合专利权人的意愿，并且体现专利权人对是否授予他人专利许可的决定权，专利明示许可是专利许可的主流模式，而专利默示许可则主要是作为例外情况出现的。❷专利开放许可属于明示许可，专利权人有许可他人实施专利的明确意思表示，并且该意思表示公开向社会公众发布而具有公示效力。专利默示许可是在专利权人未明确表示授权专利许可的情况下，根据其先行行为或者其他意思表示推定其给予了相应专利许可的许可模式。❸专利默示许可的法理基础是对被许可人信赖利益的保护，是诚实信用原则在专利许可领域的体现。❹在认定情形方面，专利默示许可主要是在专利侵权诉讼中作为被许可人对抗专利权人诉讼请求的抗辩事由出现的。❺专利开放许可属于被许可人实施专利前给予的事前许可，而专利默示许可则需要法院在事后对其能否成立予以认定。❻对专利权人和被许可人达成专利许可是否需要具有书面形式，成为判断是否认可专利默示许可的重要依据。在专利开放许可中，专利权人作出了积极而明确的愿意许可的意思表示，应当被归属于明示许可，与专利默示许可属于两种不同类型的专利许可模式。❼专利开放许可与专利默示许可之间具有较为显著的差异性。❽专利开放许可声明内容符合专利权人的真实意思，而专利默示许可是民法上的默示法律行为在专利许可中的延伸，未必符合专利权人的真实意思。❾两者在性质上有显著差异，但是在特定场合可以相互结合共同发挥作用。

---

❶　[美]小杰伊·德雷特勒.知识产权许可：上册[M].王春燕，译.北京：清华大学出版社，2003：183.

❷　曹源.论专利当然许可[M]//易继明.私法：第14辑第1卷.武汉：华中科技大学出版社，2017：128-259；杨德桥.专利默示许可理论基础的评析与重构[J].河南财经政法大学学报，2020，35（4）：119-135.

❸　袁真富.基于侵权抗辩之专利默示许可探究[J].法学，2010（12）：108-119.

❹　马一德.专利法原理[M].北京：高等教育出版社，2021：184.

❺　袁真富.基于侵权抗辩之专利默示许可探究[J].法学，2010（12）：108-119.

❻　[美]谢尔登·W.哈尔彭，[美]克雷格·艾伦·纳德，[美]肯尼思·L.波特.美国知识产权法原理：第3版[M].宋慧献，译.北京：商务印书馆，2013：287-288.

❼　刘廷华，张雪.当然许可专利禁令救济正当性的法经济学分析[M]//李振宇.边缘法学论坛：2017年第2期.南昌：江西人民出版社，2017：24-28.

❽　李闯豪.专利默示许可制度研究[M].北京：知识产权出版社，2020：75-78；曹源.论专利当然许可[M]//易继明.私法：第14辑第1卷.武汉：华中科技大学出版社，2017：128-259.

❾　李文江.我国专利默示许可制度探析——兼论《专利法》修订草案（送审稿）第85条[J].知识产权，2015（12）：78-82.

（二）专利开放许可与专利自愿许可

专利自愿许可是专利权人与被许可人通过双向自愿协商达成许可协议，专利权人向被许可人授予在一定期间、一定地域范围和通过一定方式实施专利权的许可，由被许可人实施专利权并向专利权人支付许可费的许可方式。❶专利自愿许可是最为普遍的专利许可方式，广泛适用于各专利技术领域，被许可人实施专利权方式也呈现多样化趋势。专利自愿许可强调当事人意思自治，在是否订立专利许可合同、制定专利许可合同内容及许可条件、选择专利许可合同纠纷解决机制等方面均充分尊重当事人的意愿。❷因此，专利自愿许可合同相关制度规范体现了较为绝对的自愿性，法定性程度很低。相比较而言，专利开放许可在遵循自愿性为主的基础上，也体现了一定程度的法定性。在专利开放许可声明的发布和撤回、被许可人发出实施专利权通知和支付许可费、专利开放许可声明的生效效力和对抗效力等方面，均体现了相应的法定性。在程序管理和纠纷解决方面，专利行政部门对专利开放许可的介入程度也比专利自愿许可有较大幅度的加深。在程序管理方面，专利开放许可声明在专利权人提交后由国家知识产权局发布是必经程序，而专利自愿许可合同登记备案则并非该合同成立和生效的必备要件。在纠纷解决机制方面，专利开放许可声明纠纷调解的行政部门是国家知识产权局，而非地方专利管理专利事务的行政部门，前者在行政级别、专业化程度和权威性方面具有优势。❸由于《民法典》较为彻底地贯彻了私法自治的原则，因此专利自愿许可合同中的自愿性也会体现得更为明显。❹《专利法》对专利开放许可制度实施中的程序规定则具有更多的国家介入特点，对专利开放许可合同的达成和履行提供了保障和便利。当事人在启动专利开放许可程序方面具有意思自治空间，但是在相应法定程序开始以后则可能会受到法律规范、政府部门和对方当事人意思表示的制约，从而使公权力干

❶ 尹新天.中国专利法详解［M］.北京：知识产权出版社，2011：168.

❷ 尹新天.中国专利法详解［M］.北京：知识产权出版社，2011：168；联合国贸易与发展会议、国际贸易和可持续发展中心.TRIPS协定与发展：资料读本［M］.中华人民共和国商务部条约法律司，译.北京：中国商务出版社，2013：490.

❸ 王瑞贺.中华人民共和国专利法释义［M］.北京：法律出版社，2021：150.

❹ 穆向明.专利当然许可的理论分析与制度构建——兼评《专利法修订草案（送审稿）》的相关条款［J］.电子知识产权，2016（9）：29-35.

预的程度显著强于专利自愿许可。专利自愿许可与专利开放许可在程序上和实体上均具有契合性，而且能够较好地结合并发挥相互影响和相互促进的作用。

（三）专利开放许可与专利强制许可

专利强制许可是政府部门或者司法机关基于公共利益或者反垄断执法的需要，在未取得专利权人同意的情况下，向具备条件的主体授予实施该项专利权的许可，并由被许可人向专利权人支付相应经济补偿的许可模式。❶专利强制许可相对于专利开放许可的主要区别之处，在于前者较为显著地体现了公权力机构的意志和公共利益的需求，排斥了专利权人对授予专利许可的意志自由和决定权。❷就专利开放许可而言，具有一定程度的法定性，更为突出的特色是其占主导地位的自愿性。专利权人在是否提交专利开放许可声明、制定专利开放许可声明内容，以及撤回专利开放许可声明等方面具有决定权，专利行政管理部门应当尊重专利权人的意愿。在专利强制许可中，专利行政管理部门则有职权作出是否颁发实施许可的决定。我国《专利法》第四次修改并未引入强制专利开放许可，《专利法》第50条第1款规定专利权人基于"自愿"提交专利开放许可声明并由国家知识产权局发布，排除了部分其他国家专利法上规定的由专利行政管理部门依据职权未经专利权人同意发布专利开放许可声明的情形。因此，在我国《专利法》中，专利开放许可与专利强制许可的区分是较为明确的，基本上不存在重叠或者混淆的情形。❸专利强制许可与专利开放许可均作为《专利法》第六章规定的专利实施特别许可，体现了两者在实施条件和实施机制方面均有别于专利自愿许可，该区别特征主要在于国家知识产权局介入专利许可的程度方面。此外，专利开放许可与专利强制许可也有相协调之处。在《英国专利法》上，在专利开放许可、专利强制许可和专利自愿许可中对专利许可费的认定标准方面，三种类型专利许可相互之间有一定程度的相通之处❹，均应当体现专利权经济价值并合理分配当事人权利义务。

---

❶ 林秀芹. 中国专利强制许可制度的完善［J］. 法学研究，2006（6）：30-38.

❷ 曹源. 论专利当然许可［M］// 易继明. 私法：第14辑第1卷. 武汉：华中科技大学出版社，2017：128-259；唐蕾. 我国建立专利当然许可制度的相关问题分析——以《专利法》第四次修改草案为基础［J］. 电子知识产权，2015（11）：26-33.

❸ 李建忠. 专利当然许可制度的合理性探析（上）［J］. 电子知识产权，2017（3）：14-23.

❹ Bently L, Sherman B. Intellectual Property［M］. Oxford：Oxford University Press，2001：518.

（四）专利开放许可制度与自治型专利开放许可

《专利法》专利开放许可制度是通过法律规范建立的官方机制，而自治型专利开放许可则属于由当事人自行通过合同约定等形式进行的开放许可。前者法定性、稳定性和权威性较强，而后者则更多地体现了自治性、自发性和灵活性。[1]随着开放式创新、集成化创新等新型创新环境与模式的不断发展，相关技术领域或者产业领域的专利权人有动力将其所拥有的专利权通过一定方式并基于一定条件开放给同行业企业或者个人用户使用。由此，形成了相应创新群体内自治型开放许可的运动，并首先在版权许可领域得到应用和发展。例如，开放共享社区许可（Common Creative，简称CC）[2]、专利共享（Patent Commons）[3]、通用专利许可（General Public License，简称GPL）[4]、开源软件许可（Open Source Software Licensing）[5]、开源硬件许可（Open Source Hardware Licensing）[6]等均属于自治型开放许可。自治型专利开放许可主要基于由创新群体自行订立的，并在一定范围内为该群体内相关创新主体所遵守的开放许可协议而形成的。相应开放许可协议属于该创新群体内部的自治规范，协议内容及表现形式呈现多样化，无须经过专利行政部门的官方认可或者审核。在纠纷解决方面，自治型专利开放许可协议主要通过创新群体成员自觉履行，或者依据合同法律规范加以调整，专利行政部门通常并不介入，诉诸司法程序并由法院对此类纠纷进行裁判的情形也较少。另外，还有一种较为典型的自治型专利开放许可是技术标准公平合理非歧视（Fair, Reasonable and Non-Discrimination，以下简称

[1] 陈琼娣，黄志勇.共享经济视角下专利技术共享综述：主要模式及发展方向［J］.中国发明与专利，2022（2）：53-59.

[2] 肖尤丹.著作权文化转型与微观历史研究方法［J］.政法学刊，2009，26（2）：42-50.

[3] Hall B H, Christian H. Innovation and Diffusion of Clean/Green Technology: Can Patent Commons Help? ［J］. Journal of Environmental Economics and Management, 2013, 66（1）: 33-51.

[4] Rosen L. Open Source Licensing: Software Freedom and Intellectual Property Law［M］. Upper Saddle River: Prentice Hall PTR, 2005: 2-6.

[5] 孙阳.论专利法律制度中诚实信用原则的规范价值——以《专利法》第二十条为切入点［J］.中国政法大学学报，2021（5）：155-166.

[6] 郑友德，魏光禧.3D打印开源硬件许可问题探讨［J］.华中科技大学学报（社会科学版），2014，28（5）：71-74.

FRAND）许可。❶从主体范围来说，FRAND 许可属于一种半开放式专利开放许可，只在技术标准制定组织成员中有效，并不涵盖该组织以外的其他主体。从专利许可声明法律约束力角度，专利权人 FRAND 许可声明属于合同法意义上的要约邀请而非要约❷，不具有专利许可协议的法律约束力，仅有强制要求专利权人缔约的效力。FRAND 许可声明等自治型专利开放许可在机制理念方面与《专利法》专利开放许可制度较为契合，也能够在专利许可实务中有效地相互结合并共同发挥作用。

（五）专利开放许可与开放专利

专利开放许可制度属于向社会公众授予专利许可的官方制度，开放专利则属于专利权人放弃独占权利的自治行为。前者具有较强的示范作用和政策导向作用，后者则更多地属于专利权人的私人行为。❸开放专利可以分为狭义和广义两个范围。完全开放专利使用属于狭义的开放专利行为，广义的开放专利行为则还包括附一定条件的专利开放使用。开放专利属于专利权人较为彻底放弃专利独占权利的情形，允许社会公众自由地使用其专利技术，并且基本上不附加限制性条件或者只是象征性地附加少量限制条件。❹在新冠疫苗知识产权豁免中，主要是各国政府和相关国际组织作出承诺或者制定相应规则，向疫苗研发单位及专利权人提出要求或者给予政策鼓励，使其放弃对生产疫苗的其他企业主张专利权。❺专利权人对专利权的开放使用相当于向社会公众捐赠该项专利权，不再基于该项专利权获得许可费等经济收益，也不会通过司法诉讼等方式要求其他企业停止实施专利权，这应当属于狭义的开放专利。在新冠疫情等紧急情况下，专利权人放弃相应医药产品的知识产权有重要的经济意义和社会意义，有助于相关医药企业将药品或者疫苗作为公共产品向社会公众提供，促

---

❶ 马海生.专利许可的原则：公平、合理、无歧视许可研究［M］.北京：法律出版社，2010：11；刘运华.产业化、商品化及标准化阶段专利权经济价值分析研究［J］.南京理工大学学报（社会科学版），2018，31（5）：7-11；王晓芬.技术标准实施中专利侵权问题研究——兼论最高人民法院就张晶廷案所做出的再审民事判决书［J］.电子知识产权，2016（6）：84-92.

❷ 管育鹰.标准必要专利权人的 FRAND 声明之法律性质探析［J］.环球法律评论，2019，41（3）：5-18.

❸ 周建军.构建"发展"导向的知识产权制度［J］.上海对外经贸大学学报，2019，26（6）：5-13.

❹ 胡波.专利共享行为研究［J］.知识产权，2019（12）：71-76.

❺ 熊琦，张文窈.疫情应对中的知识产权保护取舍［J］.法治研究，2022（1）：63-73.

进对疫情的有效应对。有部分企业开放专利是有一定附加条件的，是以被许可人遵守相应许可协议条款为前提的，这应当属于广义的开放专利。丰田等企业将其所拥有的专利在附加相应条件的情况下开放给所有社会公众进行使用。❶开放专利属于广义的自治型专利开放许可，并且比传统上的自治型专利开放许可在法律约束力和适用主体范围方面更进一步。专利共享行为主要涉及向他人免费提供专利权并允许其使用的活动。❷免费许可他人使用是开放专利的重要特征，但是免费许可并非无条件的许可，而是需要被许可人承担一定义务作为前提的。❸专利开放许可与开放专利是有差别的，前者在专利开放许可声明发布等方面具有一定程度的法定性，并且一般需要以被许可人支付许可费作为对价，并且需要被许可人履行相应的信息披露义务；后者则具有更为显著的意定性，可以使被许可人更为自由地获得专利实施权，并且不需要被许可人履行支付许可费，能够减少被许可人的经济费用支出、许可谈判交易成本和信息披露等义务。

第二节　专利开放许可制度实施机制定位问题

一、专利开放许可制度实施机制的体系定位

专利开放许可制度实施机制在专利许可规则体系中应得到合理定位。专利开放许可制度的建立能够推动专利许可规则体系从"二元"到"三元"的转变，这将为该制度实施机制的定位提供重要依据。传统上，《专利法》重点关注专利授权和保护规则，专利转让和专利许可等涉及专利转化实施的制度规则散见于《专利法》各章节中，形成专利确权规则和专利保护规则"二元"结构。❹事实上，不仅《专利法》在增加了专利实施制度体系后，在总体从"二元"结

---

❶ 李娟，李保安，方晗，等.基于AHP-熵权法的发明专利价值评估——以丰田开放专利为例[J].情报杂志，2020，39（5）：59-63.

❷ 胡波.专利共享行为研究[J].知识产权，2019（12）：71-76.

❸ 在专利开放共享协议"LOT"协议中，被许可人有实施相应专利权的"免费"许可。胡波.专利共享行为研究[J].知识产权，2019（12）：71-76.

❹ 易继明.专利法的转型：从二元结构到三元结构——评《专利法修订草案（送审稿）》第8章及修改条文建议[J].法学杂志，2017，38（7）：41-51.

构转变为"三元"结构，而且在专利许可规则体系内部也从传统的"二元"许可转变为"三元"许可。在《专利法》原有制度规则中，存在专利自愿许可和专利强制许可两种较为固定的专利许可模式。专利自愿许可主要体现在《专利法》第 12 条有关专利许可的原则性规则中，专利强制许可则曾经单列一章，相关条款较多，但是较为遗憾的是到目前为止我国尚未由国家知识产权局颁发过一项专利强制许可。因此，专利强制许可制度的威慑价值大于其适用价值。由此可见，专利许可制度规则在《专利法》中相对比较薄弱，并且体系化程度存在不足。在专利许可规则体系中，专利自愿许可和专利强制许可主要位于自愿与强制两个端点，但是在两者之间兼具自愿性与强制性的专利许可模式较为缺乏，使得专利许可规则体系存在缺失。在《专利法》建立专利开放许可制度后，我国专利许可规则体系也从传统上的"专利自愿许可 + 专利强制许可"二元结构发展为"专利自愿许可 + 专利开放许可 + 专利强制许可"的三元结构，从而使专利许可规则体系更为完备。世界贸易组织（以下简称 WTO）制定的《与贸易有关的知识产权协定》（以下简称《TRIPS 协定》）并未要求 WTO 各成员必须建立专利开放许可制度❶，该制度在法国、印度等国家也经历了先建立后取消的波折❷，但是英国、德国、巴西等国家多年的实践说明该制度具有现实意义，因此我国在《专利法》修改时将其纳入是有其合理性的。在关于法律正义的论述中，自由与平等是先哲们普遍关注的问题，在特定领域这两种法律价值可能会存在冲突。❸ 在专利许可规则体系三元结构下，"专利自愿许可 + 专利开放许可 + 专利强制许可"三者在光谱方面处于不同位置：在自愿性程度方面逐步削弱，在法定性方面则逐步增强；在当事人意思自治空间方面逐步压缩，而在专利行政部门介入程度方面则逐步深化。三种类型专利许可之间能够实现相互转化。《英国专利法》第 46 条第 3 款第（b）项允许将专利自愿许可转换为专利开放许

---

❶ 有学者建议在知识产权保护国际条约层面对专利开放许可制度进行国际协调，推动各国更为广泛地建立专利开放许可制度，促进发展中国家专利实施转化。何华.知识产权全球治理体系的功能危机与变革创新——基于知识产权国际规则体系的考察［J］.政法论坛，2020，38（3）：66-79.

❷ 何培育，李源信.基于博弈分析的开放许可制度优化研究［J］.科技管理研究，2021，41（12）：165-171；罗莉.我国《专利法》修改草案中开放许可制度设计之完善［J］.政治与法律，2019（5）：29-37.

❸ ［美］E.博登海默.法理学：法律哲学与法律方法［M］.邓正来，译.北京：中国政法大学出版社，2017：270.

可，条件是该项专利自愿许可合同是在专利开放许可声明之前订立的，并且被许可人向专利行政管理部门提出转换专利许可类型的申请。❶专利开放许可条件若较此前订立的专利自愿许可合同更为优惠，被许可人享有将后者转变为前者的选择权。由此，可以实现不同类型专利许可之间的有效结合与协同实施。

专利许可制度实施机制是知识产权交易机制的重要组成部分。专利许可制度的实施过程既是法律制度运行过程，又是专利许可活动交易达成和履行的过程，具有法律机制和交易机制的双重属性。在知识产权领域，知识产权市场相关构成要素相互作用，并且与知识产权法律政策之间形成互动关系。❷专利开放许可制度实施过程中存在主体要素、客体要素等各方面的构成要素。其中，主体要素包括专利权人、被许可人等交易主体，以及国家知识产权局等行政管理主体，人民法院等司法裁判主体等各种类型的公法主体和私法主体。客体要素包括进行开放许可的专利权等客体方面的因素。相应的主体要素在专利开放许可制度规则框架下围绕客体要素行使相应的公法权力和私法权利，并承担相应的职责或者义务，使该项制度能够在既定的路径上得到实施，并取得预期效果。专利开放许可是专利许可的一种重要类型，而专利许可是专利交易和知识产权交易的重要方式，从客体要素角度分类来看，专利开放许可制度是知识产权交易机制的重要类型和模式，该项制度能否得到有效实施，将在很大程度上影响知识产权交易机制的体系完善和效益实现。

专利开放许可制度实施机制是落实专利开放许可制度规则、实现其制度价值和目标、产生预期社会效益和经济效益的必经之路。根据《中华人民共和国专利法释义》对专利开放许可制度作出的定义，该项制度"一般是指专利权人自愿向国家专利行政部门提出开放许可申请并经批准后，由国家专利行政部门进行公告，在专利开放许可期内，任何人均可在支付相应的许可使用费后，按照该开放许可的条件实施专利，专利权人不得以其他任何理由拒绝许可"❸。知识产权制度建立以后，能否发挥其激励智力成果创造和运用、推动科技进步和社会发展的作用，关键在于能否对相应制度规则进行有效实施。我国在加入

---

❶ 《十二国专利法》翻译组.十二国专利法［M］.北京：清华大学出版社，2013：560.

❷ 孔军民.中国知识产权交易机制研究［M］.北京：科学出版社，2017：12.

❸ 王瑞贺.中华人民共和国专利法释义［M］.北京：法律出版社，2021：145.

WTO 以后，知识产权法律制度已经基本成型，保护水平总体上达到了《TRIPS 协定》的要求，履行了在知识产权法律制定方面的国际义务，在此基础上需要着重改进的是知识产权法的实施活动。❶ 知识产权制度的实施，并非对法律规则的机械适用，而是在既有制度规则框架下，结合知识产权法律制度和具体规则的立法目标，对相应法律规范进行合理有效的适用。并且，为促进相应制度规则有效实施，有必要制定和实施配套制度及政策，从而实现法律规则与社会现实的有机统一和协调发展。知识产权制度是将知识产权法律规则体系的实施包括在内的，由此形成较为完整的知识产权制度❷，因此，包括专利开放许可制度在内的知识产权法律制度的实施，是其从纸面规则到具体实现的重要过程，是检验相关制度规则是否科学合理的重要路径，也为制度规则的完善提供现实动力。专利开放许可制度在我国是一项新建立的规则，是我国专利法移植他国专利制度具体规则的最新例证之一。这项制度的价值目标和实施路径是较为明确的，能否产生预期效果既要看该规则制度是否合理，也要看在实施过程中能否得到有效贯彻与落实。

专利开放许可制度实施机制应当注重制度体系中的法律规则协调问题。在专利制度内部应当与其他规则相协调，在外部应当注意与民事法律和其他知识产权单行法律法规相协调。《专利法》及《专利法实施细则》《专利审查指南》是我国专利开放许可制度规则的主要法律渊源，《民法典》、《中华人民共和国促进科技成果转化法》(以下简称《促进科技成果转化法》)、《中华人民共和国科学技术进步法》(以下简称《科学技术进步法》) 等其他相关法律制度能够对专利开放许可制度的实施产生推动作用。其中，《民法典》和《科学技术进步法》为专利许可制度提供了基础性法律规范和政策性导向规则。例如，《民法典》技术合同章关于技术合同条款内容及其法律效力的规定可以适用于专利开放许可协议；2021 年《科学技术进步法》的修改对项目承担者实施知识产权和国家对知识产权实施的介入权作出了更为具体的规定，而项目承担者等主体为满足法

---

❶　在《TRIPS 协定》或者其他知识产权国际条约（协定）中并无建立专利开放许可制度的义务要求。王双龙，刘运华，路宏波 . 我国建立专利当然许可制度的研究［M］// 国家知识产权局条法司 . 专利法研究（2015）. 北京：知识产权出版社，2018：194-209.

❷　吴汉东 . 中国知识产权制度评价与立法建议［M］. 北京：知识产权出版社，2008：14.

律规定的实施要求，可以通过专利开放许可等方式加以实施。❶专利开放许可制度实施机制应当与其他法律法规的相关规则相衔接，这既是保持法律制度体系内部协调的本质要求，也能够使专利开放许可制度保持相当程度的"开放性"和"灵活性"。这种开放性和灵活性使该项制度能够适应不同行业领域或者技术领域的相应需求，避免对现有制度规则体系的冲击，使其制度优势得到充分发挥和体现。

二、专利开放许可制度实施机制的目标定位

我国《专利法》建立专利开放许可制度的重要目标是促进专利许可交易和转化实施，专利开放许可制度实施机制应当遵循该目标定位并为其作出贡献。专利开放许可制度的主要目标是通过法律制度安排促进专利转化实施，通过鼓励专利权人向社会公众开放专利实施权，推动专利权经济价值在市场环境下得到充分实现。❷《专利审查指南修改草案（征求意见稿）》第五部分第11章"专利开放许可"第2节"开放许可相关原则"中对专利开放许可制度价值目标的表述为："建立专利开放许可制度的目的是为了促进专利技术的实施与运用，通过国务院专利行政部门公告专利开放许可信息，帮助专利技术供需双方对接。"我国专利制度经过将近四十年的发展，专利申请数量已经连续多年位居世界第一，有效专利数量也在不断累积和增长，由此也带来了专利转化和实施方面的动力与压力。在动力方面，专利权人拥有的专利数量增长以后，必然会产生将其更为有效地实施转化的动力，从而获得更为可观的经济效益和社会效益。在压力方面，专利权人为获得专利权和维持专利权有效需要支付相当数额的研发经费和专利年费等费用，也迫切需要通过专利转化实施收回研发成本、专利申请成本和维持成本，因此也有这方面的经济压力。❸在专利自行实施、专利转让、专利许可、专利质押、专利投资入股等多种专利转化方式中，专利许可是

---

❶ "介入权"也被部分学者视为专利强制许可的一种类型。Lesser W. Whither the Research Anticommons？[M] // Kalaitzandonakes N. et al. From Agriscience to Agribusiness，Innovation，Technology，and Knowledge Management. Cham：Springer International Publishing AG，2018：131-144.

❷ 李小健. 新修改专利法：激发全社会创新活力[J]. 中国人大，2020（20）：22-23.

❸ ［印］罗德尼·D. 莱德，［印］阿什文·马德范. 知识产权与商业：无形资产的力量[M]. 王肃，译. 北京：知识产权出版社，2020：150.

属于其中非常重要的模式之一，能够较好地体现专利权人和被许可人之间的利益平衡。《国务院关于 2019 年度中央预算执行和其他财政收支的审计工作报告》认为，在有关科技政策落实方面，存在科技成果转化效率偏低的问题，"抽查46.41 万件高校和科研院所的有效发明专利中，仅 3.88 万件（约占 8.4%）发生过转让或许可"。❶ 在专利审查、专利保护等方面机制不断完善的背景下，专利许可规则体系的不断发展也将成为推进专利许可及其实施转化的重要力量。有国外学者论及，高等学校专利在授予他人许可时，仅有 12% 已经做好产业化实施的准备，其他专利权则多数处于产业化实施的培育阶段。❷ 在美国，高通公司在经营中很大程度上依赖专利许可创造收入和利润。❸2008—2013 年，该公司有 1/3 的销售收入来源于知识产权许可，大约 2/3 的利润来源于知识产权许可，并且该公司知识产权许可以专利许可为主。❹ 由此可见，专利权人能够通过专利许可获得较高数额的许可费收益，从而构成其重要的利润来源。

根据《2021 全国技术市场统计年报》，在专利实施许可转让合同数方面，专利实施许可转让合同成交额为 815.7 亿元，占技术转让合同成交额的 34.0%；技术许可合同的项数为 3096 项，成交额为 1048.5 亿元，占全国技术合同总成交额的 3.7%。❺ 在原《中华人民共和国合同法》（以下简称原《合同法》，现已废止）中，专利许可合同是作为技术转让合同中的一种类型加以规定的❻，相关年份的全国技术市场统计年报也统计了专利实施许可转让成交额占技术转让成交额比例。根据以上统计数据可见，我国专利实施许可合同成交取得了一定发展，在技术市场中具有重要地位，但是，在专利许可合同交易方面，合同数量

---

❶　胡泽君. 国务院关于 2019 年度中央预算执行和其他财政收支的审计工作报告——2020 年 6 月 18 日在第十三届全国人民代表大会常务委员会第十九次会议上［R］. 中华人民共和国全国人民代表大会常务委员会公报，2020（3）：579-586；冯添. 专利法修正案草案二审：推动将创新成果转化为生产力［J］. 中国人大，2020（13）：39-40.

❷　Benoliel D. Patent Intensity and Economic Growth［M］. Cambridge University Press, 2017：189.

❸　［美］拉里·M. 戈德斯坦. 专利组合：质量、创造和成本［M］. 代丽华，译. 北京：知识产权出版社，2020：26.

❹　［美］拉里·M. 戈德斯坦. 专利组合：质量、创造和成本［M］. 代丽华，译. 北京：知识产权出版社，2020：27.

❺　许倞，贾敬敦，张卫星. 2021 全国技术市场统计年报［M］. 北京：科学技术文献出版社，2021：6.

❻　王利明. 合同法研究：第三卷［M］. 2 版. 北京：中国人民大学出版社，2018：582.

有待继续增加，合同成交金额有待继续增长，专利许可成交额占技术转让成交额比例有待提高。为此，有必要通过包括专利开放许可制度在内的专利许可规则体系的完善，为专利权人和技术实施者提供更为灵活的制度规则，推动专利许可及转化实施活动的发展。在国家知识产权局专利开放许可试点工作推动下，多个省份制定了具体的试点实施方案，各类型专利权人积极参与并且达成了相关专利许可项目 4000 余项。❶ 由此可以看到，专利开放许可能够较好地推动专利实施许可的有效达成和履行，促进专利技术得到更为充分的转化实施。

从总体情况看，我国在专利领域面临专利许可实施比例不高、效益不够显著的问题。根据国家知识产权局发布的《2021 年中国专利调查报告》中的相关调查统计数据，2017—2021 年，我国国内有效专利许可率维持在 5.3%—6.8%，其中高等学校有效专利许可率在 1.8%—7.0% 之间。❷ 根据《中国知识产权运营年度报告（2020）》，"2020 年专利许可共计 9979 次，较 2019 年同比下降 9.4%，占所有专利运营行为的比重由 2019 年的 3.6% 下降到 2.5%"❸。因此，2020 年我国专利许可活动呈现一定程度的下降趋势。有研究认为，美国专利实施率约为 50%，中美在专利转化效率方面有差距❹；也有专业机构就中国与部分发达经济体在科技成果转化率方面分别为 10% 和 40% 左右的，认为两者之间有明显差异。❺ 由此可见，我国国内专利权中授予专利许可的比例还有待进一步提高，这也凸显了建立专利开放许可制度并促进专利许可实施的必要性。对高校有效专利技术而言，专利开放许可也可以成为比较有效的许可模式和路径，推动相关专利得到充分实施。

事实上，我国专利许可率较低的原因是多方面的，既有专利本身在撰写质量、技术水平和市场价值等方面存在不足的问题，也有专利保护力度有待提

❶　国家知识产权局.国家知识产权局 2022 年 12 月例行新闻发布会［EB/OL］.（2022-12-28）［2022-12-31］.https：//www.cnipa.gov.cn/col/col3117/index.html.

❷　国家知识产权局.2021 年中国专利调查报告［EB/OL］.（2022-12-28）［2023-02-15］.https：//www.cnipa.gov.cnmodule/download/down.jsp?i_ID=176539&colID=88.

❸　本书编写组.中国知识产权运营年度报告（2020）［M］.北京：知识产权出版社，2021：34.

❹　沈健，王国强，钟卫.科技成果转化的指标测度和跨国比较研究［J］.自然辩证法研究，2021，37（7）：58-64.

❺　Jones Day. China Promulgates Fourth Amendment to Patent Law White Paper, November 2020［EB/OL］.（2020-11-06）［2022-08-01］.https：//www.jonesday.com/en/insights/2020/11/china-promulgates-fourth-amendment-to-patent-law.

高、专利许可交易机制不顺畅等方面的因素。根据国家知识产权局历年发布中国专利调查数据报告及中国专利调查报告的数据，专利权拥有量越多的专利权人，专利许可率可能反而越低。这说明，部分专利权人在追求专利数量时，可能忽视了对专利质量的提高。从企业、高等学校、科研单位等不同类型专利权人的许可率对比来看，2020年之前高等学校的相应数据基本上处于相对最低的水平，并且远低于其他类型专利权人平均有效专利许可率。各年度高等学校专利平均许可率仅相当于总体平均专利许可率的40%左右，高等学校通过经营行为自行实施专利有一定难度，这反映了高等学校的专利许可与实施转化能力有进一步提高的空间。❶有资料显示，罗氏公司从聚合酶链式反应（PCR）专利许可中获得了超过20亿美元的许可费。❷基础研究工具专利能够有效地控制下游研发活动，并成为专利权人获得专利许可费收益的重要依据。❸在研究工具等专利领域，专利许可使用费和专利许可交易成本过高显著地阻碍了下游研发主体使用生物材料等研究工具进行技术开发。❹因此，专利许可领域的交易成本和许可费成本问题，已经成为阻碍科技创新活动有效进行的重要制约因素，可能损害创新成果持续产出的动力。为此，有必要通过专利开放许可更好地促进特定领域的专利许可活动。

三、专利开放许可制度实施机制的功能定位

专利制度有两大主要功能：信息公开与法律保护。两者共同为实现专利制度在鼓励创新和转化实施方面的价值目标发挥作用。在专利信息公开方面，专利申请文件、授权文件及其他相关文件内容均通过国家知识产权局官方途径向社会公布，能够发挥提供技术信息和法律信息的作用。在法律保护方面，专利

---

❶　将高等学校等公益主体的专利纳入专利开放许可制度，可以有力地推动专利技术转化运用，并给予科研人员合理的物质回报，保护其研发积极性。刘鑫.专利当然许可的制度定位与规则重构——兼评《专利法修订草案（送审稿）》的相关条款［J］.科技进步与对策，2018，35（15）：113-118.

❷　Fore J，Wiechers I R，Cook-Deegan R. The Effects of Business Practices，Licensing，and Intellectual Property on Development and Dissemination of the Polymerase Chain Reaction：Case Study［J］. Journal of Biomedical Discovery and Collaboration，2006，1（7）.

❸　［美］威廉·M.兰德斯，［美］理查德·A.波斯纳.知识产权法的经济结构［M］.金海军，译.2版.北京：北京大学出版社，2016：383.

❹　胡波.专利法的伦理基础［M］.武汉：华中科技大学出版社，2011：218.

获得授权之后可以作为独占权利加以保护，专利权人能够通过诉讼等方式制止他人未经许可的实施行为，从而实现对相关专利产品或者方法的市场利益的获取和占有。但是，在专利制度两大传统主要功能的框架下，专利制度规则主要包括专利创造与专利保护两个方面的内容，较少涉及专利许可等专利运用方面的事项。在国家知识产权局专利著录项目中，有专利强制许可的部分，但是至今为止其中尚未正式公布过一项专利强制许可，因此在事实上专利强制许可实施处于缺失状态。在此基础上，专利开放许可制度也有两大功能：专利许可信息公开和专利许可模式简化，这两者也共同为专利开放许可制度在促进专利许可实施等方面的价值目标提供保障。在这两方面主要功能框架下，专利开放许可制度主要通过专利许可信息披露、专利许可模式的定型化、专利年费优惠政策等制度规则促进专利许可及实施转化。

专利开放许可制度的首要功能是发布专利许可信息，特别是通过权威平台发布专利许可信息等方式解决"市场失灵"问题。❶信息不对称是阻碍专利许可协议有效达成的重要原因，在技术标准专利许可等领域专利权人与被许可人之间信息不对称问题会更为突出。❷而在专利许可当事人的信息获取能力方面，专利权人与被许可人的信息不对称是形成专利许可的重要原因，这能够为专利权人带来许可收益，也有可能导致专利权人实施相应的机会主义行为。❸2018年《关于〈中华人民共和国专利法修正案（草案）〉的说明》中认为，我国专利领域存在"专利技术转化率不高，专利许可供需信息不对称，转化服务不足"的问题，这成为建立专利开放许可制度的重要现实基础。❹国家知识产权局《2019年中国专利调查报告》显示："信息不对称是制约专利权有效实施的最主要因素。调查显示，制约专利权有效实施的最主要因素是信息不对称造成专利权许

---

❶ 刘鑫.专利许可市场失灵之破解［J］.黑龙江社会科学，2021（2）：74–80.

❷ 易继明，胡小伟.标准必要专利实施中的竞争政策——"专利劫持"与"反向劫持"的司法衡量［J］.陕西师范大学学报（哲学社会科学版），2021，50（2）：82–95；谢嘉图.缺陷与重构：当然许可制度的经济分析——以《专利法修稿草案（送审稿）》为中心［J］.西安电子科技大学学报（社会科学版），2016，26（4）：97–103.

❸ 孔军民.中国知识产权交易机制研究［M］.北京：科学出版社，2017：45.

❹ 申长雨.关于《中华人民共和国专利法修正案（草案）》的说明——2018年12月23日在第十三届全国人民代表大会常务委员会第七次会议上［J］.中华人民共和国全国人民代表大会常务委员会公报，2020（5）：726–728.

可转让困难，占比 44.6%"❶。信息不对称问题对专利许可活动可能造成两方面的危害：一是可能阻碍专利权人与被许可人有效达成专利许可并加以充分实施。由于信息沟通障碍的存在，一方当事人可能无法了解对方当事人涉及专利许可的主观意愿或者客观事实方面的信息，也就难以形成专利许可协议。❷二是信息不对称可能被当事人策略行为所利用，从而使当事人谈判地位不平等，造成专利许可谈判过程和结果的人为扭曲❸，使谈判结果对专利许可费用标准的认定偏离专利的实际价值。传统的专利自愿许可协商过程的个别性、秘密性等特点使其难以有效克服信息不对称问题，当事人获取对方信息的成本较高。❹专利权人通常会是专利许可谈判中的强势方，在谈判主动权和谈判信息方面具有优势，可能会利用其谈判地位迫使对方订立相应许可条款，破坏专利许可的谈判自由和合同正义。❺因此，有必要通过法律规则使专利许可谈判领域双方当事人的信息平等地位得到恢复。但专利强制许可是在专利自愿许可难以解决信息不对称等问题的情况下，由专利行政管理部门介入并制定专利许可条件，相应的行政管理成本将是比较高的。专利开放许可制度能够减少研发企业在获取专利信息资源和取得专利实施权利方面的障碍，推动专利技术在创新活动和产品实施中的有效运用。❻在专利开放许可中，双方当事人信息不对称的问题可以得到较好解决。

专利开放许可制度的信息公布机制和谈判协商机制有助于当事人克服信息不对称问题及由此产生的协商困难问题。专利开放许可声明对专利权人的许可意愿和许可条件的公布，并且相应信息内容具有法律约束力，使被许可人能够较好地克服对专利权人相关信息获取的障碍。专利开放许可制度的基本功能是

❶ 国家知识产权局 . 2019 年中国专利调查报告［R/OL］.（2020-03-09）［2021-12-01］.https：//www.cnipa.gov.cn/module/download/down.jsp?i_ID=40213&colID=88.

❷ ［法］多米尼克·格莱克，［德］鲁诺·范·波特斯伯格 . 欧洲专利制度经济学——创新与竞争的知识产权政策［M］. 张南，译 . 北京：知识产权出版社，2016：78-79.

❸ ［德］Dieter Ernst. 全球网络中的标准必要专利——新兴经济体的视角［J］. 张耀坤，张梦琳，侯俊军，译 . 科学学与科学技术管理，2018，39（1）：65-83.

❹ 邱永清 . 专利许可合同法律问题研究［M］. 北京：法律出版社，2010：21.

❺ 侯庆辰 . 医药专利的产业化［M］. 北京：知识产权出版社，2019：52.

❻ 文希凯 . 当然许可制度与促进专利技术运用［M］//国家知识产权局条法司 . 专利法研究（2011）. 北京：知识产权出版社，2013：227-238.

通过降低专利许可的交易成本来提升专利许可率。❶根据科斯定理，如果交易成本为零，则自愿型交易活动能够使资源配置效率最大化。❷科斯论述道："为了进行市场交易，有必要发现谁希望进行交易，有必要告诉人们交易的愿望和方式，以及通过讨价还价的谈判缔结契约，督促契约条款的严格履行"，"在市场交易的成本为零时，法院有关损害赔偿责任的判决对资源的配置毫无影响"❸。对不同类型专利权及不同类型专利权人来说，从事专利许可的交易成本可能会存在差异，专利开放许可制度实施对相应类型专利权人或者专利权具有相应的重要意义或者作用。专利许可谈判的交易成本是相对较高的，专利权人与潜在被许可人需要在许可实施的方式和期限、专利许可费标准，以及许可合同监督执行等方面耗费较多谈判成本。❹专利自愿许可存在透明度较低、耗费时间长、成本较高等方面的问题，阻碍了专利许可的有效达成，不利于技术创新成果的交易流转和不断涌现。❺有意愿实施专利技术并进行商业化开发的市场主体，需要花费较大精力寻找相应技术领域有价值的专利权，还需要通过沟通探寻专利权人是否有意愿许可其实施专利，上述因素均构成专利许可谈判中的信息获取成本。在专利权人许可意愿不明确的情况下，部分被许可人在协商谈判过程中面临较多不确定性。部分专利权人具有较高的许可他人实施专利权的意愿，但是传统上缺乏由专利行政部门构建的专利许可信息发布平台，难以通过有效途径将许可信息向社会公众进行发布，这也成为阻碍专利许可实施的重要因素。在技术成果领域，技术转让方与受让方信息不对称也是阻碍成果转化率提高的重要因素。❻《美国专利法》并未建立专利开放许可制度，美国知识产权交易国

---

❶ 蔡元臻，薛原.新《专利法》实施下我国专利开放许可制度的确立与完善［J］.经贸法律评论，2020（6）：83-94.

❷ ［美］罗纳德·H.科斯.企业、市场与法律［M］.盛洪，陈郁，等译校.上海：格致出版社，上海三联书店，上海人民出版社，2014：6.

❸ ［美］罗纳德·H.科斯.社会成本问题［M］.龚柏华，张乃根，译 // ［美］罗纳德·H.科斯.企业、市场与法律.盛洪，陈郁，等译校.上海：格致出版社，上海三联书店，上海人民出版社，2014：78-123.

❹ 刘鑫.专利当然许可的制度定位与规则重构——兼评《专利法修订草案（送审稿）》的相关条款［J］.科技进步与对策，2018，35（15）：113-118.

❺ Chuffart-Finsterwald S. Patent Markets：An Opportunity for Technology Diffusion and FRAND Licensing?［J］. Marquette Intellectual Property Law Review，2014，18（2）：335-367.

❻ 陈扬跃，马正平.专利法第四次修改的主要内容与价值取向［J］.知识产权，2020（12）：6-19.

际公司（Intellectual Property Exchange International Inc，简称 IPXI）专利许可交易系统是由私人公司提供的，但是缺乏法律强制力给予保障，对参与该系统进行交易的专利权人及被许可人也未提供政策优惠，该系统在首次运行两年以后便被终止了。❶ 虽然该系统未能长期运行下去，但是通过该系统运行的经验可以看到，开放式专利许可模式能够较好地解决交易当事人之间信息不对称问题，也可以起到专利许可价格发现的作用，对克服交易成本问题能够发挥重要的功能。

在《专利法修订草案（送审稿）》公开征求意见时，国家知识产权局对专利开放（当然）许可制度的目标进行了较为明确的说明："为解决专利许可供需信息不对称问题，借鉴国外经验，引入当然许可制度，降低专利许可成本"❷。由此可以看到，专利开放许可制度的首要目标是解决专利许可双方当事人之间的信息不对称问题。这种信息不对称主要包括两个方面：一是被许可人缺乏专利权人是否有意愿在合理条件下授予其专利许可的信息，二是专利权人对被许可人是否有意愿在合理成本下实施其专利的信息也较为缺乏。此外，还包括被许可人对专利权人掌握的实施专利过程中所需要的技术信息和市场信息，以及专利权人对被许可人实施专利技术能力和市场开拓能力的信息也存在缺失。英国学者安德鲁·高尔斯（Andrew Gowers）在其编写的《高尔斯知识产权评论》报告中认为，通过专利开放许可制度，专利行政管理部门可以宣传能够进行开放许可的专利，使创新者能够快速确定与其技术领域相关的特定专利是可以获得开放许可并加以实施的。❸ 在部分其他国家，也存在专利许可领域供需匹配度较低，交易成本较高的问题：对有意向外授予专利许可需求的权利人，总体而言只有较少专利实际进行过许可；有部分领域研发主体难以获得必要的专利

---

❶ Yu R, Yip K. New Changes, New Possibilities: China's Latest Patent Law Amendments ［J］. GRUR International, 2021, 70（5）: 486-489; 马忠法，谢迪扬. 专利融资租赁证券化的法律风险控制［J］. 中南大学学报（社会科学版），2020, 26（4）: 58-70.

❷ 国家知识产权局. 关于《中华人民共和国专利法修订草案（送审稿）》公开征求意见的通知 ［EB/OL］.（2015-12-03）［2022-01-05］.http://www.gov.cn/xinwen/2015/12/03/content_5019664.htm.

❸ Gowers A. Gowers Review of Intellectual Property ［R］. The United Kingdom Stationery Office, 2006: 90.

许可，从而放弃技术研发或者科学实验活动。❶ 专利许可交易成本过高有可能导致市场失灵问题。❷ 建立专利开放许可数据库并集中公布专利开放许可信息将能提高该制度对被许可人（尤其是中小企业实施者）的吸引力 ❸，这将提升专利开放许可制度在克服信息不对称方面的作用。

专利开放许可对许可谈判模式的简化和定型化也能够促进许可协议的达成和履行。在专利自愿许可中，专利权人与被许可人在确定谈判对方当事人和许可专利对象后，主要通过多次谈判就专利许可条件进行协商并争取达成一致。❹ 这种谈判模式固然可以保证双方当事人进行充分的信息沟通，并且所达成的专利许可条件能够体现双方真实意思，但是也存在谈判过程冗长、沟通成本高、差异化程度明显等方面的弊端。专利开放许可制度有助于明确专利许可条件，能够对围绕本专利进行的其他类型许可交易，以及同类型可替代的其他专利权的许可交易提供价格参考。专利开放许可在提高专利许可交易透明度方面的作用，能够为后续相关专利许可交易的达成提供重要协助。❺ 在专利开放许可制度中，如果开放许可声明的作用仅在于公布专利权人授予专利许可的意向，但是对专利许可条件谈判不能发挥实质贡献，则其能够产生的积极作用将受到限制。英国《高尔斯知识产权评论》报告中提及，英国专利开放许可实施比例受到限制的重要原因之一，便是中小企业认为专利开放许可谈判需要耗费较大成本。❻ 由于双方需要多次沟通才能达成协议，且无法律机制控制谈判次数和时限，因此双方在许可费报价等方面力求利益最大化，并可能利用专利许可谈判机制的

---

❶ 杜晓君，马大明. 有效率的专利联盟：竞争效应和创新效应研究［M］. 北京：中国人民大学出版社，2012：21.

❷ ［美］亨利·切萨布鲁夫，［比利时］维姆·范哈弗贝克，［美］乔·韦斯特. 开放式创新：创新方法论之新语境［M］. 扈喜林，译. 上海：复旦大学出版社，2016：245-249.

❸ Gowers A. Gowers Review of Intellectual Property ［R］. The United Kingdom Stationery Office，2006：90.

❹ 在技术标准专利许可谈判中，专利权人与被许可人通常也需要经过多次谈判才能达成协议，并不要求专利权人的首次许可费报价即符合公平合理非歧视要求。Slowinski P R. Licensing Standard Essential Patents and the German Federal Supreme Court Decisions FRAND Defence I and FRAND Defence II ［J］. International Review of Intellectual Property and Competition Law（IIC），2021，52：1446-1464.

❺ Yu R，Yip K. New Changes，New Possibilities：China's Latest Patent Law Amendments ［J］. GRUR International，2021，70（5）：486-489.

❻ Gowers A. Gowers Review of Intellectual Property ［R］. The United Kingdom Stationery Office，2006：90.

缺陷实施机会主义行为。此外，专利自愿许可谈判还存在不能达成许可协议的风险。双方当事人均有可能在许可协议达成之前退出协商谈判，从而导致达不成协议的结果。在专利实施主体商业规模较小或者实施资源投入较少的情况下，协商谈判过程所耗费的交易成本可能最终导致专利许可协议无法达成❶，这可能对双方均会形成损失，并造成已经支付的交易成本付诸东流。其中，谈判地位较低的一方当事人受到损失的可能性更大，也更有可能受到对方机会主义行为的损害。专利开放许可简化了专利许可谈判的过程，将多次谈判改为一次谈判，将秘密谈判改为公开协商。在协商谈判保障机制方面，我国《专利法》通过将专利开放许可声明定位为要约保证被许可人获得开放许可实施权，其他国家则通过专利行政部门对许可条件的裁决机制保证双方达成许可协议❷，不论采用其中何种机制，均能够使双方达成专利许可交易关系，促进专利实施活动有效进行。

第三节　专利开放许可制度实施机制的属性和特征

一、专利开放许可制度实施机制的属性

（一）自愿性

专利开放许可制度实施机制与其他专利特别许可的显著区别是前者具有自愿性。《TRIPS 协定》第 28 条第 2 款涉及专利权转让及许可问题，"产品和方法专利权人均有权转让或通过继承方式转移专利权，并订立专利许可合同。"❸ "订立合同的权利"主要是指合同自由，专利权所有人有权按其自由意志订立许可协议，这排除了专利权人必须向他人授权许可实施其发明的法律义务。❹ 作为

---

❶ Rothman J E. Copyright, Custom, and Lessons from the Common Law [M] //Balganesh S. Intellectual Property and the Common Law. Cambridge：Cambridge University Press，2013：230–251.

❷ 刘强. 我国专利开放许可声明问题研究 [J].法治社会，2021（6）：34–49.

❸ Taubman A, Wager H, Watal J. A Handbook on the WTO TRIPS Agreement [M]. 2nd ed. Cambridge：Cambridge University Press，2020：117.

❹ 联合国贸易与发展会议，国际贸易和可持续发展中心.TRIPS 协定与发展：资料读本 [M].中华人民共和国商务部条约法律司，译.北京：中国商务出版社，2013：490.

专利开放许可制度实施过程中的核心要素，专利开放许可声明的自愿性特点是较为突出的。一是专利权人享有决定是否向国家知识产权局提交并发布专利开放许可声明的权利。《专利法》第50条第1款对专利开放许可声明的发布突出了"自愿"要求。《专利审查指南修改草案（征求意见稿）》在对专利开放许可声明审查的原则进行规定时，将"自愿原则"作为一项重要的原则予以明确。在《专利法》中，除专利权人以外的其他主体，包括专利权的潜在实施者，均不能在未经专利权人允许的情况下提交专利开放许可声明，并将专利进行开放许可。❶专利权人对专利开放许可声明发布的决定权，可以使其有权决定是否将专利进行开放许可，也享有撤回专利开放许可声明的权利，从而为其恢复专利独占权利。二是专利权人有权决定专利开放许可声明中所记载的许可条件。《专利法》并未对专利开放许可声明的内容作出实体性的规定，从而将其保留给专利权人自主决定。关于专利开放许可费率等事项，专利权人享有较为广泛的意思自治空间，有权自主决定专利开放许可条件。❷同专利自愿许可协议中的专利许可费标准形成机制相比，专利开放许可制度更为突出专利权人单方面的意志。

与此同时，被许可人的自愿性也较为显著。其一，被许可人有权决定是否实施开放许可专利或者退出实施活动。在专利权人作出专利开放许可声明后，潜在被许可人可以根据相应的技术因素、法律因素及市场因素决定是否加入专利实施活动。潜在被许可人若决定实施该项专利，可以向专利权人发出实施专利的通知，并支付相应的专利许可费。被许可人可以在开始实施开放许可专利后决定是否退出实施活动。《法国知识产权法典》原第L613-10条第2款规定：在专利开放许可中，"被许可人可随时放弃许可证"❸。被许可人可以主动通知专利权人，将退出实施活动的意愿向其告知，并且停止支付尚未缴纳的专利许可费。这与专利开放许可协议属于实践性合同的性质是相契合的。其二，被许可人在实施开放许可专利的规模等方面具有较强的自主性。由于被许可人加入专利开放许可实施活动无须与专利权人另行协商，因此不会产生对双方具有约束

---

❶ 刘鑫. 专利当然许可的制度定位与规则重构——兼评《专利法修订草案（送审稿）》的相关条款[J]. 科技进步与对策, 2018, 35（15）: 113-118.

❷ 刘强. 我国专利开放许可声明问题研究[J]. 法治社会, 2021（6）: 34-49.

❸ 法国知识产权法典（法律部分）[M]. 黄晖, 朱志刚, 译. 北京: 商务印书馆, 2017: 162.

力的限制性条款。被许可人在向专利权人发出的专利开放许可实施通知中记载了实施规模等事项，但并不意味着其承担了充分实施该项专利的义务。被许可人不再实施专利权后，可以停止向专利权人支付许可费，专利开放许可协议自动终止。专利权人理论上可以起诉被许可人，要求其支付许可费，但是这会打击其他被许可人或者潜在被许可人加入或者继续实施专利的积极性，也与专利开放许可的公共属性相违背。

（二）法定性

专利开放许可制度实施机制具有法定性特点。在专利开放许可制度中，国家知识产权局等公共权力机构对当事人之间专利许可行为的管理和介入，体现了国家意志和社会公共利益，是私法行为公法化的例证之一。[1] 私法行为主要是民商事行为，公法化是指国家意志和公权力干预对民商事主体交易行为影响深化。[2] 专利许可行为属于专利权人行使民事权利的私法行为，被许可人与专利权人均属于法律地位平等的民事主体，专利许可本质上属于当事人意思自治的范围。国家对专利许可行为的干预主要体现了促进专利许可和转化实施的价值取向和政策目标，带有较为强烈的公权力影响和公法色彩。《民法典》合同编体现了当事人意思自治和合同自由的原则，其中合同编条款可以对专利开放许可声明的内容进行解释和补充，《专利法》则在知识产权法定主义原则下主要体现了法律强行性规定的特点。专利开放许可制度实施机制的法定性特点可以从专利权人、专利行政管理部门和被许可人等角度来考察。从专利权人角度来说，将其专利权进行开放许可必须经过法定程序，并提交专利开放许可声明等法定文件。[3] 不同于自治型专利开放许可只需要订立相应的开放许可协议便可实现，《专利法》意义上的专利开放许可必须经过法定程序才能够实施。[4] 专利权人应当根据《专利法》的规定，按照国家知识产权局《专利开放许可声明》模板表格提供专利开放许可声明文件，经由国家知识产权局审查核准后通过官方途径向社会公布，由此可以实现将专利开放许可的目标。《专利开放许可声明》属于

---

❶ 包括文化产品版权贸易在内的知识产权贸易相关法律规则均有公法化的趋势。张骞.国际文化产品贸易法律规制研究［M］.北京：中国人民大学出版社，2013：35-40.

❷ 马忠法.应对气候变化的国际技术转让法律制度研究［M］.北京：法律出版社，2014：76.

❸ 刘强.我国专利开放许可声明问题研究［J］.法治社会，2021（6）：34-49.

❹ 张扬欢.责任规则视角下的专利开放许可制度［J］.清华法学，2019，13（5）：186-208.

法定文件，在文件形式及其效力方面均由法律明确规定。专利开放许可声明的公开性与公共性较强，相对于其他类型专利许可而言，具有法律效力顺位方面的优先性。民商事法律规范对专利自愿合同的订立和履行介入较少，法院主要依据合同自由等合同法原则及技术合同制度的相应法律规范进行裁判❶，国家知识产权局的相应职权限于对专利自愿许可合同进行登记备案，地方管理专利工作的部门可以对专利自愿许可合同纠纷进行调解。❷因此，在专利开放许可中，专利行政管理部门所能发挥的职能更多，这有助于提升专利开放许可声明的权威性、稳定性和法律约束力，并使其具有相对于专利自愿许可的优先适用效力。

国家知识产权局在收到专利权人提交的专利开放许可声明后，应当依据法定职责对该声明的形式和内容进行审查，此外，国家知识产权局也应当对是否存在与专利开放许可相冲突的涉及该专利权的其他许可协议进行审查。在其他部分国家的专利开放许可制度中，专利权人未签订影响专利开放许可的其他许可协议，包括未签订专利独占许可协议等，也是专利行政管理机关在发布专利开放许可声明时须进行审查的对象。❸《法国知识产权法典》原第 L613-10 条第1 款规定："任何专利……未在全国专利注册簿进行过独占许可的登记，应其所有人的请求并经国家工业产权局局长决定"，并且符合其他相应条件，可适用专利开放许可。❹该条款要求专利权人基于自愿将专利权进行开放许可，但对发布专利开放许可声明应当具备的法定条件进行了明确规定。《专利法》第 50 条第 1 款要求专利权人提交的内容包括其表示授予其他任何单位或者个人专利许可的意愿，以及专利许可费支付方式、标准等涉及专利许可条件的内容❺，专利权人必须作出相关声明。国家知识产权局《专利开放许可声明》模板表格明确提出要求，专利权人如果在专利开放许可声明中作出不实承诺的，根据情节严

---

❶ 蒋志培.技术合同司法解释的理解与适用——解读《最高人民法院关于审理技术合同纠纷案件适用法律若干问题的解释》[M].北京：科技文献出版社，2007：3-4.

❷ 杨玲.专利实施许可备案效力研究［J］.知识产权，2016（11）：77-83；刘友华，朱蕾.专利纠纷行政调解协议司法确认制度的困境与出路［J］.湘潭大学学报（哲学社会科学版），2020，44（6）：85-91.

❸ 罗莉.专利行政部门在开放许可制度中应有的职能［J］.法学评论，2019，37（2）：61-71.

❹ 法国知识产权法典（法律部分）[M].黄晖，朱志刚，译.北京：商务印书馆，2017：162.

❺ 陈扬跃，马正平.专利法第四次修改的主要内容与价值取向［J］.知识产权，2020（12）：6-19.

重程度可能面临国家知识产权局公告撤回该声明、列入专利领域严重失信联合惩戒对象名单等后果。专利权人不能在专利开放许可声明以外增加其他许可条件，因此，被许可人能够预期获得较为明确而稳定的专利开放许可实施权。

二、专利开放许可制度实施机制的特征

（一）公开性

专利开放许可制度实施机制具有公开性。专利权相对于商业秘密的重要特点是具有公开性，专利权利要求技术方案和说明书是对全社会公开的，而商业秘密得到法律保护的基础性条件是技术方案等信息处于保密状态。[1] 专利开放许可公开了专利权人许可他人实施专利的意愿和许可条件等信息，能够较为根本地解决信息不对称问题。专利开放许可制度实施机制的公开性，能够为该机制公共性等其他特点提供相应基础。在专利许可中，信息不对称主要是指一方当事人拥有相关知识或者信息，而另一方当事人不知晓该信息或者无法对信息进行验证。[2] 从信息类型角度分析，专利许可中的信息不对称既包括技术信息的不对称，也包括商业信息的不对称。在专利技术研发和实施方面，专利权人对技术信息的掌握要优于被许可人，被许可人通常需要从专利权人处获得技术支持以便克服专利实施中可能面临的技术障碍。在专利许可实施过程中，被许可人依据专利许可合同或者交易习惯，可以要求专利权人提供相关技术资料或者技术信息，专利权人也能够较为便捷地将"标准化、成熟和相对简单的技术"转移给具有相应技术能力的被许可人。[3] 在商业信息方面，专利权人对技术研发成本和市场价值较为了解，被许可人对生产成本和实际产生的利润较为熟悉。[4] 因此，双方当事人在不同信息内容方面有各自的优势。从信息产生的时间是在专利许可合同订立之前抑或之后来划分，专利许可中的信息不对称包括事前信息不对称和事后信息不对称，两者分别可能会导致逆向选择问题和道德风险问

---

[1]　张玉瑞.商业秘密法学［M］.北京：中国法制出版社，1999：149-150.

[2]　李攀艺，朱火弟.专利许可交易中的激励性合约研究［M］.重庆：西南交通大学出版社，2011：30：

[3]　Zhuang W. Intellectual Property Rights and Climate Change：Interpreting the TRIPS Agreement for Environmentally Sound Technologies［M］.Cambridge：Cambridge University Press，2017：19.

[4]　Zaby A. The Decision to Patent［M］.Berlin：Springer-Verlag Berlin Heidelberg，2010：57-58.

题。❶在事前信息中，专利权人相对于被许可人具有优势；在事后信息中，被许可人通常掌握更多有关专利实施活动的信息。专利权人对专利许可费交易价格信息的知悉较多，专利开放许可声明对专利许可费率的公布有助于克服信息不对称问题。❷专利开放许可制度框架下的合作机制需要顾及鼓励当事人向对方披露信息，从而减少专利许可交易成本，并抑制机会主义行为产生的可能性。

专利开放许可公开性有助于解决专利许可领域多个方面的信息不对称问题，是解决专利许可交易成本问题的有效实现路径。在专利自愿许可协议达成过程中，存在三个方面的信息不对称。一是专利权人与被许可人之间的信息不对称。专利许可人与被许可人之间信息不对称可能造成机会主义行为风险，也加剧了交易当事人之间的紧张关系。❸专利权人在谈判中，可能首先提出较高的专利许可费报价，为与被许可人谈判时讨价还价留有空间。二是各被许可人之间的信息不对称。一项专利权的特定被许可人，并不了解其他被许可人的专利许可条件，也很难以此为依据确定其能够接受的许可费率。专利权人存在利用各被许可人之间的信息不对称问题实施机会主义行为的风险，特别是可能索取歧视性差别许可费率。三是专利权人之间的信息不对称。不同专利权人所拥有的专利技术可能具有相互替代的功能，但是在专利权人不公布专利许可费的情况下，潜在被许可人无从进行比较，专利权人之间也难以形成价格竞争机制。以上三个方面的信息不对称问题，在专利自愿许可中普遍存在，甚至在专利强制许可中也会面临类似问题。在专利强制许可颁发和实施中，并不要求向社会公布当事人协商达成或者由专利行政部门裁定的许可条件。专利许可中的被许可人较为重视与其他被许可人之间在专利许可费负担方面的公平问题，通常会要求在专利许可协议中加入最优惠条款。❹专利开放许可声明对许可条件的公布，有

❶ 李攀艺，朱火弟.专利许可交易中的激励性合约研究［M］.重庆：西南交通大学出版社，2011：30.

❷ 刘恒，张炳生.论我国构建专利当然许可制度的必要性——基于我国专利制度运行现状分析［J］.科技与法律，2019（1）：18-25.

❸ 宁立志，于连超.专利许可中价格限制的反垄断法分析［J］.法律科学（西北政法大学学报），2014，32（5）：110-119.

❹ ［英］埃里克·亚当斯，［英］罗威尔·克雷格，［英］玛莎·莱斯曼·卡兹，等.知识产权许可策略：美国顶尖律师谈知识产权动态分析及如何草拟有效协议［M］.王永生，殷亚敏，译.北京：知识产权出版社，2014：84-85；世界知识产权组织.世界知识产权组织知识产权指南：政策、法律及应用［M］.北京大学国际知识产权研究中心，译.北京：知识产权出版社，2012：152.

助于从根本上克服信息不对称问题❶，促进专利许可条件的公平合理达成和专利许可实施的顺利进行。❷在专利开放许可声明公布机制保障下，被许可人能够取得相对较高的谈判地位和参与专利许可实施的选择权，更有可能通过市场机制获得较为优惠的专利许可条件。

以专利开放许可声明为核心的专利开放许可法律文件具有较为显著的公开性特点。❸专利开放许可制度实施机制的公开性是以专利开放许可声明的公开性为基础的，辅之以其他相关事务信息的公开。通过专利开放许可声明的公布，一方面专利权人向社会公众表达了许可他人实施的明确意愿，另一方面专利权人明确了专利开放许可实施的条件，使信息不对称问题得到较为根本的解决。专利开放许可的公开性和公共性能够较好地促进近年来兴起的"开放式创新"活动。"开放式创新"的概念是美国学者亨利·切萨布鲁夫（Henry Chesbrough）于2003年提出的。❹在开放式创新中，研发主体创新活动的创意来源可以从其内部获得，也可以从其外部获得，创新成果商业化路径也可以从该主体内部或者外部进行。❺2015年，世界知识产权组织（WIPO）《成功技术许可》报告认为，知识产权合作的主流模式是"开放创新"，各参与者之间的合作基础通常是知识产权许可协议。❻专利说明书对发明创造技术信息的公开，能够使相应信息资源广泛传播和自由流动。专利许可可以实现专利权人与其他研发主体在互补性研发资源方面的合作与共享。在开放式创新中，知识产权权利人不仅可以自己利用创新成果，而且还能够在其他主体对创新成果的利用中获得利润，专利许

---

❶　张扬欢.责任规则视角下的专利开放许可制度［J］.清华法学，2019，13（5）：186-208.

❷　在专利许可费公平原则的基础上，可能需要在特定领域考虑适度差别化定价问题，从而在保障专利权人许可费收益的同时满足低收入群体（包括低收入国家的消费者）的专利产品需求。Ooms G, Forman L, Williams O D, Hill P S. Could International Compulsory Licensing Reconcile Tiered Pricing of Pharmaceuticals with the Right to Health? ［J］. BMC International Health and Human Rights，2014，14：37.

❸　刘强.我国专利开放许可声明问题研究［J］.法治社会，2021（6）：34-49.

❹　Chesbrough H W. Open Innovation：The New Imperative for Creating and Profiting from Technology ［M］. Harvard Business School Press，2003：109；［美］亨利·切萨布鲁夫，［比利时］维姆·范哈弗贝克，［美］乔·韦斯特.开放式创新：创新方法论之新语境［M］.扈喜林，译.上海：复旦大学出版社，2016：3.

❺　肖尤丹.开放式创新与知识产权制度研究［M］.北京：知识产权出版社，2017：122.

❻　World Intellectual Property Organization. Successful Technology Licensing ［R］.Preface. WIPO booklet，2015：2.

可能够成为该商业合作模式的重要表现形式。❶亨利·切萨布鲁夫举例道：国际商用机器公司（IBM）"不仅在自己的产品中利用外部技术，还向其他公司提供自己的技术和知识产权。"❷在专利开放许可制度实施中，专利开放许可声明发布以后，被许可人能够较为自由地获得相应专利的实施权，包括利用该专利技术从事新技术研发，以及在该技术基础上开发新技术，这会促进开放式创新向纵深发展。在创新主体、创新资源和创新行为日益多元化和分散化等情况下，创新活动所需研发资源的知识产权披露和知识产权许可显得越来越重要，其中所包含的交易成本问题将成为知识产权制度必须解决的阻碍因素。❸专利开放许可对许可行为交易成本具有显著的降低作用，这将有力地推动开放式创新所必要的专利许可活动，使创新资源能够在创新主体之间自由传播和持续发展。

专利开放许可中的相关专利许可条件也是公开的。与此相对应，专利自愿许可协议及其具体交易条件和内容则以不公开为原则，相关合同内容基本上被专利许可当事人作为经营秘密加以保护。专利开放许可声明需要公开专利许可费的支付标准和支付方式，使潜在被许可人对需要以何种经济代价或者履行何种限制性条件才能获得专利许可有较为明确的预期。专利开放许可声明具有明示性，主要涉及专利许可使用费标准和支付方式、专利许可使用期限等核心许可条件问题。❹在信息不对称问题中，专利开放许可声明信息披露功能是有利于被许可人的。专利开放许可费标准的公开会加剧各专利权人之间的许可费价格竞争，这对被许可人也是有利的。专利权人之间在技术市场或者研发市场等上游市场的竞争加剧，将使被许可人所处的专利产品生产制造等下游市场有利可图。❺专利权人为吸引潜在被许可人实施其开放许可专利，会在合理水平上尽量降低许可费率，从而使被许可人的许可费负担下降。由此，可以实现专利

❶ Chesbrough H W. Open Innovation：The New Imperative for Creating and Profiting from Technology［M］. Boston：Harvard Business School Press, 2003：155.

❷ Chesbrough H W. Open Innovation：The New Imperative for Creating and Profiting from Technology［M］. Boston：Harvard Business School Press, 2003：109.

❸ 肖尤丹. 开放式创新与知识产权制度研究［M］.北京：知识产权出版社，2017：148–149.

❹ 王汝银，赖李宁，刘树青.专利开放许可运营实践与探索［M］.北京：知识产权出版社，2021：9.

❺ ［美］布雷登·埃弗雷特，［美］奈杰尔·特鲁西略.技术转移与知识产权问题［M］.王石宝，王婷婷，李娟，等译.北京：知识产权出版社，2014：101.

开放许可公开性对专利许可费合理确定的促进作用。

（二）公共性

专利开放许可制度实施机制具有公共性的特点。这主要体现在专利开放许可声明发布的对象和目的具有公共性，被许可人主体范围也具有相应的广泛性和公众性。专利开放许可采用"一对多"许可模式，特定专利权人与不特定多数被许可人之间能够形成专利许可合同交易关系。❶专利行政管理部门在专利开放许可制度实施过程中的适度介入也体现了该项制度实施机制具有相应的公共性。专利独占权既有可能促进技术成果传播，也有可能阻碍技术创新的广泛使用，在限制技术实施和推升专利产品价格方面可能对社会公众利益产生负面影响。❷在某种程度上，专利开放许可声明发布后，该项专利已经进入公共领域，任何人均可以在合理条件下获得实施权而不会构成专利侵权。❸专利开放许可声明属于专利权人对其所享有独占权利的自主限制，在客观上可以使社会公众较为自由地获得相应的专利产品。❹在专利授权与保护的基础上，专利许可也类似地会对技术传播产生正面与负面双重影响。在正面影响方面，专利许可能够推动技术实施，使社会公众能够更为有效地获得专利产品的供给并增进社会福利。❺在负面影响方面，专利许可则有可能通过合同条款限制技术进步及其充分传播。❻知识产权公共领域可以分为绝对公共领域和相对公共领域，前者是完全不受知识产权保护的智力成果客体或者保护期已经届满的知识产权，后者则是知识产权有效但使用者可以较为自由获取并加以使用的智力成果。在此种分类模式下，专利开放许可属于相对公共领域。专利开放许可的公共性使知识产权

---

❶ 国家知识产权局《专利开放许可试点工作方案》第一部分第（一）点"工作思路"。

❷ Chuffart-Finsterwald S. Patent Markets：An Opportunity for Technology Diffusion and FRAND Licensing？［J］. Marquette Intellectual Property Law Review，2014，18（2）：335-367.

❸ 王太平，杨峰.知识产权法中的公共领域［J］.法学研究，2008（1）：17-29.

❹ 冯晓青.知识产权法的公共领域理论［J］.知识产权，2007（3）：3-11.

❺ 专利保护使技术成果成为"积极共有物"，专利信息公开使该技术成果有为任何人使用的可能性，实施者使用该成果均需要获得权利人的许可。［澳］彼得·德霍斯.知识财产法哲学［M］.周林，译.北京：商务印书馆，2017：47-48.

❻ Chuffart-Finsterwald S. Patent Markets：An Opportunity for Technology Diffusion and FRAND Licensing？［J］. Marquette Intellectual Property Law Review，2014，18（2）：335-367.

公共领域能够得到拓展，并在一定程度上解决知识产权制度被异化的问题❶，缓和知识产权法律制度保护力度不断强化的趋势。在公共领域中，"自由的资源是那些可以公开获得、不需要获得任何主体的许可、也不受任何主体控制的资源，任何人都可以自由利用"❷。在专利开放许可实施中，虽然被许可人并非可以完全自由地使用该专利技术，但是可以较为自主地决定是否实施而无须获得专利权人的单独许可。因此，专利开放许可对公共领域有实质性的扩张作用。

一方面，专利开放许可参与主体具有广泛性。专利开放许可使被许可人的主体范围得到很大程度的拓展，这为专利权人许可费收入提供了更为广泛的来源。有资料显示，"据估计，在2012年第二季度，微软公司依据对安卓操作系统的许可获得了8亿美元的许可费收入"❸，并根据相关预测："如果更多的被许可人获得专利许可，专利权人可能会收取更高数额的许可费收入。专利权人是有意愿给予更多的被许可人授权许可的，以便可以提高获得许可费经济回报的数额。"❹在技术标准专利许可中，为保证标准制定组织成员能够获得专利许可，相关许可活动在该组织范围内具有一定程度的多元性。技术标准制定组织建立的专利池属于半开放式专利许可机构，能够实现对专利许可活动的集体权利管理组织（Collective Right Organization，简称CRO）。❺相对于技术标准制定组织成员的技术专业性和范围封闭性，专利开放许可在受众方面没有任何限制。在专利自愿许可中，由于主要采用专利权人与被许可人个别谈判协商的交易模式，因此交易成本是比较高的。❻并且，相对于有形资产交易以及技术性较弱的其他知识产权交易而言，专利技术交易标的所具有的复杂性更强，因而当事人需

---

❶ 袁锋.专利制度的历史变迁：一个演化论的视角［M］.北京：中国人民大学出版社，2021：203-208.

❷ 张新锋.专利权的财产权属性——技术私权化路径研究［M］.武汉：华中科技大学出版社，2011：168.

❸ Cheng H C. Reasonable Patent Licensing in the Supply Chain-A Critical Review of Patent Exhaustion［J］. Wake Forest Journal of Business and Intellectual Property Law, 2014, 14（2）：344-365.

❹ Cheng H C. Reasonable Patent Licensing in the Supply Chain-A Critical Review of Patent Exhaustion［J］. Wake Forest Journal of Business and Intellectual Property Law, 2014, 14（2）：344-365.

❺ Chuffart-Finsterwald S, Patent Markets：An Opportunity for Technology Diffusion and FRAND Licensing?［J］. Marquette Intellectual Property Law Review, 2014, 18（2）：335-367.

❻ 刘运华，曾闻.国外标准必要专利许可费计算方法对中国专利开放许可制度设计的启示［J］.中国科技论坛，2019（12）：108-115.

要承担和克服的交易成本会更高。专利开放许可的公共性有助于解决以上问题。

另一方面，专利开放许可实施活动具有社会性。专利开放许可声明的公开性使其在传播目的方面具有相当程度的社会属性，区别于专利自愿许可信息披露的私人属性。专利开放许可声明的自愿性使其公共性能够较好地融入专利权人的许可策略中，并且符合社会公众对专利开放许可制度的期待。即使是在针对滥用专利权的反垄断执法中，"无论是反垄断行政部门的主动介入还是反垄断的私人诉讼，都不直接涉及具体专利许可费的计算，而是着眼于专利权人许可行为对市场竞争产生的影响"❶。这也与专利等知识产权作为私权的立法宗旨较为契合。专利开放许可声明传播的社会性使专利实施主体有广泛性。在市场容量允许的情况下，可以由多个主体分别对同一专利进行实施，从而在均衡条件下实现该专利的实施效益最大化，也有利于不同实施主体之间开展良性竞争。专利强制许可具有公共目的的特点，但是其适用面较小。专利开放许可则可以在专利权人自愿的情况下得到较为广泛的实施，使专利强制许可的威慑作用得到更好发挥。

专利开放许可制度实施机制的公共性在行政管理和商业领域均有显著体现。在行政管理领域，"专利开放许可制度作为国务院专利行政部门提供的一项公共服务，开放许可声明的提出或者撤销由相关权利人按照自愿原则自主决定"❷。专利行政部门在对专利开放许可事务进行管理时，应当充分体现公共服务的特点，一方面充分尊重专利权人的意思自治，另一方面要尽可能满足公众对专利开放许可信息的需求。在专利自愿许可领域，当事人通常具有追求经营利润的商事属性，从立法和司法层面而言，技术合同体现了较为显著的商事属性，因而专利许可合同及其中专利开放许可合同也会具有相应的商事属性，专利权人作出专利开放许可声明可能会具有相应的营利目的。❸专利开放许可制度的建立和实施，可以在一定程度上消解技术合同制度商事化改革所产生的营利属性，并且使专利制度的公共利益属性能够得到更好的彰显。

❶ 魏德.反垄断法规制滥用标准必要专利权之反思［J］.北方法学，2020，14（3）：149-160.

❷ 刘娟，路宏波.我国引入专利开放许可制度的合理性研究——以完善科技成果转化信息汇交机制为核心［J］.中国发明与专利，2018，15（10）：23-27.

❸ 王雷.民法典适用衔接问题研究动态法源观的提出［J］.中外法学，2021（1）：87-101；徐卓斌.技术合同制度的演进路径与司法理念［J］.法律适用，2020（9）：80-87.

专利开放许可的公共性会扩大被许可人范围，加剧不同被许可人之间的市场竞争，这对专利权人增加专利许可费收入是有益处的。在市场结构对专利许可费收益的影响方面，如果专利许可增加了专利产品下游市场的竞争，则上游专利许可市场的固定费用许可能够为专利权人带来额外收益。❶ 在专利开放许可实施中，由于专利权人对被许可人实施专利行为监督控制能力较弱，查证被许可人制造专利产品的数量及其所产生利润的难度较大，因此专利开放许可费采用固定费率的可能性较高。被许可人数量增加意味着缴纳该固定许可费的主体数量更多，会增加专利开放许可费的总额。

（三）动态性

专利开放许可制度实施并非静态的，而是动态变化的。在专利开放许可声明得到发布并启动专利开放许可实施过程后，专利权人和被许可人围绕专利开放许可实施过程可能会进行多项活动。一是，专利权人可能在专利开放许可声明发布一定时间后撤回该声明，从而使其他潜在被许可人不能再取得专利开放许可实施权。在专利开放许可声明公布以后，潜在被许可人对获得专利开放许可实施权的预期不是一成不变的。潜在被许可人若希望获得该项实施权，应当及时履行《专利法》所规定的义务，向专利权人发出实施该项专利的通知并且缴纳专利许可费。二是，被许可人在取得专利开放许可实施权后，从事相关专利实施活动也是动态的。技术交易的不确定性、信息不对称和交易成本较高被认为是此类交易所面临的主要障碍，而不确定性是动态性的体现，对信息不对称和交易成本问题也会产生重要影响。❷ 尽管被许可人向专利权人发出的实施专利通知内容是固定的，但是前者仍有可能根据市场环境和技术革新的变化对专利实施的规模范围、产品价格等因素进行相应调整。❸ 因此，被许可人的具体实施行为可能会与其发出的专利实施通知内容存在一定差异。被许可人是否愿意或者能够在何种程度上持续向专利权人披露专利实施状态信息，可能会有

---

❶ ［美］布雷登·埃弗雷特，［美］奈杰尔·特鲁西略.技术转移与知识产权问题［M］.王石宝，王婷婷，李娟，唐世雄，等译.北京：知识产权出版社，2014：101.

❷ ［德］弗兰克·泰特兹.技术市场交易：拍卖、中介与创新［M］.钱京，冯晓玲，译.北京：知识产权出版社，2016：51.

❸ 高技术产品定价具有信息不对称、价格递减速度快和溢价效应等特点.熊焰，刘一君，方曦.专利技术转移理论与实务［M］.北京：知识产权出版社，2018：167-168.

相当程度的不确定性。形成专利开放许可实施动态性的因素包括主观因素和客观因素两个方面：主观因素是当事人对影响因素的主观判断和对事务决定的意思表示；客观因素则包括技术因素、市场因素和制度变动等方面的因素。

专利开放许可实施的动态性可能会对该制度的有效实施产生影响，并且，专利制度实施本身的动态性有可能与专利开放许可实施活动的动态性相叠加，从而产生更为明显的不确定性。例如，在专利开放许可声明发布以后，专利权的有效性或者权利归属可能发生变化，专利权有可能会被宣告无效或者权利发生终止，有可能通过协议转让或者法院判决使专利权转移给其他主体，专利开放许可声明所依据的权利状态可能由此失去有效基础。在专利开放许可制度实施动态性的影响下，专利权人和被许可人可能不得不花费更多成本确认相关法律权利的稳定性，以及对方提供信息的真实性、及时性和准确性，从而推升专利开放许可实施过程中的交易成本。❶专利开放许可制度实施的动态性需要通过实施机制的合理构建予以应对，为当事人有效防止实施过程所带来的风险提供机制保障。其中，信息披露机制的完善和相应法律责任的严格化是可以采用的路径，使当事人通过信息获取避免成为机会主义行为的受害者。

与专利开放许可制度动态性相关的是专利开放许可协议的不完备性。在技术合同领域，当事人之间订立的协议通常属于不完备合同，在合同内容方面不能涵盖涉及合同履行所有因素，也不能预防或者明确分摊合同履行中可能出现的风险。《专利法》也并未要求专利开放许可声明内容必须完备，只要包含专利许可费等专利许可协议合同条款便可使其构成要约。❷不完全契约是相对完全契约而言的，前者合同条款难以具体规定所有可能出现的相关外部事件的影响，包括当事人的相应权利与义务、风险分摊、强制履行的方式及预期结果等。❸订立完全合同必须满足主客观两个方面的条件：一是客观上双方当事人能够对涉及合同订立和履行的所有信息全部掌握，并且向对方当事人进行充分披露；

---

❶ Khan B Z. One for All? The American Patent System and Harmonization of International Intellectual Property Laws［M］// Gooday G, Wilf S. Patent Cultures: Diversity and Harmonization in Historical Perspective. Cambridge: Cambridge University Press, 2020: 69–88.

❷ 刘强. 我国专利开放许可声明问题研究［J］. 法治社会, 2021（6）: 34–49.

❸ 李攀艺, 朱火弟. 专利许可交易中的激励性合约研究［M］. 重庆: 西南交通大学出版社, 2011: 32.

二是在主观上双方当事人并无实施机会主义行为损害对方利益的动机，并充分尊重对方的合理预期和合法权益。但是，由于技术合同的复杂性、动态性等方面特点，因此订立完全合同是很难做到的。在技术合同履行中所面临的技术风险、市场风险和法律风险较难事先评估，也难以对其进行合理分配和分担。在专利开放许可声明中，专利权人与被许可人协商谈判机制存在缺失，通过合同条款对收益分配、风险分担和监督执行等事项进行特别约定的空间很小，这可能会加剧合同不完备问题。

专利开放许可制度实施机制相应规则应当符合动态性特点。尤其是在专利开放许可制度规则较为强调法定性的情况下，可以通过实施机制相应措施的运用使其保持相应程度的灵活性，从而与专利实施市场情况变化的特点相契合。在专利自愿许可中，专利权人通常会根据市场环境的变动对不同被许可人给予一定程度的许可费差别化待遇。专利许可费差别化待遇在一定范围内是存在的，"由于有诸多变量影响专利许可协议条款，价格差别化待遇——向不同的被许可人收取不同的特许权使用费——成为专利许可市场中实现交易活动效率的基本条件"[1]。否则，可能限缩专利开放许可制度所能够有效适用的专利权范围，不能涵盖需要较为复杂交易条件才能达成的专利许可协议。该项实施机制的动态性可以通过专利开放许可集中公布机制、专利开放许可合同备案机制、专利开放许可参与和退出机制等方面的制度安排加以体现。

---

[1]　Hovenkamp E，Jonathan M. How Patent Damages Skew Licensing Markets［J］. Review of Litigation，2017，36（2）：379-416.

第二章　我国专利开放许可制度实施机制基本框架

第一节　我国专利开放许可制度立法的简要历程

一、专利开放许可制度规则历次版本基本内容

《专利法》第四次修改在 2012 年开始启动❶，于 2021 年审议通过，其间由国家知识产权局、国务院法制办公室（2018 年撤销）、全国人大常委会先后发布过多次修改草案并向社会公开征求意见。《专利法》第四次修改呈现以下四个方面的特点：（1）修改周期较长。《专利法》于 1984 年得到制定，在 1992 年、2000 年和 2008 年分别进行第一次修改、第二次修改和第三次修改，修改频率均为每 8 年修改一次。《专利法》第四次修改则耗时 12 年，超出了前三次修改所形成的时间"惯例"。相对于民事立法而言，12 年的修改时间周期并不算长，但是在《专利法》历次修改以及《著作权法》《商标法》修改历程中，12 年周期已经算是比较长的。在《专利法》此次修改历程中，专利开放许可制度（包括其"前身"专利当然许可制度）基本上贯穿在历次修改草案文本中，并且成为立法机构和学术界讨论的重点问题之一。这体现了专利开放许可制度在专利制度及专利许可规则中的重要地位，也反映了社会公众对通过该项制度促进专利许可实施效益的期待。（2）我国专利立法主动性不断增强。《专利法》第四次修改是我国在更高水平上建设知识产权强国的背景下进行的。2008 年，《国家知识产权战略纲要》提出："到 2020 年，把我国建设成为知识产权创造、运

---

❶ 2012 年 8 月，国家知识产权局发布了《关于征求对〈中华人民共和国专利法修改草案（征求意见稿）〉意见的通知》。此次征求意见稿只涉及《专利法》中较少条文的修改，在修改内容方面与后续修改草案征求意见稿存在较大差别。国家知识产权局 . 关于征求对《中华人民共和国专利法修改草案（征求意见稿）》意见的通知［EB/OL］.（2012–08–10）［2021–12–10］.https://www.cnipa.gov.cn/art/2012/8/10/art_78_110983.html.

用、保护和管理水平较高的国家。"2020年,《国家知识产权战略纲要》提出的主要发展目标已经基本实现。❶ 在制度规则方面,"知识产权保护水平的强弱与一个国家的社会发展水平密不可分……我国的知识产权制度建设不能一蹴而就,而要分阶段、分时期地进行,以适应我国不同阶段的发展水平"❷。我国专利制度实施从重视专利数量到更为重视专利质量,从侧重专利审查授权到推进转化实施,不同的发展阶段对专利制度规则体系的要求是有差别的,专利开放许可制度的制定和实施适应了这种要求的变化。《知识产权强国建设纲要(2021—2035年)》对进一步完善我国知识产权制度,加强知识产权保护运用等方面工作提出了更高的要求,为《专利法》第四次修改后的实施工作及其相关配套制度的制定和实施提出了更为明确的战略目标。专利开放许可制度可以更为有力地推动知识产权强国建设目标的落实,特别是其中关于促进专利市场价值和经济价值的实现,也能够在规则体系完善方面发挥更为显著的作用。(3)专利领域国际格局发生变化。我国专利申请量已经连续多年稳居世界第一,根据世界知识产权组织发布的《2021年世界知识产权组织事实与数据》统计报告,在2020年全球320余万件发明和实用新型专利申请中,中国国家知识产权局受理的专利申请量比上一年度增长了6.9%,达到近150万件,占全球专利申请量的45.7%。❸ 在体现专利申请国际竞争力的《专利合作条约》(PCT)专利申请量中,中国于2019年首次超越美国,位居世界第一,并且华为公司连续第三年成为申请数量最多的PCT专利申请人。❹ 专利申请量、专利授权量和有效专利量的增长,推动了专利转化实施方面需求的增加,增强了完善《专利法》专利许可规则体系的动力。专利开放许可制度的建立,能够更好地扭转较长时期以来专利制度制定和实施过程中出现的"重申请、轻实施"倾向,也可以通过专利许可实施活动更为有效地将专利保护与社会需求连接起来,使专利制度能够更好

---

❶ 回望过去 再启新程!《国家知识产权战略纲要》实施12周年[N/OL].中国知识产权报,(2020-06-05)[2021-12-08].https://www.cnipa.gov.cn/art/2020/6/5/art_1411_151106.html.

❷ 吴汉东.知识产权制度基础理论研究[M].北京:知识产权出版社,2009:133.

❸ WIPO.IP Facts and Figures 2021[EB/OL].(2022-02-10)[2022-05-08].https://www.wipo.int/publications/en/details.jsp?id=4577&plang=EN.

❹ WIPO.IP Facts and Figures 2021[EB/OL].(2022-02-10)[2022-05-08].https://www.wipo.int/publications/en/details.jsp?id=4577&plang= EN.

地满足社会公众对技术创新成果不断涌现和推广的期望。（4）《民法典》对《专利法》第四次修改产生影响。《民法典》的制定对此后《专利法》第四次修改和《著作权法》第三次修改产生了重要影响，其中包括在相应知识产权单行法律中引入惩罚性赔偿等重要制度规则。在《民法典》知识产权条款中，合同编技术合同章构成重要的组成部分，并且与《专利法》中有关专利许可的规定形成调整专利许可关系的规则基础。❶总体而言，《专利法》第四次修改通过以后，得到了国内外各方面的较好评价，其中专利开放许可制度的规定获得了积极肯定。❷《民法典》技术合同章在技术合同（特别是技术许可合同）规则方面的完善能够对专利开放许可制度的有效实施发挥重要作用，其中包括提供相应的法律渊源和明确法律原则，对认定当事人的权利义务关系并合理解决纠纷具有重要作用。

在《专利法》此次修改过程中，建立专利开放许可制度（初期称为专利当然许可制度）被认为是主要亮点之一，也成为热议的焦点话题。❸2015 年 4 月，国家知识产权局《中华人民共和国专利法修改草案（征求意见稿）》（以下简称《专利法修改草案（征求意见稿）》）首次将专利当然许可制度纳入修改建议条款内容，由此形成了该制度的基本框架。❹2015 年 12 月，国务院法制办公室发布的《中华人民共和国专利法修订草案（送审稿）》（以下简称《专利法修订草案（送审稿）》）保留了《专利法修改草案（征求意见稿）》中专利当然许可制度的基本规则。❺2019 年 1 月全国人大常委会发布的《中华人民共和国专利法修正案（草案）》（以下简称《专利法修正案（草案）》）将专利当然许可制度

---

❶　吴汉东.《民法典》知识产权制度的学理阐释与规范适用［J］.法律科学（西北政法大学学报），2022，40（1）：18-32.

❷　Yu R，Yip K. New Changes，New Possibilities：China's Latest Patent Law Amendments［J］. GRUR International，2021，70（5）：486-489；Jones Day. China Promulgates Fourth Amendment to Patent Law［EB/OL］.（2020-11-06）［2021-08-01］.https：// www.jonesday.com/en/insights/2020/11/china-promulgates-fourth-amendment-to-patent-law.

❸　王淇.专利法第四次修改概述［J］.中国市场监管研究，2021（1）：34-37；冯添.专利法修正案草案二审：推动将创新成果转化为生产力［J］.中国人大，2020（13）：39-40.

❹　国家知识产权局.关于就《中华人民共和国专利法修改草案（征求意见稿）》公开征求意见的通知［EB/OL］.（2015-04-01）［2021-12-05］.https://www.cnipa.gov.cn/art/2015/4/1/art_78_110930.html.

❺　国务院法制办公室.中华人民共和国专利法修订草案（送审稿）及对照表［EB/OL］.（2015-12-03）［2021-12-15］.http：// www.gov.cn/ xinwen/2015/12/03/content_5019664.htm.

的名称调整为专利开放许可制度❶，2020 年 7 月全国人大常委会发布的《中华人民共和国专利法修正案（草案二次审议稿）》（以下简称《专利法修正案（草案二次审议稿）》）和《专利法》第四次修改通过版本中延续了专利开放许可制度的名称。❷专利开放许可制度在规则方面基本上沿用了原有专利当然许可制度的建议条款。

在《专利法》第四次修改通过版本和历次修改草案中，专利开放许可（专利当然许可）制度的条款数量基本保持稳定，均为《专利法》中的三项条款。在制度价值目标和规则框架方面，专利开放许可制度与此前拟制定的专利当然许可制度保持了基本一致，在具体规定方面有相应的调整和变化。专利开放许可制度规则的条款数量多于《专利法》对专利自愿许可的规定（1 项条款，第12 条），少于对专利强制许可的规定（11 项条款，第 53 条至第 63 条）。《专利法》第四次修改新增第 50 条、第 51 条和第 52 条，建立了专利开放许可制度。在篇章安排方面，在《专利法》第四次修改中，专利开放许可制度规定在第六章"专利实施的特别许可"中，与专利强制许可规定在同一章之中，而与专利自愿许可条款所处条款位置距离较远。由此可以看到，专利开放许可与专利强制许可均属于"专利特别许可"，而非一般意义上的专利自愿许可。包括专利开放许可在内的专利特别许可与专利自愿许可的主要区别在于，专利行政机关在专利许可协议的成立、履行和纠纷解决等方面所发挥的职能有差别。在《专利法》中，规定了专利开放许可声明的发布程序、发布内容及其撤回程序，被许可人实施开放许可专利的条件，专利权人年费减免，专利开放许可纠纷解决机制等内容，构建了专利开放许可制度规则的基本框架，为实施专利开放许可制度提供了较为明确和坚实的法律基础。《专利法实施细则》《专利审查指南》等法规规章将在《专利法》基础上对专利开放许可制度实施中有关具体问题作出规定，使该项制度能够更为有效地得到实施。

---

❶ 我国学界在研究专利开放许可制度时，也曾经将国外相应制度名称翻译为专利当然许可。文希凯.当然许可制度与促进专利技术运用［M］//国家知识产权局条法司.专利法研究（2011）.北京：知识产权出版社，2013：227-238；裴志红，武树辰.完善我国专利许可备案程序的法律思考［J］.中国发明与专利，2012（5）：75-80.

❷ 冯添.专利法修正案草案二审：推动将创新成果转化为生产力［J］.中国人大，2020（13）：39-40；卜红星."互联网 +"时代专利开放许可的构建研究［J］.科技与法律，2020（3）：8-13，42.

在《专利法》规定了专利开放许可制度后，有必要对该项制度具体实施方式和路径进行明确。《专利法实施细则修改建议（征求意见稿）》和《专利审查指南修改草案（征求意见稿）》均对专利开放许可制度的相关规则进行了具体规定，为有效实施该制度提供了更为明确的规则依据。《专利法》对专利开放许可的基本规则进行了规定，但是由于条款数量和篇幅限制，难以对该项制度的具体规则作出详细规定，因此有必要通过相应的法律法规加以明确规定。《专利法实施细则》是附属于《专利法》的行政法规，其中部分内容是对《专利法》相关条款的具体化，还有部分内容是对《专利法》尚未制定规则的内容进行相应规定。[1]《专利法》中专利开放许可制度条款需要在进一步细化的基础上得到合理实施，《专利法实施细则》承担了明确《专利法》该部分条款适用规则的任务。《专利审查指南》属于国家知识产权局制定的行政规章，对国家知识产权局在专利授权等方面行政事务管理事项进行了较为具体的规定。[2]国家知识产权局在专利开放许可声明的审核和发布、专利开放许可声明撤回、专利开放许可纠纷调解等方面负有管理职责。相对于专利自愿许可中的实施许可合同备案，专利开放许可制度中的行政管理色彩更为浓重，《专利审查指南修改草案（征求意见稿）》对国家知识产权局的相应管理职能进行明确规定，有助于国家知识产权局在行使相应职权时合理定位并充分发挥行政管理职能。

二、《民法典》对专利开放许可制度规则的影响

《民法典》对知识产权民事法律规范作出了原则性规定。在知识产权的法律地位与性质方面，《民法典》通过将知识产权法基本条款纳入其中，使知识产权的私权属性得到明确。[3]《专利法》属于知识产权单行法律，在法律规范制定和实施中应当遵循《民法典》对知识产权的私权定位和对知识产权许可交易的合同属性界定。专利开放许可是专利许可交易的一种类型，有必要在《民法典》框架下得到合理定位和有效适用。《民法典》在基本原则、民事权利、合同规

[1]　张翰雄.专利、实用新型、外观设计三法分立问题研究［M］// 易继明.私法：第17辑第1卷.武汉：华中科技大学出版社，2020：58-204.

[2]　管荣齐.新形态创新成果知识产权保护探析［J］.科技与法律，2017（6）：1-11.

[3]　吴汉东.《民法典》知识产权制度的学理阐释与规范适用［J］.法律科学（西北政法大学学报），2022，40（1）：18-32.

则、侵权责任等多个方面的法律规范对专利许可制度具有重要影响，也会对专利开放许可制度实施发挥重要作用。《民法典》对专利开放许可制度的影响主要体现在以下三个方面。

首先，《民法典》及其技术合同章相应法律原则对专利开放许可制度实施的指引作用。（1）《民法典》明确的基本法律原则具有适用效力。在民事立法中《民法典》与知识产权单行法律具有"基本法"与"特别法"的关系。❶《民法典》关于民事活动的自愿、公平、等价有偿、诚实信用等原则在专利开放许可制度实施中同样适用。❷自愿原则是民事主体参与民事活动的一项基本原则，民事主体依据其意愿自主地决定是否参与特定的民事法律关系，并相应地享有权利和承担义务。专利权人在提交和撤回专利开放许可声明方面有自主权，我国《专利法》并未建立强制专利开放许可机制，因而专利开放许可具有民法意义上的合同属性。被许可人也能够较为自主地参与专利开放许可实施并在适当的时候退出实施活动。专利权人和被许可人作为当事人对专利产品市场和专利经济价值相应信息的掌握是较为丰富的，也能够判断自身是否适合参与专利开放许可实施活动，赋予其自主权在经济学上也是最有效率的，可以避免他人的低效率干预行为。公平原则同样能够对专利开放许可制度实施行为适用。对一般民法和商法而言，前者较为强调实质公平，而后者更为强调形式公平。❸在实质公平中，法律更为注重考察和判别交易条件对双方当事人而言是否在实质意义上是公平的，是否均衡地体现了当事人应当承担的交易对价，以及防止出现民法上"显失公平"的情况。❹专利权人在制定专利开放许可声明内容时，应当秉持公平合理的原则确定该声明相应条款涉及的权利义务，不对被许可人实施专利

❶ 吴汉东.《民法典》知识产权制度的学理阐释与规范适用［J］.法律科学（西北政法大学学报），2022，40（1）：18–32.

❷ 王伟程，周志舰，郭淑敏，刚巍.技术合同与技术权益——签订技术合同之规范［M］.北京：知识产权出版社，2012：122–124.

❸ 张德峰.从民商法到经济法：市场经济伦理与法律的同步演进［J］.法学评论，2009，27（3）：29–35；李建伟，李亚超.商事加重责任理念及其制度建构［J］.社会科学，2021（2）：86–94.

❹ 在德国商法上，商人在其商事营业的经营中约定的违约金，不能依据《德国民法典》的规定而被减少，这是商事合同在形式自由方面相对于民法规则进行的扩展。［德］C. W. 卡纳里斯.德国商法［M］.杨继，译.北京：法律出版社，2006：588–589.

权的活动附加不合理的限制。诚实信用原则被认为是民法中的"帝王原则"❶，当事人参与专利开放许可制度实施也应当遵循该原则。专利权人在提交和撤回专利开放许可声明时不得滥用权利，造成被许可人或者潜在被许可人的合法权益和合理预期遭受严重损害。被许可人在向专利权人发出实施开放许可专利的通知和报告实施情况时，也应当如实提供相应信息并及时支付专利开放许可费，避免专利权人的许可费收益权难以实现。（2）《民法典》技术合同章对相应法律原则的规定适用于专利开放许可合同。专利开放许可合同属于专利许可合同的一种类型，因而也属于技术许可合同，受到《民法典》技术合同章的调整和规范。《民法典》技术合同章第844条规定了该章的相应法律原则："订立技术合同，应当有利于知识产权的保护和科学技术的进步，促进科学技术成果的研发、转化、应用和推广。"其一，技术合同应当有利于知识产权保护，包括对专利权人的保护。在对专利权人、被许可人和其他相关主体的利益平等保护的基础上，可以适当向专利权人提供倾斜保护。专利开放许可有利于扩大专利许可实施范围，增加专利权人的许可费收益，对专利权人的经济利益和商业利益有促进作用。在法律适用时，为鼓励专利权人将专利权纳入开放许可，在维护其专利许可费收益方面可适当给予优先保障，对专利权人享有的专利年费减免等优惠应当得到有效执行。其二，技术合同应当有利于科学技术的进步，促进科学技术成果的研发、转化、应用和推广。❷专利开放许可实施有助于实现开放式创新和协同创新，为被许可人获得专利许可实施权提供便利，这对于科技进步有重要的促进作用。结合2021年《科学技术进步法》的修改，在加强知识产权保护的背景下，政府部门在促进科技进步方面所担负的职能不断得到增强，❸在专利开放许可制度实施中，国家知识产权局作为专利行政管理部门也应当积极履行职能，提供相应的公共服务，在专利权人提交和撤回专利开放许可声明、发布

---

❶ 赵万一.民法基本原则：民法总则中如何准确表达？[J].中国政法大学学报，2016（6）：30-50，160-161.

❷ 该项原则是从原《合同法》技术合同章延续到《民法典》技术合同章的一项原则。王伟程，周志舰，郭淑敏，等.技术合同与技术权益——签订技术合同之规范[M].北京：知识产权出版社，2012：125-126.

❸ 肖尤丹.全面迈向创新法时代——2021年《中华人民共和国科学技术进步法》修订评述[J].中国科学院院刊，2022，37（1）：101-111.

专利开放许可声明、专利开放许可合同（也称为专利开放许可实施合同）备案、专利年费减免，以及专利开放许可纠纷调解等方面发挥更好的作用。（3）对专利自愿许可合同商事化变革趋势的体现，使专利开放许可相对于专利自愿许可的差别得到彰显。《民法典》技术合同章所具有的商事化变革特点，使专利自愿许可合同具有更为突出的商事合同的属性和特点。❶诚然，包括专利开放许可和专利自愿许可在内的各种类型专利许可均具有一定程度的商事属性，但是将《民法典》技术合同章作为主要法律渊源的专利自愿许可合同具有更为显著的商事属性，并由此体现出其与具有公共性和公益性的专利开放许可之间的区别。❷在 FRAND 原则适用中，技术标准专利许可当事人之间的法律纠纷被认为属于商事争议，这主要是针对专利自愿许可而言，但是也可以延及对专利开放许可合同效力的认定和合同条款的解释方面。❸专利开放许可所具有的公共性和公益性并不排斥专利权人具有扩大专利许可费收益范围、提高专利许可费收益水平、推广专利技术并增加市场份额等方面的商业意图，因此专利开放许可与专利自愿许可类似，通常具备有偿性、自愿性等方面特点。❹并且，为维护专利权人的合理预期，专利开放许可制度对被许可人支付专利许可费等方面义务作出了更为严格的规定。专利开放许可具有相应的商事属性，专利权人能够取得许可费等体现专利经济价值的利益回报。

其次，《民法典》为专利开放许可合同法律问题的解决提供制度规则基础。在专利开放许可中，专利权人和被许可人围绕专利开放许可形成许可合同，关于该合同的成立、生效、效力、解释等方面的法律问题，在适用《专利法》专利开放许可制度规则的基础上，可以在必要时适用《民法典》关于民事法律行为及其中合同行为的法律规则。《民法典》在专利开放许可行为法律效力认定方面发挥着基础性规则的作用。在被许可人专利实施权来源方面，专利开放许可与专利自愿许可较为相似，均需要专利权人与被许可人之间达成许可协议后方能由后者实施。就许可合同成立要件而言，专利开放许可协议遵循合同订立的

---

❶ 刘强 .《民法典》技术合同章商事化变革研究——兼评知识产权法的相关影响［J］.湖南大学学报（社会科学版），2021，35（4）：135–141.

❷ 刘强 . 专利开放许可费认定问题研究［J］.知识产权，2021（7）：3–23.

❸ 郑伦幸 . 论 FRAND 承诺下标准必要专利许可费的确定方法［J］.法学，2022（5）：146–158.

❹ 李建忠 . 专利当然许可制度的合理性探析（上）［J］.电子知识产权，2017（3）：14–23.

一般模式，采用要约承诺的方式。在专利开放许可合同成立与生效的要件方面，在《民法典》对民事法律行为成立与生效的一般要件基础上制定了相应的特殊规则，属于对《民法典》相关规则的具体化。专利开放许可合同属于民事合同的一种，其成立与生效主要依据《民法典》关于民事法律行为，特别是合同成立的要件进行认定。《民法典》总则编第 134 条规定："民事法律行为可以基于双方或者多方的意思表示一致成立。"依据《民法典》合同编第 483 条、第 484 条以及总则编第 137 条的规定，"承诺生效时合同成立"，"以通知方式作出的承诺"在"到达相对人时生效"。在专利权人与被许可人就专利开放许可条件达成一致时，专利开放许可合同可以被认定为已经成立。为保障专利权人收取专利许可费的权利，可以将专利开放许可合同成立与生效的条件进行区分，如果被许可人在发出通知后并未支付相应许可费，则尚未获得专利开放许可实施权。❶《民法典》合同编对要约和承诺的表现形式和法律效力的规定能够适用于专利开放许可合同的订立。❷ 尽管专利开放许可声明的要约性质能够得到认定，但是其向不特定社会公众发布的特点，与专利自愿许可合同（包括 FRAND 许可）中由专利权人向特定对象或者对象群体发布的行为模式有差别。为鼓励专利权人就其专利权提交开放许可声明，避免其受到被许可人策略行为的损害，有必要在一定程度上对被许可人获得实施权时应当承担的义务作严格化规定。在《民法典》中，是允许要约人在一定情形下撤回要约或者撤销要约的。该规则也能够适用于专利开放许可声明的撤回问题。在法律修辞上，专利开放许可声明采用"撤回"用语，在法律属性方面对该声明的"撤回"属于对要约的撤销情形。关于撤回专利开放许可声明的法律效力问题，《民法典》关于要约撤销的规定可以加以适用。《民法典》第 476 条规定："要约可以撤销，但是有下列情形之一的除外：（1）要约人以确定承诺期限或者其他形式明示要约不可撤销；（2）受要约人有理由认为要约是不可撤销的，并已经为履行合同做了合理准备工作。"在要约不能撤销的情况下，受要约人对要约人受要约约束具有合理期待，此时

---

❶　刘强.专利开放许可费认定问题研究［J］.知识产权，2021（7）：3–23；易继明.专利法的转型：从二元结构到三元结构——评《专利法修订草案（送审稿）》第 8 章及修改条文建议［J］.法学杂志，2017，38（7）：41–51.

❷　曹源.论专利当然许可［M］// 易继明.私法：第 14 辑第 1 卷.武汉：华中科技大学出版社，2017：128–259.

发出承诺通知则仍然可以促成合同成立。❶ 相对于《民法典》的规定而言，《专利法》对专利权人撤回专利开放许可声明是较为宽松的。如果将社会公众不特定多数人作为受要约人，那么专利开放许可声明在公布后已经到达受要约人。对于尚未开始实施该专利的潜在被许可人和社会公众，要约可以撤销，但是需要符合《专利法》相应规则的要求。❷ 对开始实施专利技术的被许可人而言，由于专利开放许可合同已经成立并生效，因此不存在撤销要约的问题。

最后，《民法典》具体规则在专利开放许可领域能够得到适用并确定法律权利义务。其一，《民法典》技术合同章中关于专利许可费等交易条件的类型化和具体列举能够为认定专利开放许可条件提供借鉴。专利开放许可制度对专利开放许可合同订立程序方面的法定性要求，不影响在专利开放许可合同条件方面的意定性特征。专利开放许可合同内容的意定性使《民法典》有关技术合同条款的规定可以用于对专利开放合同条款的解释和适用。《民法典》第846条第1款规定："技术合同价款、报酬或者使用费的支付方式由当事人约定，可以采取一次总算、一次总付或者一次总算、分期支付，也可以采取提成支付或者提成支付附加预付入门费的方式。"《民法典》的相关规定可以适用于专利开放许可合同，使有关法律纠纷能得到合理解决。❸ 在专利开放许可与专利质押等其他转化模式衔接问题方面，《民法典》相关规定可以对规则适用产生指引作用。《民法典》第440条规定，专利权等可以转让的知识产权中的财产权能够质押。专利开放许可涉及的专利权有可能产生被质押给第三人的问题。《民法典》第444条对专利权人在专利权出质后授予他人专利许可的权利进行了限制。❹ 因此，在专利权已被质押的情况下，专利权人不能擅自将其许可他人使用，其中也应当包括将该专利权进行开放许可，避免专利许可使用权与专利质权产生冲突。对已经发布开放许可声明的专利权而言，专利权人可以将其进行质押，但是质权

---

❶ 朱广新.要约不得撤销的法定事由与效果［J］.环球法律评论，2012，34（5）：93-106.

❷ 刘琳，詹映.论专利法第四次修订背景下的专利开放许可制度［J］.创新科技，2020，20（8）：39-44.

❸ 刘强.我国专利开放许可声明问题研究［J］.法治社会，2021（6）：34-49.

❹《民法典》第444条规定："知识产权中的财产权出质后，出质人不得转让或者许可他人使用，但是出质人与质权人协商同意的除外。出质人转让或者许可他人使用出质的知识产权中的财产权所得的价款，应当向质权人提前清偿债务或者提存。"

人应当受到专利开放许可声明法律效力的约束。这可以比照专利权"转让不破许可"规则进行解释，专利权人对专利权予以转让等处分行为会受到此前已经订立的专利许可合同的限制，处分效力不及转让行为的专利权质押也应当受到类似的制约。《民法典》和《最高人民法院关于审理技术合同纠纷案件适用法律若干问题的解释》（以下简称《技术合同司法解释》）对权利转让与许可行为效力冲突解决的法律规则，有助于明确专利开放许可声明的对抗效力，使开放许可专利被许可人的实施权得到更为有效的保障。其二，《民法典》关于格式合同的条款对专利开放许可合同的适用。格式合同是合同缔约频繁化、模式化、定型化趋势发展的结果，也是基于交易习惯和交易特点对合同缔约自由的某种限制。❶这种发展趋势从传统的有形财产交易领域拓展到公共服务领域和无形资产交易领域。知识产权交易在本质上具有特质性、非标准化等特点，采用格式合同的经济条件并不充分。❷但是，在某些特定领域，例如软件版权开封许可等情形，随着交易主体范围的不断扩展和交易条件的固定化，也可以采用格式合同的方式进行交易。❸英国知识产权局为当事人提供了专利开放许可协议相关条款，可以作为格式条款在专利开放许可中反复使用。❹在《民法典》规则中，专利开放许可合同属于利用格式条款订立的合同，可以参照格式条款法律规则进行内容解释和法律适用。❺（1）《民法典》第496条第1款对格式条款的含义作出了界定："格式条款是当事人为了重复使用而预先拟定，并在订立合同时未与对方协商的条款。"一方面，格式条款是当事人为重复使用而制定的条款。格式合同的理论基础来源于契约自由，是当事人为节约交易成本而采用的缔约形式。❻专利开放许可声明中的条款属于专利权人为重复使用而制定的条款，对不同被许可人而言能够多次得到适用。专利权人通过制定和适用此类格式条款，能够节约与多个被许可人分别进行协商谈判的交易成本。另一方面，该条款是

---

❶ 崔建远.合同法总论：上卷［M］.2版.北京：中国人民大学出版社，2011：14.

❷ 在专利池等特定领域采用格式条款订立许可协议能够发挥降低交易成本的作用，但是这种情况并不普遍.刘鑫.专利许可市场失灵之破解［J］.黑龙江社会科学，2021（2）：74-80.

❸ 朱晓睿.版权内容过滤措施与用户隐私的利益冲突与平衡［J］.知识产权，2020（10）：64-76.

❹ 袁姣姣.开放许可中专利行政部门的智能化服务制度研究［J］.广东开放大学学报，2021，30（2）：100-106.

❺ 刘强.我国专利开放许可声明问题研究［J］.法治社会，2021（6）：34-49.

❻ 杜军.格式合同研究［M］.北京：群众出版社，2011：27-30.

专利权人预先拟定的，在发布专利开放许可声明之前并未与潜在的不特定被许可人进行协商。❶ 如果专利权人与被许可人就合同条款个别协商，则超出专利开放许可的范围，进入专利自愿许可领域。（2）《民法典》第 496 条第 2 款对当事人在提供格式合同时应当担负的义务作出了规定。第一，格式条款应当遵循公平原则。该款规定："采用格式条款订立合同的，提供格式条款的一方应当遵循公平原则确定当事人之间的权利和义务。"提供格式条款的一方在合同条款谈判中具有经济和法律方面的优势地位，在制定相应条款时可能存在将谈判地位优势转化为合同交易条件优势的诱因。交易相对人不能参与合同条款的制定，又迫于对方掌握相应经济资源而不得不与之进行交易，可能会在显失公平的情况下接受对方制定的交易条件并付出不合理的合同对价。❷ 在专利开放许可中，专利权人有可能通过制定不合理的专利开放许可费标准或者设置其他限制性条款维护其市场利益或者竞争优势，构成对公平原则的违反，应当注意避免发生此类情形。第二，提供格式合同当事人的提示义务和说明义务。《民法典》第 496 条第 2 款还规定，提供格式条款的一方应当"采取合理的方式提示对方注意免除或者减轻其责任等与对方有重大利害关系的条款，按照对方的要求，对该条款予以说明。提供格式条款的一方未履行提示或者说明义务，致使对方没有注意或者理解与其有重大利害关系的条款的，对方可以主张该条款不成为合同的内容"。根据该规定要求，专利权人本应当就专利开放许可声明内容向潜在被许可人进行提示和说明，特别是对其中己方的免责条款和对被许可人的限制条款应当通过合理的方式提醒对方注意。❸ 但是，国家知识产权局对专利开放许可声明有格式要求，一般不允许专利权人通过改变条款文字形式等方式提醒对方注意。潜在被许可人主体范围较为广泛，并且具有一定的不确定性，因此也很难向专利权人提出说明专利开放许可声明条款的请求。而且，关于该声明中何种条款属于免责条款或者与对方有重大利害关系的条款，也可能存在争议。（3）格式合同条款无效的问题。《民法典》第 497 条规定了格式条款无效的

---

❶ 杜军.格式合同研究［M］.北京：群众出版社，2011：127.

❷［德］汉斯·布洛克斯，［德］沃尔夫·迪特里希·瓦尔克.德国民法总论［M］.41 版.张艳，译.北京：中国人民大学出版社，2019：109.

❸［德］汉斯·布洛克斯，［德］沃尔夫·迪特里希·瓦尔克.德国民法总论［M］.41 版.张艳，译.北京：中国人民大学出版社，2019：112.

情形：具有《民法典》第一编第六章第三节和《民法典》第 506 条规定的无效情形；提供格式条款一方不合理地免除或者减轻其责任、加重对方责任、限制对方主要权利；提供格式条款一方排除对方主要权利。专利开放许可声明中的部分限制性条款可能构成无效情形，对被许可人的合法权益造成不合理的损害，应当被认定为无效。例如，禁止被许可人对专利权有效性提出质疑的条款，可能因为其剥夺被许可人请求宣告专利权无效的权利而被认定为不具有法律效力。（4）格式合同条款内容解释问题。《民法典》第 498 条规定："对格式条款的理解发生争议的，应当按照通常理解予以解释。对格式条款有两种以上解释的，应当作出不利于提供格式条款一方的解释。格式条款和非格式条款不一致的，应当采用非格式条款。"在专利开放许可声明中，相关条款一般按照通常含义进行解释。❶ 解释的依据包括该声明中相应术语的文字含义，以及该声明中其他相关条款的内容等，必要时可以借助辞典或者其他工具书对声明条款内容进行解释。对专利开放许可声明部分条款可能会存在两种以上不同的解释，有必要对此类条款作不利于专利权人的认定。另外，专利开放许可合同条款不仅包含专利权人所提供的专利开放许可声明的内容，而且包括被许可人在向专利权人所发出通知中记载的内容。对后者而言，在产生争议时则应当作不利于被许可人的解释。❷ 由此，可以使专利开放许可合同条款得到平衡解释与适用，当事人的合同权益和合理预期也能够均衡体现。

第二节　专利开放许可制度规则变动分析

一、专利开放许可制度名称问题

特定法律制度的名称体现了该项制度的"灵魂"，彰显了该项制度的立法宗旨和价值导向，对该项制度在法律制度体系中的合理定位具有重要意义。法律的名称属于法律外部结构形式中的关键构成要素，对法律制度在立法、执法

---

❶　［德］汉斯·布洛克斯，［德］沃尔夫·迪特里希·瓦尔克.德国民法总论［M］.41 版.张艳，译.北京：中国人民大学出版社，2019：114.

❷　刘强.我国专利开放许可声明问题研究［J］.法治社会，2021（6）：34–49.

和司法等方面均具有重要作用和意义❶，符合法律制度属性和特征的名称能够起到"画龙点睛"的作用，也能够为法律制度的解释和适用提供良好的基础。法律名称可以反映其具有的特殊意义。❷ 在确定法律制度名称时较为重要的考虑因素是要"名副其实"，以便于它融入相应制度体系以及与其他国家相应制度的横向比较。❸ 在"望文生义"因素的影响下，法律制度的名称会给社会公众较为强烈的"第一印象"，合理的名称能够避免法律制度实施参与者和社会公众产生误解和误读。一项制度相对于其他制度的区别和特点也能够从其名称中得到体现。在专利制度框架下，相关具体法律制度在名称上有以下特点：一是通常会带有"专利"用词，从而体现其归属于专利制度体系，并且属于其中一项具体规则或者制度。"专利"属于相应法律行为的对象和客体，因而区别于其他类型知识产权制度或者其他法律制度。二是通常会有相应法律行为内容的名称，例如，专利申请、专利转让、专利许可、专利质押、专利侵权认定或者其他与专利相关的制度规则。该名称是法律关系客体与法律关系内容（行为内容）两种词汇叠加形成的，一方面体现了法律关系客体的特殊性，另一方面体现了法律关系内容（行为内容）的特征。在与其他相关制度对比时，可以将法律关系内容（行为内容）相同但是法律关系客体不同的制度规则横向比较。例如，在技术许可合同中，可以将专利许可与技术秘密许可、计算机软件许可、植物新品种许可等类型许可合同进行对比和分析。在制度名称中的法律关系内容关键词方面，应当尽量保持与其他同类法律制度名称的相应关键词属于同一层面的概念，避免使用上位或者下位概念，这能够使制度体系内部各项具体制度的横向关系更为协调。

在制度名称方面，由"专利当然许可制度"调整为"专利开放许可制度"更好地体现了制度性质和特点。在制度对象方面，专利开放许可与专利当然许可基本上属于通用术语；在《专利法》第四次修改征求意见过程中，最初采用专利当然许可制度的称谓，然后调整为专利开放许可。❹ 在制度名称中使用"当然"会让人将该制度更为密切地与专利强制许可制度联系在一起，会更多地突

---

❶ 周伟.关于《中华人民共和国民族区域自治法》法律名称修改的探讨［J］.民族工作，1997（9）：20−23.

❷ 史彤彪.关于法律和制度名称的片想［J］.比较法研究，2003（3）：109−114.

❸ 刘风景.《民法通则》名称的历史考察与现实价值［J］.社会科学研究，2016（5）：1−8.

❹ 王瑞贺.中华人民共和国专利法释义［M］.北京：法律出版社，2021：145.

出这项制度的公共性和非自愿性。"当然"用语较多地反映了行政管理部门对专利许可行为的干预，主要是解决专利许可信息障碍问题。❶然而，专利开放许可制度的首要特点还是自愿性，是基于专利权人自主决定提交专利开放许可声明开始的，将该制度名称改为"专利开放许可"能够更为平衡地表现其意定性与法定性的有机结合。制度名称可能会影响对制度性质的界定和适用，特别是涉及该项制度是自愿参与还是强制实施时显得尤为重要。在专利开放许可制度制定论证过程中，存在对该制度演变为强制性许可制度的疑虑，因此通过制度名称的调整消除相关公众或者企业的顾虑是很有必要的。有资料显示："有的境外机构担心开放许可变成强制性要求，成为强制外国专利权人转让技术的一种方式。对此，新专利法特别明确，开放许可由专利权人自愿做出"❷。如果采用"专利当然许可"的制度称谓，则有可能让人联想到对部分专利权采用非自愿的当然许可，从而混淆与专利强制许可之间的界限。使用"专利开放许可制度"的名称，一方面可以保持该制度在专利许可开放性方面的特点，另一方面能够将该制度区别于专利强制许可等非自愿许可类型，从而保持该制度的独特性。

法律制度名称需要较为全面地涵盖所调整对象的范围，避免较为明显地遗漏应当属于该制度所涉及的法律关系内容和对象。❸专利开放许可制度的名称与自治型专利开放许可、开放源代码、开放专利等机制的名称均有"开放"用语。后三种类型许可机制均有自治性和自愿性的特点，专利开放许可制度也采用"开放"作为名称关键词不会使其具有强制性。"开放"是与"封闭"相对应的用语，体现了该项制度公开性、公共性的特点，能够与专利自愿许可中封闭性、秘密性的特点进行对照。事实上，专利强制许可具有公共利益目的，但是在颁发强制许可程序中有"一事一议"等方面要求，并非公开而不受限制的许可，其开放程度仍然受到较为明显的限缩。专利开放许可基于专利权人自愿的基础，无须专利行政管理部门强制力介入，可以在更大程度上实现公开性和广泛性，比专利强制许可能够在更宽范围内得到使用。有观点认为，专利开放许

---

❶　赵石诚.利益平衡视野下我国专利当然许可制度研究［J］.武陵学刊，2017，42（5）：63-68.

❷　陈扬跃，马正平.专利法第四次修改的主要内容与价值取向［J］.知识产权，2020（12）：6-19.

❸　郑成思.关于法律用语、法律名称的建议［M］//易继明.私法：第4辑第1卷.北京：北京大学出版社，2004：16-17.

可有可能会向"超"强制许可转化，专利强制许可通常只针对特定的专利权人及专利实施者，而专利开放许可则有可能涉及相关技术领域多个专利权人及不特定的多个被许可人。❶ 在其他部分国家专利法中，对专利开放许可制度采用"license of right""patent endorsed licensing of right"等名称 ❷，可以直译为"权利许可""权利许可标记专利"等，强调在专利登记簿上对专利许可意愿的标记和专利许可对象的开放性，但是并未明确专利开放许可的来源是专利权人自愿授予还是专利行政管理部门强制颁发，并且被许可人需要与专利权人协商谈判订立许可协议才能获得专利实施权。这两项限制条件使其与专利强制许可、专利自愿许可的界限模糊化，相关国家在该制度名称中也未刻意强调"开放性"。使用"专利开放许可制度"名称能够较好地概括该类型专利许可规则调整的对象范围，有助于使其在专利许可规则体系中得到合理定位，有效地区别于其他类型专利许可，并且可以体现专利开放许可在制度属性方面所具有的特点，且较好地结合了该项制度调整对象和规则性质等要素之间的关系。

二、专利开放许可制度法律原则的发展趋势

在专利开放许可制度法律原则方面，主要体现了自愿性得到明确化、法定性得到强化、开放性得到保障等方面的发展趋势。

第一，专利开放许可制度历次征求意见条款均在一定程度上体现了自愿属性，且在《专利法》第四次修改通过版本中得到更为明确的体现。在专利开放许可制度中，特别是专利开放许可声明发布机制中，意定优先是作为首要原则体现的。根据自愿属性要求，专利开放许可声明的发布和撤回，均是专利权人基于其意思自治而实施的行为，其他单位或者个人基本上无权干涉。《专利法》第四次修改通过版本相对于前面四稿草案（包括《专利法修改草案（征求意见稿）》《专利法修订草案（送审稿）》《专利法修正案（草案）》及《专利法修正案（草案二次审议稿）》），更为强调专利开放许可声明发布的"自愿性"，在第

---

❶ 赵石诚. 利益平衡视野下我国专利当然许可制度研究［J］. 武陵学刊，2017，42（5）：63-68.

❷ UKIPO.Patents Endorsed Licence of Right（LOR）and Patents Not in Force（NIF）［EB/OL］.［2022-01-20］.https：//www.ipo.gov.uk/p-dl-licenceofright.htm.

50 条第 1 款中"专利权人"与"以书面形式"之间增加了"自愿"二字。[1] 由此，基本上排除了强制专利开放许可的可能性，仅认可自愿性专利开放许可。在专利开放许可与专利普通许可模式结合方面，《专利法修正案（草案二次审议稿）》与《专利法》第四次修改通过版本均增加了专利权人进行专利开放许可后，还可以与被许可人订立专利普通许可合同的规定，这也更为明确地体现了专利开放许可与专利普通许可性质相近和并行不悖的特点。[2] 而且，该规则也更有利于表明专利开放许可制度本身所具有的自愿性。[3] 此外，在专利开放许可实施纠纷解决方面也体现了自愿原则。《专利法》第四次修改通过版本在原有草案基础上增加了"由当事人协商解决"的规定，在"不愿协商或者协商不成的"情况下再由国家知识产权局或者法院介入并加以解决。由此，将当事人协商作为专利开放许可纠纷解决的首选路径，体现了意思自治原则在此方面的优先地位。

专利权人所享有的自愿性可以体现在两个方面：（1）专利权人在是否提交专利开放许可声明方面有自主权。《专利法》对专利权人作出专利开放许可声明，并参与专利开放许可声明活动方面的意思自治逐步得到明确和强化，这是对专利权人所拥有独占权利的尊重，也使专利开放许可与专利强制许可之间的区别得到体现。专利权人在获得专利授权后，基于专利所赋予的独占性垄断权，可以通过多种方式对专利进行实施，或者基于合理原因不进行实施。在是否实施专利权方面，专利权人具有相当全面的决定权，其中就包括是否通过专利开放许可允许他人实施该项专利。强制专利开放许可对专利权人专有权利的影响可能比专利强制许可更强[4]，因此今后增加此类专利开放许可需要更加慎重。在《专利法》第四次修改草案各个版本中，均有"专利权人以书面方式向国务院专利行政部门声明其愿意许可任何人实施其专利"或类似表述，直到正式通过版

---

[1] 陈扬跃，马正平. 专利法第四次修改的主要内容与价值取向［J］. 知识产权，2020（12）：6-19.

[2] 来小鹏，叶凡. 构建我国专利当然许可制度的法律思考［M］//国家知识产权局条法司. 专利法研究（2015）. 北京：知识产权出版社，2018：181-193；冯添. 专利法修正案草案二审：推动将创新成果转化为生产力［J］. 中国人大，2020（13）：39-40；陈扬跃，马正平. 专利法第四次修改的主要内容与价值取向［J］. 知识产权，2020（12）：6-19.

[3] 陈扬跃，马正平. 专利法第四次修改的主要内容与价值取向［J］. 知识产权，2020（12）：6-19.

[4] 根据《专利法》第 53 条，在主体方面，专利强制许可只能由"具备实施条件的单位或者个人"进行实施；在程序方面，专利强制许可须由申请人提出申请并由国家知识产权局批准之后才能够实施。专利开放许可则并无对被许可人身份的限制，也无须另行履行申请审批或者许可谈判程序。赵石诚. 利益平衡视野下我国专利当然许可制度研究［J］. 武陵学刊，2017，42（5）：63-68.

本中才加入"自愿"二字，这说明立法机关有意特别突出对专利权人意思自治的保障。（2）专利权人对专利开放许可条件的制定具有决定权。专利强制许可的重要特点是，不仅在是否给予专利许可授权方面由国家强制力介入，而且在专利许可条件制定方面也由公权力保证达成一致。❶专利自愿许可则较为强调在许可条件方面的意思自治，公权力机关仅在反垄断执法等特定领域对许可条件予以介入。当事人对许可条件意思自治程度可能有所不同，在专利许可中能否构建较为复杂的交易结构也会存在差异。在专利强制许可中，公权力机关主要针对专利许可费等金钱对价进行设定和调整，或者排除特定限制性条款的法律效力，难以为当事人设定较为复杂的交易框架和交易条款。在专利开放许可中，专利权人对交易条件的制定权是介于专利自愿许可和专利强制许可的，《专利法》基本上尊重当事人的意思自治，《专利审查指南修改草案（征求意见稿）》曾规定国家知识产权局对交易条件是否明显不合理进行审查，一般也不进行实质介入。《专利法》第四次修改草案历次版本中均要求专利权人在专利开放许可声明中明确专利许可费的相关信息，其中前两次修改草案将需要明确的对象具体表述为"许可费"或者"许可使用费"，后两次修改草案及正式通过版本中对此修改为"许可使用费支付方式、标准"，细化了对专利开放许可费信息予以明确记载的要求。这种变化并未在实质上增加专利权人的披露义务。《专利法》不对专利开放许可条件进行介入，专利权人基本上可以根据其意愿决定许可费等条件，并记载在专利开放许可声明中，由此可以充分尊重当事人意思自治，有效发挥市场机制对专利开放许可费标准的影响。❷基于专利开放许可声明的公开性，专利权人通常会基于对专利权经济价值的评估，制定相应的专利开放许可条件。❸专利权人制定的专利许可费若过高，虽然不影响将其在专利开放许可声明中公布，但是可能会对专利权人的市场形象造成不良影响，也不利于鼓励被许可人积极参与专利开放许可并充分实施该专利。

　　第二，在法定性方面，专利开放许可声明在内容和法律效力方面的要求不

❶ 康添雄.专利法的公共政策研究［M］.武汉：华中科技大学出版社，2019：350.
❷ 刘强.我国专利开放许可声明问题研究［J］.法治社会，2021（6）：34–49；罗莉.专利行政部门在开放许可制度中应有的职能［J］.法学评论，2019，37（2）：61–71.
❸ 丁文，邓宏光.论专利开放许可制度中的使用费问题——兼评《专利法修正案（草案）》第16条［M］//宁立志.知识产权与市场竞争研究：第7辑.武汉：华中科技大学出版社，2021：67–83.

断得到强化。专利开放许可制度对专利权人在专利开放许可声明中应当公布专利许可费标准和支付方式等信息、专利开放许可声明及其撤回行为的法律效力、被许可人专利实施权的保障等方面进行了规定。在《专利法》第四次修改各次草案中，相应规则的法定性程度在不断增强，体现了较为明显的法定保障原则。例如，在专利开放许可声明对专利开放许可费内容的记载方面，《专利法修正案（草案）》较之前的《专利法修改草案（征求意见稿）》和《专利法修订草案（送审稿）》更为明确，不仅要求公布专利许可费，而且要确定专利许可费的标准和支付方式等具体内容，并体现在《专利法修正案（草案二次审议稿）》和《专利法》第四次修改通过版本中。❶ 专利权人提交的专利开放许可声明可以作为专利许可合同订立中的要约，并不仅是要约邀请。❷ 因此，专利开放许可合同将能更为有效地达成和履行。在撤回专利开放许可声明的法律效力方面，也从《专利法修改草案（征求意见稿）》中"不影响在先被许可人的权益"修改为以后四个版本中"不影响在先给予的开放（当然）许可的效力"，使该行为的效力范围更为明确。此外，实用新型和外观设计专利开放许可声明中的专利权评价报告提交义务得到肯定和维持。❸ 实用新型专利和外观设计专利均只经过初步审查即可授权，法律上的权利稳定性较低，在专利权无效宣告程序中被宣告无效的风险较高，涉及专利侵权诉讼、专利转让许可等事务时可能会使当事人面临权利有效性风险。❹ 要求所有提交专利开放许可声明的实用新型或者外观设计专利权人出具专利权评价报告，固然可能会增加专利权人的经济成本，抑制部分专利权人提交专利开放许可声明的积极性❺，但是对树立专利开放许可制

---

❶　申长雨.关于《中华人民共和国专利法修正案（草案）》的说明——2018 年 12 月 23 日在第十三届全国人民代表大会常务委员会第七次会议上［J］.中华人民共和国全国人民代表大会常务委员会公报，2020（5）：726-728；冯添.专利法修正案草案二审：推动将创新成果转化为生产力［J］.中国人大，2020（13）：39-40；丁文，邓宏光.论专利开放许可制度中的使用费问题——兼评《专利法修正案（草案）》第 16 条［M］∥宁立志.知识产权与市场竞争研究：第 7 辑.武汉：华中科技大学出版社，2021：67-83.

❷　易继明.专利法的转型：从二元结构到三元结构——评《专利法修订草案（送审稿）》第 8 章及修改条文建议［J］.法学杂志，2017，38（7）：41-51.

❸　罗莉.我国《专利法》修改草案中开放许可制度设计之完善［J］.政治与法律，2019（5）：29-37；赵石诚.利益平衡视野下我国专利当然许可制度研究［J］.武陵学刊，2017，42（5）：63-68.

❹　王瑞贺.中华人民共和国专利法释义［M］.北京：法律出版社，2021：146-147.

❺　李慧阳.当然许可制度在实践中的局限性——对我国引入当然许可制度的批判［J］.电子知识产权，2018（12）：68-75.

度的严谨性、保障被许可人及社会公众的合法权益和合理预期还是很有必要的。如果专利侵权诉讼被告败诉并支付相应的损害赔偿，或者专利受让人或者被许可人支付转让费、许可费后，实用新型专利或者外观设计专利权却被宣告无效，将会使交易对方当事人的利益受到较为严重的损害。❶ 在专利开放许可实施中，被许可人也会面临同样的风险，这种情形甚至有可能损害专利开放许可制度本身的权威性和可信性。

三、专利开放许可当事人权益保护和激励政策

在《专利法》第四次修改过程中，对专利开放许可制度当事人权利义务规定的明确程度不断增强，为当事人提供的制度激励和政策激励也不断强化。专利开放许可制度实施中的当事人包括专利权人和被许可人，这两类主体是专利开放许可实施的直接利益主体。除当事人外，还有其他主体属于关系人，包括专利权受让人、专利质押权人、专利职务发明人等，他们的利益受到专利开放许可实施行为的间接影响。在专利权人与专利产品市场结构的关系方面，专利权人有可能属于"产品市场的在位者"并生产制造专利产品参与竞争市场，也有可能属于"产品市场的外部生产者"而不实际生产制造专利产品。❷ 与其他类型专利许可模式类似，专利开放许可能够促进专利权人许可费收益最大化，在一定程度上强化了专利权人的竞争优势，也可以使被许可人较快地获得技术许可并增强其技术实施能力。❸ 专利开放许可制度规则对当事人权利义务的明确化，使得当事人选择该项制度进行专利许可的预期更为确定。这一方面可以促进当事人选择参与专利开放许可，该技术转移模式属于外部获取模式；另一方面可以将外部获取模式与企业中扩大研发或者生产的产业链的内部拓展模式相比较，从而实现创新活动方式的不断优化。❹ 作为激励对象的当事人主体范围，

---

❶ 专利权评价报告制度能够在一定程度上解决在专利侵权诉讼或者专利许可中滥用实用新型和外观设计专利的负面影响问题。欧阳石文，孙方涛.完善我国专利制度对不诚信行为的规制 [J].知识产权，2012（11）：77-81.

❷ 孔军民.中国知识产权交易机制研究 [M].北京：科学出版社，2017：44.

❸ 周围.相关市场界定研究——以技术许可协议为视角 [M].北京：法律出版社，2017：44-45.

❹ 有学者指出："企业性经济体制完全不同于市场性经济体制，两者是互为替代的方法。假如所有的生产活动都由价格体制调节，那么企业这一经济组织就没有存在的必要。但是，企业是现实的存在。"张乃根.西方法哲学史纲 [M].4 版.北京：中国政法大学出版社，2008：391.

不仅包括作为独占权利拥有者的专利权人，也包括作为专利技术实施者和专利产品市场拓展者的被许可人。专利权的市场价值主要是通过专利产品市场销售或者其他方式得到实现❶，被许可人在实施专利技术过程中投入技术资源和商业资源，为专利技术市场价值的充分发挥作出相应贡献，其合理预期也应当得到有效保护。专利开放许可制度可以维护专利权人提交专利开放许可声明自愿性，也能够对被许可人参与专利开放许可实施的意思自由给予充分的保障，从而为其消除可能受到不合理限制的风险。例如，在专利开放许可声明撤回的情形中，从《专利法修改草案（征求意见稿）》规定"当然许可声明被撤回的，不影响在先被许可人的权益"到后续修改草案及《专利法》第四次修改通过版本的"开放许可声明被公告撤回的，不影响在先给予的开放许可的效力"，使被许可人在专利开放许可声明撤回后的前期权益保障得到认可，使其合理预期能够得到更好的维护。

在当事人权益保护和激励政策方面，相应制度规则条款也逐步得到完善。第一，在专利权人年费减免方面，《专利法》第四次修改通过版本相对于之前草案的重要亮点之一是增加了开放许可专利权人年费减免的优惠规则。❷《专利法》第 51 条第 2 款规定："开放许可实施期间，对专利权人缴纳专利年费相应给予减免。"专利年费减免对提高专利权人积极参与专利开放许可并将其专利许可给他人使用的可能性具有重要作用。《全国人民代表大会宪法和法律委员会关于〈中华人民共和国专利法修正案（草案）〉审议结果的报告》中指出："有的常委会组成人员、社会公众提出，为鼓励专利权人自愿实行开放许可，促进专利实施和运用，建议增加关于激励措施的规定，开放许可实施期间，对专利权人缴纳专利年费相应给予减免。宪法和法律委员会经研究，建议采纳这一意见。"❸这说明立法机关对在专利开放许可制度中制定激励机制规则是非常重视的。该修改建议的提出，使专利开放许可制度中的专利年费减免机制在《专利

❶ 寇宗来.专利制度的功能和绩效［M］.上海：上海人民出版社，2005：5.

❷《专利法》第四次修改草案早期版本未制定专利年费减免规定，被认为是值得改进之处。徐东.专利"当然许可"制度的初步探讨［M］//国家知识产权局条法司.专利法研究（2018）.北京：知识产权出版社，2020：190-203.

❸ 江必新.全国人民代表大会宪法和法律委员会关于《中华人民共和国专利法修正案（草案）》审议结果的报告［J］.全国人民代表大会常务委员会公报，2020（5）：730-731.

法》第四次修改最后一次审议时得到体现，并在《专利法》此次修改通过版本中进行了规定。在给予开放许可专利权人年费减免优惠时，为平衡专利权维持所带来的社会成本消耗问题，避免专利开放许可制度年费减免政策被滥用，专利权人只能在专利开放许可实施后才能享受相应的年费减免政策，而不是在发布专利开放许可声明后便可获得年费优惠。❶ 由此，可以避免低质量专利借助专利开放许可制度降低成本的维护费用。专利年费减免并非专利开放许可独有的优惠政策，但是将其规定在《专利法》中还是有助于专利权人明确相应的优惠政策预期。大多数其他国家专利开放许可制度也明确规定了年费减免规则，甚至明确了年费减免的比例，因此有必要对域外相关立法经验进行借鉴。

第二，在专利权人寻求专利侵权救济的权利方面，从原有修改草案排除相应权利转变为允许其获得救济的规则。《专利法修改草案（征求意见稿）》《专利法修订草案（送审稿）》均规定："当然许可期间，专利权人不得就该专利给予独占或者排他许可、请求诉前临时禁令"，由此从根本上取消了专利权人所享有的独占性排他权利。❷ 在此情况下，专利权人仅保留向被许可人收取许可费的权利，但是其能够享有的司法救济路径将受到严格限制，可能会导致其许可费权益也难以得到保障。❸ 为此，《专利法修正案（草案）》《专利法修正案（草案二次审议稿）》和《专利法》第四次修改通过版本均删除了该项限制，拓宽了专利权人寻求法律救济的途径，这意味着专利权人在专利开放许可期间有权对未经许可实施专利的行为主张由行为人承担专利侵权责任，并按照专利侵权损害赔偿计算方法给予相应的经济赔偿。❹ 在《民法典》和《专利法》分别规定了知识产权及专利权侵权损害惩罚性赔偿的情况下，这会对潜在的专利侵权行为人产生较为有力的威慑，也有助于引导专利技术实施者接受专利开放许可而非

---

❶ 陈扬跃，马正平.专利法第四次修改的主要内容与价值取向［J］.知识产权，2020（12）：6-19.

❷ 易继明.专利法的转型：从二元结构到三元结构——评《专利法修订草案（送审稿）》第8章及修改条文建议［J］.法学杂志，2017，38（7）：41-51.

❸ 李旭颖，董美根.专利当然许可制度构建中的相关问题研究——以《专利法修订草案（送审稿）》第82、83、84条为基础［J］.中国发明与专利，2017，14（4）：86-91.

❹ 周婷.开放许可制度下的纠纷救济手段及法律责任配置——兼评《专利法（修正案草案）》第50、51、52条［J］.北京政法职业学院学报，2020（1）：68-72；冯添.专利法修正案草案二审：推动将创新成果转化为生产力［J］.中国人大，2020（13）：39-40；陈扬跃，马正平.专利法第四次修改的主要内容与价值取向［J］.知识产权，2020（12）：6-19.

实施专利侵权行为。专利权人向社会公众发布专利开放许可声明，虽然是作出了向所有潜在实施者授予专利许可的承诺，但是并不意味着潜在被许可人自动获得专利许可，也不代表其可以无条件地获得专利许可。潜在被许可人必须满足相应的程序性和实体性条件才能够实际获得专利实施权。在被许可人满足相应条件之前实施专利技术的，专利权人可以对其提起专利侵权诉讼。❶这一方面可以督促专利实施者通过专利开放许可机制获得实施权后再合法地实施专利技术，另一方面能够维护专利权人收取专利许可费的权益。在专利权人作出专利开放许可声明后提起的专利侵权诉讼中，是否需要在法律规则上对其所能够获得的损害赔偿数额进行限制，也曾经是存在争议的问题。《专利法》并未借鉴其他部分国家的立法例，没有对专利权人有权取得的侵权赔偿数额进行相应限制，这为适当提高专利权人的获赔数额保留了空间。对恶意侵害专利权的主体，要求其承担惩罚性赔偿责任能够起到较好地抑制侵权动机的作用。

第三，对被许可人合理期待利益的尊重和保护。是否需要对专利权人撤回专利开放许可声明的权利进行限制，也是有必要讨论的问题。部分其他国家要求专利权人在专利开放许可声明发布后间隔一段时间，并且满足其他相应条件（如被许可人同意）后，才能撤回该声明。国外立法例对此问题作出限制性规定，主要是基于撤回专利开放许可声明对已有被许可人具有溯及力的原因，为维护被许可人合理预期而对专利权人予以相应限制。因此，部分国家所采用规则模式可以被称为"限制撤回＋有溯及力"模式。对被许可人期待利益的保护有利于防止其付出经济成本和机会成本后遭受不合理的损失。❷我国《专利法》已将专利开放许可声明定位为合同法律制度中的要约，而非类似部分其他国家专利开放许可制度中将其归属为要约邀请，我国专利开放许可声明对专利权人的法律约束力明显增强。❸专利权人撤回专利开放许可声明相当于撤销了已经

---

❶ 何培育，李源信.基于博弈分析的开放许可制度优化研究［J］.科技管理研究，2021，41（12）：165-171.

❷ 有学者认为，专利许可可以降低对进入者独立进行后续研究的激励，从而防止其发现低成本技术给专利权人带来的风险。Fackler R. Antitrust Litigation of Strategic Patent Licensing［J］. New York University Law Review, 2020, 95（4）: 1105-1149.

❸ 罗莉.我国《专利法》修改草案中开放许可制度设计之完善［J］.政治与法律，2019（5）：29-37.

发出的专利开放许可要约，可能会影响被许可人及潜在被许可人的权益或者预期利益。在合同法律制度上，对要约人撤回要约是有较为严格限制的，应防止对受要约人造成不合理的损害。基于保护被许可人合理期待利益的原因，有必要对专利权人撤回专利开放许可声明的权利进行限制，对撤回该声明后所产生的取消专利开放许可实施权的法律效力也应当予以合理限制。与此相对应，我国采用的是不对专利权人撤回专利开放许可声明的权利限制，但是对其法律效果的范围（包括溯及力问题）进行限缩性规定，可以将其称为"不限制撤回＋无溯及力"的模式。对此处"无溯及力"所涵盖的范围，有可能存在不同解释。第一种解释是较为宽泛的解释：被许可人可以在专利开放许可声明撤回前向专利权人发出的通知中记载的实施专利权期间继续实施该项专利权，该期间可能跨越专利权人撤回声明的时间点。这可以更好地维护被许可人的预期，使其为实施专利权所作准备和投入的资源能够获得更为充分的回报，不至于因声明撤回而被迫终止。第二种解释是限缩性解释：被许可人在专利开放许可声明撤回后不再享有专利实施权，不论其向专利权人发出通知中记载的实施期间是否跨越声明撤回的时间点。❶这对专利权人来说较为有利，对被许可人的预期利益则可能会造成损害。在上述两种解释模式中，应当采用何种解释尚未得到明确，有待在专利开放许可制度实施中给予厘清。

四、专利开放许可纠纷解决机制问题

专利开放许可纠纷解决机制及其裁判规则是该项制度实施过程中的重要方面，也是保证该项制度能够顺利实施，明确当事人法律预期的重要保障。《专利法》第四次修改过程中，对专利开放许可实施纠纷解决机制的规定，从最初主要借鉴外国专利法相应规则设计，到体现本土制度特色，进行了较为显著的转变。其中，需要解决的重点问题之一是专利开放许可纠纷解决机制所涉及的纠纷范围，以及国家知识产权局在专利开放许可纠纷解决方面所具有的职能和作用。关于专利开放许可纠纷解决机制，在对象范围和模式方面均有相应调整。

其一，在专利开放许可纠纷解决机制对象范围方面，《专利法修改草案（征

---

❶ 唐蕾. 我国建立专利当然许可制度的相关问题分析——以《专利法》第四次修改草案为基础 [J]. 电子知识产权，2015（11）：26-33.

求意见稿）》《专利法修订草案（送审稿）》均将其定位为"当然许可"产生的纠纷❶，《专利法修正案（草案）》《专利法修正案（草案二次审议稿）》和《专利法》第四次修改通过版本则均改为"实施开放许可"产生的纠纷。❷除当然许可与开放许可的制度称谓不同以外，后三个版本还将纠纷范围限定为实施过程中发生的纠纷，不涉及专利开放许可声明发布及撤回本身所产生的纠纷。作出该项限定，有利于保持专利开放许可声明法律效力的稳定性和可预期性，相关纠纷应主要围绕对该声明内容的解释和适用。在专利开放许可声明的提交、发布和撤回方面，主要涉及专利权人与国家知识产权局的行政管理关系。专利权人对国家知识产权局在专利开放许可声明和撤回专利开放许可声明审查方面的决定不服，或者对国家知识产权局依据职权撤回专利开放许可声明的决定不服，主要通过行政复议等方式寻求救济，与国家知识产权局管理的其他专利事务行政争议解决采用基本相同的机制，无须在《专利法》中针对此类争议问题专门进行规定。❸专利开放许可制度实施中需要着重解决的是专利开放许可声明发布以后，被许可人实施该项专利过程中产生的纠纷。此类纠纷能否得到合理有效的解决，将在很大程度上影响专利权人将专利纳入开放许可的积极性，也会对被许可人参与专利开放许可实施的意向产生显著影响。专利开放许可实施纠纷涉及专利权人、被许可人及其他利益相关方，可能产生纠纷的主体范围是较为广泛的，因此对该项规则的制定和适用需要兼顾效率与公平两个方面的价值取向。

其二，专利开放许可纠纷解决机制模式方面，《专利法修改草案（征求意见稿）》和《专利法修订草案（送审稿）》均采用由国家知识产权局进行行政

---

❶　刘明江.当然许可期间专利侵权救济探讨——兼评《专利法（修订草案送审稿）》第 83 条第 3 款［J］.知识产权，2016（6）：76-85.

❷　陈扬跃，马正平.专利法第四次修改的主要内容与价值取向［J］.知识产权，2020（12）：6-19；冯添.专利法修正案草案二审：推动将创新成果转化为生产力［J］.中国人大，2020（13）：39-40；郭伟亭，吴广海.专利当然许可制度研究——兼评我国《专利法修正案（草案）》［J］.南京理工大学学报（社会科学版），2019，32（4）：16-21.

❸　《国家知识产权局行政复议规程》（2012 年制定）第 4 条对属于行政复议范围的事项进行了规定，第 5 条对不属于行政复议的事项予以了明确。专利开放许可声明相关事项应当属于第 4 条第 5 项"认为国家知识产权局作出的其他具体行政行为侵犯其合法权益的"情形。

裁决的模式，并且允许当事人对行政裁决提出司法救济。❶《专利法修正案（草案）》则将行政裁决模式修改为行政调解模式，并且在文字上相应地取消了对行政裁决进行司法救济的规定。《专利法修正案（草案二次审议稿）》则将其修改为行政调解或司法救济择一的选择性模式。❷《全国人民代表大会宪法和法律委员会关于〈中华人民共和国专利法修正案（草案）〉修改情况的汇报》认为："专利权属于民事权利，当事人就实施开放许可发生纠纷的，除依法请求国务院专利行政部门调解外，也可以通过协商、诉讼等方式解决"❸。在专利开放许可纠纷解决机制方面，也体现了意定优先的意思自治原则，避免过度消耗行政资源和司法资源用于解决此类纠纷。在《专利法》第四次修改历次草案中，对专利开放许可纠纷行政解决介入方式和强制程度的规定逐步缓和，当事人选择纠纷解决方式的意思自治程度逐步提高。在《专利法修改草案（征求意见稿）》中，直接规定专利开放许可纠纷由国家知识产权局进行裁决，并未给当事人留下选择适用其他模式的空间，甚至未规定当事人可以自行协商解决的方式。在《专利法修订草案（送审稿）》中，虽然维持原有国家知识产权局行政裁决模式的规定，但是已修改为当事人"可以"请求行政机关进行裁决，而不是必须由行政机关进行介入。❹ 在《专利法修正案（草案）》《专利法修正案（草案二次审议稿）》及《专利法》第四次修改通过版本中，行政裁决模式发生了重大转变，并将其修改为行政调解模式。❺ 在《专利法》第四次修改对专利开放许可规则进

---

❶ 刘明江. 当然许可期间专利侵权救济探讨——兼评《专利法（修订草案送审稿）》第83条第3款 [J]. 知识产权，2016（6）：76-85；徐东. 专利"当然许可"制度的初步探讨 [M] // 国家知识产权局条法司. 专利法研究（2018）. 北京：知识产权出版社，2020：190-203.

❷ 陈扬跃，马正平. 专利法第四次修改的主要内容与价值取向 [J]. 知识产权，2020（12）：6-19；冯添. 专利法修正案草案二审：推动将创新成果转化为生产力 [J]. 中国人大，2020（13）：39-40.

❸ 江必新. 全国人民代表大会宪法和法律委员会关于《中华人民共和国专利法修正案（草案）》修改情况的汇报——2020年6月28日在第十三届全国人民代表大会常务委员会第二十次会议上 [J]. 中华人民共和国全国人民代表大会常务委员会公报，2020（5）：730-731.

❹ 王双龙，刘运华，路宏波. 我国建立专利当然许可制度的研究 [M] // 国家知识产权局条法司. 专利法研究（2015）. 北京：知识产权出版社，2018：194-209.

❺ 陈扬跃，马正平. 专利法第四次修改的主要内容与价值取向 [J]. 知识产权，2020（12）：6-19；冯添. 专利法修正案草案二审：推动将创新成果转化为生产力 [J]. 中国人大，2020（13）：39-40；郭伟亨，吴广海. 专利当然许可制度研究——兼评我国《专利法修正案（草案）》[J]. 南京理工大学学报（社会科学版），2019，32（4）：16-21.

行论证时，支持采用行政机关裁决模式的观点较多❶，其他国家立法例也多数倾向于采用该模式，我国专利开放许可制度转而采用行政调解模式具有较为突出的特色。尽管这可能会限制专利行政部门充分发挥其职能尽快解决专利开放许可纠纷，但是也为当事人解决此类纠纷保留了足够的灵活性。❷ 行政调解模式在灵活性方面要优于行政裁决模式，相应产生的司法救济属于民事纠纷解决而不是之前的行政诉讼，这也有利于专利开放许可纠纷回归民事关系纠纷的基本属性，避免专利行政机关过度介入当事人的专利实施纠纷之中。国家知识产权局在行政调解过程中同样能够发挥行政机关专业特点，在调解机构组成和人员配置方面能够体现相应的专业性，调解机制的非强制性也可能会容易获得当事人的认同，减少相应纠纷进入司法程序的可能性。在《专利法》专利开放许可纠纷解决模式框架下，当事人自行协商、国家知识产权局行政调解和司法诉讼是三种平行的纠纷解决机制，能够充分发挥各自特色和功能。

其三，被许可人取得和行使开放许可专利实施权纠纷认定规则得到明确。第一，被许可人是否应向专利权人报告制造、销售专利产品的价格及其所产生的利润，需要根据不同情况分别加以判别。第一种情况，专利权人公布的专利许可费标准是固定的，与专利产品的价格或者利润无直接关联，被许可人无须向专利权人报告相应经营信息。第二种情况，专利权人公布的专利许可费标准是以专利产品的销售价格或者利润作为计算基础的，则被许可人必须要向专利权人披露相应信息，否则无法认定其应当支付的专利开放许可费。第二，被许可人应当按照专利权人公布的专利许可费标准及支付方式，向专利权人支付相应的专利许可费。被许可人取得专利开放许可实施权与该许可合同成立与生效密切相关。按照《民法典》合同编对合同成立与生效要件的规定，有两种模式可以适用：一是将被许可人发出通知和支付许可费均作为专利开放许可合同成立与生效的要件，该合同在成立的同时便已生效；二是专利开放许可合同在被许可人发出通知时成立，但是要到被许可人支付许可费后才生效。❸ 这两种模式

---

❶ 罗莉.专利行政部门在开放许可制度中应有的职能［J］.法学评论，2019，37（2）：61–71.

❷ 罗莉.专利行政部门在开放许可制度中应有的职能［J］.法学评论，2019，37（2）：61–71.

❸ 易继明.评中国专利法第四次修订草案［M］// 易继明.私法：第15辑第2卷.武汉：华中科技大学出版社，2018：2–81.

比较而言，第一种更为有利于保障专利权人的利益，而第二种更为有利于被许可人。《专利法》第51条第1款是将发出通知和支付许可费两项内容一并规定的，可以推论其更为倾向于采用第二种模式。对被许可人获得专利开放许可实施权构成要件的规定，涉及将专利开放许可合同归属为诺成性合同还是实践性合同的问题。在合同法律制度框架下，诺成性合同在各类典型合同中是占有主导地位的，实践性合同则基本上属于特例情况。❶传统上曾处于主要类型地位的实践性合同已在很大程度上转变为诺成性合同，由此呈现合同诺成情形不断拓展的趋势。❷专利开放许可合同属于合同中的一种特殊类型，并且与《民法典》技术合同章对专利许可合同的一般规定有所区别。实践性合同又可以分为形式上的实践性合同和实质意义上的实践性合同。前者是指当事人达成意思表示一致并且一方交付相应财产后使合同成立。后者则是指当事人意思表示一致时合同成立，但是在一方交付相应财产后合同才生效，并且另一方当事人不能采用提起诉讼等强制手段要求对方交付相应财产。实质意义上的实践性合同在某种程度上与诺成性合同较为相似，主要原因是这两者的合同成立均以意思表示一致为要件，但是为保护先行交付财产一方当事人的利益，将实质意义上的实践性从诺成性合同中区分出来。❸对被许可人而言，为保障其参与和退出专利开放许可实施活动的自主权，将专利开放许可合同纳入实践性合同范围是有必要的；对专利权人而言，为在一定程度上保障其收取专利许可费的权益，可以将专利开放许可合同归属为实质意义上的实践性合同。❹对专利开放许可合同性质的合理确定，有助于减少不必要的合同履行法律纠纷，保障专利开放许可合同可以顺利实施，并相应地减少发生机会主义行为的因素。

---

❶ 崔建远.合同法总论：上卷［M］.2版.北京：中国人民大学出版社，2011：64-65.

❷ 王利明.合同法：上册［M］.2版.北京：中国人民大学出版社，2021：69.

❸ 桑本谦.法律经济学视野中的赠与承诺——重解《合同法》第186条［J］.法律科学（西北政法大学学报），2014，32（4）：51-58.

❹ 刘强.我国专利开放许可声明问题研究［J］.法治社会，2021（6）：34-49.

第三节　我国专利开放许可制度实施机制主要规则

一、《专利法》的相关规定

（一）专利开放许可声明的提交和公布

首先，《专利法》第 50 条第 1 款对专利权人作出专利开放许可声明的权利进行了规定。该条款规定："专利权人自愿以书面方式向国务院专利行政部门声明愿意许可任何单位或者个人实施其专利，并明确许可使用费支付方式、标准的，由国务院专利行政部门予以公告，实行开放许可。"根据该款规定，专利权人提交专利开放许可声明是基于其意愿，而不能由国家知识产权局或者第三方强制要求专利权人提交专利开放许可声明。专利开放许可不属于非自愿许可的范畴，但政府专利行政管理部门可以行使相应职权并提供有关管理服务。❶ 在专利开放许可事务行政管理中，对专利开放许可声明的审核与发布能为开放许可专利得到有效实施提供重要保障。

其次，明确了国家知识产权局对专利开放许可的管理职权。国家知识产权局对专利开放许可的管理职权主要体现在两个方面：一是对专利开放许可声明公布的管理，二是对专利开放许可实施纠纷的行政调解。《专利法》第 50 条第 1 款对国家知识产权局在专利开放许可声明公布方面的管理职能进行了规定。国家知识产权局在制定《专利开放许可声明》模板表格基础上，要对专利权人提交的专利开放许可声明进行审查。在此情况下，国家知识产权局进行的审查主要是形式审查，也包括对部分内容的有限实质审查。

再次，明确了专利权评价报告提供义务。根据《专利法》第 50 条第 1 款，专利权人就实用新型、外观设计专利提出开放许可声明的，应当提供专利权评价报告。专利权评价报告制度的前身是实用新型检索报告制度，2008 年《专利法》第三次修改时将其修改为专利权评价报告制度。《专利法》第四次修改将专利权评价报告制度在专利侵权纠纷处理中的适用对象，从原有的实用新型专利

---

❶ 王淇 . 以开放许可制度促专利运用［EB/OL］.（2020-12-02）［2021-12-30］. https：//www.cnipa. gov.cn/art/2020/12/2/ art_2198_155356.

拓展到外观设计专利。❶在专利开放许可声明中，实用新型专利和外观设计专利的权利人应当提交专利权评价报告，辅助证明相应专利权法律效力的稳定性。

最后，明确了专利权人撤回专利开放许可声明的权利及其法律效力。《专利法》第50条第2款规定："专利权人撤回开放许可声明的，应当以书面方式提出，并由国务院专利行政部门予以公告。开放许可声明被公告撤回的，不影响在先给予的开放许可的效力。"在专利开放许可声明撤回后，已有被许可人不得再扩大实施该专利权的范围或者继续延长实施专利权的期限，其他潜在被许可人则不能再获得专利开放许可实施权。

（二）被许可人实施开放许可专利

根据《专利法》第51条第1款的规定，"任何单位或者个人有意愿实施开放许可的专利的，以书面方式通知专利权人，并依照公告的许可使用费支付方式、标准支付许可使用费后，即获得专利实施许可"。该条规定主要涉及两方面的内容：第一，被许可人有是否实施该专利的决定权。根据该款规定，被许可人普遍享有参与专利开放许可并在符合法定条件时实施开放许可专利的权利，因此其专利实施权可以得到较为充分的保障。被许可人有权根据自身意愿决定是否加入专利开放许可并实施该专利，也有权决定实施该专利的规模、数量等。❷被许可人在取得专利实施权时，无须另行与专利权人进行协商，也无须经过国家知识产权局批准，具有程序方面的简便性。

第二，被许可人取得专利开放许可实施权的前提条件有两项：其一，被许可人应当向专利权人发出专利开放许可实施书面通知，告知其有实施该项专利的意愿，并说明计划实施该项专利相关行为的信息。这种通知可能是一次性发送的，也可能是定期发送的。❸通常来说，被许可人应当在该项通知中记载预计实施专利的范围、规模、产品价格、预期利润等因素，并将其作为计算专利许

---

❶ 《专利法》第66条第2款。陈扬跃，马正平.专利法第四次修改的主要内容与价值取向［J］.知识产权，2020（12）：6–19.

❷ 由于被许可人所享有的相应权利较为广泛，因此将专利开放许可从自愿性许可拓展到强制性许可，可能会给专利权人带来比专利强制许可更为严重的限制。文希凯.当然许可制度与促进专利技术运用［M］//国家知识产权局条法司.专利法研究（2011）.北京：知识产权出版社，2013：227–238.

❸ 曾学东.专利当然许可制度的建构逻辑与实施愿景［J］.知识产权，2016（11）：84–88.

可费的依据。❶ 在专利自愿许可中，被许可人固然也可以决定是否与专利权人订立专利许可协议，但是其谈判地位是较低的，可能不得不接受专利权人对谈判过程和许可条件制定的主导。在专利开放许可中，被许可人会享有更为平等的谈判地位，在发出实施专利通知方面的自主性更强。其二，被许可人应当支付专利开放许可费。专利开放许可费标准应当依据专利开放许可声明、专利开放许可实施通知和被许可人实施专利技术情况等相应内容进行确定。❷ 在专利开放许可声明发布后，专利权人保留了向未经许可实施专利技术的当事人提起专利侵权诉讼的权利。❸ 因此，被许可人为获得合法实施专利技术的权利，并避免专利侵权风险，应当履行向专利权人发出实施通知和支付专利开放许可费等义务要求。

（三）专利权人的专利年费优惠和灵活性

第一，专利权人能够享受专利年费优惠。根据《专利法》第 51 条第 2 款，"开放许可实施期间，对专利权人缴纳专利年费相应给予减免"。专利开放许可增强了专利权的公共性和公益性，限制了专利权的独占性和垄断性，因此《专利法》在年费方面给予专利权人相应的优惠，从政策方面鼓励专利权人更多地进行专利开放许可。在专利开放许可声明发布后，专利权人收取专利许可费的能力可能受到限制，这会对其造成相应的经济损失，有必要通过专利年费的减免对专利权人在这方面的损失给予一定程度的弥补。❹ 专利权人在专利开放许可声明发布，并且有被许可人开始实施该专利后，是否能够足额收取专利开放许可费处于不确定的状态，专利权人将专利进行开放许可的积极性可能会受到抑制，通过专利年费减免等较为明确的优惠政策有利于抵消专利权人可能面临的预期损失。

第二，专利权人在专利开放许可制度中有颁发其他专利许可的灵活性。根据《专利法》第 51 条第 3 款，"实行开放许可的专利权人可以与被许可人就许

---

❶ 刘强.我国专利开放许可声明问题研究［J］.法治社会，2021（6）：34-49.

❷ 刘强.专利开放许可费认定问题研究［J］.知识产权，2021（7）：3-23.

❸ 张利国.突发公共卫生事件中关键专利技术的许可机制及其完善［J］.清华法学，2021，15（6）：162-173.

❹ 陈扬跃，马正平.专利法第四次修改的主要内容与价值取向［J］.知识产权，2020（12）：6-19.

可使用费进行协商后给予普通许可，但不得就该专利给予独占或者排他许可"。专利权人在提交专利开放许可声明后，还可以根据市场需求向他人授予专利自愿许可，其中包括专利普通许可。❶为了防止专利开放许可与专利独占许可、专利排他许可之间可能存在的冲突，不允许专利权人在专利开放许可期间与他人签订专利独占许可或者专利排他许可协议。专利独占许可或者专利排他许可均排斥专利权人和被许可人以外的第三人获得专利许可并实施专利，与专利开放许可会存在法律效力方面的矛盾。专利权人与他人签订专利独占许可或者专利排他许可协议后，不应提交专利开放许可声明，以免在先被许可人的利益受到损害。在有相互矛盾的专利许可时，不同类型专利许可之间法律效力的优先顺序还存在不确定之处。

（四）专利开放许可纠纷解决机制

根据《专利法》第52条的规定，"当事人就实施开放许可发生纠纷的，由当事人协商解决；不愿协商或者协商不成的，可以请求国务院专利行政部门进行调解，也可以向人民法院起诉"。不同于《专利法修改草案（征求意见稿）》《专利法修订草案（送审稿）》中曾经提出的专利开放许可纠纷行政裁决机制，《专利法》第四次修改通过版本规定的是行政调解机制。根据《专利法》《专利法实施细则》等规定，专利行政管理部门可以对包括专利许可纠纷、专利侵权纠纷在内的各种类型专利纠纷进行调解。❷在专利行政执法中，主要由各地方政府专利管理行政部门负责对专利纠纷进行调解，国家知识产权局对具体专利纠纷的调解和处理介入较少。❸随着《专利法》第四次修改，以及国家知识产权局制定《重大专利侵权纠纷行政裁决办法》（2021年），国家知识产权局在专利侵权纠纷、专利开放许可实施纠纷中能够发挥的行政职能更为明确。专利开放许可实施纠纷是《专利法》中唯一专属由国家知识产权局而非地方专利行政管理部门进行调解的专利纠纷，体现了对此类专利纠纷处理的重视。

---

❶ 王瑞贺.中华人民共和国专利法释义［M］.北京：法律出版社，2021：149.

❷ 刘友华，朱蕾.专利纠纷行政调解协议司法确认制度的困境与出路［J］.湘潭大学学报（哲学社会科学版），2020，44（6）：85–91.

❸ 张炳生，乔宜梦.专利行政调解：比较优势与实现路径［J］.宁波大学学报（人文科学版），2014，27（3）：107–113.

二、《专利法实施细则修改建议（征求意见稿）》的相关规定

在《专利法》第四次修改的基础上，国家知识产权局发布的《专利法实施细则修改建议（征求意见稿）》对专利开放许可制度规则有较为具体的规定。

（一）专利开放许可应当以专利获得授权为基础

《专利法实施细则修改建议（征求意见稿）》新增第 72 条之二第 1 款规定："专利权实施开放许可的，专利权人应当在该专利权的授予被公告后，向国务院专利行政部门提交开放许可声明。"专利申请尚未获得授权时，专利权人不能对其进行专利许可。就专利自愿许可而言，必须是以专利授权公告为前提的，否则被许可人无须从专利权人处获得专利许可即可实施专利，并无获得专利许可的必要性。在专利开放许可中，可以探索允许专利权人在尚未获得专利授权时便有权作出专利开放许可声明，待专利获得授权后被许可人可以开始实施该开放许可专利权。[1] 对实用新型专利和外观设计专利而言，在授权公告之前该专利申请并未公开，发布专利开放许可声明可能会与专利审查程序产生冲突，不宜允许其在授权公告之前发布专利开放许可声明。对发明专利而言，由于是在发明专利申请公布之后再进行实质审查，专利申请文件内容在实质审查时已处于公开状态，因此允许专利申请人在此阶段提交专利开放许可声明并无程序方面的障碍。有观点认为，部分专利申请具有技术实施价值，可以允许专利申请人作出开放许可声明，使潜在被许可人能够及早地开始实施该项技术。[2] 《德国专利法》第 23 条第 1 款规定，"专利申请人或者专利登记簿上记载的专利权人"可以通过书面声明的方式将专利开放许可的意愿告知专利行政管理部门[3]，由此专利申请人也可以提出开放许可声明。允许专利申请人在专利授权公告前进行开放许可，可以让潜在被许可人具有获得专利开放许可实施权的合理预期，能够在更早的阶段为实施该专利权做好相应准备，使专利获得授权之后被许可人能够更为有效地开展专利技术实施工作，从而有效地拓展专利开放许

---

[1]　罗莉．我国《专利法》修改草案中开放许可制度设计之完善 [J].政治与法律，2019（5）：29-37.

[2]　易继明．评中国专利法第四次修订草案 [M] // 易继明．私法：第 15 辑第 2 卷．武汉：华中科技大学出版社，2018：2-81.

[3]　国家知识产权局条法司．外国专利法选译 [M].北京：知识产权出版社，2015：874.

可实施的范围。

（二）共有专利开放许可声明应由全体共有人共同提交或者撤回

《专利法实施细则修改建议（征求意见稿）》新增第 72 条之二第 2 款规定：
"共有人就共有专利权提出或者撤回开放许可声明的，应当取得全体共有人的同意"。多个共有人可以基于委托技术开发、合作技术开发等技术开发关系共同拥有一项专利权。❶专利权共有关系既有可能在专利申请阶段产生，也有可能在专利授权之后通过共有权益的转让而形成。❷在专利权共有关系中，专利共有人在自行实施和普通许可他人实施专利的权利方面享有较多意思自治空间，但是在专利权转让方面则受到较为严格的限制。《专利法》第 14 条规定允许专利共有人单独授予专利普通许可。❸在该条规定中，"普通许可"属于专利自愿许可的一种子类型，专利开放许可则属于区别于专利自愿许可和专利强制许可的一种专利许可类型。❹根据文义解释，专利开放许可通常并不属于该条中"普通许可"的范围，专利开放许可并非属于可以由专利共有权人单独行使的权利，而应当由全体共有人共同决定是否将专利进行开放许可。在专利开放许可中，要求全体共同人均同意才能发布开放许可声明，比专利普通许可中各共有人可以自由许可他人的要求更为严格。这从一个侧面可以反映出，专利开放许可声明应当具有优先于专利普通许可的法律效力。专利开放许可具有公共性和广泛性的特点，被许可人实施专利权对专利共有人市场利益的影响可能会超过专利普通许可。因此，在发布专利开放许可声明之前向各共有人征得同意是有必要的。

（三）专利开放许可声明主要事项

《专利法实施细则修改建议（征求意见稿）》新增第 72 条之二第 3 款规定，

---

❶ 《专利法》第 8 条规定："两个以上单位或者个人合作完成的发明创造、一个单位或者个人接受其他单位或者个人委托所完成的发明创造，除另有协议的以外，申请专利的权利属于完成或者共同完成的单位或者个人；申请被批准后，申请的单位或者个人为专利权人。"

❷ 万志前，张媛. 我国共有专利行使规则的不足与再设计［J］. 贵州师范大学学报（社会科学版），2021（5）：130–136.

❸ 《专利法》第 14 条规定："专利申请权或者专利权的共有人对权利的行使有约定的，从其约定。没有约定的，共有人可以单独实施或者以普通许可方式许可他人实施该专利；许可他人实施该专利的，收取的使用费应当在共有人之间分配。除前款规定的情形外，行使共有的专利申请权或者专利权应当取得全体共有人的同意。"

❹ 来小鹏，叶凡. 构建我国专利当然许可制度的法律思考［M］//国家知识产权局条法司. 专利法研究（2015）. 北京：知识产权出版社，2018：181–193.

专利开放许可声明中记载的事项主要包括三个部分：（1）专利权基本信息，包括专利号、专利权人的姓名或者名称；（2）专利开放许可条件，包括专利许可使用费支付方式和标准、专利许可期限；（3）其他需要明确的事项。在专利开放许可条件方面，除《专利法》第 50 条第 1 款规定的专利许可使用费支付方式和标准以外，该征求意见稿增加了对披露专利许可期限的要求。❶ 在未明确专利许可期限时，专利开放许可会被视为无固定期限的许可，被许可人可以在专利有效期内实施该专利。但是，这也意味着专利权人可以随时撤回专利开放许可声明，并阻止被许可人在此之后继续实施该专利。❷ 专利权人在声明中明确许可期限，一方面可以限制被许可人在给专利权人发出的通知中将实施期间涵盖专利的全部有效期间，另一方面可以避免专利权人随意撤回专利开放许可声明或者缩短许可期限。❸ 由此，被许可人将能够对合法实施专利技术的期间产生更为明确的预期，并可能为此进行更为充分的实施准备。

此外，《专利法实施细则修改建议（征求意见稿）》新增第 72 条之二第 4 款对专利开放许可声明还提出了两方面要求。其一，专利开放许可声明内容应当准确、清楚。这与《民法典》对要约内容的要求是相一致的。《民法典》第 472 条对要约的要求是："要约……应当符合下列条件：（一）内容具体确定；（二）表明经受要约人承诺，要约人即受该意思表示约束。"《专利法》已将专利开放许可声明的性质认定为要约，这意味着专利权人在该声明中应当具体说明专利许可条件。专利开放许可声明属于《民法典》第 139 条所规定的"以公告方式作出的意思表示"，应当根据《专利法》，并结合《民法典》合同编，认定专利开放许可声明中意思表示的约束力。❹ 例如，对专利开放许可费率等关键信息，应当采用较为精确的数字进行描述，而不应采用含义模糊的术语，以免在专利开放许可实施产生纠纷时不利于争议的有效解决。其二，不得出现明显

---

❶ 蔡元臻，薛原.新《专利法》实施下我国专利开放许可制度的确立与完善［J］.经贸法律评论，2020（6）：83–94.

❷ 张利国.突发公共卫生事件中关键专利技术的许可机制及其完善［J］.清华法学，2021，15（6）：162–173.

❸ 撤回专利开放许可声明属于合同法上撤销要约的情形，应当受到相应限制.胡东海.合同成立之证明责任分配［J］.法学，2021（1）：155–166.

❹ 姚明斌.民法典体系视角下的意思自治与法律行为［J］.东方法学，2021（3）：140–155.

有商业宣传性质的用语。在专利申请授权审查中，不允许在专利说明书、权利要求书等专利申请文件中出现商业宣传用语，保持专利文件作为法律文件在内容表述方面技术性和严谨性的特点，避免出现商业化虚假宣传内容。❶类似的，在专利开放许可声明中也不应出现商业宣传用语，以免该声明被用于不合理的商业目的。

（四）不允许发布专利开放许可声明的情形

根据《专利法实施细则修改建议（征求意见稿）》新增第72条之三第1款规定，实施开放许可的专利权有下列五种情形之一的，不予公告开放许可声明：（1）专利权处于独占或者排他许可有效期限内且许可合同已经备案的。如果专利权人已经与第三人订立了独占许可合同或者排他许可合同，则再行发布专利开放许可声明会与之产生直接的冲突。在该两类许可合同已经签订并在国家知识产权局备案时，国家知识产权局可依职权进行审查并发现该情形，从而拒绝发布相应的专利开放许可声明。专利实施许可合同备案数据库使公众能够知晓专利许可使用情况，并对已经备案的专利实施许可合同的法律效力予以肯定和尊重。❷专利许可合同备案并非该合同生效的必要条件，可能存在已签订相应专利许可合同但是并未在国家知识产权局备案的情况，国家知识产权局难以对此进行事先审查，只能在事后发现时提供救济。（2）因专利权的归属发生纠纷或者人民法院裁定对专利权采取保全措施而中止的。如果专利权属存在纠纷或者被司法机关采取保全措施，则专利权人身份可能会发生变更。在此情况下，潜在受让该专利权的当事人可能并不愿意对该专利进行开放许可，会对现专利权人进行专利开放许可持反对态度。❸此外，现有专利权人为在丧失该专利权后还能够继续实施，避免成为专利侵权诉讼被告，并且对潜在专利受让人的独占性权利形成制约，可能在专利权属实际发生变更之前抢先提交专利开放许可声明。这可能也是违背该专利潜在受让人意志的，应当予以限制。（3）专利权处于年费滞纳期的。专利权人未在规定的期限缴纳年费，将使该专利权处于滞纳

---

❶ 《专利审查指南》第二部分第二章"说明书和权利要求书"第2.2节"说明书的撰写方式和顺序"规定："发明或者实用新型说明书……不得使用商业性宣传用语。"

❷ 孙山.知识产权请求权原论［M］.北京：法律出版社，2022：75.

❸ 关通.人工智能医疗专利开放许可机制构建研究［J］.南京工程学院学报（社会科学版），2021，21（1）：46-50.

期，一旦滞纳期满仍未缴纳年费将导致该专利权被终止。处于滞纳期的专利权存在较为明显的权利丧失风险，不应作为专利开放许可的对象。如果专利权终止，则被许可人对专利权有效存续所产生的预期将落空，任何人均可以免费实施该专利，被许可人已经缴纳的许可费以及为实施专利投入的资源将可能难以收回。❶因此，应当避免将处于年费滞纳期的专利权进行开放许可。（4）专利权被质押，未经质押权人许可的。已经出质的专利权在未经质押权人同意的情况下不能许可他人使用，也就意味着专利权人不能对其进行开放许可。❷为进行专利开放许可，专利权人也可以寻求质权人同意，并且将其所收取的许可费提前清偿债务或者提存。为避免相应的权益风险，质权人不同意专利权人许可的可能性较大，《专利法实施细则修改建议（征求意见稿）》在此处作出禁止性规定。（5）其他不予公告的情形。此项内容主要包括除前四项以外的其他情形。

（五）专利开放许可声明撤回问题

专利开放许可声明的撤回分为自愿撤回和依职权撤回两种情形。第一种情况为专利权人自愿撤回。对此，《专利法》第50条第2款作出了相应规定。专利权人在专利开放许可声明发布后，可以随时撤回该声明。对此情形，专利权人在撤回声明方面并无期限限制，也无须说明理由。❸《专利法实施细则修改建议（征求意见稿）》新增第72条之四规定："专利权人撤回开放许可声明的，应当提交撤回开放许可声明请求，撤回声明自公告之日起生效。"专利权人在撤回专利开放许可声明的申请表格中，并不需要说明撤回该声明的理由，可以较为自由地撤回该声明。在实务中，专利权人撤回专利开放许可声明，可能是出于专利开放许可声明中制定的专利许可费标准过低或者其他方面的原因。

第二种情况为国家知识产权局依职权撤回。《专利法实施细则修改建议（征求意见稿）》第72条之三第2款规定："国务院专利行政部门发现已经公告的开放许可声明不符合相关规定的，应当及时公告撤回，同时通知专利权人和已备案的被许可人。"专利权在存续期间可能会发生法律状态的变化，例如专利

---

❶ 杨玲.专利实施许可备案效力研究［J］.知识产权，2016（11）：77-83.

❷ 在对已质押的专利权进行转让的程序中，同样需要质权人同意才能实施转让行为。范雪飞.论质权的留置效力——兼论质权的效力体系［J］.中南大学学报（社会科学版），2013，19（2）：112-118.

❸ 刘建翠.专利当然许可制度的应用及企业相关策略［J］.电子知识产权，2020（11）：94-105.

权终止、专利权宣告无效或者专利权属发生转移等，均会影响专利开放许可声明的有效性。在发生上述情形时，专利权人可以请求撤回专利开放许可声明，国家知识产权局也可以依职权撤回该声明，以保持专利开放许可声明机制的有效性。

（六）专利开放许可合同备案

《专利法实施细则修改建议（征求意见稿）》新增第 72 条之五规定："双方当事人任何一方可以在开放许可实施合同生效之日起，凭能够证明开放许可实施合同生效的书面文件向国务院专利行政部门备案。"专利开放许可合同属于专利许可合同的一种类型，依据《专利法实施细则》可以向国家知识产权局备案，并将备案作为证明该合同成立的重要证据和提高该合同对抗效力的途径。[1] 在专利开放许可合同备案的基础上，可以对被许可人所获得的开放许可专利实施权提供更为有效的保护。[2] 在专利开放许可制度实施中，专利开放许可合同备案登记是国家知识产权局的重要公共服务职能之一[3]，使专利行政部门更好地掌握专利开放许可声明信息。[4] 专利开放许可合同备案登记能够较好地促进专利开放许可信息的公示，避免当事人之间可能存在的专利许可实施权冲突问题，发挥专利开放许可制度促进专利许可实施的功能。

三、《专利审查指南》修改草案两次征求意见稿的相关规定

《专利审查指南修改草案（征求意见稿）》和《专利审查指南修改草案（再次征求意见稿）》在《专利法》《专利法实施细则修改草案（征求意见稿）》基础上对专利开放许可制度中涉及国家知识产权局管理事项的相关规则进行了具体规定。《专利审查指南修改草案（征求意见稿）》中涉及专利开放许可声明审查的部分规定在第五部分第 11 章"专利开放许可"之中。该章内容包括引言、

---

[1] 袁姣姣.开放许可中专利行政部门的智能化服务制度研究［J］.广东开放大学学报，2021，30（2）：100-106.

[2] 曹源.论专利当然许可［M］// 易继明.私法：第 14 辑第 1 卷.武汉：华中科技大学出版社，2017：128-259.

[3] 袁姣姣.开放许可中专利行政部门的智能化服务制度研究［J］.广东开放大学学报，2021，30（2）：100-106.

[4] 罗莉.专利行政部门在开放许可制度中应有的职能［J］.法学评论，2019，37（2）：61-71.

开放许可相关原则、专利开放许可声明的提出、专利开放许可声明的撤回、专利开放许可的登记和公告、专利开放许可实施合同的生效、专利开放许可实施合同的备案、开放许可实施期间费减手续的办理、实行开放许可的专利相关法律手续办理等内容。一方面，《专利审查指南修改草案（征求意见稿）》进一步明确了专利开放许可审查的原则和规则；另一方面，《专利审查指南修改草案（征求意见稿）》在《专利法》《专利法实施细则修改草案（征求意见稿）》相关规则基础上进行了补充和完善，并使相关规则的实施具有更为明确的可操作性。

（一）专利开放许可审查原则

《专利审查指南修改草案（征求意见稿）》第五部分第 11 章"专利开放许可"第 2 节"开放许可相关原则"对专利开放许可审查规定了三项主要原则：（1）自愿原则。《专利审查指南修改草案（征求意见稿）》该节规定："对开放许可声明中的许可条件的审查，在符合相关规定的前提下，当事人可以依照自愿原则较为自由设立许可条件。"在专利权人未同意并主动提交专利开放许可声明的情况下，不能发布专利开放许可相关信息。❶专利开放许可审查中的自愿原则在专利权人设定许可条件方面有一定限制。《专利审查指南修改草案（再次征求意见稿）》对专利权人说明专利开放许可费的义务作出规定，并对固定许可费和提成许可费设置指导性上限标准。（2）合法原则。《专利审查指南修改草案（征求意见稿）》该节规定："为维护开放许可交易安全，专利局公告开放许可专利的专利权应当有效。对于因未按照规定缴纳年费等原因造成的专利权终止或失效的，专利局有权公告撤回开放许可声明。"专利权合法有效是专利权人能够提交专利开放许可声明并许可他人使用的权利基础，由于权利变动而导致专利权被终止或者宣告无效将使相应专利开放许可声明失去存在的依据。《专利审查指南修改草案（再次征求意见稿）》要求专利权人在专利开放许可声明中对符合开放许可声明条件作出承诺，这是对合法原则的一种体现。（3）公开原则。《专利审查指南修改草案（征求意见稿）》该节规定："专利开放许可声明予以公告后，专利局对开放许可声明中的全部内容均予以公开。"专利开放许可

---

❶ 倪晓洁.专利开放许可的制度价值及其运行前瞻［J］.中国发明与专利，2019，16（12）：35–40，56.

的公示性与公开性显著强于专利自愿许可，这对促进专利许可协议的有效达成并充分履行具有重要作用。国家知识产权局对专利开放许可声明信息的充分公开，可以使专利权人与潜在被许可人之间的信息不对称问题得到更好的解决。

（二）专利开放许可适用情形审查

《专利审查指南修改草案（征求意见稿）》第五部分第 11 章第 3.1 节"专利开放许可声明的客体"在《专利法实施细则修改草案（征求意见稿）》新增第 72 条之三所规定的不予公告专利开放许可声明的情形基础上，增加了四种具体的不予公告的情形，并作了兜底规定：（1）专利权已经终止的。专利权终止主要有两种情形，一种是因专利保护期限届满而终止，另一种是在专利保护期限届满前终止。其中，第二种情形包括专利权人未缴纳年费或者书面声明放弃专利权。在专利权终止后，原专利权人已不再享有独占性专利，也无权向他人颁发专利许可，包括进行专利开放许可。除此之外，《专利审查指南修改草案（征求意见稿）》该节对专利开放许可声明的内容还新增了一项要求："专利许可期限最长不能超过专利权有效期。"这保证了在专利开放许可实施期间，专利权不会因保护期限届满而终止。（2）专利权已经被宣告全部无效的。专利权被宣告无效将使该专利权丧失法律效力，专利权人也不能在专利权被宣告无效后许可他人实施专利。❶专利权无效宣告程序分为行政裁决程序和可能产生的行政诉讼救济程序两个部分。尽管宣告专利权无效的行政决定可能会被随后的司法程序撤销，但是毕竟该决定已经使专利权面临较高的无效风险，因此国家知识产权局若作出宣告无效的决定则可以禁止专利权人作出开放许可声明。❷（3）实用新型或者外观设计专利尚未经国家知识产权局出具专利权评价报告的。根据《专利法》的要求，专利权人对实用新型专利或者外观设计专利提交专利开放许可声明时，应当出具专利权评价报告，否则国家知识产权局将拒绝公布其专利开放许可声明。（4）专利权评价报告认为实用新型或者外观设计专利权

---

❶ 《专利法》第 45 条规定："自国务院专利行政部门公告授予专利权之日起，任何单位或者个人认为该专利权的授予不符合本法有关规定的，可以请求国务院专利行政部门宣告该专利权无效。"该法第 47 条第 1 款规定："宣告无效的专利权视为自始即不存在。"

❷ 郭禾.专利权无效宣告制度的改造与知识产权法院建设的协调——从专利法第四次修订谈起［J］.知识产权，2016（3）：14–19；渠滢.论专利无效诉讼中的"循环诉讼"问题［J］.行政法学研究，2009（1）：90–95.

不符合授予专利权条件的。实用新型或者外观设计专利权评价报告将对相应专利是否符合授权条件作出评判。尽管专利权评价报告的法律效力不及专利权无效宣告决定及法院判决对专利权稳定性和有效性的裁决，但是仍然可以作为认定专利权是否有效的初步证据。[1]如果根据该报告专利权不符合授权条件，则该专利权将面临较高的无效宣告风险或者实质上不应获得专利授权。[2]为保护被许可人和社会公众的利益，此类专利不应作为专利开放许可的对象。（5）其他不应对专利开放许可声明予以公告的情形。这主要是前面四项内容未包含的情形。《专利审查指南修改草案（再次征求意见稿）》基本上保留有原征求意见稿上述规定的不公告专利开放许可声明的情形。

（三）国家知识产权局依职权撤回声明

根据专利开放许可声明自愿性特点，国家知识产权局不能依职权发布专利开放许可声明，但是可以对已发布的专利开放许可声明在其失去法律依据的情况下依职权予以撤回。[3]在专利开放许可声明撤回方面，《专利审查指南修改草案（征求意见稿）》第五部分第 11 章第 4.2 节"专利局公告撤回"曾对《专利法实施细则修改建议（征求意见稿）》第 72 条之三第 2 款规定的国家知识产权局依职权撤回专利开放许可声明的情形进行了具体列举。在专利开放许可声明公布后，需要依职权撤回专利开放许可声明的情形包括："专利局发出宣告专利权全部无效的决定书"，以及"因专利权人没有按照规定缴纳年费造成专利权终止，专利局发出专利权终止通知书的"。由此，依职权撤回专利开放许可声明的情形主要包括专利权被终止或者被宣告无效等情形。《专利审查指南修改草案（再次征求意见稿）》对国家知识产权局依职权撤回专利开放许可声明的情形进行了简化。在此情形中，国家知识产权局为保护专利开放许可被许可人、潜在被许可人和社会公众的利益，应当依职权对不具备有效专利权基础的开放许可

---

[1] 刘谦.我国专利权评价报告制度研究及其完善建议［J］.中国发明与专利，2015（2）：37-43；陈扬跃，马正平.专利法第四次修改的主要内容与价值取向［J］.知识产权，2020（12）：6-19.

[2] 郭伟亭，吴广海.专利当然许可制度研究——兼评我国《专利法修正案（草案）》［J］.南京理工大学学报（社会科学版），2019，32（4）：16-21.

[3] 《专利法》未规定专利开放许可声明效力异议程序。第三人可以就相关事项向国家知识产权局反映，并由国家知识产权局依职权撤回专利开放许可声明。刘强.我国专利开放许可声明问题研究［J］.法治社会，2021（6）：34-49.

声明予以撤回。国家知识产权局依职权撤回专利开放许可声明，能够更好地维护专利开放许可制度的权威性和稳定性，可以降低专利权人在专利开放许可声明发布中实施策略行为的风险，减少专利权利基础丧失导致的专利开放许可声明效力不稳定问题。

（四）专利开放许可合同的生效

《专利审查指南修改草案（征求意见稿）》第五部分第 11 章第 6 节"专利开放许可实施合同的生效"规定："任何单位或者个人以书面方式通知专利权人愿意实施其开放许可专利，并依照公告的许可使用费支付方式和标准支付许可使用费，专利开放许可实施合同成立并生效，但有关法律、行政法规另有规定的除外。"《专利审查指南修改草案（征求意见稿）》该节将专利开放许可合同成立与生效的条件合并规定，说明专利权人或者被许可人不能在该合同成立后附加生效条件。这意味着，在符合《专利法》规定的条件后，当事人无须另行协商便可以达成专利开放许可合同，被许可人能够由此获得专利开放许可实施权。❶将专利开放许可合同成立与生效要件合并规定，将更有利于督促被许可人按照专利权人公布的条件支付许可费。此外，《专利审查指南修改草案（征求意见稿）》规定专利开放许可合同成立和生效的条件，主要是为后续规定专利开放许可合同的备案及专利年费减免提供规则基础。

（五）专利开放许可合同的备案

《专利审查指南修改草案（征求意见稿）》第五部分第 11 章第 7 节"专利开放许可实施合同的备案"规定："许可人与被许可人中的任何一方，可以在开放许可实施合同生效后，凭能够证明开放许可实施合同生效的书面文件向专利局办理备案。"《专利审查指南修改草案（征求意见稿）》该节还规定："办理专利开放许可实施合同备案的应当提交下列文件：（1）请求人签章的专利实施许可合同备案申请表；（2）被许可人书面通知证明；（3）支付许可使用费证明（或专利权人收到许可使用费证明）；（4）请求人身份证明；（5）委托代理的，注明委托权限的委托书；（6）经办人身份证明；（7）其他需要提供的材料。"此外，《专利审查指南修改草案（征求意见稿）》该节规定，专利开放许可实施合

---

❶ 刘强.我国专利开放许可声明问题研究［J］.法治社会，2021（6）：34–49.

同备案手续的办理参照《专利实施许可合同备案办法》（2011 年制定）执行。在专利开放许可实施合同备案方面，《专利审查指南修改草案（征求意见稿）》对申请人应当提供的合同成立证明材料的要求与《专利实施许可合同备案办法》稍有不同。《专利实施许可合同备案办法》规定："申请备案的专利实施许可合同应当以书面形式订立"，因此专利实施许可合同备案通常以当事人订立了书面专利许可合同并向国家知识产权局提交作为条件。❶ 但是，专利开放许可实施许可合同不一定具备书面合同，被许可人可以通过其他形式的材料证明该合同的存在，包括被许可人书面通知证明及支付许可使用费证明等。

（六）开放许可实施期间费减手续的办理

专利开放许可期间由专利权人在专利开放许可声明中制定，被许可人无须在此期限内另行指定更短的期间。《专利审查指南修改草案（征求意见稿）》第五部分第 11 章第 8 节"开放许可实施期间费减手续的办理"规定："专利开放许可实施合同生效至许可期限届满，为开放许可实施期间。"专利权人主动进行专利开放许可实施合同备案的目的主要是享受专利年费减免的优惠政策。《专利审查指南修改草案（征求意见稿）》该节还规定："在办理专利开放许可实施合同备案同时，视为提出费用减缴请求。专利开放许可实施合同被准予备案的，专利权人可以减缴在专利开放许可实施期间应当缴纳但是尚未到期的年费。专利权人符合多项费用减缴条件的，按照减缴比例较高的一项条件予以减缴。"根据《专利审查指南修改草案（征求意见稿）》第五部分第 2 章第 3.1 节"可以减缴的费用种类"，专利权人可以申请减缴自授予专利权当年起十年的年费❷，以及专利开放许可实施期间的年费。《专利审查指南修改草案（征求意见稿）》将专利普通许可与专利开放许可进行了明确区分，在专利年减免政策方面也得到体现。根据其规定，"实行开放许可的专利权人与被许可人就许可使用费进行协商后给予普通许可的，不属于开放许可实施"。因此，专利开放许可并非从属于专利普通许可的专利许可类型，而是具有较为明确的区别性，在专利普通许可中将不能请求专利年费减免。

---

❶ 马碧玉.专利实施许可制度比较考察［J］.云南大学学报（法学版），2015，28（4）：13-18.
❷ 尹然.浅析费用减缴办法的修改及影响［J］.中国发明与专利，2019，16（1）：69-73.

（七）专利开放许可其他法律手续办理

专利开放许可声明发布以后，该专利权的法律状态可能出现变更，包括专利权转移、专利权被放弃或者专利权质押等。《专利审查指南修改草案（征求意见稿）》第五部分第 11 章第 9 节"实行开放许可的专利的法律手续办理"规定："对于实行开放许可的专利，在办理以下手续前，专利权人应当首先撤回专利开放许可声明：（1）因专利权转移，提出著录项目变更请求的；（2）专利权人以书面声明放弃其专利权的。"《专利审查指南修改草案（再次征求意见稿）》对除转让以外专利权属变更情况中专利开放许可声明的撤回和重新声明问题进行了规定，倾向于由专利权继受者再次作出专利开放许可声明。在专利质押方面，根据《民法典》第 444 条的规定，专利权质押后，专利权人许可他人使用该项专利权时应当取得质权人同意。❶ 为此，《专利审查指南修改草案（征求意见稿）》该节还规定："专利权人以实行开放许可的专利权出质，办理专利权质押登记的，应当提供质权人同意继续实行开放许可的证明材料。"这符合《民法典》对专利权人授予专利许可需要经过质权人同意的要求。

---

❶ 质权人同意专利权人许可他人实施是对该负担行为的认可，并不意味着质权人放弃质权。蒋逊明．中国专利权质押制度存在的问题及其完善［J］．研究与发展管理，2007（3）：78-84，107.

第三章 专利开放许可制度实施机制法律原则

第一节 激励专利许可原则

一、专利开放许可制度激励专利许可原则的由来

我国专利开放许可制度的建立，能够有效地促进专利许可交易便利化，在推动专利许可与转化实施等方面可以发挥重要作用。[1] 为更好地实现专利开放许可制度的效益，有必要通过专利开放许可激励机制，鼓励专利权人及被许可人更多参与专利开放许可，使专利技术得到更为充分的许可与运用。在专利开放许可制度激励机制实施中，可以将市场导向型激励、政府导向型激励等类型激励机制有效结合，以实现激励规则价值目标的合理定位和机制功能的有效发挥。关于专利开放许可激励规则的讨论主要集中于专利年费减免，可以由此拓展到对专利开放许可具有激励功能的相关法律规则和政策措施中，以实现对专利开放许可激励机制的体系化解读。为充分体现专利年费减免在专利开放许可中的激励功能，具体减免规则应当得到合理构建和实施。作为专利开放许可制度的重要组成部分，专利开放许可激励机制对专利开放许可制度得到充分实施的促进作用应得到足够重视，进而通过专利开放许可推动专利制度价值目标的有效实施。与此同时，有必要对专利开放许可中不同类型激励机制进行范围界分和功能定位，优化对各项开放许可专利权及其相应实施阶段所能够产生的激励作用。在专利开放许可激励机制中，应避免过度激励问题对专利开放许可制度规则运用的扭曲，防止造成专利开放许可行为中的"市场失灵"和"政府失灵"等问题。专利开放许可年费减免规则既要同其他类型专利年费减免政策相

---

[1] 陈扬跃，马正平.专利法第四次修改的主要内容与价值取向 [J].知识产权，2020（12）：6-19.

衔接，也要与专利开放许可活动的特点相契合，在专利开放许可活动中有效发挥激励导向作用和利益平衡功能。

在法律制度实施过程中，激励机制的作用是非常重要的。专利制度本身就是基于功利主义理念的激励机制的重要体现，通过专利制度的实施可以促进专利权人及其他相关主体投入智力资源和经济资源进行发明创造的研究开发和转化运用，并在宏观层面推动科技进步和经济发展。❶专利开放许可是专利制度激励机制的实现路径之一，在专利开放许可制度中激励机制也成为重要的组成部分。通过专利开放许可制度的实施，可以从专利许可费等方面促进专利制度激励功能的有效体现，给予专利权人相应的经济回报和市场利益，其激励效果有可能会优于传统的专利自愿许可或者专利侵权损害赔偿。❷在专利开放许可制度实施过程中，有必要通过相关激励机制的构建和运行，提高参与者的积极性，使制度效益能够得到更好的发挥。在我国《专利法》第四次修改过程中，对专利开放许可激励机制是较为重视的，通过引导和激励专利权人充分运用专利开放许可制度，能够使其真正起到促进专利实施的作用。❸在专利申请授权实践中，从法律和政策方面所提供的激励机制起到了非常重要的作用，使我国近年来专利申请数量、授权数量和有效专利数量得到了比较迅速的增长。❹我国较高的专利数量增长幅度，与研发资源投入和研发成果产出速度的提升是否相符合受到质疑，引发了专利数量是否能够反映我国研发能力和研发水平真实发展状况的思考。❺专利开放许可制度是对专利转化活动进行激励的重要规则，有助于改变专利制度在传统上"重申请、轻转化"产生的错位与缺失。❻专利开放许可制度建立以后，所面临的重要问题之一是提高相关主体的参与率和参与度。从国外专利开放许可制度运行的历史情况来看，专利权人作出专利开放许可声

---

❶ 崔国斌.知识产权法官造法批判［J］.中国法学，2006（1）：144-164.

❷ 李晓秋.专利许可的基本原理与实务操作［M］.北京：国防工业出版社，2018：25-27.

❸ 江必新.全国人民代表大会宪法和法律委员会关于《中华人民共和国专利法修正案（草案）》审议结果的报告［J］.全国人民代表大会常务委员会公报，2020（5）：730.

❹ 朱雪忠.辩证看待中国专利的数量与质量［J］.中国科学院院刊，2013，28（4）：435-441.

❺ 毛昊.中国专利质量提升之路：时代挑战与制度思考［J］.知识产权，2018（3）：61-71.

❻ 徐杰，赵冲.高校知识产权与技术转移问题研究［J］.中国高校科技，2018（5）：38-39.

明及被许可人实施开放许可专利的积极性有待提高。❶在我国专利开放许可制度中应当建立激励机制，从多方面鼓励专利权人、被许可人等专利技术产业链上下游主体积极参与。❷专利开放许可制度本身具有激励专利权人及被许可人达成专利许可并充分转化实施的目的，需要通过相应制度规则及配套规定实现激励功能。❸因此，在专利开放许可制度中制定激励规则是较为必要的。

专利开放许可激励机制是建立在专利制度整体激励机制基础上的，前者在机制构建和运行方面能够从后者的发展历程中借鉴经验。依据"鼓励机制说"，知识产权制度"以赋予某些（而非全部）智力劳动成果以财产权的方式，鼓励作者、发明者和商家创造出更多的信息产品，达到有利于社会的某种目的"。❹专利制度的激励机制以市场激励为基础，辅之以必要的政府激励。❺有观点论及，"本质上而言，专利制度仅仅是一项法律制度，它无法创造价值，只是通过设立产权调整社会资源的配置，引导促进知识财产的交易"❻。专利制度还有相应的约束机制，保证制度规则在符合有益价值目标的轨道上运行。专利开放许可制度中部分激励机制是对专利制度激励机制的强化，或者是对专利制度约束机制的缓和。例如，专利年费制度是对专利权人的一种经济约束，主要目的是避免不具有市场价值或者仅有较低市场价值的专利长时间维持有效并浪费专利制度公共资源。❼专利年费可以被认为是政府代表社会公众与专利权人就专利权所产生经济收益进行的适度分享。为促进专利权人将其专利纳入开放许可并维持有效，对开放许可专利的年费给予减免，这是对专利制度约束机制的缓和。

---

❶ 万小丽，冯柄豪，张亚宏，等.英国专利开放许可制度实施效果的验证与启示——基于专利数量和质量的分析［J］.图书情报工作，2020，64（23）：86-95.

❷ 刘鑫.专利当然许可的制度定位与规则重构——兼评《专利法修订草案（送审稿）》的相关条款［J］.科技进步与对策，2018，35（15）：113-118.

❸ 倪晓洁.专利开放许可的制度价值及其运行前瞻［J］.中国发明与专利，2019，16（12）：35-40，56.

❹ 李明德.美国知识产权法［M］.2版.北京：法律出版社，2014：19.

❺ ［日］田村善之.日本知识产权法［M］.周超，李雨峰，李希同，译.北京：知识产权出版社，2011：12-17.

❻ 曹源.论专利当然许可［M］//易继明.私法：第14辑第1卷.武汉：华中科技大学出版社，2017：128-259.

❼ 李慧阳.当然许可制度在实践中的局限性——对我国引入当然许可制度的批判［J］.电子知识产权，2018（12）：68-75；刘鑫.专利当然许可的制度定位与规则重构——兼评《专利法修订草案（送审稿）》的相关条款［J］.科技进步与对策，2018，35（15）：113-118.

我国《专利法》第 51 条第 2 款规定在专利开放许可实施期间，给予专利权人减免专利年费的优惠。从功能角度而言，专利开放许可制度公共服务和管理机制也能从一定程度上产生激励作用，其中专利开放许可声明公布机制是在专利申请授权文件公布机制和专利许可合同备案机制基础上进行的拓展和强化，将原本只在专利许可合同成立生效后由合同当事人主动提出请求的情况下进行的合同备案，提前到专利权人作出专利开放许可声明时予以登记和公布，并赋予该声明较强的法律约束力。❶这既有利于激励专利权人积极发布专利开放许可声明，增加专利许可机会并树立商业形象，也有利于被许可人更多地寻求获得专利许可并对专利权加以实施。专利开放许可数据库和集中公布系统的建立和运用能够为专利权人参与开放许可提供便利并形成激励。❷专利开放许可制度作为专利制度的子系统，其实施机制规则的构建和价值目标的实现不能脱离专利制度的既有规则体系和实施方式。专利开放许可制度在专利制度相应激励机制或者约束机制基础上进行调整时，既要保持专利制度原有机制依然能够发挥作用或者能够更好地发挥作用，还要有助于专利开放许可激励目标的实现。例如，专利开放许可制度专利年费减免规则的实施，不能以实质上取消年费约束功能作为代价，否则可能会造成专利开放许可制度被滥用，这对不能享受该项优惠的专利权人可能也是不公平的。

二、专利开放许可制度激励机制的类型化

专利开放许可激励机制可以依据不同角度进行类型化。按照是否属于专利开放许可制度法定规则，可以将专利开放许可激励机制分为内在型激励和外在型激励；按照激励回报来自市场交易或者政府部门，可以分为市场导向型激励和政府导向型激励；按照激励措施能否直接为专利权人带来经济收益，可以分为便利型激励和经济型激励。❸在专利申请及授权领域，专利年费减免属于外在型激励；在专利开放许可领域，专利年费减免则属于内在型激励。内在型激励

---

❶　专利开放许可声明相当于合同要约，在发布时尚未成为已经成立并生效的合同。刘强. 我国专利开放许可声明问题研究［J］. 法治社会，2021（6）：34-49.

❷　关通. 人工智能医疗专利开放许可机制构建研究［J］. 南京工程学院学报（社会科学版），2021，21（1）：46-50.

❸　余飞峰. 专利激励论［M］. 北京：知识产权出版社，2020：19-22.

与专利开放许可制度本身联系更为紧密，外在型激励与专利开放许可制度也具有契合性。专利开放许可激励措施还可以从激励回报来源和激励措施路径两个角度探讨。激励措施按照激励回报来源可分为两种类型，从而为其优先适用顺序提供依据。第一种类型为市场导向型激励，是指通过法律制度对专利权所产生的利益在市场主体之间进行分配，使对利益产生贡献最大或者需求最为强烈的主体获得初始权利分配或者利益优先保障。❶在专利开放许可制度中，对专利权人提交及撤回开放许可声明的法律效力，以及被许可人专利实施权等规则进行制定，可以实现激励相关主体参与专利开放许可的目标。从具有间接激励功能的规则来说，专利开放许可集中公布、专利开放许可合同备案和专利侵权责任严格化也属于广义上的市场导向型激励机制。第二种类型为政府导向型激励，是指政府投入公共资源对专利开放许可活动进行经济资助。在专利领域，专利申请费、专利年费等专利收费标准的设定对当事人申请专利、维持专利权有效等方面活动产生重要影响，国外专利行政部门收费标准的调整对专利申请等活动的整体影响也是较为显著的。❷在政府导向型激励模式中，专利权人所获得的收益或者减少的成本主要来自政府资金而非市场回报。在专利开放许可制度中，专利行政部门为专利权人提供专利年费减免的优惠是政府导向型激励的重要体现。对专利权人所取得的专利开放许可费收益给予税收优惠，也属于政府导向型激励。❸在这两种激励模式中，市场导向型激励是基础性模式，在激励功能作用方面应当处于优先地位；政府导向型激励则为调节性模式，也能够发挥重要作用。政府导向型激励可以起到克服市场导向型激励中可能产生的"市场失灵"问题的作用，但是也有可能导致"政府失灵"等新问题。❹专利年费减免政策有必要针对具备市场化前景的专利权进行资助，避免将财政资源分散到本不具备市场潜力和资助必要性的专利权中，因而合理确定激励对象对专利开放许可制度中激励机制的有效实施具有重要意义。

---

❶ 郭英远，张胜．科技人员参与科技成果转化收益分配的激励机制研究［J］．科学学与科学技术管理，2015，36（7）：146-154.

❷ 乔永忠．专利收费制度影响专利行为程度研究［J］．科研管理，2019，40（12）：155-162.

❸ 马碧玉．专利实施许可制度比较考察［J］．云南大学学报（法学版），2015，28（4）：13-18.

❹ 黄燕，吴婧婧，商晓燕．创新激励政策、风险投资与企业创新投入［J］．科技管理研究，2013，33（16）：9-14.

从激励措施实施路径角度来看，便利型激励机制主要为当事人参与专利开放许可提供便捷途径，经济型激励机制则能够为当事人直接产生经济回报。便利型激励机制，主要是指在专利开放许可制度中建立为当事人参与该制度提供便利的机制和渠道。由此，可以使专利权人或者被许可人能够更为方便地运用专利开放许可制度进行专利许可及实施活动，节约参与该制度的交易成本，从而提高其参与该制度的积极性。[1]专利开放许可在当事人信息沟通和协商机制方面能够体现出较强的便利性，这对专利权人及被许可人积极参与专利开放许可具有较好的激励作用。[2]在专利开放许可制度实施过程中，应当使其为专利许可机制产生的便利性得到充分发挥，防止不利因素产生阻碍。可以对专利开放许可制度实施机制进行具体设计，或者在不显著增加制度成本的情况下构建辅助实施机制，为当事人更好地运用专利开放许可制度提供便利。将专利开放许可机制与专利自愿许可机制、专利年费减免机制等其他方面的专利管理机制进行衔接也是有必要的，这有利于节约制度运行成本。经济型激励机制，主要是指政府部门通过提供资金或者减免费用对专利开放许可制度参与者应担负的经济成本予以降低。在专利开放许可实施期间减免专利权人的年费是经济型激励机制的主要体现。通过专利年费减免，能够为专利权人提供经济优惠，可以增强专利开放许可制度对专利权人的吸引力，也会间接地促进被许可人实施开放许可专利权。[3]便利型激励机制的主要功能在于节约当事人的交易成本，通过市场效益的增加为专利开放许可当事人提供经济激励；经济型激励机制则主要是减少当事人的经济负担，能够直接降低当事人参与专利开放许可的成本障碍。在便利型激励机制中，专利权人或者被许可人所获得的经济收益主要来自市场交易机会而非政府补贴；在经济型激励机制中，当事人则主要依靠政府资助获得收益。

在专利开放许可制度实施中，市场导向型和政府导向型两类激励机制能够

---

[1] 罗莉. 我国《专利法》修改草案中开放许可制度设计之完善 [J]. 政治与法律，2019（5）：29–37.

[2] 何培育，李源信. 基于博弈分析的开放许可制度优化研究 [J]. 科技管理研究，2021，41（12）：165–171.

[3] 李慧阳. 当然许可制度在实践中的局限性——对我国引入当然许可制度的批判 [J]. 电子知识产权，2018（12）：68–75.

实现相互衔接配合，共同发挥作用。在专利开放许可启动阶段，政府导向型激励机制可以产生鼓励专利权人加入开放许可的作用。专利权人为能够享受年费减免优惠，在专利许可市场前景并不明朗的情况下，也会更有意愿提出专利开放许可声明。在专利开放许可声明发布以后，特别是在专利开放许可实施过程中，政府导向型激励机制的主导作用将逐渐向市场导向型激励机制转移，市场导向型激励措施会发挥更为重要的作用。此外，专利开放许可集中发布机制和专利开放许可实施合同备案机制所提供的便利和保障也会对专利权人产生吸引力。在此情况下，政府导向型激励机制可以在适当情况下退出实施或者降低资助强度。例如，在专利开放许可实施情况良好并且逐步扩大的情况下，专利年费减免比例也可以逐步降低。❶ 有必要促进这两种类型激励机制形成互补关系而非叠加关系，防止专利权人或者被许可人对激励机制的策略利用。市场导向型激励机制主要是为降低专利许可交易成本，促进市场机制充分发挥作用。政府导向型激励机制则是在交易成本不能进一步降低的情况下，为弥补市场机制缺陷而对专利许可交易主体给予直接经济补偿。这两种激励机制所能够发挥优势的领域是有差别并且各有侧重的，两者相互衔接并且相互补充是充分体现各自特点的重要途径。市场主导型激励机制应当发挥主要作用，而政府主导型激励机制则处于辅助地位。政府主导型激励机制若持续处于主导地位，可能会意味着专利权人主要依赖年费减免优惠而非专利许可费作为专利开放许可的重要动力和收益来源，这会与专利开放许可制度的初衷相违背，并且可能产生政府专利年费收益等公共资源遭到浪费的潜在风险。

三、专利开放许可制度过度激励问题

在专利开放许可激励机制实施中，要注意防止产生过度激励的问题，实现激励措施价值目标的合理定位。在制度价值功能和政策导向方面，知识产权保护作为对创新的激励机制已经得到明确，但是关于知识产权制度激励不足和过

---

❶ 蔡元臻，薛原. 新《专利法》实施下我国专利开放许可制度的确立与完善［J］. 经贸法律评论，2020（6）：83-94.

度激励的问题存在争论。❶在我国专利申请与授权领域，曾经呈现某种程度的过热问题，这与法律制度与政策措施的过度激励有一定程度的联系。有学者认为，我国专利中进行市场交易的比例较少，"可能与专利申请行为受到政策的过度激励，大部分受激励而申请的专利本身质量较低有关"❷。地方政府对专利申请和授权的财政资助或者补贴政策，使专利申请和授权数量出现"井喷式"增长。❸但是，其中有部分属于并不符合专利授权标准要求的专利申请，也有部分专利申请虽然符合法定授权标准，然而技术含量较低，不应当耗费行政资源、司法资源和社会资源予以审查及保护。❹地方政府的过度激励政策导致专利申请量虚高，专利总体质量降低，并且不合理地加重了专利审查和专利保护方面的行政资源负担。❺我国专利数量与质量水平的不匹配已经导致专利转化和实施比例较低、效益不高等方面问题，这也成为《专利法》通过建立专利开放许可制度促进专利许可和实施的重要现实原因。专利政策提供的激励若超过合理限度，专利申请数量和有效专利数量可能会快速增长，但是专利权得到转化实施的比例及其所产生的收益可能会较低，专利技术获得市场认可的程度可能也会较少。❻专利在获得授权以后如果不能够得到充分的转化实施，将使专利授权的制度意义和社会价值受到损害。政策措施对专利申请和授权的过度激励可能造成市场机制的扭曲问题，妨碍专利研发者和申请人根据技术因素和市场因素对专利申请和专利维持的必要性进行客观评估。在此情况下，如果在专利开放许可等专利交易与实施环节中再次进行过度激励，意图弥补专利申请和授权数量过多所产生的问题，则可能会造成市场机制扭曲现象的叠加，并加剧专利数量过多问题所产生的危害。随着对专利开放许可激励力度的增强，可以在结果上提高专

❶ 安佰生."标准化中的知识产权问题"相关背景政策 [M] // 国家知识产权局条法司.专利法研究（2013）.北京：知识产权出版社，2015：203-215.

❷ 曾铁山，朱雪忠，袁晓东，等.基于市场化导向的我国专利政策功能定位研究 [J].情报杂志，2013，32（7）：131-136，130.

❸ 文家春，朱雪忠.我国地方政府资助专利费用政策若干问题研究 [J].知识产权，2007（6）：23-27.

❹ 谢富纪.科技成果转化需要制度体系支撑 [J].人民论坛，2021（14）：20-23.

❺ 陈贤凯，宋炳辉.品牌海外发展的基础、挑战与应对——以广东省为样本的研究报告 [J].法治社会，2016（6）：30-40.

❻ 曾铁山，朱雪忠，袁晓东，等.基于市场化导向的我国专利政策功能定位研究 [J].情报杂志，2013，32（7）：131-136，130.

利的许可率或者转化率，但是激励措施超出合理范围也将造成对市场机制的破坏，而且政府财政资源的负担将会更为加重。

专利开放许可激励机制实现的重要路径是减少专利权人在专利实施中的交易成本和经济负担，这体现了专利制度激励对象从专利申请领域向专利实施领域的转变。❶ 知识产权制度传统上强调对知识创新和智力成果产出的激励，赋予知识产权独占地位使权利人拥有垄断市场利益的法律基础和预期前景。在市场机制不足以克服较高交易成本的情况下，激励失灵和过度激励问题逐步得到重视。对智力成果创造环节和传播环节的激励可能会产生矛盾，"强调允许和鼓励个人利益，会激发知识生产的积极性，但却可能削弱知识传播的动力，甚至可能出现过度激励生产带来的知识产权大量闲置"。❷ 对专利开放许可等交易活动的激励过多，可能使专利年费制度在促进低价值专利权终止和失效方面的功能受到削弱。维持较长的专利权有效期需要耗费社会管理成本和不必要的交易成本，专利年费制度能够在一定程度上避免专利权不必要地维持过长时间。❸ 然而，在专利开放许可制度年费减免规则下，部分专利权人可以用更低的成本维持本不应当继续有效的专利权，可能会使专利淘汰机制难以发挥作用。有观点认为，政府给予专利权人及相关主体过度激励的政策，反而有可能产生专利申请人并非实际创新主体，政策激励对象发生偏离等方面的问题。❹ 专利领域的过度激励可能会产生专利申请主体和专利权的"逆向"淘汰，专利开放许可年费减免可能会使"垃圾专利"更难以被清除出市场，造成专利制度运行中的资源浪费，也使社会公众难以区分有效专利中的高价值专利与"垃圾专利"。申请"垃圾专利"和将"垃圾专利"用于专利侵权诉讼已经被认为会造成社会净损失 ❺，在专利许可领域进行过度激励将使这种社会净损失所产生的问题被掩盖，恢复专利许可交易市场机制的正常运行也将更为困难。在专利开放许可制度中

---

❶ 易继明. 专利法的转型：从二元结构到三元结构——评《专利法修订草案（送审稿）》第 8 章及修改条文建议 [J]. 法学杂志, 2017, 38（7）: 41–51.

❷ 张耀辉. 知识产权的优化配置 [J]. 中国社会科学, 2011（5）: 53–60, 219.

❸ 乔永忠. 专利收费制度影响专利行为程度研究 [J]. 科研管理, 2019, 40（12）: 155–162.

❹ 郑江淮, 冉征. 走出创新"舒适区"：地区技术多样化的动态性及其增长效应 [J]. 中国工业经济, 2021（5）: 19–37.

❺ 应振芳. 意匠多重保护评析 [J]. 西南政法大学学报, 2006（6）: 77–84.

真正有较高市场价值的专利可能是较少的，因为高价值专利可能已经通过专利自愿许可进行了实施，而不必通过专利开放许可制度方能得到实施。❶ 因此，有必要防止在过度激励政策刺激下出现专利开放许可声明及实施通知数量不合理膨胀的情况。

在专利开放许可制度实施以后，有可能出现的情况是，各地方政府为鼓励专利权人将专利进行开放许可，争相出台各种财政激励措施。这可能会成为专利申请和授权领域广泛出现的地方政府资助政策的一个"翻版"，除可能造成总体上的过度激励以外，还有可能产生各地方资助力度不平衡的差异化现象。由此，可能引发专利许可活动不合理的跨地区流动，甚至会影响专利申请和授权活动的区域分布。在专利申请和授权领域，地方政府资助政策已经在一定程度上造成专利低质化、闲置化、泡沫化、工具化等负面影响❷，应当在专利开放许可激励机制中避免出现类似的情况。除《专利法》规定的专利年费减免和国家知识产权局提供相应优惠政策以外，各地方政府应避免对专利开放许可活动进行力度过大的财政资助，防止无序竞争和资源浪费。在专利开放许可领域，地方政府可以优先提供的激励和支持政策包括：为专利权人提交专利开放许可声明提供专利权价值评估服务，为被许可人实施开放许可专利提供投融资服务，对专利权人所收取专利开放许可费给予税收减免优惠等。❸ 上述激励措施能够为当事人参与专利开放许可提供便利或者优惠，并且基本上不会造成专利开放许可制度被滥用的风险。

---

❶ Torremans P. Holyoak and Torremans on Intellectual Property Law［M］. 7th ed. Oxford：Oxford University Press，2013：118.

❷ 余飞峰. 专利激励论［M］. 北京：知识产权出版社，2020：44. 部分欧美国家实行的"专利盒子"机制涉及知识产权转让许可和投资收入的所得税减免政策. 宋河发. 面向创新驱动发展与知识产权强国建设的知识产权政策研究［M］. 北京：知识产权出版社，2018：200-206.

❸ 马碧玉. 专利实施许可制度比较考察［J］. 云南大学学报（法学版），2015，28（4）：13-18.

第二节　利益均衡原则

一、专利开放许可制度实施利益均衡原则的由来

专利开放许可制度实施利益均衡原则是在专利制度价值目标和利益平衡机制框架下得到体现的。在专利开放许可制度规则和实施中应当促进专利权人、被许可人和社会公众等方面主体利益的充分实现和合理均衡。❶专利开放许可制度在利益平衡方面具有主动性和层次性。❷在知识产权法律体系中，专利制度的价值目标可以从三个层面解读。在微观层面，专利制度保护专利权人的合法权益；在中观层面，专利制度促进发明创造的研究开发和转化实施；在宏观层面，专利制度推动科学技术进步和经济社会发展。❸从专利制度立法目标而言，主要是为了促进科技创新不断涌现，推动创新发明的不断发展和社会生产力的提高，丰富人类知识宝库。❹专利制度实施的目标可以分为工具性目标和宗旨性目标两个层面。其中工具性目标是直接目标，具有手段性和阶段性，是为宗旨性目标服务的；宗旨性目标则属于终极目标，具有长远性和总体性，是通过工具性目标来实现的。专利制度价值目标包括"私权保护"和"激励创造"双重内容，在两者之间有必要体现相应的平衡。❺在专利制度中，私权保护属于工具性目标，保护私权是手段而不是最终目的；激励创造及其实施活动则属于宗旨性目标，是专利法产生推动技术进步和社会发展的价值目标的体现。❻知识产权许可能够促进技术创新和贸易发展，推动知识产权制度公益价值目标的

---

❶　赵石诚.利益平衡视野下我国专利当然许可制度研究［J］.武陵学刊，2017，42（5）：63-68.

❷　王永民.专利开放许可制度的运行规制研究［J］.中阿科技论坛（中英文），2022（1）：115-118.

❸　张广良.知识产权价值分析：以社会公众为视角的私权审视［J］.北京大学学报（哲学社会科学版），2018，55（6）：142-149.

❹　杨德桥.专利说明书著作权问题研究［J］.中国发明与专利，2018，15（5）：90-98.

❺　冯晓青，陈啸，罗娇."高通模式"反垄断调查的知识产权分析——以利益平衡理论为视角［J］.电子知识产权，2014（3）：28-32.

❻　英国知识产权委员会.知识产权与发展政策相结合［EB/OL］.（2003-10-17）［2021-12-01］.http：//www.iprcommission.org/papers/pdfs/Multi_Lingual_Documents/Multi_Lingual_Main_Report/DFID_Main_Report_Chinese_RR.pdf.

实现，在自由贸易和公平贸易等政策方面也能够发挥重要作用。❶在宏观层面，专利制度对经济增长的作用得到广泛关注，专利保护所发挥的相应功能是非常显著的。❷在此基础上，在微观层面通过专利开放许可机制使专利制度的正面作用得到更为有效的发挥，并且克服其可能存在的机制障碍，这将显得尤为重要。在法律制度实施方面，"法学家从各个角度强调了法的生命在于实施，法的实施是实现立法者的目的、实现法律的作用的必由之路"❸。专利制度在更为宏观的公共政策框架下也属于较为具体的工具性制度。2002年，英国知识产权委员会在《知识产权与发展政策相结合》报告中认为，知识产权制度可以被视为实现公共政策的手段，授予知识产权权利人相应的独占权利是为了促进公共利益。❹事实上，越是宏观的公共政策，实现政策目标的工具可能会越多，平衡专利制度与其他公共政策工具的需求也会更强。《专利法》第1条对立法宗旨进行了规定："为了保护专利权人的合法权益，鼓励发明创造，推动发明创造的应用，提高创新能力，促进科学技术进步和经济社会发展，制定本法。"专利开放许可制度在推进《专利法》多个层次目标方面能够发挥重要作用，有效平衡各主体的利益是实现其功能的重要路径。

专利制度关注对专利权人、专利技术使用者及社会公众利益平衡问题，均衡保护专利权人和被许可人利益，促进公共利益的充分实现。《TRIPS协定》较为重视知识产权保护和实施中的利益平衡问题。该协定第7条"目标"规定："知识产权的保护和实施应有助于促进技术创新及技术转让和传播，有助于技术知识的创造者和使用者的相互利益，并有助于促进社会和经济福利以及权利与义务的平衡。"❺根据该条，在知识产权制度框架下，当事人之间的权利义务，

---

❶ 温芽清，南振兴.国际贸易中知识产权壁垒的识别 [J].国际经贸探索，2010，26（4）：65-71.

❷ 魏延辉.专利制度对经济增长作用效应与效率的研究 [M].北京：经济科学出版社，2017：18-19.

❸ 王红霞.论法律实施的一般特性与基本原则——基于法理思维和实践理性的分析 [J].法制与社会发展，2018，24（4）：167-189.

❹ 英国知识产权委员会.知识产权与发展政策相结合 [EB/OL].（2003-10-17）[2021-12-01]. http://www.iprcommission.org/papers/pdfs/Multi_Lingual_Documents/Multi_Lingual_Main_Report/DFID_Main_Report_Chinese_RR.pdf.

❺ 联合国贸易与发展会议，国际贸易和可持续发展中心.TRIPS协定与发展：资料读本 [M].中华人民共和国商务部条约法律司，译.北京：中国商务出版社，2013：140.

以及当事人与社会公众的利益分配应当实现均衡发展。这意味着，不能在知识产权保护中过度保护一方当事人的利益，而不合理地限制、损害其他当事人的权益或者社会公众的权益和福祉。2001年《TRIPS协定与公共健康宣言》（以下简称《多哈宣言》）在涉及公共健康的药品专利等方面，更为显著地体现了专利权人与社会公众之间的利益平衡问题。由于发达国家和发展中国家在知识产权领域利益平衡的需要，以及跨国医药企业与相应疾病患者之间的利益平衡需求，该宣言从总体上给予WTO成员（特别是发展中成员）在颁发药品强制许可等事务中更大自主权和灵活度，以应对可能出现的公共健康危机。❶专利许可是国际技术转移的主要方式，为专利权人推广技术和被许可人实施技术提供了合作框架。❷1919年《英国专利法》修改时，对药品专利和化合物专利保护规则修改的总体趋势是弱化保护，制定专利开放许可制度顺应了这种趋势。❸在公共健康领域，专利权人与社会公众的利益平衡处于更为重要的地位，专利技术实施者则承担了为公众提供专利产品以满足公共健康需求的任务。部分国家专利法对专利权人，尤其是外国专利权人，规定了本地实施该项专利的义务，以满足本国消费者对专利产品的需求，并以未进行本地实施作为颁发强制许可的事由。❹此外，政府部门在颁发专利强制许可中发挥较为积极的角色，专利技术实施者只能在公权力机关就特定药品专利作出颁发强制许可的决定后进行实施，而不能由专利实施企业代替政府主管部门对公共健康问题及其产生的专利产品需求作出判断。

传统上，专利制度框架下的利益平衡，实质上是在专利权保护与其他更为重要社会价值的利益发生冲突时，前者需要让位于后者的利益权衡与制度安排。在药品专利保护领域，主要是作为私权的专利权需要在一定程度上服从于公共

---

❶ 吴汉东.知识产权国际保护制度研究［M］.北京：知识产权出版社，2007：10.

❷ Guan W W. Intellectual Property Theory and Practice: A Critical Examination of Chinas TRIPS Compliance and Beyond［M］. Berlin: Springer-Verlag, 2014: 20.

❸ 英国"1919年的专利法作出了相应的修改，废除了对化学物质的保护，并通过允许强制许可削弱了对药品的专利保护，将专利保护期限从14年增加到16年"。邹琳.英国专利制度的产生和发展研究［M］.北京：法律出版社，2018：110.

❹ Marsoof A. Local Working of Patents: The Perspective of Developing Countries［M］// Bharadwaj A. et al. Multi-dimensional Approaches Towards New Technology. Singapore: Springer Nature Singapore Pte Ltd., 2018: 315-337.

健康等国际社会普遍承认的基本人权。药品研发出来以后，在社会意义上来说便不再仅属于专利权人的私人财产，而是基于其公共产品属性在更为宏观的意义上属于社会公众，对专利权人应当获得的收益和补偿也需要提供保障。❶从权利位阶角度而言，健康权的社会意义和法律位阶应当高于包括专利权在内的知识产权。❷在反垄断执法领域，专利权的保护也会在特定情况下受到维护市场竞争秩序和保护消费者权益等更为宏观的社会价值的限制。市场竞争秩序主要限于商业领域，而公共健康则会涉及更为广泛的社会领域，因此后者受到关注的程度更高，社会影响更大，并且在利益平衡过程中专利权人受到限制的程度更强，政府在促进专利许可与实施方面履行职能时的介入程度会更深。公权力部门对专利许可活动的介入，包括对专利许可协商过程和专利许可协议内容的调整，可能会产生两方面的效果：既有可能产生恢复市场机制正常运转的作用，弥补"市场失灵"带来的负面影响❸；也有可能造成公共行政资源或者司法资源的无谓消耗，对市场机制扭曲恢复不到位，甚至有可能由此造成更为严重的损害。在专利开放许可制度实施过程中，有必要遵循"有限政府""司法谦抑"等方面的原则，充分发挥利益平衡机制对专利许可谈判机制的合理构建所能够产生的有益效果。

在公共健康及反垄断执法等领域，专利制度利益平衡机制基本上等同于对专利权的限制，这意味着在例外情况下可以对专利独占性予以排除，在专利权人不同意许可或者不同意相应许可条件的情况下给予被许可人专利实施权。在英国专利法上，专利开放许可是可以作为专利强制许可实施的一种类型的，并用于平衡专利权人与社会公众利益。❹但专利客体范围限制、专利保护期限制、不视为侵犯专利权的例外等情形属于事前限制，以专利强制许可为代表的权利限制机制则属于事后限制。事后限制具有一定程度的不可预测性，包括公权力机关是否会对权利进行限制，以及会在何种交易条件下适用权利限制或者强制

---

❶ 吴汉东.知识产权国际保护制度研究［M］.北京：知识产权出版社，2007：10.

❷ 吴汉东.知识产权国际保护制度研究［M］.北京：知识产权出版社，2007：10.

❸ 刘鑫.专利许可市场失灵之破解［J］.黑龙江社会科学，2021（2）：74-80.

❹ Howe H R. Property, Sustainability and Patent Law-Could the Stewardship Model Facilitate the Promotion of Green Technology?［M］// Howe H R. Jonathan Griffiths. Concepts of Property in Intellectual Property Law. Cambridge：Cambridge University Press，2013：282-305.

专利许可交易。此外，专利制度利益平衡机制强调公共利益属性和对专利权人的非自愿性。基于公共利益需要，即使专利权人不同意在特定情形或者特定条件下实施该专利，也可以由公权力机关介入并允许或者要求被许可人进行实施。❶专利开放许可制度则属于专利权人的自愿限制和事前平衡。专利自愿许可的过程和结果主要由《民法典》合同编而非《专利法》调整。专利许可合同具有商事合同的属性，法律规范对当事人权利义务调整主要着眼于双方之间利益分配问题，较少涉及技术实施活动可能产生的社会公众利益问题。在《专利法》中，专利开放许可制度是对专利许可交易活动介入较多的规则，既注重保护专利权人和被许可人的意思自治，也强调该制度实施过程中的公共属性和公共利益价值取向。由《民法典》合同编对专利自愿许可合同进行调整，意味着假设合同双方当事人的法律地位、经济地位和谈判地位基本上处于平等状态，较少会考虑当事人交易活动背后所可能产生的社会利益影响。由《专利法》对专利开放许可进行调整，则蕴含了双方当事人相应地位的差异性，虽然专利权人和被许可人在法律上也处于抽象的平等地位，但是在"亲专利"政策的影响下，专利权人在权利保护和许可谈判中实质上处于优势地位乃至支配地位。专利权人发布专利开放许可声明并接受专利开放许可规则约束以后，形同自愿放弃了原本所享有的优势谈判地位，在此基础上实现利益平衡已经有较为明确的基础和较为切实的保障。

二、专利开放许可制度实施利益均衡原则的内涵

专利开放许可制度实施过程中，需要平衡专利权人与被许可人之间的利益、专利权人与社会公众之间的利益，以及被许可人与社会公众之间的利益。❷其中，专利权人与被许可人之间的利益平衡机制是较为具体而直接的，专利权人与社会公众之间的利益平衡机制则是较为抽象而间接的。在这两种利益平衡机制中，前者是以后者为最终目标，后者的实现则以前者作为重要的基础和动力。

---

❶ 曹源.论专利当然许可［M］//易继明.私法：第14辑第1卷.武汉：华中科技大学出版社，2017：128–259.

❷ 赵石诚.利益平衡视野下我国专利当然许可制度研究［J］.武陵学刊，2017，42（5）：63–68；马碧玉.专利权交易法律制度研究［M］.北京：中国社会科学出版社，2016：104.

在对专利制度正当性进行论证时，是基于一种双层逻辑结构，虽然赋予专利权独占性会牺牲相应主体自由，但是能够增进其他主体的自由而得到证成，其中蕴含了利益平衡的理念。❶ 在专利开放许可制度实施中，专利权人与被许可人之间的利益均衡不是静态的均衡，而是动态的均衡。双方当事人不能仅着眼于既有利益的事后分配，而且要重视对未来预期收益的事先评估和预期风险的事前防范。在专利权人与社会公众之间的利益均衡方面，既要通过给予专利权人意思自治的空间鼓励其将专利进行开放许可，也要促使专利权人在提交专利开放许可声明并制定专利许可费率时，兼顾获得专利许可费收益保障，以及提升其自身的商业信誉和社会形象。在被许可人与社会公众利益之间，则应当鼓励更多的被许可人参与专利开放许可实施并扩大实施规模，满足社会公众在合理价格水平获得专利产品的需求，实现消费者利益和增进社会福祉。专利开放许可制度实施利益均衡原则主要体现在以下三个方面。

在专利权人与被许可人利益平衡中，一方面要维护专利权人从被许可人处收取专利开放许可费的权益，另一方要保护被许可人对专利开放许可实施权的取得与运用。专利权人在技术发明中的贡献是专利产品产生市场价值的源泉和基础，但其只能获得智力成果所带来的增加价值，专利产品市场价值的其他部分应当由被许可人及其他相关主体合理分享。❷ 专利权人在提交专利开放许可声明并制定声明内容方面享有意思自治的权利，能够较好地体现其利益需求。通过专利开放许可，专利权人可以实现技术扩散并从被许可人实施专利技术的活动中获得收益，这是给予专利权人激励的有效机制之一。❸ 在商业领域，专利开放许可声明的发布对专利权人能够产生两方面效果。一是专利权人能够利用专利开放许可声明树立商业信誉。部分大型企业通过对其专利权公开进行免费开放许可，承担促进技术传播和实施的社会责任。❹ 专利开放许可制度能够通过

---

❶ Hettinger E C. Justifying Intellectual Property [J]. Philosophy & Public Affairs, 1989, 18（1）: 31-52.

❷ 饶明辉. 当代西方知识产权理论的哲学反思 [M]. 北京: 科学出版社, 2008: 161.

❸ 罗娇. 创新激励论——对专利法激励理论的一种认知模式 [M]. 北京: 中国政法大学出版社, 2017: 170-171.

❹ 陈琼娣. 开放创新背景下清洁技术领域专利开放许可问题研究 [J]. 科技与法律, 2016（5）: 944-957.

促进许可实施活动提升专利权的公益属性和公共价值。❶二是维护商业信誉的需求也会对专利权人在专利开放许可声明中许可条件的设定产生限制作用，避免其单方面为增加收益而过度提高专利开放许可费率。专利开放许可声明的公开性会对专利权人在设定其他许可条件中实施策略行为产生较为明显的抑制作用。专利开放许可能够成为实现和提升专利权的市场价值，并体现其社会价值的重要途径之一。❷专利权人所取得的专利开放许可费，可以用于补偿专利研发成本并体现其应当获得的适当利润，从而使其能够投入更多资源进行后续研究开发活动，并继续将所取得的专利权纳入专利开放许可。❸通过专利开放许可，可以实现专利权人与被许可人之间就专利产品制造销售的经济要素组合，实现优势互补和资源共享。❹在确定专利许可费时，应当体现双方当事人各自在生产要素方面作出的贡献，实现产品利润的合理分配。在专利开放许可费率制定中，专利权人可以采用提成费作为主要计算方式，使被许可人实施专利技术的收益分配和风险分担更为合理，并且能够成为激励被许可人向专利权人披露专利实施情况信息并克服信息不对称问题的重要机制。被许可人属于专利技术使用者，对专利产品的市场竞争状况和市场价值信息会更为了解。❺为鼓励被许可人向专利权人准确充分地披露专利产品生产销售的市场信息，促进专利产品市场利润通过许可费的形式向专利权人合理地反馈，需要专利权人在制定专利许可费率时采用较为优化的方式。否则，被许可人向专利权人披露实施状况信息的动力不强，在固定许可费率较高的情况下向专利权人支付许可费的积极性也可能会受到抑制，不利于双方当事人利益在动态中得到均衡体现。

专利权人与社会公众之间的利益均衡主要是通过专利许可和实施范围的扩张并满足社会公众需求得到体现的。专利权人通过发布专利开放许可声明，表明其促进公众利益实现的目的，也有利于树立其良好的社会形象。专利开放许

---

❶ 曾学东.专利当然许可制度的建构逻辑与实施愿景［J］.知识产权，2016（11）：84-88.

❷ ［美］罗塞尔·帕拉，［美］帕特里克·沙利文.技术许可战略——企业经营战略的利剑［M］. 陈劲，贺丹，黄芹，译.北京：知识产权出版社，2006：9.

❸ Taubman A S. Rethinking TRIPS: 'Adequate Remuneration' for Non-voluntary Patent Licensing［J］. Journal of International Economic Law, 2008, 11（4）：927-970.

❹ 董美根.知识产权许可研究［M］.北京：法律出版社，2013：8.

❺ 李攀艺，朱火弟.专利许可交易中的激励性合约研究［M］.重庆：西南交通大学出版社，2011：47.

可制度希望专利权人更多地将具有较高市场价值和技术水平的高质量专利进行开放许可，而不是将不具有市场前景和低技术水平的专利进行开放许可。❶ 否则，在专利开放许可声明中如果充斥着低质量专利，将有损于该制度的权威性和公信力，也会违背设立专利开放许可制度的初衷，不利于社会公众利益的实现。在专利自愿许可领域，专利权人在多次博弈机制约束下会有提供优质专利权供被许可人和社会公众使用的更强动力。专利权人如果在申请专利权并获得授权的过程中实施了机会主义行为，并且知晓专利申请不具备授权条件的事由，可能会选择隐瞒相关不利信息，这将导致潜在被许可人不愿意与专利权人协商并取得专利实施许可。❷ 在专利自愿许可中，由于专利许可谈判成本较高，许可协议私人性、秘密性较强，合作次数较少，因此可能导致专利权人在逆向选择动机下提供质量较差的专利给被许可人。❸ 被许可人在受到此类机会主义行为造成的损害以后，难以在后续交易中弥补损失。专利权人与被许可人许可交易频率的提高有可能会降低专利权人实施机会主义行为的动机，并在平衡短期利益与长期利益之后选择维护市场信誉和更好地遵循诚信原则。❹ 在商业营销方面，专利开放许可声明能够在一定程度上成为专利权人向社会公众发布的"宣传商业广告"，将其向有意实施该项专利的主体授予专利许可的意愿公开宣布。❺ 专利开放许可声明公布了专利许可费率，将专利许可协商中的多次谈判机制改为一次报价，将专利权人与单个被许可人之间的多次博弈改为与众多潜在被许可人之间的一次博弈，有助于激励专利权人更多地将高价值专利进行开放许可。在专利开放许可客体选择方面，专利权人通常更倾向于将非核心专利权许可给他人，而将核心专利权予以保留并将其作为维持竞争优势的重要工具。❻ 有必

---

❶ 邓恒，王含．高质量专利的应然内涵与培育路径选择——基于《知识产权强国战略纲要》制定的视角［J］．科技进步与对策，2021，38（17）：34-42.

❷ 李攀艺，朱火弟．专利许可交易中的激励性合约研究［M］．重庆：西南交通大学出版社，2011：69.

❸ Maskus K E. Policy Space in Intellectual Property Rights and Technology Transfer: A New Economic Research Agenda［M］// Correa C，Seuba X. Intellectual Property and Development: Understanding the Interfaces. Singapore: Springer Nature Singapore Pte Ltd.，2019：3-20.

❹ 李攀艺，朱火弟．专利许可交易中的激励性合约研究［M］．重庆：西南交通大学出版社，2011：69.

❺ Bently L，Sherman B. Intellectual Property［M］．Oxford: Oxford University Press，2001：518.

❻ ［奥］伊利奇·考夫．专利制度经济学［M］．柯瑞豪，译．北京：北京大学出版社，2005：30.

要通过机制保障鼓励专利权人更多地将高价值专利权纳入开放许可对象，促进相关主体在充分实现效益的基础上体现利益动态均衡。

在被许可人与社会公众的利益平衡方面，需要保障被许可人获取合理利润的权利和社会公众充分取得专利产品并满足需求的权益。在制定知识产权制度规则时，应当注重将社会公众所支付成本中耗费在交易成本方面的部分予以减少。[1]被许可人发挥了在专利权人与社会公众之间传播专利产品生产和技术信息的桥梁作用，并且为专利技术实施投入了资源，有必要通过制度规则保障其合理收益。在专利开放许可实施中，被许可人能够依据专利开放许可声明获得实施该项专利技术的授权，但是专利开放许可合同条款的简化后，从专利权人处获得技术支持和辅助技术的可能性相应降低，可能会阻碍其充分实施专利权并向社会公众提供。专利许可既体现为法律权利的转移，也会产生转移技术知识的效果，被许可人需要投入相关资源对专利权人提供的技术信息进行消化吸收并实现"知识内化"。[2]除此之外，专利权人无权限制可能为数众多的潜在被许可人获得许可，特定被许可人不能取得相对垄断的市场竞争地位，专利产品不能维持垄断高价而只能调整到竞争水平。社会公众对合理产品价格和充分产品供应的需求较为容易得到满足，但是对被许可人生产资源和技术资源投入的回报可能会存在不足。专利开放许可制度为专利权人提供的年费减免激励能否传导到被许可人处难以预测。专利权人索取与被许可人的合作剩余是前者作出专利开放许可声明的动力之一[3]，被许可人能否通过向社会公众提供专利产品获得与消费者的合作剩余则存在较大不确定性。在专利开放许可实施过程中，有必要建立社会公众对被许可人的信息反馈机制和利益反馈机制，赋予被许可人退出专利开放许可的选择权，减少其加入专利开放许可实施活动的风险和顾虑。由此，被许可人可以获得与专利权人更为平等的谈判地位，使双方在参与专利开放许可活动与退出专利开放许可法律关系的权利方面更为均衡。

---

[1]　［美］罗伯特·P.莫杰思.知识产权正当性解释［M］.金海军，史兆欢，寇海侠，译.北京：商务印书馆，2019：395.

[2]　李攀艺，朱火弟.专利许可交易中的激励性合约研究［M］.重庆：西南交通大学出版社，2011：99.

[3]　李攀艺，朱火弟.专利许可交易中的激励性合约研究［M］.重庆：西南交通大学出版社，2011：99.

三、专利开放许可制度实施利益均衡原则的实现机制

专利开放许可制度实施中对利益均衡原则的实现，与公共健康领域、反垄断执法领域实现利益均衡原则的机制之间既有差别也有联系，应当注重从实体平衡、事后平衡和静态平衡转变为程序平衡、事前平衡和动态平衡。在专利开放许可制度与专利强制许可制度利益平衡机制的比较中，前者更为重视事前协调，后者更为重视事后调整；前者更为侧重程序性措施，后者更为侧重实体性手段；前者公权力机关介入程度较小，后者公权力机关介入程度较深。在程序性问题中，专利开放许可制度更为重视对专利许可谈判中双方谈判地位平衡问题进行解决，而不是在双方利益已经发生失衡的情况下从实体上进行调整。[1] 事前协调比事后调整所耗费的公权力部门管理成本更小，市场机制发挥作用的空间更大，避免公权力部门裁判产生扭曲市场机制结果的能力也更强。专利开放许可制度实施能够通过事前行政成本的投入，克服专利权人及被许可人可能面临的困境，实现对事后纠纷解决成本的节约和社会福利的总体提升。

在专利开放许可制度实施中，为推动制度效益充分体现，应当在利益均衡原则实现机制方面形成相对于其他类型专利许可利益平衡机制的特点。在实现专利权人与被许可人之间利益均衡时，有必要在更为广泛的层面有效促进专利权人与社会公众之间，以及被许可人与社会公众之间的利益均衡。[2] 在利益均衡的实现机制方面，专利自愿许可较为重视程序方面的自由，但是可能会忽视在专利协商谈判过程与专利许可条件结果方面存在的隐性失衡问题。专利强制许可较为重视专利许可条件达成在程序与实体方面的均衡，但是利益平衡实现机制的灵活性又有所不足。[3] 在专利开放许可中，专利许可协议达成和履行机制的法定性和灵活性介于专利自愿许可与专利强制许可之间，较好地结合了这两种类型专利许可在利益均衡实现机制方面的特点。通过专利许可交易成本的减少与克服，能够促进专利开放许可合同的达成和履行，实现专利产品市场效益的最大化，增加专利权人与被许可人可用于利益分配的利润来源，也便利双

---

[1] 刘强. 专利开放许可费认定问题研究［J］. 知识产权，2021（7）：3-23.

[2] 赵石诚. 利益平衡视野下我国专利当然许可制度研究［J］. 武陵学刊，2017，42（5）：63-68.

[3] 王金堂，赵许正. 中国药品专利强制许可的制度缺陷及改革思路［J］. 青岛科技大学学报（社会科学版），2021，37（4）：63-69.

方当事人对利益分享进行协商的过程和专利开放许可费认定的效率，实现利益分配方面的动态均衡。在专利开放许可利益分配机制程序保障的基础上，可以通过法律适用和市场机制对专利开放许可费水平进行实体调整。专利开放许可制度实施中对专利开放许可法定性和自愿性两方面特点的充分保障，能够使专利开放许可费机制有效实现利益协调功能，促进专利权人与被许可人在专利开放许可利益分配方面实现合理均衡，由此，可以实现专利权人、被许可人与社会公共利益的动态均衡。专利开放许可制度利益均衡原则的实现机制可以通过以下三个路径得到体现。

第一，明确专利开放许可信息公布机制。专利开放许可制度通过向社会公布专利开放许可声明等信息，形成官方专利许可信息公示和专利许可交易平台。❶专利权人在获得专利授权之后，为寻找潜在的被许可人，可以通过专利开放许可集中发布机制公布专利开放许可信息，潜在被许可人也有机会通过专利开放许可信息发布平台查找到专利许可信息，在有意愿的情况下可以与专利权人进行联系并取得专利许可。❷由此，可以避免相关商业化专利许可信息发布机制技术领域不全面、信息权威性不足、交易机制法律支撑缺失等方面问题，并促进利益均衡的实现。专利开放许可信息公布机制及其公示功能，能够在克服专利许可交易信息不对称和解决当事人谈判能力缺失问题方面更好地发挥作用，尤其是可以在适用范围和法律效力等方面避免其他专利信息公布方式存在的不足，由此消除专利许可过程中当事人可能面临的信息沟通困境。专利开放许可信息发布机制结合专利开放许可费价格形成机制，能够为公平合理确定专利许可条件并促进专利许可达成发挥重要作用。

第二，明确被许可人专利实施权取得程序。传统上的专利自愿许可交易存在交易主体双向性、交易行为秘密性、谈判活动反复性、谈判结果差异性等方面问题。❸专利自愿许可谈判交易基本上是在特定当事人之间单独进行的，专利权人与潜在被许可人在发现交易对象和协商谈判方面的实际成本是比较高的。

---

❶ 王瑞贺.中华人民共和国专利法释义［M］.北京：法律出版社，2021：145.

❷ 袁姣姣.开放许可中专利行政部门的智能化服务制度研究［J］.广东开放大学学报，2021，30（2）：100–106.

❸ 管育鹰.标准必要专利权人的FRAND声明之法律性质探析［J］.环球法律评论，2019，41（3）：5–18.

从专利权人角度而言，确定潜在被许可人并将其作为协商谈判对象需要花费较多成本。专利开放许可能够协助专利权人了解相关潜在被许可人是否具有实施专利技术的意愿和能力，并将其作为协商谈判的对象。从被许可人角度而言，专利技术信息和法律信息本身在专利获得审查授权以后是公开的，可以通过国家知识产权局官方网站查询到相关信息，专利开放许可能够明确专利权人是否具有将该专利许可他人实施的意愿，以及计划在何种合同条款（包括专利许可费率）基础上许可他人实施，协助潜在被许可人与专利权人取得联系并进入专利许可实施环节。专利开放许可中被许可人获得专利实施权程序和条件的便利性能够为其投入资源进行专利技术实施提供更好的保障。

第三，实现专利开放许可当事人谈判地位的均衡。在专利许可谈判环节中，双方当事人就许可条件进行谈判的活动及其所达成专利许可协议的内容均处于秘密状态。❶在同一专利权存在多个潜在被许可人作为专利许可谈判对象时，专利权人可能对各个谈判对象的谈判进展和谈判内容均能够充分了解，但是各被许可人之间对是否存在其他潜在被许可人及其能够从专利权人处获得的专利许可条件是并不知情的。专利开放许可能够减少专利权人策略性地利用被许可人之间的信息不对称实施机会主义行为的空间，专利权人与被许可人的谈判地位将趋于平等，使专利许可费率更为合理地体现当事人的贡献和需求。专利开放许可与专利许可合同备案登记相结合，可以减少被许可人之间的信息不对称，并且使相应专利许可合同具有对抗效力。❷由此，可以克服登记备案并非专利许可合同生效的要件，进而造成被许可人将其进行登记备案的积极性不高的现象。❸在此情况下，专利开放许可信息的公开性能够克服专利许可协商谈判的秘密性问题，防止信息不对称造成不同当事人之间谈判地位的失衡以及谈判结果不合理的问题。在专利开放许可当事人谈判地位更为均衡的情况下，由此形成的专利开放许可费能够更好地体现专利市场价值和收益回报。

---

❶ 刘强.我国专利开放许可声明问题研究［J］.法治社会，2021（6）：34-49.
❷ 邱永清.专利许可合同法律问题研究［M］.北京：法律出版社，2010：21.
❸ 许舜晓.智慧财产授权理论与实务［M］.台北：五南图书出版股份有限公司，2012：193.

第三节　禁止权利滥用原则

一、专利开放许可制度实施禁止权利滥用原则的由来

专利开放许可制度实施需要遵循的第三项原则是禁止权利滥用原则。根据该项原则，在专利开放许可制度实施设计和运行过程中，有必要防止专利权人滥用专利权和被许可人滥用专利实施权的情形，以此实现利益合理分配和制度有效实施。既要发挥专利开放许可制度对专利许可和转化实施活动的促进作用，也要防止其被当事人策略性利用并产生负面效果。专利开放许可（特别是强制专利开放许可）可以作为防止专利权滥用的机制措施，但也要防止专利开放许可被隐蔽型专利权滥用行为策略性利用。[1] 禁止权利滥用原则与利益均衡原则既有联系也有区别，防止在专利开放许可中对专利权的滥用能够保障利益均衡原则实现，利益均衡原则要求对专利权滥用行为予以限制。专利权人对权利的扩展使用乃至滥用，目的为获得更多利益回报乃至超额利润，这属于对激励专利许可原则适用的偏差。[2] 包括专利权人和被许可人在内的当事人均有可能对所拥有的权利进行滥用，因此禁止权利滥用原则的适用主体范围应适当拓展。在生物技术等特定领域，"专利丛林""专利阻遏"等反公地悲剧情形逐渐增多，使专利许可交易成本显著提高，对专利许可协议的达成、履行和法律适用提出了挑战。[3] 例如，有专业人士统计，在 2012 年之前，美国专利商标局在碳纳米管领域授予了超过 1600 件专利，并且相关专利的权利要求在保护范围方面有较大交叉性。[4] 在专利开放许可实施中，既要发挥其解决"专利丛林"等问题负面影响的作用，也要防止专利权人利用专利开放许可隐蔽实施机会主义行为并造

---

[1] Saha S. Patent Law and TRIPS: Compulsory Licensing of Patents and Pharmaceuticals [J]. Journal of the Patent and Trademark Office Society, 2009, 91（5）: 364–374.

[2] 罗娇. 创新激励论——对专利法激励理论的一种认知模式 [M]. 北京: 中国政法大学出版社, 2017: 179–180.

[3] Guellec D, Potterie B V P D L. The Economics of the European Patent System: IP Policy for Innovation and Competition [M]. Oxford: Oxford University Press, 2007: 77.

[4] Bottomley S. The British Patent System during the Industrial Revolution 1700–1852 [M]. Cambridge: Cambridge University Press, 2014: 6.

成更大危害。❶ 在获取专利许可的交易成本较高和许可费支出成本过重的情况下，技术实施者有效实施该项专利并实现技术传播推广的可能性和积极性将受到严重的抑制。❷ 权利滥用会造成对其他相关主体利益的不合理侵害。在专利发明创造领域，专利权人对专利权取得独占权利时，应当与在先发明的创新主体合理共享利益成果及其收益，而不应独享专利产品的全部市场利润。❸ 类似地，在专利开放许可实施中，也应当防止专利权人等主体滥用权利，对其他相关研发创新主体或者专利实施主体的利益造成过度损害。

禁止权利滥用是民法基本原则之一，在包括专利开放许可在内的专利制度实施中能够发挥重要的利益调整作用。在知识产权保护国际条约及协定领域中，已将防止知识产权滥用作为一项基本原则予以规定。《保护工业产权巴黎公约》（以下简称《巴黎公约》）第 5A 条第 2 款和第 3 款规定对该公约各成员国颁发专利强制许可的权力及其适用情形进行了规定。❹ 根据该条规定，专利权人若有不实施专利等滥用专利权行为，各成员国可以采用专利强制许可或者撤销专利权等方式对此类行为予以制止或者矫正。《巴黎公约》提出了在保护专利权时应当注意对滥用权利行为进行规制的问题。该公约将滥用对象限定在专利权，而不包括其他工业产权或者著作权；在规制手段方面主要限于专利强制许可或者撤销专利权，对其他法律手段未专门提及。❺《TRIPS 协定》对知识产权滥用行为规制的规定有了进一步的发展。该协定第 8 条第 2 款规定："只要与本协定的规定相一致，可能需要采取适当措施以防止知识产权权利持有人滥用知

❶　Bainbridge D, Howell C. Intellectual Property Asset Management: How to Identify, Protect, Manage and Exploit Intellectual Property within the Business Environment [M]. London: Routledge, 2014: 55.

❷　Rodrigues E B. The General Exception Clauses of the TRIPS Agreement: Promoting Sustainable Development [M]. Cambridge: Cambridge University Press, 2012: 296.

❸　Hettinger E C. Justifying Intellectual Property [J]. Philosophy & Public Affairs, 1989, 18 (1): 31-52.

❹　《保护工业产权巴黎公约》第 5A 条第 2 款："本联盟各国都有权采取立法措施规定授予强制许可，以防止由于行使专利所赋予的排他权而可能产生的滥用，例如，不实施"；第 5A 条第 3 款："除强制许可的授予不足以防止上述滥用的情形外，不应规定专利的丧失。自授予第一个强制许可之日起两年届满前，不得提出使专利丧失或撤销专利的诉讼"。[奥]博登浩森.保护工业产权巴黎公约指南[M].汤宗舜，段瑞林，译.北京：中国人民大学出版社，2003：43.

❺　吴汉东.知识产权国际保护制度研究[M].北京：知识产权出版社，2007：353.

识产权或采取不合理地限制贸易或对国际技术转让造成不利影响的做法。"❶ 该协定将对知识产权权利滥用的规制提升到"总则和基本原则"部分，而不局限于对知识产权的具体保护规则问题；将权利滥用规制的范围扩展到所有类型知识产权，而不仅限于专利权；规制方式也延及所有"适当措施"，将反垄断执法措施包括在内。❷ 我国国内民事立法也注重对知识产权滥用行为的规制。《民法典》总则编第 132 条规定："民事主体不得滥用民事权利损害国家利益、社会公共利益或者他人合法权益。"这是民法上禁止权利滥用原则的立法体现。在此基础上，《专利法》第四次修改增加第 20 条规定："申请专利和行使专利权应当遵循诚实信用原则。不得滥用专利权损害公共利益或者他人合法权益。"这是《专利法》首次以法律条款形式正式规定禁止滥用专利权的原则。在专利开放许可制度实施中，应当对《民法典》《专利法》中有关禁止权利滥用的原则规定予以有效体现。

在专利制度中，禁止权利滥用原则主要用于对专利权人所享有独占性权利在行使过程中的限制和约束。《专利法》第 20 条对可能滥用权利的主体范围的表述仅涉及专利申请人及专利权人，而不涉及被许可人等其他主体。但是，在专利开放许可实施过程中，滥用权利的主体有可能会涉及被许可人。❸ 在行使专利权过程中，专利权人可能基于由专利权所带来的市场支配地位或者谈判优势地位，实施损害交易相对人或者社会公众权益的行为，这均有可能被认为是对专利权的滥用，需要承担相应的法律后果。《专利法》将禁止权利滥用原则规制对象限定在专利权人，主要是因为其拥有行使专利权、获取独占市场利益和支配他人行为的法律地位和经济能力，由其违反诚信原则实施滥用权利行为的可能性较大。在 FRAND 专利许可时，专利权人作出该声明后应当依据诚信原则与专利技术实施者进行许可谈判，否则前者可能面临不利的法律后果。❹ 尽管

　　❶ 联合国贸易与发展会议，国际贸易和可持续发展中心 .TRIPS 协定与发展：资料读本［M］. 中华人民共和国商务部条约法律司，译 . 北京：中国商务出版社，2013：140.

　　❷ 吴汉东 . 知识产权国际保护制度研究［M］. 北京：知识产权出版社，2007：359–360.

　　❸ 彭玉勇 . 技术垄断的法律规制——兼论我国《合同法》第 329 条［J］. 电子知识产权，2006（5）：16–19，55.

　　❹ 管育鹰 . 标准必要专利权人的 FRAND 声明之法律性质探析［J］. 环球法律评论，2019，41（3）：5–18.

FRAND 声明作为单方法律行为不具有直接的约束力，但是专利权人不能逃避强制缔约等诚信义务。专利开放许可声明作为单方法律行为，虽然不能单独产生合同效力，但是专利权人仍应当在多个方面受到该声明的约束，防止产生滥用权利的行为。被许可人在专利许可等交易活动中可能处于被支配的地位，只能被动接受专利权人是否授予专利许可的决定及其所制定的专利许可条件，主要是以对方滥用权利行为受损害者身份出现的。专利权人滥用权利的行为，主要表现为在专利许可合同的谈判及履行过程中所实施的相应行为，这种情况会折射到作为专利许可类型之一的专利开放许可中，并且会在专利开放许可实施过程中体现相应的特殊性，有必要为此制定相应的规则给予规制。

在专利开放许可中，禁止权利滥用原则通过对违法行为的规制实现当事人利益的合理实现，并防止专利许可行为产生损害社会公共利益的情况。在专利开放许可中，专利权人在专利许可合同谈判和履行过程中的谈判地位相对于专利自愿许可已经明显下降。专利权人通过发布专利开放许可声明，接受专利开放许可制度在信息发布和谈判许可方面的安排，已经基本上放弃了选择被许可人和索取过高专利许可费的权利，难以按照其在专利开放许可声明中所制定的许可费率收取许可费的潜在风险在增加，对被许可人实施专利技术过程的监督控制能力也被严重削弱。❶专利权人和被许可人谈判地位的变化，会使当事人滥用权利的空间和可能性也会发生相应变化。在此情况下，虽然专利权人依然存在实施机会主义行为和滥用专利权的可能性，但是其潜在风险已经明显下降。被许可人利用专利开放许可制度缺陷实施机会主义行为，滥用专利开放许可实施权的可能性则相对上升。对此，有必要通过禁止权利滥用原则的适用，使当事人策略化利用专利开放许可制度局限的可能性及程度受到限制，防止产生专利开放许可制度被异化的现象。

二、专利开放许可制度实施中权利滥用行为主要模式

在专利开放许可制度实施中，专利权人和被许可人均有可能滥用所拥有的权利，实施损害对方利益或者公共利益的行为，应避免产生此类行为的情形。

---

❶ 刘强.我国专利开放许可声明问题研究［J］.法治社会，2021（6）：34-49.

从专利权人角度来说，虽然专利开放许可声明的公开性和公共性对其实施机会主义行为的空间形成明显的抑制，但是专利权人仍有可能实施滥用独占性权利的行为。专利权人的权利滥用行为模式包括：（1）在专利开放许可声明中制定不合理的专利许可费标准。专利开放许可费率由专利权人单方面制定，虽然会受到社会公众监督、替代专利许可费价格竞争等方面因素的制约，但是专利权人仍有可能通过专利开放许可索取超出专利权经济价值的许可费回报。❶（2）在专利开放许可声明中制定搭售其他知识产权、延展性专利许可费、强制被许可人回授后续研发成果专利权、禁止被许可人对专利权有效性提出异议等可能违反反垄断法的专利许可条款。❷专利权人为防止竞争优势被削弱，保持在研发水平方面的领先地位，有可能在专利开放许可声明中对被许可人的后续研发及实施活动进行限制，专利权人对被许可人核心技术信息进行获取的机会和能力也可能会增加。❸（3）通过专利开放许可声明诱使被许可人实施其他相关联的专利权并索取高额许可费。部分专利属于设备或者产品的零部件，单独制造和使用难以发挥实际效用，与其他专利或者非专利产品可能存在技术上的依赖性和耦合性。专利权人就此类专利作出专利开放许可声明，看似为被许可人实施专利权提供了便利，却有可能在实际上成为被许可人实施其他相关专利的诱因。一旦被许可人实施相关专利技术，专利权人可能主张相关专利权并索取高额利益。（4）将专利开放许可纯粹作为减免专利年费的手段，抑制被许可人实施专利的活动。部分专利权人作出专利开放许可声明并非为了推动专利权得到充分实施，而仅在于获得专利年费减免政策的优惠。因此，专利权人所制定的专利许可费可能较高，或者可能与有关联关系的被许可人签订虚假的专利开放许可合同。（5）将不具备实质性授权条件的专利进行开放许可并获取不正当许可费利益。专利开放许可声明发布后，该专利权有可能被国家知识产权局宣告无效。在专利权被宣告无效后，被许可人已经支付的专利开放许可费，通常不需要由

---

❶　董美根.知识产权许可研究［M］.北京：法律出版社，2013：361.

❷　董美根.知识产权许可研究［M］.北京：法律出版社，2013：402；世界知识产权组织.世界知识产权组织知识产权指南：政策、法律及应用［M］.北京大学国际知识产权研究中心，译.北京：知识产权出版社，2012：146.

❸　Wood T A. Launching Patent Licensing for an Emerging Company［J］. University of Dayton Law Review, 2004, 30（2）：265–274.

专利权人退还给对方。❶因此，专利权人可能会将明知存在无效情形的专利权纳入开放许可，目的在于获取不合法的专利许可费收益。实用新型和外观设计专利并不需要经过实质审查即可获得授权，权利稳定性会更弱，即使通过专利权评价报告能够在很大程度上证明这两类专利权的有效性，但是这并不意味着该专利权也可以通过专利权无效宣告程序的检验。（6）滥用撤回专利开放许可声明的权利。根据《专利法》第50条第2款的规定，专利权人可以随时撤回已经发布的专利开放许可声明。虽然专利权人撤回该声明不会对被许可人已经获得的专利开放许可实施权及其所产生的经营收益产生影响，但是会阻碍此后被许可人继续实施该专利权并获取收益。如果被许可人为实施该技术已经投入大量"沉淀成本"和"交易专用资产"，面临被该技术"锁定"的局面，那么专利权人撤回专利开放许可声明可能会对其前期投入造成较大损失。❷在技术研发与专利许可领域，如果交易专用资产较多或者信息不对称程度较高时，当事人为避免可能遭受的损失或者防止交易不确定性，有可能选择内部研发而非从外部取得专利许可。❸为此，被许可人可能不得不重新与专利权人协商专利自愿许可，但是前者的谈判地位可能比尚未参与专利开放许可时更低，遭受专利权人利润剥夺的可能性也越大。在专利权人撤回专利开放许可声明风险高度不确定时，被许可人可能选择"用脚投票"放弃实施开放许可专利，转而自行研发或者寻求对其他专利权的许可实施。

从被许可人角度来说，在其依照《专利法》的要求获得专利开放许可实施权后，也有可能产生滥用此项权利的行为，具体行为模式包括：（1）不如实对专利权人披露实施专利权规模、范围、利润等涉及专利许可费认定影响因素的其他信息。被许可人在加入专利开放许可实施活动后，对专利权人所负主要经济义务是支付许可费。认定专利开放许可费的影响因素，除专利开放许可费率

---

❶ 《专利法》第47条第2款规定："宣告专利权无效的决定，对在宣告专利权无效前人民法院作出并已执行的专利侵权的判决、调解书，已经履行或者强制执行的专利侵权纠纷处理决定，以及已经履行的专利实施许可合同和专利权转让合同，不具有追溯力。但是因专利权人的恶意给他人造成的损失，应当给予赔偿。"

❷ Bosworth D S, Mangum R W III, Matolo E C. FRAND Commitments and Royalties for Standard Essential Patents［M］// Bharadwaj A, et al. Complications and Quandaries in the ICT Sector. Singapore：Springer Nature Singapore Pte Ltd., 2018：19–36.

❸ 殷德生. 技术进步、国际贸易与经济转型［M］.北京：北京大学出版社，2015：93.

等已经公布和确定的因素以外，还有被许可人制造专利产品的数量、专利产品销售价格、专利产品利润率等其他方面因素。被许可人能否如实向专利权人披露相关信息，是公平合理地确定专利开放许可费数额及维护专利权人利益的重要保障。❶如果被许可人能够向专利权人如实告知相应信息，则专利权人无须投入资源对该信息是否准确进行核实，并且也符合诚实信用等法律原则。专利权人若面临被许可人不如实告知相关信息的机会主义行为风险，则有可能不得不投入更多监督执行成本并成为对社会资源的无谓消耗。（2）制造质量不合格的专利产品并在市场销售。在专利自愿许可协议中，专利权人为维护专利产品的市场信誉，通常会要求被许可人所生产的专利产品符合相应技术标准或者达到相应质量要求。❷在专利开放许可声明中，专利权人很难就专利产品需要达到的技术标准或者质量要求提出具体意见，被许可人实施专利技术的行为也难以得到专利权人的有效监督。被许可人所生产的专利产品如果质量低劣或者技术不达标，会影响专利权人及专利产品的市场形象，也会使专利开放许可制度的可预期性受到损害。（3）拒不支付或者不足额支付应当支付的专利开放许可费。被许可人应当按照专利开放许可声明及其向专利权人发出通知所记载的内容支付许可费，获得专利开放许可实施权，并对专利权进行实施。但是，被许可人可能基于利益最大化的目的，拒不向专利权人支付或者不足额支付应当支付的专利开放许可费，损害了专利权人的许可费利益。❸当事人实施上述行为，一方面会损害对方当事人的合法权益和合理预期，另一方面也会损害社会公共利益，危害专利开放许可制度的社会公信力。

专利开放许可制度中权利滥用行为的危害是多方面。首先，权利滥用行为会提高专利开放许可制度实施的交易成本。在专利开放许可制度实施过程中，如果双方均能遵守诚实信用原则，合理使用所拥有的专利权或者专利实施权，

---

❶ 许舜喨.智慧财产授权理论与实务［M］.台北：五南图书出版股份有限公司，2012：95.

❷ 曹源.论专利当然许可［M］// 易继明.私法：第14辑第1卷.武汉：华中科技大学出版社，2017：128-259.

❸ 王丽慧.公私权博弈还是融合：标准必要专利与反垄断法的互动［J］.电子知识产权，2014（9）：30-36.

则可以充分发挥该制度所具有的节约专利许可交易成本的作用。❶然而，专利开放许可一方当事人或者双方当事人若有滥用权利的行为，则会使交易成本不降反升。这种情况在专利自愿许可合同谈判和履行过程中已经得到一定程度的体现，同样也会延伸到专利开放许可制度实施中。其次，权利滥用行为可能使专利开放许可制度的实施过程被异化。在我国，专利开放许可制度在建立后能否充分发挥促进专利许可交易和专利权转化实施的功能尚待检验。在此情况下，尤其需要避免当事人滥用权利的行为给专利行政管理部门和社会公众造成专利开放许可制度缺陷较多而产生效益较小的负面印象。《专利法》建立专利开放许可制度给社会公众带来较高的期待，各方面均希望通过该制度的合理解释和有效实施促进专利许可和转化运用。为此，防止该项制度在实施过程中异化为专利权人或者被许可人过度追求私人利益的工具显得尤为重要。❷基于专利开放许可制度本身所具有的公共性和公信力，对该制度所产生权利进行滥用会危害该制度本身所产生的正外部性，也会对专利开放许可制度的顺利运行和持续发展造成危害。最后，权利滥用行为可能使专利开放许可制度价值目标难以实现。专利开放许可制度的重要价值目标是促进专利许可和专利权的转化实施，但是专利权人和被许可人若滥用权利，可能使该制度变为减少专利年费或者实施专利侵权行为的工具。❸这不能使专利实施过程在正常轨道上运行，反而可能不合理地增加政府财政负担或者推升专利侵权行为风险。专利权人或者被许可人有可能滥用社会公众对专利开放许可制度的信任实施机会主义行为，有可能比在其他领域实施类似行为的危害性更为严重。

三、专利开放许可制度实施禁止权利滥用原则的适用

在专利开放许可制度实施中，为有效适用禁止权利滥用原则，可以构建以下规则：（1）对专利开放许可声明内容进行规制。例如，可以就专利权人在专利开放许可声明中对专利开放许可费的制定进行实质审查，要求专利权人提交

---

❶ 邢会强.信息不对称的法律规制——民商法与经济法的视角［J］.法制与社会发展，2013，19（2）：112-119.

❷ 张扬欢.责任规则视角下的专利开放许可制度［J］.清华法学，2019，13（5）：186-208.

❸ 来小鹏，叶凡.构建我国专利当然许可制度的法律思考［M］//国家知识产权局条法司.专利法研究（2015）.北京：知识产权出版社，2018：181-193.

此前已经订立的专利自愿许可协议内容，供国家知识产权局在对专利开放许可费率进行审查时作为对照依据。（2）对在专利开放许可声明中附加不合理限制条件进行严格控制。根据国家知识产权局发布的《专利开放许可声明》模板表格，专利权人除对专利许可费的支付标准和方式能够自主设定以外，还可以附加其他相应的专利许可条件，这为其在此方面订立不合理条款乃至可能滥用垄断地位的留有空间。❶ 在对专利开放许可声明进行审查时，国家知识产权局有必要重点关注可能触及适用反垄断法的条款，并要求专利权人自行予以限制。（3）允许专利权人在专利开放许可声明中制定对被许可人实施专利行为进行监督管理的条款。由此，可以督促被许可人向专利权人如实报告专利权的实施情况并及时足额支付专利许可费，从而保障专利权人应有的许可费利益。此外，通过监督控制条款，专利权人还可以促使被许可人保证所制造的专利产品的质量，防止其对专利权人或者其他被许可人的商业声誉和市场利益造成负面影响。（4）对专利权人撤回专利开放许可声明的权利给予适当限制。《英国专利法》第47条第1款规定，在专利开放许可声明发布以后，专利权人可以请求专利行政管理部门撤销对该专利开放许可声明的登记。❷ 该条第2款规定：专利权人"如果提出此种请求，并且缴纳了如果未作出记载便应缴纳的所有延展费的差额，专利局局长可以取消该项记载，如果他相信专利之下没有现存的许可证或专利之下的所有被许可人同意该请求"❸。《俄罗斯联邦民法典》第1368条第2款规定："如果专利权人在公布关于开放许可之日起2年内没有收到按照他申请的条件签订许可合同的书面要约，则在2年期满后他可以向联邦知识产权行政管理机关提出撤回开放许可的申请"❹。专利权人撤回开放许可声明不应当对已有被许可人的利益造成影响，并且有必要征得所有被许可人的同意。如此，能够较大程度地保障善意被许可人不受专利权人恶意撤回专利开放许可声明行为的影响。❺（5）明确国家知识产权局依职权撤回专利开放许可声明的情形。在

---

❶ 国家知识产权局."与专利实施许可合同相关"的表格下载［EB/OL］.（2021-06-01）［2021-12-20］.https：//www.cnipa.gov.cn/col/col187/index.html.

❷《十二国专利法》翻译组.十二国专利法［M］.北京：清华大学出版社，2013：560.

❸《十二国专利法》翻译组.十二国专利法［M］.北京：清华大学出版社，2013：560.

❹ 俄罗斯联邦民法典［M］.黄道秀，译.北京：北京大学出版社，2007：486-487.

❺《十二国专利法》翻译组.十二国专利法［M］.北京：清华大学出版社，2013：370.

专利权人提交专利开放许可声明时存在恶意的情况下，应当通过国家知识产权局的审查和管理进行规制，并由国家知识产权局在特定情况下依职权撤回专利开放许可声明。《英国专利法》第 47 条第 3 款规定，在专利开放许可声明发布以后，其他当事人如果有权对该项专利主张所有权，或者已订立能够阻止专利开放许可的专利许可合同，可以请求专利行政管理部门撤销该项专利开放许可声明。❶ 该条第 4 款规定，如果英国知识产权局局长认为专利所有者被上述第 3 款规定情形所限制，则应取消对该项专利开放许可声明的记载。❷《专利法实施细则修改建议（征求意见稿）》《专利审查指南修改草案（征求意见稿）》《专利审查指南修改草案（再次征求意见稿）》规定了国家知识产权局依职权撤回专利开放许可声明的情形，但是未规定其法律后果，对专利权人的约束力不充分，应当予以强化。《英国专利法》第 47 条第 5 款规定，如果专利开放许可声明被撤销，则专利权人的权利和义务如同未发布专利开放许可声明时的情形。❸ 由此，应当使专利权人所获得的专利年费减免等收益，在专利开放许可声明被撤回后进行补缴或者受到其他限制。（6）要求被许可人承担对实施专利权状况进行信息披露的义务。信息披露是克服信息不对称和抑制机会主义行为的重要机制。被许可人在开始实施专利权及持续实施专利权时均应当承担相应的信息披露义务。《德国专利法》第 23 条第 3 款规定："专利登记簿记载上述声明后，任何人希望实施该专利的，应当通知专利权人。通知以挂号信函的方式向专利登记簿上记载的专利权人或者其代表人（第 25 条）发出的，视为有效。"❹ 这是对被许可人在获得专利开放许可实施权时应当履行的初次信息披露义务的相应规定。《德国专利法》第 23 条第 3 款还规定："被许可人有义务在每个季度向专利权人详细通报其实施的情况并支付补偿费。被许可人未按时履行义务的，专利登记簿上记载的专利权人可以给予其合理的宽限期；宽限期届满仍未履行的，专利权人可以禁止其再实施该专利。"❺ 英国《专利实务指南》第 46.27 节对被许可人支付专利开放许可费的周期和期限进行了明确："除

---

❶ 《十二国专利法》翻译组 . 十二国专利法［M］. 北京：清华大学出版社，2013：560.
❷ 《十二国专利法》翻译组 . 十二国专利法［M］. 北京：清华大学出版社，2013：561.
❸ 《十二国专利法》翻译组 . 十二国专利法［M］. 北京：清华大学出版社，2013：561.
❹ 国家知识产权局条法司 . 外国专利法选译［M］. 北京：知识产权出版社，2015：874-875.
❺ 国家知识产权局条法司 . 外国专利法选译［M］. 北京：知识产权出版社，2015：874-875.

双方另有约定外，季度会计期是一般规则，在每期结束后 30 天到期，在个别案件的特殊情况下将期限延长到 90 天。"这是对被许可人在实施开放许可专利期间应当承担的持续信息披露义务的规定，如果其不能持续有效地披露信息，则可能面临丧失专利开放许可实施权的问题。有观点认为，专利开放许可信息披露定期报告内容可以包括专利权属相关信息、专利产品市场覆盖状况信息和专利产品营业收入信息等。❶ 从信息披露对象方面而言，被许可人应当向专利权人、专利行政管理部门及社会公众分别承担相应的信息披露义务，从而使相关公共权力部门、当事人和社会公众的专利开放许可信息需求能得到较好满足，促进专利开放许可实施产生更好的效益。（7）减少专利开放许可监督执行成本。谈判活动的秘密性和交易谈判次数增加，可能会导致专利许可合同中相关条款所设定交易条件的复杂化。双方当事人为保障己方在专利许可实施过程中的权益，均有可能要求在专利许可合同中增加相应的保护性条款和监督执行机制，以便在对方违反相应条款要求时寻求法律救济。例如，专利权人可能会对被许可人生产制造专利产品的数量、质量、销售价格、销售范围、使用条件等方面提出要求，并制定对被许可人实施专利技术活动进行监督检查的条款。被许可人可能会要求专利权人提供除专利说明书以外的技术咨询或者技术服务，包括告知实施专利所必需的技术诀窍（Know-How），为顺利进行专利技术实施活动并获取相应商业利润提供保障。被许可人获取必要的技术诀窍对实现专利许可的价值具有重要的技术支持作用。❷ 专利许可合同作为技术合同的一种类型，具有商事合同的属性，应当体现商事法律规范中维护交易安全的原则。在专利许可合同中订立相应的条款是当事人保护交易安全的重要手段，并且是合同履行阶段实际维权的重要基础，可以在一定程度上以谈判许可阶段交易成本的增加换取合同履行阶段监督执行成本的降低。❸ 专利开放许可简化了专利许可合同订立程序和专利许可合同条款内容，当事人会主动避免在合同中订立过多监督

❶　关通.人工智能医疗专利开放许可机制构建研究［J］.南京工程学院学报（社会科学版），2021, 21（1）: 46-50.

❷　［澳］彼得·达沃豪斯，［澳］约翰·布雷斯韦特.信息封建主义［M］.刘雪涛，译.北京：知识产权出版社，2005: 51.

❸　刘强.《民法典》技术合同章商事化变革研究——兼评知识产权法的相关影响［J］.湖南大学学报（社会科学版），2021, 35（4）: 135-141.

检查条款，从而也会减少合同履行过程中监督检查行为的成本支出和资源消耗，有利于产生更多的经济效益。

第四节　自愿为主、强制为辅原则

一、自愿为主原则

专利开放许可制度实施中，应当遵循专利权人自愿开放许可为主、特殊领域强制开放许可为辅的原则。我国《专利法》第四次修改采用自愿专利开放许可模式，并未规定强制专利开放许可的模式。在自愿模式下，专利权人有权决定是否提交专利开放许可声明，有权制定专利开放许可费等许可条件，不论专利行政管理部门还是潜在被许可人基本上不能干涉。在《专利法》第四次修改过程中，部分外国在华跨国公司较为担心我国是否会制定强制专利开放许可规则的问题，产生了是否会对相关跨国公司在华专利权形成较为严厉限制的顾虑，由此推动了《专利法》对专利开放许可自愿性的明确规定。[1] 从各国专利开放许可制度的模式选择来看，均以自愿型专利开放许可为基本模式，部分国家辅之以在特定情况下的强制专利开放许可。《英国专利法》第46条第1款规定，专利权人在获得专利授权之后，可以请求专利行政管理部门登记专利开放许可声明。[2] 在专利行政管理部门可能对特定专利权颁发强制许可的情况下，专利权人可以将自愿专利开放许可作为代替模式，避免该项专利权被强制许可。[3] 专利权人自愿将专利权进行开放许可，既是对专利权的行使，也是对专利独占权的自主限制，有助于实现专利权实施相关主体之间的利益平衡，使专利制度正当性得到更为广泛的认可。[4] 在自愿专利开放许可中，专利权人部分放弃了对被许可人实施专利技术活动的决定权、支配权和监督权，使专利权的垄断性和独占性

---

[1] 王瑞贺. 中华人民共和国专利法释义 [M]. 北京：法律出版社，2021：146.

[2] 《十二国专利法》翻译组. 十二国专利法 [M]. 北京：清华大学出版社，2013：559.

[3] Urias E, Ramani S V. Access to Medicines after TRIPS: Is Compulsory Licensing an Effective Mechanism to Lower Drug Prices? A Review of the Existing Evidence [J]. Journal of International Business Policy, 2020, 3（4）：367–384.

[4] 胡波. 专利法的伦理基础 [M]. 武汉：华中科技大学出版社，2011：59.

得到部分消解，有利于免除专利技术活动所面临的法律障碍。在《英国专利法》中，尽管存在强制专利开放许可，但是仍然以自愿专利开放许可为主。专利权人可以通过自愿向英国知识产权局提出申请，在专利授权以后受到专利开放许可的限制，从而避免遭受强制许可或者取消专利权的结果。❶《英国专利法》第48条第1款第（b）项允许英国知识产权局在专利权人未同意的情况下颁发专利开放许可。❷有观点论及：英国专利开放许可制度包括"半自愿许可"和"非自愿许可"两种模式，前者为主要模式，后者为辅助模式。❸有学者提出，我国可以拓展专利强制许可制度的适用范围，促进该制度得到实际实施，将建立强制专利开放许可作为制度选择。❹我国专利开放许可制度以自愿为原则，可以避免将其与专利强制许可混淆并造成社会公众的顾虑，有利于其在专利许可规则体系中的合理定位。

自愿专利开放许可与强制专利开放许可产生的理论基础存在差别。如果将专利开放许可视为专利权人对独占权利的一种处分，则应当属于当事人意思自治的范围，公权力机关通常不应介入和干涉。《俄罗斯联邦民法典》第1368条将专利开放许可作为专利权人对权利进行处分的一种类型加以规定，该条属于《俄罗斯联邦民法典》第四部分第7编第72章"专利法"第三节"发明、实用新型和外观设计专利权的处分"。❺专利开放许可若被视为专利权人与被许可人、社会公众之间的利益平衡机制，则可将其归属于对专利权独占性的限制，公权力机关可以基于公共利益的理由对专利开放许可提出强制要求。❻各国专利制度对专利开放许可基本上采用自愿为主的原则，以专利权人根据其意愿决定是否发布专利开放许可声明作为基本类型。在此基础上，专利权人有权单方面或者与被许可人协商确定专利开放许可条件，单方面确定主要体现为在专利开放许可声明中制定专利许可费等许可条件，协商确定则是在专利开放许可声明发布

---

❶ 刘强.交易成本视野下的专利强制许可［M］.北京：知识产权出版社，2010：180.

❷ 《十二国专利法》翻译组.十二国专利法［M］.北京：清华大学出版社，2013：561.

❸ 刘琳，詹映.论专利法第四次修订背景下的专利开放许可制度［J］.创新科技，2020，20（8）：39-44.

❹ 林秀芹.TRIPs体制下的专利强制许可制度研究［M］.北京：法律出版社，2006：432-433.

❺ 俄罗斯联邦民法典［M］.黄道秀，译.北京：北京大学出版社，2007：485-486.

❻ 曹源.论专利当然许可［M］//易继明.私法：第14辑第1卷.武汉：华中科技大学出版社，2017：128-259.

后另行与被许可人谈判达成专利许可协议。在自愿专利开放许可中，专利权人保留制定专利许可条件的权利，可以通过专利许可费的设定体现专利经济价值和技术贡献，也能够弥补可能产生的专利侵权行为所带来的利益损失风险。专利权人在专利许可费等方面经济权益获得保障，能够提高其参与专利开放许可的积极性。专利权人的谈判地位影响其能够取得的专利许可费收益，"专利权人在是否授予许可问题上的自主权越大，他在许可交易的谈判中筹码就越多，可以争取到的合作剩余就越多"❶。谈判地位的削弱可能导致专利权人所能够取得的许可费收益受到限制，专利权人自愿对专利垄断权利进行限制应得到制度层面的认可和保障。

自愿专利开放许可较为符合专利权人的意思自治与权利处分，强制专利开放许可更多地体现了社会公共利益，并会对专利独占权利形成较为严格的限制。从域外经验来看，其他国家专利法上的自愿专利开放许可受到普遍肯定，强制专利开放许可规则却面临诸多质疑和挑战。《TRIPS 协定》对 WTO 成员制定专利权限制规则的要求是比较明确的，此处权利限制主要是指公权力机关对专利权的强制性限制，而不包括专利权人自愿进行的限制。事实上，专利自愿许可也会产生限制专利权的效果，专利独占许可和专利排他许可尤其如此，由此形成对专利权的负担甚至处分，但是这不被视为对专利权的不合理限制，也不影响专利权人获取收益。❷《TRIPS 协定》第 30 条和第 31 条规定了 WTO 成员相应专利权限制规则需要符合的标准。有学者论及，2002 年《印度专利法》修改前规定的药品专利强制开放许可面临违反《TRIPS 协定》义务要求的问题，依据印度该项制度所颁发专利开放许可属于"在违背当事人意愿的情形下向全体社会公众作出概括性强制许可，因而不符合'一事一议'原则的要求，同时也未体现事先磋商原则的精神"❸。1999 年以后，《英国专利法》中强制专利开放许可的适用对象主要限于非 WTO 成员中的专利权人所拥有的专利，适用情形是专利权人未能满足或者未能充分满足英国市场对专利产品的需求，从而避免与

---

❶ 刘廷华，张雪. 当然许可专利禁令救济正当性的法经济学分析［M］//李振宇. 边缘法学论坛：2017 年第 2 期. 南昌：江西人民出版社，2017：24-28.

❷ 杨玲. 专利实施许可备案效力研究［J］. 知识产权，2016（11）：77-83.

❸ 刘琳，詹映. 论专利法第四次修订背景下的专利开放许可制度［J］. 创新科技，2020，20（8）：39-44.

《TRIPS 协定》的要求产生冲突。❶ 在自愿专利开放许可中，由于并非属于专利强制许可，因此也无须受到"一事一议"原则的约束，可以在专利权人意思自治的情况下给予其更为灵活的空间。自愿专利开放许可中的许可主体是专利权人，强制专利开放许可的许可主体则应当是政府主管部门。❷ 部分国家将专利开放许可作为专利强制许可实施的措施之一，在一定程度上模糊了自愿的专利开放许可和非自愿的专利强制许可之间的界限，有可能造成专利强制许可制度适用范围过于宽泛的问题。自愿专利开放许可应当成为专利开放许可制度实施的主要类型，从而保障专利权人具有相应的自主性，防止对其获取经济回报的权利造成过于严格的限制。

二、强制为辅原则

（一）管理型强制专利开放许可

在自愿专利开放许可机制的基础上，可以进一步制定强制专利开放许可机制，为公权力机构在必要时依职权发布专利开放许可提供规则依据。从制度起源和发展的历程来看，知识产权制度在很大程度上属于社会公共政策在法律制度方面的体现形式之一。❸ 在公立高等学校专利许可、政府资助项目科技成果专利许可、公共利益领域专利许可、反垄断执法专利许可等方面，可以建立强制专利开放许可规则，为推动相应公共政策的实施提供专利许可机制保障。这将有助于拓展专利开放许可制度实施的领域和范围。强制专利开放许可分为管理型强制专利开放许可和法定型强制专利开放许可两种类型。在管理型强制专利开放许可中，可以在特定情况下赋予相关部门依据行政管理职责发布专利开放许可声明的权力。《专利法》并未规定强制专利开放许可规则，但是专利权人有可能基于其行政隶属关系而负有进行专利开放许可的义务。教育行政管理部门主管公立高等学校，可以通过制定政策规定公立高等学校作为专利权人应当将主要运用财政资金完成的科技成果专利权纳入专利开放许可，并在合理许可条

---

❶　Torremans P. Holyoak and Torremans on Intellectual Property Law ［M］. 7th ed. Oxford：Oxford University Press，2013：119.

❷　来小鹏，叶凡.构建我国专利当然许可制度的法律思考［M］//国家知识产权局条法司.专利法研究（2015）.北京：知识产权出版社，2018：181-193.

❸　吴汉东.知识产权制度基础理论研究［M］.北京：知识产权出版社，2009：133.

件下提交专利开放许可声明。2016 年 2 月，国务院《实施〈中华人民共和国促进科技成果转化法〉若干规定》要求："国家设立的研究开发机构和高等院校应当采取措施，优先向中小微企业转移科技成果，为大众创业、万众创新提供技术供给。"其中蕴含了通过专利自愿许可（或者专利开放许可）等方式为包括中小微企业在内的创新主体提供专利许可和进行技术转移。专利权人提交专利开放许可声明的义务是与其实施专利技术的义务相联系的。在合同法框架下，强制专利开放许可属于要求专利权人承担强制缔约义务，这可能是基于公共利益而由法律强制规定或者政府部门强制要求专利开放许可的原因。在强制缔约规则中，当事人并未受意思表示约束时，法律规则可以要求其承担与相应受益人签订合同并受合同条款约束的义务。❶专利权人基于强制缔约义务作出专利开放许可声明，并与被许可人达成专利开放许可合同，属于强制缔约中的强制要约情形，不能强制要求被许可人相应地负担强制承诺义务。❷被许可人若需要承担强制承诺义务，将会导致其负有不合理的注意义务和需要担负额外的经济成本支出。

专利权人的实施义务既有可能来自法律规定，也有可能来自行政部门的管理性规定。行政管理部门有各自管理的公共事务领域和政策实施目标，专利开放许可可以成为其政策目标实现的制度依据和重要手段。知识产权制度的实施应当体现与其他公共政策的兼容性，专利开放许可制度实施的价值取向和机制安排也应当在可能的情况下促进其他公共政策目标的实现。❸知识产权制度是在公共政策体系中得到制定和实施的，公共政策相关目标应当相互协调并减少可能产生的冲突。❹《专利法》第四次修改建立的药品专利链接制度，在原有规则基础上更为明确地体现了专利法与药品研发及注册管理事务的衔接。❺在专利开放许可制度实施中，政府管理部门可以充分发挥其制度优势，制定相应公共政策，针对特定领域专利权或者特定类型专利权人强制提出专利开放许可要求。这不会涉及《专利法》专利开放许可制度现有条款修改问题，也能够在有现实

---

❶ 崔建远.合同法总论：上卷［M］.2 版.北京：中国人民大学出版社，2011：155.

❷ 崔建远.合同法总论：上卷［M］.2 版.北京：中国人民大学出版社，2011：159-160.

❸ 吴汉东.知识产权制度基础理论研究［M］.北京：知识产权出版社，2009：133.

❹ 吴汉东.知识产权制度基础理论研究［M］.北京：知识产权出版社，2009：133.

❺ 见《专利法》第 76 条。

需要的领域推动专利开放许可实施。

强制专利开放许可的重要领域是国家对科技成果行使"介入权"的情形。《科学技术进步法》第32条通过规定国家"介入权"对专利权人的实施义务提出要求。该条第1款明确了国家投资科研项目所产生科技成果的权利归属，该条第2款和第3款分别对国家"介入权"中的"一般介入权"和"特殊介入权"进行了规定。❶ 在国家"介入权"情形下，对专利权的实施方式并无限制，政府部门及专利权人可以根据需要通过自行实施、许可实施、转让实施、投资实施等多种方式进行转化实施。《专利法》建立专利开放许可制度以后，专利权人履行实施义务的方式更为多元化。关于"实施"的含义，可以有两种理解：一种是将专利权所保护的技术方案投入实际生产并制造产品或者作为工艺方法加以使用，另一种是与被许可人或者受让人签订专利实施许可协议或者专利权转让协议并由对方进行转化实施。第一种理解类似科技成果转化，更为注重科技成果转化为实际生产力；第二种理解类似技术转移，重点是专利权属或者专利实施权在各主体之间进行转移和分配。《促进科技成果转化法》对"科技成果转化"作出的定义侧重于第一种理解。❷ 在专利开放许可制度实施机制中，可以将这两者较好地结合，专利权人作出专利开放许可声明促进了专利许可协议的达成和履行，为被许可人在获得专利实施权的基础上进行转化应用提供便利。由此，专利权人作出专利开放许可声明可以认为其履行了"实施"义务。

（二）法定型强制专利开放许可

在专利开放许可制度未来发展趋势方面，可以通过修改《专利法》增加强制专利开放许可的规定，这属于法定型强制专利开放许可。此类型许可能从

---

❶《科学技术进步法》第32条第1款："利用财政性资金设立的科学技术计划项目所形成的科技成果，在不损害国家安全、国家利益和重大社会公共利益的前提下，授权项目承担者依法取得相关知识产权，项目承担者可以依法自行投资实施转化、向他人转让、联合他人共同实施转化、许可他人使用或者作价投资等"；第2款："项目承担者应当依法实施前款规定的知识产权，同时采取保护措施，并就实施和保护情况向项目管理机构提交年度报告；在合理期限内没有实施且无正当理由的，国家可以无偿实施，也可以许可他人有偿实施或者无偿实施"；第3款："项目承担者依法取得的本条第一款规定的知识产权，为了国家安全、国家利益和重大社会公共利益的需要，国家可以无偿实施，也可以许可他人有偿实施或者无偿实施。"

❷《促进科技成果转化法》第2条第2款规定："本法所称科技成果转化，是指为提高生产力水平而对科技成果所进行的后续试验、开发、应用、推广直至形成新技术、新工艺、新材料、新产品，发展新产业等活动。"

《英国专利法》和 2002 年修改前的《印度专利法》关于强制专利开放许可的规定中得到借鉴。《英国专利法》第 48 条第 1 款规定："从专利授权之日起满三年以后，或可能规定的其他期限届满的任何时间，任何人均可根据一个或一个以上的相关理由向知识产权局局长请求：……（b）将该项专利登记，使就该专利签发的许可证成为专利开放许可；……"❶ 该条所提到的"相关理由"为《英国专利法》第 48A 条、第 48B 条所规定的颁发专利强制许可的条件，是将英国知识产权局签发专利开放许可作为颁发专利强制许可的一种措施加以规定。❷ 在《英国专利法》中，对 WTO 成员专利权人所拥有权利颁发专利强制许可，需要满足《TRIPS 协定》《巴黎公约》等国际条约或者协定的要求，主要是英国对该专利产品的需求未得到合理满足，专利权人拒绝以合理条件（Reasonable Terms）授予专利自愿许可，专利权人对实施专利（包括专利产品的制造、销售，专利方法的使用，对非专利材料的制造、使用或者分销，或者相关工商业活动的建立和发展等）所要求的许可条件具有不合理的歧视性（unfairly prejudiced），以及在程序上潜在被许可人应当在合理期限内以合理条件向专利权人寻求自愿许可但未获成功。❸《印度专利法》原第 86 条规定，专利权人在获得专利授权三年以后，未能有效地满足社会公众对专利产品的合理需求，或未能以合理价格向社会公众提供专利产品，专利行政管理部门可以强制发布专利开放许可。❹ 该条主要涉及依据专利产品需求未得到合理满足等理由颁发强制专利开放许可的规定。《印度专利法》原第 87 条规定，食品或药品物质、制造或生产食品或药品物质的工艺方法或操作程序、制造或生产化学物质的工艺方法或操作程序等领域的专利权，在获得专利授权一定年限后将被视为标注了专利开放许可证。❺ 根据该条款，《印度专利法》主要针对食品、药品等涉及公

---

❶ 《十二国专利法》翻译组．十二国专利法 [M]．北京：清华大学出版社，2013：561.

❷ 文希凯．当然许可制度与促进专利技术运用 [M] // 国家知识产权局条法司．专利法研究（2011）．北京：知识产权出版社，2013：227–238；《十二国专利法》翻译组．十二国专利法 [M]．北京：清华大学出版社，2013：562–563.

❸ 《十二国专利法》翻译组．十二国专利法 [M]．北京：清华大学出版社，2013：559.

❹ 文希凯．当然许可制度与促进专利技术运用 [M] // 国家知识产权局条法司．专利法研究（2011）．北京：知识产权出版社，2013：227–238.

❺ 文希凯．当然许可制度与促进专利技术运用 [M] // 国家知识产权局条法司．专利法研究（2011）．北京：知识产权出版社，2013：227–238.

众生存权、健康权的基础产品专利提供强制专利开放许可，以此保证相关产品的供应不受专利独占权利保护的不合理影响。❶ 在专利技术领域范围方面，《英国专利法》规定的强制专利开放许可涉及范围要宽于《印度专利法》原有规定。《印度专利法》原第 87 条的规定受到其他 WTO 成员的质疑，但是《英国专利法》相应条款却未受到挑战，这可能与两个国家在 WTO 中所处地位以及其他 WTO 成员对两国实施相应条款的预期不同有关。印度专利保护强度较弱曾是被其他 WTO 成员普遍批评的问题 ❷，印度在颁发专利强制许可方面所引起的其他国家反对意见较多，可能导致其他国家对印度扩大强制专利开放许可产生疑虑。英国专利制度相对较为成熟，并且专利开放许可制度实施时间较长，总体情况较为平稳，未发现由于颁发专利开放许可而严重损害专利权人利益的情况。因此，其他 WTO 成员并未对《英国专利法》该条款关于强制专利开放许可的规定提出异议。

我国可以借鉴《英国专利法》《印度专利法》相应规定，在专利强制许可中增加颁发专利开放许可作为强制手段给予被许可人专利实施权，以充分生产制造专利产品并满足公众需求。在专利开放许可主体方面，可以由国家知识产权局责令专利权人提交专利开放许可声明，或者由国家知识产权局依职权发布专利开放许可声明，允许任何具备生产条件的被许可人以合理条件实施该专利。在许可条件制定方面，可以区分不同情况确定。如果由专利权人提交专利开放许可声明，则可以允许其享有较大的意思自治空间，主要由其设定专利开放许可费等条件；如果由国家知识产权局依职权发布专利开放许可声明，则应当由相关部门对专利许可条件进行明确。总体而言，强制专利开放许可作为专利强制许可实施的一种类型，应当与后者类似，属于例外情况而不能普遍适用。此外，强制专利开放许可对专利权人独占权利的限制可能比普通专利强制许可更为严格。❸ 在普通专利强制许可中，国家知识产权局或者专利权人所制定的专利许可条件并不公开，专利许可费还可以在一定程度上由当事人具体协商确定，

---

❶ 刘强. 交易成本视野下的专利强制许可［M］. 北京：知识产权出版社，2010：198-199.

❷ 谢伟. 中药国际化竞争中专利价值实现的困境与进路——以新冠肺炎疫情、中美贸易摩擦、高价值内需为新契机［J］. 科技进步与对策，2022，39（3）：69-76.

❸ 赵石诚. 利益平衡视野下我国专利当然许可制度研究［J］. 武陵学刊，2017，42（5）：63-68.

国家知识产权局可以对被许可人实施行为进行监督管理并保证市场供应。在强制专利开放许可中，专利许可条件已经由专利开放许可声明向社会公布，专利权人与被许可人很难有就专利许可费等许可条件另行协商的时机和空间，国家知识产权局或者专利权人对较为广泛的被许可人的专利实施行为进行监督的成本将会较高。所以，在制定相应规范时，应当对当事人可能实施机会主义行为的问题予以规制。

第四章 专利开放许可声明问题

第一节 专利开放许可声明文件主要内容

一、专利开放许可声明文件的主要内容

专利开放许可声明，是专利权人向国家知识产权局提交的表明愿意按照确定的专利许可费条件许可任何其他单位或者个人实施该项专利权的文件。❶专利开放许可声明由国家知识产权局向社会公布，是启动专利开放许可程序的基础文件，也是确定专利许可交易条件的重要依据，在专利开放许可制度实施过程中居于核心要件地位。❷专利开放许可声明属于要式法律文件，需要符合相应的形式要件，并且有相应的必要记载事项。在民法中，专利开放许可声明属于以公告形式作出的意思表示，该意思表示并无特定范围的相对人。❸根据《专利法》第 50 条第 1 款的规定，专利权人通过向国家知识产权局提交专利开放许可声明，国家知识产权局将专利开放许可声明向社会公众发布，使专利开放许可实施等相关程序得以进行。在声明中，专利权人一方面表达了向他人颁发专利许可的意愿，另一方面明确了专利许可的相关条件。专利开放许可声明是专利权人主动授予专利许可并鼓励被许可人使用其专利权的重要体现，对被许可人投入资源实施专利技术具有促进作用。❹基于专利开放许可声明的法律特点，

---

❶ 陈扬跃，马正平.专利法第四次修改的主要内容与价值取向［J］.知识产权，2020（12）：6-19.

❷ 刘强.我国专利开放许可声明问题研究［J］.法治社会，2021（6）：34-49.

❸ 《民法典》第 139 条规定："以公告方式作出的意思表示，公告发布时生效。"王利明，杨立新，王轶，程啸.民法学：上册［M］.北京：法律出版社，2020：200；施天涛.商事法律行为初论［J］.法律科学（西北政法大学学报），2021，39（1）：96-111.

❹ ［英］迈克尔·乔伊斯.走进知识产权：知识产权法律、管理及战略的最佳实践［M］.曾燕妮，池冰，许晓昕，等译.北京：知识产权出版社，2020：209.

将其定位为合同法律制度中的要约能够强化其法律效力，也将更有利于发挥其相对于其他类型专利许可的优势。

国家知识产权局发布了《专利开放许可声明》和《撤回专利开放许可声明》的模板表格，为专利开放许可制度实施提供了声明文件格式方面的范本。❶ 其中，《专利开放许可声明》需要记载"专利信息""专利开放许可期限""专利开放许可使用费"等10个方面的信息，具体解读如下。

（一）专利信息

专利开放许可声明应当公布"专利号、授权日、发明创造名称、专利权人"。该事项主要记载开放许可专利的基本信息。专利号是专利授权时国家知识产权局给予特定专利的编号，与专利申请号的基本信息相同。授权日是专利申请获得国家知识产权局审查授权并成为有效专利的日期，尚未获得授权的专利不能进行开放许可。发明创造名称指明了专利技术对象，对被许可人了解专利技术内容具有重要的提示作用。专利权人是专利的权利人，是提交专利开放许可声明的主体。未经专利权人允许，其他人无权发布该项专利的开放许可声明。模板表格注意事项中要求，此项"专利信息"中"所填内容应当与该专利登记簿中内容一致"，"专利权人应填写全体专利权人"。这意味着，如果一项专利权由两个以上共有人共同拥有，则专利开放许可声明应当由专利权各共有人共同提出。在许可主体方面，专利开放许可比专利普通许可更为严格。根据《专利法》第14条规定，对专利普通许可而言，各共有人可以分别以普通许可方式与他人订立专利许可协议，无须经过其他共有人的同意。对专利开放许可而言，在非专属性方面与专利普通许可具有共同特点，但实际上这两者存在较为明显的差别。❷ 在颁发许可的主体方面，两者的差别在于是否允许部分共有人单独给予许可。专利共有人共同作出专利开放许可声明，还会产生应当由特定部分共有人作为代表向被许可人收取专利开放许可费，并且在专利共有人之间进行许可费分配的问题。在美国专利法上，专利共有人可以分别向他人授予

---

❶ 国家知识产权局."与专利实施许可合同相关"的表格下载［EB/OL］.（2021-06-01）［2021-12-20］. https://www.cnipa.gov.cn/col/col187/index.html.

❷ 郭伟亭，吴广海.专利当然许可制度研究——兼评我国《专利法修正案（草案）》［J］.南京理工大学学报（社会科学版），2019，32（4）：16-21.

专利许可，而无须经过其他共有人同意；在部分其他国家专利法中，则需要全体共有人同意才能向第三人授予专利许可。❶ 如果专利共有人之间并未就此事项达成协议，则可能会产生争议。在专利权人属于高等学校或者科研机构的情况下，有关行使专利共有权和许可费分配的约定内容发生缺失的情况可能会相对更多❷，对此，可以由专利开放许可制度规则对专利开放许可费在共有人之间的分配机制加以明确。

（二）专利代理机构

专利开放许可声明应当公布专利代理机构的名称、机构代码、代理师姓名、电话。专利代理机构可以代理专利申请人、专利权人或者其他当事人向国家知识产权局办理各种专利事务，包括专利申请、专利无效宣告请求、专利实施许可合同备案等。提交专利开放许可声明等事务可以由专利代理机构代理专利权人办理。由专利代理机构代理提交专利开放许可声明，可以提高专利权人办理相关事务的专业性，减少由于技术性错误导致专利开放许可声明不能通过国家知识产权局审查的可能性，并提高事务办理的成功率。专利代理机构在接受委托办理相关事务时，应当注意利益回避问题以及专利开放许可声明内容合法性注意义务等问题。在利益回避方面，如果专利代理机构正在代理针对该项专利权的无效宣告请求事务，则不应代理该项专利权的开放许可声明提交事务。在专利开放许可声明内容合法性注意义务方面，专利代理机构如果发现该专利权已被终止、已被宣告无效，或者有独占许可、排他许可情形的，则应当提示专利权人不能办理专利开放许可声明相关业务，并拒绝专利权人的相应委托。

（三）专利权人承诺事项

专利权人应当承诺符合发布专利开放许可声明的条件：（1）"本专利不在专利独占实施许可或者排他实施许可有效期限内"；（2）"许可任何单位或个人实施本专利"；（3）"专利权在开放许可实施期间内，专利权人保证维持专利权有效"；（4）"专利权人属于中国内地单位或个人，以开放许可方式技术出口的，

---

❶　Knight H J. Patent Strategy For Researchers and Research Managers［M］. 3rd ed. Chichester：John Wiley & Sons, Ltd., 2013：65.

❷　张寒. 中国大学技术转移与知识产权制度关系演进的案例研究［M］. 北京：经济管理出版社，2016：103.

按照《中华人民共和国技术进出口管理条例》和《技术进出口合同登记管理办法》的规定办理相关手续";(5)"专利权人承诺以上信息属实,是专利权人的真实意思表示"。本项内容是专利权人在开放许可声明中应当作出承诺的相关事项。首先,专利权人应当承诺"本专利不在专利独占实施许可或者排他实施许可有效期限内",这意味着该项专利权应不受到独占许可或者排他许可的约束,被许可人能够合法地获得专利实施权,而不会与独占被许可人或者排他被许可人的权利发生冲突。其次,专利权人应当表明愿意授予任何单位或个人实施该项专利权的许可,在发布专利开放许可声明后不得拒绝许可符合条件的被许可人实施。这是《专利法》对专利开放许可声明内容的主要要求之一。再次,在专利开放许可实施期间,涵盖专利开放许可声明发布以后,以及该声明撤回之前,专利权人应当按照规定缴纳年费并维持专利权有效。在专利自愿许可中,并非由被许可人承担专利年费缴纳义务,而是由专利权人负责缴纳年费。从次,专利权人如果"属于中国内地单位或个人",并且被许可人有可能是外国单位或者个人的,则涉及以专利开放许可的方式从事技术出口的问题。在此情况下,应当履行法律法规规定的审批手续,防止涉及国家安全、社会公共利益的技术违法向境外输出。在国际技术贸易领域,包括专利许可在内的技术许可是最为常见、使用范围最广的交易行为。❶专利开放许可也有可能涉及跨境技术交易问题,应当注意其中的技术转让管制法律规范。在国际技术贸易领域,发展中国家需要向发达国家支付相应的技术许可费或者技术市场价格,造成资金和财富跨境流动,应对此进行相应监管。❷2005 年,发展中国家对外净支付技术转让费 170 亿美元,其中多数费用流向了发达国家。❸我国专利权人有效开展专利开放许可活动,能够增加从外国在华跨国企业取得专利许可费收益的可能性,从而平衡知识产权许可领域的国际收支状况。最后,专利权人确认以上承诺事项属实,是其真实意思表示,确保专利开放许可声明记载内容符合《专利法》的要求。

---

❶ 马忠法 . 国际技术转让法律制度理论与实务研究 [M].北京:法律出版社,2007:289.

❷ May C. The Global Political Economy of Intellectual Property Rights [M]. 2nd ed. London:Routledge,2010:95.

❸ Deere C. The Implementation Game:The TRIPS Agreement and the Global Politics of Intellectual Property Reform in Developing Countries [M]. Oxford:Oxford University Press,2009:10.

模板表格注意事项要求，本项"为许可方应当承诺的内容，作出不实承诺提出开放许可声明的，国家知识产权局查实后将予以公告撤回。情节严重的，将列入专利领域严重失信联合惩戒对象名单。涉嫌犯罪的，移送司法机关处理"。专利权人在专利开放许可声明中作出错误或者虚假记载，可能会使该项专利开放许可声明的效力受到质疑或者否定，还有可能导致专利权人在其他方面承担相应的法律责任。专利权人应当保证专利开放许可声明内容的真实有效，使被许可人和社会公众对该项声明内容的信赖利益得到保障。

（四）专利权人自行实施专利情况

专利权人应当公布其自行实施专利的情况。对此，可以分为两种情况：（1）"未自行实施专利技术"；（2）"已自行实施专利技术，自行实施专利技术的时间、范围、方式"。专利权人应当公布其对开放许可所涉及专利的实施情况，为被许可人选择是否加入专利开放许可并对专利权进行实施提供参考。专利权人若未自行实施该项专利技术，既有可能是该技术市场环境不够成熟并且不具备商业化条件，也有可能是技术上有待后续开发以符合产业化实施的要求。在此情况下，被许可人实施该专利技术不会面临来自专利权人所生产专利产品的市场竞争，能够保留较好的市场空间。另外一种情况是，专利权人已开始自行实施专利技术，则需要其公布实施专利技术的时间长短、范围大小和实施方式。❶被许可人可据此评估未来能够开拓的其他市场空间，对其可能实施专利技术的规模进行预期，并对能够产生的商业价值和经营利润进行预测，从而作出是否与专利权人共同在一个市场中进行竞争与合作的决定。从创新活动的特点来看：一方面，拥有专利权可能是创新成功的原因之一，但是并不能抑制竞争性的研发活动，也不能保证专利权人获得市场优势；被许可人有可能成为将专利权人拥有的专利技术与潜在市场相结合的重要主体，对技术市场的评估将在很大程度上影响是否决定参与专利开放许可。❷如果被许可人与专利权人共同开发一个市场，或者还存在某种竞争关系，则被许可人可能在成本方面比专

---

❶ 蔡元臻，薛原.新《专利法》实施下我国专利开放许可制度的确立与完善［J］.经贸法律评论，2020（6）：83-94.

❷ ［英］克利斯·弗里曼，［英］罗克·苏特.工业创新经济学［M］.3版.华宏勋，华宏慈，等译.北京：北京大学出版社，2004：251-266.

137

利权人负担更重，从而难以获得竞争优势。在专利开放许可实施中，被许可人有可能需要专利权人提供技术咨询或者技术支持，在此情况下，被许可人所需要支付的成本可能会更高。

（五）专利权人许可他人实施专利状况

专利权人应当公布许可他人实施专利的状况。对此，也可以分为两种情况：（1）"未许可他人实施专利"；（2）"已许可他人实施专利，许可他人实施专利的时间、许可他人实施专利的范围"。专利开放许可声明发布时，专利权人有可能已将该项专利许可他人使用。尽管专利权人不能就该项专利授予独占许可或者排他许可，但是可以将该项专利通过普通许可方式授权他人实施，并收取许可费。《专利法》并不排斥专利开放许可声明发布之前或者之后，由专利权人将其普通许可给他人。被许可人在了解相关许可信息后，可能会对是否接受专利开放许可并加以实施的决定进行相应评估。从已有被许可人角度来说，与专利权人之间签订的专利普通许可协议内容相关信息，可能会面临被专利开放许可声明披露的风险，其中可能会涉及双方当事人之间的商业秘密。《专利开放许可声明》模板表格提出此事项的信息披露要求，将有可能加重专利权人的信息披露义务，并且对该事项信息予以披露可能还需要已有被许可人的同意，因而该项信息披露义务的要求有可能增加专利权人将专利进行开放许可的难度。❶ 根据该模板表格，对已有专利许可信息的披露，涉及"许可他人实施专利的时间、许可他人实施专利的范围"等事项，这属于专利许可协议的基本信息，尚不涉及专利许可费等较为敏感的商业经营信息，在一定程度上可以免除当事人披露信息的顾虑。

（六）专利开放许可期限

专利开放许可声明应当明确许可期限。该事项要求专利权人披露专利开放许可的许可期限届满日期，需要明确具体的年月日。此项内容中公布的专利

---

❶ 在美国知识产权交易国际公司等自治型专利许可机制中，信息披露也是重要义务。马忠法，谢迪扬.专利融资租赁证券化的法律风险控制［J］.中南大学学报（社会科学版），2020，26（4）：58-70.

"许可期限届满日不能超过专利期限届满日"❶。确定许可期限对被许可人明确获得专利实施权的时间预期具有重要作用，使其能够在一定时期内有较为稳定的实施权保障，从而为实施该项专利投入相应的技术资源和经济资源。专利许可期限对被许可人的合理预期至为关键，该项期限应当对专利权人产生相应的约束力，在许可期限届满前不应随意撤回专利开放许可声明。尽管撤回专利开放许可声明对被许可人已经获得的实施权不会产生影响，但是其未来持续实施专利的权利可能会受到限制，为实施专利已经投入的成本可能难以充分收回。并且，潜在被许可人有可能在向专利权人发出实施专利的通知前已经为实施专利作了相应的准备，对专利权人在许可期限届满前不会撤回该专利开放许可声明有相应预期，因此专利权人提前撤回声明可能会损害潜在被许可人的合理期待利益。专利权人有可能以撤回专利开放许可声明为筹码，要求被许可人与其签订条件更为苛刻的专利普通许可协议。为此，应当对专利权人在许可期限届满前撤回开放许可声明的权利进行必要限制，使被许可人和潜在被许可人能够对专利开放许可投入更多资源加以实施。

（七）专利开放许可使用费标准

专利开放许可声明应当公布许可使用费标准。该模板表格列举了四种方式，参照了《民法典》技术合同章关于技术合同使用费计算和支付方式的规定。❷《民法典》第 846 条第 1 款对技术合同中较为常见的使用费支付方式进行了规定，包括采取"一次总算""一次总付或者一次总算""分期支付""提成支付""提成支付附加预付入门费"等。❸ 以下分为四个方面对许可使用费标准加以解读：（1）该模板表格列举的第一种是"入门费＋提成费"的方式，专利权需要明确入门费的金额，以及按当年度合同产品净销售额确定提成费的具体比

---

❶　美国联邦最高法院分别于 1964 年和 2015 年审理的 Brulotte v. Thys Co. 案、Kimble v. Marvel 案判决均认为：专利权人在保护期届满后继续收取专利许可费构成专利权滥用，不能得到法院支持。杨智杰 . 美国专利法与重要判决［M］. 台北：五南图书出版股份有限公司，2018：185-192；［美］罗杰·谢科特，［美］约翰·托马斯 . 专利法原理［M］.2 版 . 余仲儒，组织翻译 . 北京：知识产权出版社，2016：325.

❷　在国家知识产权局《专利开放许可试点工作方案》附件 1《专利许可信息表（参考样例）》中，增加了专利权人可以选择"免费使用"许可的情形。

❸　刘强 . 专利开放许可费认定问题研究［J］. 知识产权，2021（7）：3-23.

例。在专利自愿许可中，约定入门费加提成费方式计算许可费的情况较多。❶ 在该模式下，被许可人无须支付较高的固定金额许可费，专利权人也能够分享专利产品市场销售可能产生的较高收益。《民法典》第 846 条第 2 款对技术合同中使用费"提成支付"提出更为具体的计算依据和方式："可以按照产品价格、实施专利和使用技术秘密后新增的产值、利润或者产品销售额的一定比例提成，也可以按照约定的其他方式计算。提成支付的比例可以采取固定比例、逐年递增比例或者逐年递减比例。"该款所列举的方式在专利开放许可声明中均可以采用。该模板表格第一种方式只列举了按"产品净销售额"的一定比例计算提成金额，按照其他方式计算提成的模式可以归入该模板表格第四种方式"其他明确合理的许可使用费标准"中。《专利审查指南修改草案（再次征求意见稿）》对提成费率上限规定为净销售额的 20% 或利润额的 40%，其中按照产品销售额计算提成费较为简便，但是并非适合所有类型的专利技术。在提成比例具体标准中，使用较为广泛的是"25% 规则"，这是按照专利产品利润收入的 25% 计算专利许可使用费。❷ 此外，也可以按照产品销售额计算提成比例，在此模式下较为常用的比例之一是 5%。❸ 该经验规则是由知识产权专业律师在总结了行业内专利许可合同的通行许可费标准后得出的观点，在相当长一段时间内对法院认定专利许可费标准提供了有益的参考。❹ 在专利权人制定专利开放许可费标准，以及法院对专利开放许可费纠纷进行裁判时，可以参考该经验规则。（2）该模板表格列举的第二种方式是"一次总付"的方式。被许可人需要在合同生效后一定期限内一次性全额支付所有使用费，并且使用费的具体数

❶ Lu Y Z, Poddar S. Patent Licensing in Spatial Models［J］. Economic Modelling, 2014, 42：250-256.

❷ Parr R L. Royalty Rates for Licensing Intellectual Property［M］. John Wiley & Sons, Inc., 2007：32; Santo J D. Intellectual Property Income Projections：Approaches and Methods［M］// Reilly R F, Schweihs R P. The Handbook of Business Valuation and Intellectual Property Analysis. New York：The McGraw-Hill Companies, Inc., 2004：382;［美］拉希德·卡恩.技术转移改变世界：知识产权的许可与商业化［M］.李跃然, 张立, 译.北京：经济科学出版社, 2014：106-107.

❸ Knight H J. Patent Strategy For Researchers and Research Managers［M］. 3rd ed. Chichester：John Wiley & Sons, Ltd., 2013：73;［美］亚历山大·I.波尔托拉克,［美］保罗·J.勒纳.知识产权精要：法律、经济与战略［M］.2 版.王肃, 译.北京：知识产权出版社, 2020：51-52.

❹ 爱德华·托罗斯（Edward Torous）.Uniloc 案件解析［M］.高帅, 张志晟, 译.万勇, 校 // 万勇, 刘永沛.伯克利科技与法律评论：美国知识产权经典案例年度评论（2012）.北京：知识产权出版社, 2013：286-314.

额也相应地予以明确。对专利权人来说，能够从被许可人处一次性获得全部许可费，可以减少不能实际取得许可费收入的风险，并由此将专利实施过程中及其产生利润的风险转移给被许可人。在对专利实施收益预期不高或者不明确时，专利权人是较为倾向于采用"一次总付"方式的。从被许可人角度来说，如果"一次总付"金额较多，则可能面临较高的商业经营和利润损失方面的风险，在专利实施过程中从专利权人处获得技术支持的期望也会随之降低。被许可人可能只在专利开放许可费标准较低时愿意"一次总付"，否则会更为倾向于按照销售额或者利润提成支付许可费，至少是对固定专利许可费分期付款。《专利审查指南修改草案（再次征求意见稿）》规定以固定费用标准设定专利开放许可费的，一般不应超过 2000 万元，对相应专利开放许可费数额有上限要求。（3）该模板表格列举的第三种方式是"总付额内分期支付"的方式。按照该方式，被许可人在合同生效后一定期限内支付第一批次许可费，然后在每个会计月份（或者季度、年度）截止前，分批次支付许可费，每次支付特定金额。❶ 如此，专利许可费总额是固定的，但是由被许可人在一定期间内分批次支付。对被许可人来说，可以避免短期支付大量费用的财务负担，也可以避免单方面承担实施专利权期间内的经营风险。如果专利实施情况及其所产生的利润不如预期，则被许可人可以选择与专利权人协商减少或者缓交部分专利许可费。在较为严重的情况下，被许可人可以直接拒绝继续缴纳专利许可费，从而退出专利开放许可实施活动，避免持续遭受不必要的经济损失。在专利开放许可费总额固定，与被许可人实施该项专利的数量、规模等商业因素无直接联系的情况下，被许可人也不必向专利权人披露较为敏感的商业信息，不会由于商业信息披露不完整或者有偏差而导致双方当事人之间产生争议。因此，对双方当事人而言，专利开放许可费标准采用该种模式进行制定和支付可以成为一种较好的选择。（4）该模板表格在前面三种支付方式之外，还允许专利权人确定其他的许可使用费标准，但是要符合"明确合理"的要求。根据该要求，专利许可费支付方式应当"明确"，可以明确具体数额，也可以明确具体的计算方式，但不能是含混不清的标准，否则被许可人无法明确需要承担的许

---

❶ ［美］亚历山大·I.波尔托拉克，［美］保罗·J.勒纳.知识产权精要：法律、经济与战略［M］.2 版.王肃，译.北京：知识产权出版社，2020：52.

可费，也容易产生纠纷。此外，专利许可费标准应当"合理"，以专利权的经济价值为主要依据，参考市场供求关系变化适当调整。❶为此，专利权人有必要对专利权进行相应评估，对其可能产生的市场效益和预期利润进行合理预测，从而制定相应的专利许可费标准。❷"明确""合理"不仅是对第四种专利许可费支付方式和标准的要求，也可以成为对包括前面三种支付方式在内的所有支付方式的总体要求。

在专利许可费率制定方案中，专利权人应当合理体现专利权的经济价值，并根据专利开放许可制度在许可合同订立和执行方面的特点适当调整。专利权人可以适当参照专利自愿许可中对专利许可费率的通行做法。2022 年 10 月，国家知识产权局发布《专利开放许可使用费估算指引（试行）》(国知办发运字〔2022〕56 号)，有助于专利权人在专利开放许可声明中确定专利开放许可费标准。❸该指引附件 2《"十三五"国民经济行业专利实施普通许可统计表》公布了专利实施许可的合同量、平均许可期限、年均合同金额、年均专利金额等方面数据。依据这份统计表，专利许可合同量排名前三位的行业门类的专利实施许可年均金额分别为制造业 15.1 万元 / 年 / 件次，科学研究和技术服务业 9.9 万元 / 年 / 件次，建筑业 4.3 万元 / 年 / 件次。这份统计表与 2021 年 12 月国家知识产权局发布《"十三五"国民经济行业（门类）专利实施许可统计表》相结合，可以为专利权人合理制定专利许可费提供指南。❹《专利开放许可试点工作方案》提出："指导专利权人参考国家知识产权局已发布的'十三五'期间专利实施许可使用费数据中的同行业平均许可金额或费率，实现合理、公允、低成本定价"，体现了上述专利实施许可统计表对确定专利开放许可费的参考意义。有专业人士依据不同技术领域对专利许可费的标准进行了分别统计，其中互联

---

❶ 马海生 . 专利许可的原则：公平、合理、无歧视许可研究［M］. 北京：法律出版社，2010：46-49.

❷ 丁文，邓宏光 . 论专利开放许可制度中的使用费问题——兼评《专利法修正案（草案）》第 16 条［M］// 宁立志 . 知识产权与市场竞争研究：第 7 辑 . 武汉：华中科技大学出版社，2021：67-83.

❸ 国家知识产权局 . 国家知识产权局办公室关于印发《专利开放许可使用费估算指引（试行）》的通知［EB/OL］.（2022-10-24）［2022-12-22］. https：//www.cnipa.gov.cn/art/2022/10/24/art_75_179776.html.

❹ 国家知识产权局 . "十三五"期间专利实施许可使用费有关数据发布［EB/OL］.（2021-12-17）［2022-05-20］.https：//www.cnipa.gov.cn/art/2021/12/17/art_430_172260.html.

网领域平均专利许可费率最高，其次为电脑硬件、医药生物等技术领域。[1] 相应技术领域的专利权人可以对上述许可费比例加以借鉴，以便合理地制定专利开放许可声明中的许可费标准。

（八）其他约定事项

其一，专利权人有可能在专利开放许可声明中制定限制性条款，对被许可人实施专利权的期限、地域和方式等方面进行限制。[2] 专利权属于法定独占权利，因此专利权人在专利许可协议和专利开放许可声明中制定限制性条款通常属于对合法权利的行使，只有在例外情况下才涉及违反反垄断法等问题。[3] 专利权人在制定专利开放许可声明条款相关约定事项中具有较为广泛的自由度，但是应受到《民法典》、《专利法》、《中华人民共和国反垄断法》（以下简称《反垄断法》）中不得滥用权利或者垄断地位规则的制约。其二，专利权人还有可能在专利开放许可声明中制定监督检查条款，并在被许可人实施专利权过程中对其相关行为进行监督检查。专利开放许可声明中的监督执行条款可以分为技术性监督条款和非技术性监督条款。两者主要区别在于是否需要当事人采用技术性手段监督对方当事人履行合同的行为。其中，非技术性监督条款可以通过法律规定或者合同解释进行补充，诚实信用原则也是补充此类条款的重要来源。[4] 技术性监督条款较难在合同条款以外通过法律制度规则加以补充，当事人可以选择不将需要此类监督手段的专利实施行为纳入开放许可的范围。其三，专利权人可以在专利开放许可声明中对专利开放许可实施中可能产生的法律纠纷的争议解决事项进行记载，被许可人可以选择接受并在发生争议后根据相应条款进入解决纠纷程序。[5] 相关争议解决事项可能包括确定争议管辖法院或者仲裁机构等方面内容，这能够为明确纠纷解决机构提供依据，有利于专利开放许可实

---

[1] Poltorak A I, Lerner P J. Essentials of Licensing Intellectual Property [M]. Hoboken: John Wiley & Sons, Inc., 2004: 133. Appendix B, Royalty Rates by Industry.

[2] Leon I D, Donoso J F. Innovation, Startups and Intellectual Property Management: Strategies and Evidence from Latin America and other Regions [M]. Cham: Springer International Publishing AG, 2017: 48.

[3] Merges R P, Duffy J F. Patent Law and Policy: Cases and Materials [M]. 4th ed. Wilmington: Matthew Bender & Company, Inc., 2007: 1239-1240.

[4] 原蓉蓉. 论英美合同法中默示条款的补充及其借鉴 [J]. 学术论坛, 2013, 36（2）: 98-102, 111.

[5] 袁姣姣. 开放许可中专利行政部门的智能化服务制度研究 [J]. 广东开放大学学报, 2021, 30（2）: 100-106.

施纠纷的有效解决。

（九）许可人联系方式

专利权人要公布接收被许可人发出实施专利通知文件的收件人的姓名、地址、邮编、电话和电子邮件等联系方式。这是为了让被许可人能够较为方便地联系专利权人，提交实施开放许可专利的通知并获得支付许可费的方式。收件人可以是专利权人或者专利共有人之一，也可以是专利权人指定的专利代理机构或者其他联系人。

10.专利权人或代理机构签章

专利权人或者专利代理机构应当在专利开放许可声明文件中签字或者盖章，对该声明内容的真实性和合法性负责。其中，未委托专利代理机构的，由专利权人签字或者盖章；委托专利代理机构的，则由专利代理机构盖章。

二、撤回专利开放许可声明的主要内容

《撤回专利开放许可声明》模板表格的内容主要可以分为三个部分。第一部分为基本信息：①专利权人的姓名或名称、联系方式；②联系人的姓名、联系方式；③专利代理机构的名称、代理师姓名及联系方式。第二部分为撤回专利开放许可声明的意思表示内容：④声明内容为"根据专利法第 50 条第 2 款的规定，声明撤回下述专利的开放许可"，以及声明涉及的专利号、开放许可声明编号。第三部分为签字盖章及附件材料：⑤全体专利权人或代表人签字或者盖章；⑥附件清单为全体专利权人同意撤回专利开放许可的证明材料；⑦专利代理机构盖章。在模板表格中有栏目由国家知识产权局填写处理意见。

相对于《专利开放许可声明》模板表格而言，《撤回专利开放许可声明》模板表格的内容是较为简单的，主要是向公众作出撤回此前发布的《专利开放许可声明》的意思表示，让已有被许可人和潜在被许可人知悉该信息并停止相应的专利实施行为或者准备实施专利的活动。与发布《专利开放许可声明》类似，共有专利权的《撤回专利开放许可声明》也应当经由该专利权的全体共有人一致同意后共同向国家知识产权局提交并发布。《专利法》及相关规定并未对专利权人提交《撤回专利开放许可声明》附加时间或者其他方面的限制。专利权人撤回专利开放许可声明也不得附加其他条件，其法律效果由《专利法》直接加

以规定。在国家知识产权局发布《撤回专利开放许可声明》后，该声明将生效并产生相应法律效果。

第二节 专利开放许可声明的权利义务

一、专利开放许可声明的专利权人意思自治

（一）专利权人开放许可专利的意思自治

在专利开放许可制度中，专利权人与被许可人在意思表示方式方面呈现"双重单向"自愿性的特点，该特点主要是通过专利权人提交的专利开放许可声明以及被许可人发出的实施专利通知而反映的。❶专利权人与被许可人分别对由其提交声明或者发出通知的内容有决定权，对方当事人不能进行干预，专利行政部门通常也不会对其进行实质审查。被许可人对专利开放许可声明可以选择接受或者不接受，选择接受则参与专利开放许可实施活动，选择不接受则不参与实施活动，或者在实施开放许可专利一定期间后退出实施活动。对被许可人发出的实施专利通知及其内容，专利权人则只能接受，不能拒绝许可，但是可以就被许可人应当支付的专利许可费数额等事项提出异议。专利权人是专利开放许可中的许可人，享有决定是否向国家知识产权局提交专利开放许可声明并将相关专利进行开放许可的权利。在英国和德国的专利开放许可制度中，专利权人自愿提交和发布专利开放许可声明处于主导地位。❷在《专利法》第六章"专利实施的特别许可"中，不论是第49条规定的专利"指定实施"，还是第53条至第63条规定的专利强制许可，均存在较为明显的"强制"属性，相关专利许可的授予并不以专利权人的意志作为依据，而是以政府部门决定以及社会公共利益作为基础。其中，"专利开放许可声明与专利强制许可最为显著的区别在于对专利许可的颁发是否符合专利权人的意愿"❸。《专利法》第50条第1

---

❶ 刘强．专利开放许可费认定问题研究［J］．知识产权，2021（7）：3-23.

❷ Taplin R. Cross-border Intellectual Property and Theoretical Models［M］// Taplin R，Nowak A Z. Intellectual Property，Innovation and Management in Emerging Economies. London：Routledge，2010：1-14.

❸ 郭伟亭，吴广海．专利当然许可制度研究——兼评我国《专利法修正案（草案）》［J］．南京理工大学学报（社会科学版），2019，32（4）：16-21.

款中"自愿"用语是在《专利法》第四次修改通过版本中首次增加的，在此前的《专利法》第四次修改各份草案征求意见稿中并未出现。由此，凸显了《专利法》对专利开放许可"自愿性"是较为强调的，避免专利权人（特别是外国企业）将专利开放许可与专利强制许可混同，从而影响其对专利开放许可制度的认可和参与。在其他部分国家专利法中，存在不需要专利权人同意便可以由政府部门颁发的"强制性"专利开放许可，事实上可以将其归类为专利强制许可的一种特殊类型。《英国专利法》第48条、第50A条、第51条均规定了强制专利开放许可的情形，分别对应普通专利强制许可、英国政府竞争委员会合并和市场调查、违反竞争领域公共利益等政府强制介入专利许可的情形。❶我国《专利法》排除了"强制"专利开放许可，这可以从《专利法》第50条第1款对"自愿"要件的明确规定中得出结论。在《英国专利法》第48条第1款（b）项、第2款（b）项中，均将专利开放许可作为与专利强制许可类似的手段，成为克服专利权人不实施或者不充分实施专利权的救济措施。此外，《英国专利法》第50A条、第51条还将专利开放许可作为企业合并反垄断审查或者滥用市场垄断地位的救济措施。《英国专利法》上述条款均为强制专利开放许可，是自愿专利开放许可的补充，由此形成"自愿为主、强制为辅"的专利开放许可规则。为促进高等学校拥有的专利权或者公共健康相关专利权的实施，可以将这两种类型的专利权纳入强制开放许可。❷我国《专利法》第四次修改在专利开放许可的自愿性原则方面的要求是较为绝对的，尚未允许颁发强制专利开放许可。因此，专利行政部门不能在违背专利权人意志的情况下发布专利开放许可声明，并允许被许可人实施专利。专利权人可以根据专利权的技术发展水平、商业化前景、潜在被许可人范围、法律状态等因素，决定是否以及在何时提交专利开放许可声明，允许被许可人进行专利实施。在专利权人撤回专利开放许可声明方面，我国《专利法》未对此规定任何限制性条件，专利权人有权在任何时候撤回该声明。

---

❶ 《十二国专利法》翻译组.十二国专利法［M］.北京：清华大学出版社，2013：561–566.

❷ 刘鑫.专利当然许可的制度定位与规则重构——兼评《专利法修订草案（送审稿）》的相关条款［J］.科技进步与对策，2018，35（15）：113–118.

（二）专利权人制定专利开放许可声明内容的意思自治

专利权人对所提交的专利开放许可声明，可以较为自主地决定该声明的相关内容。其中，对于专利开放许可条件核心要素的专利许可费，专利权人可以在较宽范围内享有意思自治的权利。❶ 总体而言，专利权人制定专利许可费标准的影响因素是多方面的，可以在合理范围内进行浮动和调整。相关影响因素既包括客观因素，也包括主观因素，其中部分因素是难以准确衡量的。❷ 在专利开放许可声明公布后，被许可人是否愿意接受许可条件并参与专利实施，取决于专利许可费标准对双方合作剩余的分配是否能够对被许可人提供足够的激励。❸ 因此，专利许可使用费收益在扣除对上游研发主体的经济补偿后，能否为下游研发者提供充分激励可能会存在疑问。专利许可费标准的确定涉及对专利价值进行评估和定价的问题，其中既需要涵盖专利技术开发过程中所支出的研发成本，也需要预测专利权在未来一段时期所能够产生的市场利润，还需要对比技术交易市场中同类型技术专利许可协议所达成的许可费率标准。专利开放许可声明具有较强的自愿性，使市场机制能够充分发挥合理确定专利许可条件的作用，专利行政管理部门对专利开放许可声明内容的介入程度是较少的。❹ 事实上，在专利开放许可声明发布之前，专利权人很难与潜在被许可人单独进行谈判协商。当事人若进行个别协商，将使所达成的专利许可协议超出专利开放许可制度框架，并进入专利自愿许可的范围。在英美法上，当事人之间的合同更多地被认为是一种允诺（Promise），这种允诺是由一方当事人向对方当事人作出的，一方当事人违反允诺会导致法律对另一方当事人提供救济。❺ 在合同订立中，要约或者承诺均是一方当事人向对方进行的意思表示，同样具有单向性的特点，在体现为双方"合意"之前并不具备合同意义上的强制执行力。❻ 在专利开放许可中，专利开放许可声明本身的法律属性和可执行性得到更为明

---

❶ 刘强. 专利开放许可费认定问题研究［J］. 知识产权，2021（7）：3-23.

❷ 马忠法. 国际技术转让法律制度理论与实务研究［M］. 北京：法律出版社，2007：351.

❸ 董亮. 累积创新与专利制度：基于产业组织理论的研究［M］. 西安：西安交通大学出版社，2014：48-49.

❹ 罗莉. 我国《专利法》修改草案中开放许可制度设计之完善［J］. 政治与法律，2019（5）：29-37.

❺ 韩世远. 合同法总论［M］. 4版. 北京：法律出版社，2018：3.

❻ 韩世远. 合同法总论［M］. 4版. 北京：法律出版社，2018：3.

确的肯定，其法律效力较单纯的要约更强。专利开放许可费制定过程的单向性更有利于专利权人体现其意志，不会受到潜在被许可人的直接影响，难以借助潜在被许可人提供的信息协助用于制定许可费价格标准。

专利开放许可声明公布机制有防范出现超额专利许可费的功能。专利强制许可主要依靠行政部门强制力降低专利许可费，并使专利产品的供给达到充分满足公共利益需求的程度❶；专利开放许可则主要依靠市场机制实现许可费的合理下降，并扩大有意愿参与专利实施的被许可人范围。在此基础上，我国专利开放许可制度中公开性的不足之处存在于被许可人实施专利情况的信息披露义务方面。被许可人在信息披露方面的义务是较少的，不能解决专利权人了解其实施情况的需求，更无须向社会公众公布其实施专利和支付许可费的情况。此外，专利权人或者被许可人能否请求变更专利开放许可声明中的专利许可费率存在疑问。根据《专利法》现有规则，专利开放许可声明发布以后是不能对其内容进行修改的。这有可能导致该声明中的专利许可费率不能适应市场变化情况，使专利许可费的支付难以实现对专利权人和被许可人利益的合理平衡。❷ 在此情况下，专利权人可能会选择撤回该项专利开放许可声明，然后再依据其认为合理的专利开放许可费率另行公布新的声明。这可能会导致专利开放许可声明的稳定性被削弱，专利开放许可实施的可预期性也会受到损害。

二、专利开放许可声明的专利权人义务问题

（一）专利权人的强制缔约义务

在专利开放许可中，专利权人负有与潜在被许可人订立专利许可协议并授予专利许可的义务。在技术标准专利许可中，专利权人在一定程度上负有强制缔约义务，所能获得的禁止令救济也受到相应限制。《最高人民法院关于审理侵犯专利权纠纷案件应用法律若干问题的解释（二）》（以下简称《专利纠纷司法解释二》）对专利权人作出 FRAND 许可声明后的诚信谈判义务进行了明确规

---

❶ 魏延辉. 专利制度对经济增长作用效应与效率的研究［M］. 北京：经济科学出版社，2017：35.
❷ 李旭颖，董美根. 专利当然许可制度构建中的相关问题研究——以《专利法修订草案（送审稿）》第 82、83、84 条为基础［J］. 中国发明与专利，2017，14（4）：86-91.

定。❶专利权人作出的 FRAND 许可声明被认为是技术标准制定组织与专利权人之间为第三人（被许可人）利益订立的合同，能够产生专利权人的强制缔约义务；专利开放许可声明则是专利权人明确作出的与对方订立合同的意思表示，更应当产生专利权人的强制缔约义务。❷在部分国家专利法上，专利开放许可声明属于要约邀请，因此需要由专利权人另行与被许可人签订专利许可协议方能产生专利实施权，在此情况下规定专利权人的强制缔约义务将显得尤为重要。❸《俄罗斯联邦民法典》第 1368 条第 1 款规定："专利权人可以向联邦知识产权行政机关提出申请，向任何人授予发明、实用新型或外观设计的使用权（开放许可）"❹。专利权人通过专利开放许可声明作出意思表示以后，非经法定程序是不能撤回该声明的，在将其撤回之前应当受该声明意思表示和所作承诺的约束。

被许可人可能不会在投入资源进行专利实施准备之前就通知专利权人接受该专利开放许可，这是由于技术、经济和市场等多方面因素产生的结果。在技术因素方面，专利实施方可能要对专利开放许可声明中涉及的专利技术的先进性和实用性予以更为明确的验证，并克服在专利规模化实施过程中可能出现的技术障碍。在经济因素方面，专利实施方可能会权衡专利实施预期将产生的成本和费用，评估专利开放许可声明中专利许可费标准是否合理的问题。在市场因素方面，专利实施方需要判断产品的市场前景，以及将其投入市场运作以后能否产生足够的经济回报。基于以上原因，实施方可能先行投入资源进行专利产品实施的准备活动，待相应条件成熟以后再实际进行市场化。专利实施方通知专利权人将进行专利实施活动，必然会导致专利权人对其在一定规模上实施

---

❶ 《专利纠纷司法解释二》第 24 条 2 款规定："推荐性国家、行业或者地方标准明示所涉必要专利的信息，专利权人、被诉侵权人协商该专利的实施许可条件时，专利权人故意违反其在标准制定中承诺的公平、合理、无歧视的许可义务，导致无法达成专利实施许可合同，且被诉侵权人在协商中无明显过错，对于权利人请求停止标准实施行为的主张，人民法院一般不予支持。"

❷ Cao Y. The Development and Theoretical Controversy of SEP Licensing Practices in China [M] // Bharadwaj A, et al. Multi-dimensional Approaches Towards New Technology. Singapore: Springer Nature Singapore Pte Ltd., 2018: 149-162.

❸ 刘强. 我国专利开放许可声明问题研究 [J]. 法治社会，2021（6）：34-49.

❹ 俄罗斯知识产权法——《俄罗斯联邦民法典》第四部分 [M]. 孟祥娟，译. 北京：法律出版社，2020：113；俄罗斯知识产权法——《俄罗斯联邦民法典》第四部分 [M]. 张建文，译. 北京：知识产权出版社，2012：81.

专利并支付许可费产生相应预期。❶ 被许可人若在条件尚未成熟时就贸然发出通知，但由于风险因素难以克服而不能实际加以实施，或者实施规模不能达到预期，从而不能产生经济效益或者经济效益的数额不足，将可能影响专利实施方按照其通知内容向专利权人支付许可费。由此，可能导致双方产生不必要的许可费纠纷。为了避免发生该纠纷，被许可人可能在投入相当资源进行实施准备以后才发出通知。将专利开放许可声明归属于要约邀请，将使被许可人订立专利许可合同并获得专利实施权的预期受到严重影响，不利于充分发挥专利开放许可制度在简化专利许可谈判方式方面的作用，应对此问题加以有效解决。

关于技术标准组织中专利权人所发布 FRAND 专利许可声明的性质，可以认为其能够产生"强制缔约义务"❷。此外，"FRAND 许可承诺具有强制缔约的性质……标准必要专利权人在对标准化组织作出 FRAND 许可承诺时……必须要按照公平、合理、无歧视的原则与潜在的被许可人就具体许可条款进行谈判协商"❸。"举重以明轻"，在技术标准组织内部成员之间发布的 FRAND 许可声明尚具有强制缔约义务，通过国家知识产权局发布的专利开放许可声明具有更强的公示性和权威性，应当产生更为有效的"强制缔约义务"。但是，专利权人开放许可声明"强制缔约义务"在法律约束力上尚存在不足。在合同订立过程方面，从缔约义务到合同具体内容的形成再到合同成立，需要跨越一系列的障碍，如专利许可条件不明确问题。对于 FRAND 许可声明的解释和适用存在较为明显的不确定性。在许可条件方面，主要包括专利许可费条件和其他方面许可条件。一方面，在专利许可费中，涉及专利许可费率标准等问题，歧视性费率和合理的差别化待遇之间的界限较为模糊。FRAND 许可声明内容是有较多不确定性的，难以成为专利许可合同的具体条款❹，对专利技术实施数量规模、地域范围等方面的限制需要当事人进行约定和明确。另一方面，对专利许可实施情况的执行与监督不明确。专利许可双方当事人为保证许可协议得到有效执行，有可能需要在协议中约定相应条款。但是，在专利开放许可声明中，受限于法律

---

❶ 刘强 . 专利开放许可费认定问题研究［J］. 知识产权，2021（7）：3–23.

❷ 胡洪 . 司法视野下的 FRAND 原则——兼评华为诉 IDC 案［J］. 科技与法律，2014（5）：884–901.

❸ 田丽丽 . 论标准必要专利许可中 FRAND 原则的适用［J］. 研究生法学，2015（2）：53–68.

❹ 张平 . 论涉及技术标准专利侵权救济的限制［J］. 科技与法律，2013（5）：69–78.

规定，是难以加入此类约束条款的。"强制缔约义务"对专利权人的法律约束力不及合同本身，因此可能导致被许可人的利益难以得到有效保障。❶ 在 FRAND 原则适用时，可以认为专利权人与标准实施者之间已经成立合同，在司法裁判时需要解决的主要问题是在此基础上对合同条款内容进行解释，或者在相应条款缺失时进行补充。❷ 然而，由司法机关对合同内容的认定和补充取代当事人之间的协商谈判，在成本效益方面可能存在问题。这也不符合专利案件领域的司法谦抑性和有限介入原则。❸ 司法机关裁决可以避免合同谈判对时间的过度消耗，提高达成协议的效率。但是，法官可能并非技术专家或者商业谈判专家，精确衡量当事人之间的利益诉求以及市场环境对交易条件的影响是比较困难的。❹ 通过司法途径认定的交易条件从表现形式来看只能是较为简单的条款，主要涉及专利许可费标准的确定。除专利许可费以外其他对合同履行具有协助性或者限制性的条款，是很难通过司法途径为当事人增加相应合同内容的，相反，司法机关可能会对专利许可协议中其他条款的效力提出质疑甚至加以否定，很难满足当事人在合同条款方面多样化、个性化的需求。即使是在专利许可费方面，法官固然可以在裁判文书中列举相应的影响因素，但是如何将相关影响因素加以认定和整合，并得出专利许可费标准，可能是难以精确说明的。一方面，相关因素的取舍和证明是较为困难的。涉及确定专利许可费的相关影响因素可能会有很多，在特定案件中对相关的影响因素予以认定而去除不相关的其他因素，可能会面临认定标准方面的困难。而且，对相应影响因素所涉及许可费数额或者计算比例的认定，需要通过证据加以证明，但是这对当事人来说可能也是较为困难的。另一方面，如果精确列举认定专利许可费相关影响因素，一旦其中存在不合理或者不准确之处，则可能成为当事人提出质疑的原因或者上级法院改判的理由。

---

❶ 卜红星."互联网+"时代专利开放许可的构建研究［J］.科技与法律，2020（3）：8-13，42.

❷ 叶若思，祝建军，陈文全，等.关于标准必要专利中反垄断及 FRAND 原则司法适用的调研［M］// 黄武双.知识产权法研究：第 11 卷.北京：知识产权出版社，2013：1-31.

❸ 孔文豪，魏弘博.聚焦全球发展热点 强化知识产权保护［J］.国际学术动态，2020（1）：13-18.

❹ 杨秀清.我国知识产权诉讼中技术调查官制度的完善［J］.法商研究，2020，37（6）：166-180.

从交易对象横向比较来看，专利开放许可制度交易机制与有形财产交易机制能够相互进行参照和互动。专利开放许可类似于有形财产中的拍卖活动，在国外，针对知识产权许可使用权的拍卖交易活动已得到逐步开展，这是借鉴了有形财产（尤其是艺术品和不动产）拍卖交易建立起来的交易模式。在交易形式方面，专利开放许可在某种程度上也可以被认为是一种"拍卖"。❶两者的区别之处在于，一般拍卖交易是采用"价高者得"的方式，针对特定拍卖标的出价最高者可以成功获得交易机会并购买标的物；专利开放许可则是在采用统一价格（专利开放许可费）基础上依据"时间优先"和"规模优先"确定交易对象的方式，对被许可人主体范围和实施规模不设限制，能够较早参与开放许可专利实施的被许可人享有优先开拓市场并获得利益回报的权利，在市场上具有"先发优势"。因此，专利开放许可交易模式的"拍卖"对象是专利产品的潜在市场份额及其所产生的市场收益，由此有助于实现专利实施效益的最优化。

（二）专利权人瑕疵担保义务

专利权人在根据其意思自治提交专利开放许可声明时，需要承担相应的合同义务。在买卖合同等其他有偿双务合同中，当事人交付财产标的物以后通常对标的物承担瑕疵担保义务，这对增进交易信用和维护交易安全具有重要作用。❷在专利开放许可中，专利权人的瑕疵担保义务包括权利瑕疵担保义务和物的瑕疵担保义务。❸《民法典》第870条涉及专利权人的瑕疵担保义务问题："技术转让合同的让与人和技术许可合同的许可人应当保证自己是所提供的技术的合法拥有者，并保证所提供的技术完整、无误、有效，能够达到约定的目标。"在权利瑕疵担保义务中，专利权人需要保证该项专利权真实存在，并且是该项专利权的合法拥有者，在有其他专利共有人时须征得其他共有人的同意。权利瑕疵担保可以分为权利无缺的瑕疵担保和权利存在的瑕疵担保两种类型。❹在权

---

❶ 马忠法，谢迪扬．专利融资租赁证券化的法律风险控制［J］．中南大学学报（社会科学版），2020，26（4）：58-70.

❷ 史尚宽．债法各论［M］．北京：中国政法大学出版社，2000：9.

❸ 史尚宽．债法各论［M］．北京：中国政法大学出版社，2000：13；邱永清．专利许可合同法律问题研究［M］．北京：法律出版社，2010：21.

❹ 赵石诚．利益平衡视野下我国专利当然许可制度研究［J］．武陵学刊，2017，42（5）：63-68；邱永清．专利许可合同法律问题研究［M］．北京：法律出版社，2010：213-216.

利无缺的瑕疵担保中，共有专利权人在提交专利开放许可声明时应当征得其他共有人的同意，确保该项专利权不存在排他许可协议或者独占许可协议，并且该项专利权未经质押或者已经解除质押。❶《民法典》第 862 条第 2 款规定："技术许可合同是合法拥有技术的权利人，将现有特定的专利、技术秘密的相关权利许可他人实施、使用所订立的合同。"该款规定同样适用于专利权人专利开放许可的活动，不能因为在专利开放许可声明发布时尚未实际产生专利开放许可合同，就免除专利权人的瑕疵担保义务。原因在于，专利开放许可声明发布后，被许可人可以通过单方面行为促成专利开放许可合同的成立和生效。根据《民法典》该条规定，专利权人应当是"合法拥有技术的权利人"才能订立专利许可合同，也包括发布专利开放许可声明的情形。专利权人可能并非该项专利权的合法所有者，依据该项专利权发布的专利开放许可声明可能会有权利瑕疵问题。❷ 但是，这不应影响被许可人在该项专利权被宣告无效或者转移权属之前已经获得的专利开放许可实施权，以保护其合理的期待利益和信赖利益。❸ 权利无缺的瑕疵担保责任能够避免被许可人由于专利权属纠纷而遭受权益损害或者无法实现预期利益，也是防止专利权人滥用权利的规制措施。

在权利存在的瑕疵担保义务方面，专利权人有责任在专利开放许可声明发布后直至撤回该声明期间维持该项专利权的效力，使其不被终止或者宣告无效。❹ 其中主要包括两项义务，一是按期缴纳专利年费，维持专利权有效。《技术合同司法解释》第 26 条规定："专利实施许可合同许可人负有在合同有效期内维持专利权有效的义务，包括依法缴纳专利年费和积极应对他人提出宣告专利权无效的请求，但当事人另有约定的除外。"❺ 专利权人若不按期缴纳年费，将使专利权在法定保护期限届满前终止，并且不再作为独占权利存在。专利权

❶　邱永清.专利许可合同法律问题研究［M］.北京：法律出版社，2010：214-215.

❷　专利权人向被许可人提供权利瑕疵担保，对于后者防范专利侵权风险，避免成为专利侵权诉讼被告非常重要。［日］丸岛仪一.佳能知识产权之父谈中小企业生存之道：将知识产权作为武器！［M］.文雪，译.北京：知识产权出版社，2013：51-52.

❸　许舜喨.智慧财产授权理论与实务［M］.台北：五南图书出版股份有限公司，2012：254-255.

❹　邱永清.专利许可合同法律问题研究［M］.北京：法律出版社，2010：216-220.

❺　对《技术合同司法解释》（2005 年版）相应条款有相关解读。蒋志培.技术合同司法解释的理解与适用——解读《最高人民法院关于审理技术合同纠纷案件适用法律若干问题的解释》［M］.北京：科技文献出版社，2007：62-63.

人在收取专利开放许可费后，应当持续负担缴纳专利年费的义务，为专利开放许可合同有效存续提供权利基础。二是积极应对第三人提出的专利无效宣告请求，避免开放许可专利被宣告无效。在专利开放许可声明发布后，被许可人可能缴纳了未来一段期间实施该项专利需要支付的许可费，因此即使专利权被宣告无效也并不会影响专利权人已经获取的许可费收益，专利权人耗费成本应对可能产生的无效宣告请求的积极性会受到抑制。《专利法》第 47 条第 2 款规定，宣告专利权无效对已经履行的专利实施许可合同不具有溯及力，这意味着专利权人无须退还已经收取的专利开放许可费。在此情况下，专利权被宣告无效对被许可人造成的损害可能超过专利权人遭受的损失。❶强化专利权人对权利存在的瑕疵担保责任，可以避免被许可人实施该项专利权的市场预期受到不合理的损害。

在物的瑕疵担保义务方面，专利权人应当保证该项技术能够实施并实现专利许可合同的目的。专利授权标准中有新颖性、创造性和实用性等实质性条件，但是这并不能保证专利技术实施中不会遇到技术障碍。在专利许可实施达到产业化实施规模时，专利技术能否达到稳定实施的技术条件可能会存在不确定性。对此，专利权人应当承担技术质量方面的保证责任。在《德国民法典》中，"发明的卖方要对发明的物上瑕疵承担责任……卖方应当担保发明具有所约定的性能，或者，如果没有约定性能，则应担保发明适合于依合同所约定的使用"❷。专利权人对专利技术所承担的物的瑕疵担保责任并不能延伸到对专利技术实施商业风险的担保，不能保证专利产品能够产生市场利润。专利权人对技术本身能够得到有效实施应当承担保证责任，这是对被许可人信赖利益保护的基本要求。专利开放许可中被许可人的范围有普遍性和广泛性，专利开放许可声明中对专利技术水平和专利产品性能的承诺将显得尤为重要，专利权人负有义务保证专利产品达到相应技术标准或者实现相应技术指标。至于是否需要专利权人通过积极行为向被许可人提供技术支持或者技术辅助，使被许可人能够更为有效地实施专利技术，则会存在不确定性。在被许可人主体范围较为广泛时，是

---

❶ 马碧玉.专利权交易法律制度研究［M］.北京：中国社会科学出版社，2016：107–108.
❷ ［德］鲁道夫·克拉瑟.专利法——德国专利和实用新型法、欧洲和国际专利法：第 6 版［M］.单晓光，张韬略，于馨淼，译.北京：知识产权出版社，2016：1168.

可以适当免除专利权人此方面责任的，以免给专利权人造成过重负担。

随着开放许可专利技术复杂程度增加，被许可人所面临的民事侵权风险可能会抑制其参与专利开放许可的积极性，原因是在专利产品制造、销售过程中会有不可预测的民事侵权风险。根据《民法典》第874条的规定，在专利许可合同实施中，被许可人制造销售专利产品侵害他人合法权益的，除当事人另有约定的情况以外，应由专利权人承担责任。❶专利权人应保证被许可人生产制造专利产品不会构成对他人民事权利的侵害，包括不会侵害他人知识产权。通常来说，专利权人对被许可人实施专利技术制造、销售专利产品行为承担的瑕疵担保义务会受到相应限制，可能会通过合同条款约定在被许可人制造产品侵害他人民事权利时不由专利权人承担侵权责任。在复杂技术实施过程中，开放许可专利权人承担瑕疵担保义务对被许可人在实施专利过程中合理避免侵权风险显得尤为重要。传统上，专利权人在专利转让或者专利许可中应当承担的瑕疵担保义务是对该专利本身有效性的承诺，较少涉及被许可人实施行为有可能产生的专利侵权责任或者产品质量责任。在专利开放许可中，由于被许可人数量较多，因此专利权人对可能产生的专利侵权责任的担保义务将更为重要。专利权人对开放许可专利提供瑕疵担保是被许可人实现许可合同目的的基础性条件，但是并不能完全涵盖后者所面临的所有民事侵权风险。❷被许可人在专利开放许可实施时所面临的侵犯其他主体民事权利的风险，并不包含在对专利权有效性的瑕疵担保义务中。为此，有必要对专利权人瑕疵担保义务的范围进行拓展。在专利开放许可实施过程中，专利权人对被许可人承担的瑕疵担保义务应当包括对被许可人在使用专利过程中对第三方造成的损害给予赔偿。❸从英国专利开放许可制度实践来看，由专利权人对被许可人承担瑕疵担保义务是较为困难的，被许可人面临较高的专利侵权风险和技术障碍风险。英国《专利实务指南》第46.71节认为，在专利开放许可协议中，可能会订立合同条款由专利权人（许可

---

❶ 《民法典》第874条："受让人或者被许可人按照约定实施专利、使用技术秘密侵害他人合法权益的，由让与人或者许可人承担责任，但是当事人另有约定的除外。"

❷ 董美根.专利许可合同的构造：判例、规则及中国的展望［M］.上海：上海人民出版社，2012：51.

❸ 郭伟亭，吴广海.专利当然许可制度研究——兼评我国《专利法修正案（草案）》［J］.南京理工大学学报（社会科学版），2019，32（4）：16–21.

方）对被许可人制造销售专利产品而产生的侵权责任进行赔偿，其中包括产品质量责任以及侵犯第三方知识产权的责任。该节内容列举了两个案例说明：在其中一件专利案件裁判意见中，拒绝了被许可人应被要求投保责任保险的请求；在另外一件专利案件裁判意见中，拒绝了涉及被许可人与许可有关的所有活动的一般赔偿条款。专利权人应当承担专利技术的瑕疵担保义务，对被许可人制造销售的专利产品进行质量监督，被许可人也应在合理范围对产品质量承担责任，由此能够为专利产品质量提供更为有效的保证。

第三节　专利开放许可声明的要约属性

一、专利开放许可声明的要约属性及其交易成本分析

专利开放许可声明属于合同订立中的要约抑或要约邀请的问题，是我国专利开放许可制度区别于部分其他国家相应规则的重要方面，较为显著地体现了我国专利开放许可制度规则的特色。我国《专利法》将专利开放许可声明归属为要约，其他国家专利法则主要认为专利开放许可声明属于要约邀请。[1] 在《专利法》第四次修改各个版本的草案中，一直保持着对专利开放许可声明要约属性的定位。在专利权人提交专利开放许可声明并发布后，被许可人为获得专利实施权需要采取的行为主要是按照声明要求发出通知及支付许可费，并无与专利权人另行协商的程序安排。在《专利法修正案（草案）》《专利法修正案（草案二次审议稿）》及《专利法》第四次修改通过版本中，明确了被许可人在发出实施通知和支付许可费后"即获得专利实施许可"，无须与专利权人单独进行协商。[2] 在学界对专利开放许可声明是否属于或者应当属于要约的讨论中，曾出现意见变化的情况。在《专利法》第四次修改草案提出建立专利开放许可制度后初期的讨论中，有部分观点主张将专利开放许可声明的性质界定为要约邀

---

[1] 罗莉.专利行政部门在开放许可制度中应有的职能［J］.法学评论，2019，37（2）：61-71.

[2] 陈扬跃，马正平.专利法第四次修改的主要内容与价值取向［J］.知识产权，2020（12）：6-19；冯添.专利法修正案草案二审：推动将创新成果转化为生产力［J］.中国人大，2020（13）：39-40；罗莉.我国《专利法》修改草案中开放许可制度设计之完善［J］.政治与法律，2019（5）：29-37.

请❶，其理由主要在于两方面：一是从比较法角度来说，其他建立了专利开放许可制度的国家多数将开放许可声明归属于要约邀请，被许可人要获取专利开放许可实施权需要与专利权人另行协商；二是从专利开放许可声明及相应许可条件的灵活性角度来说，将该声明归属于要约邀请可以为专利权人和被许可人保留较为充分的谈判空间，以应对专利实施活动的差异性和市场环境的变动性。❷我国《专利法》将专利开放许可声明归属于要约，使其具备要约所应有的专利许可实质性条款内容❸，有其交易成本方面的原因，为充分发挥其制度优势提供了相应的规则基础。

首先，减少订立专利许可合同的交易成本。根据交易成本理论，专利许可中的交易成本包括合同签订之前的交易成本和签订合同之后的交易成本，其中前者是指拟定合同内容、谈判合同内容并订立合同所需要支付的成本。❹专利开放许可能够节省谈判协商成本，并在被许可人满足法定条件后成立专利许可实施权。专利开放许可声明的要约属性在以下两个方面均能发挥节约交易成本的作用。第一，能够更有效地构建专利许可价格形成机制。可由专利权人适当分担制定许可合同条款的成本。由于专利开放许可声明内容的稳定性，专利权人在该声明发布后不能对其进行修改，因此必须在此前评估专利经济价值并制定合理的专利许可条件。❺公布专利开放许可声明是专利许可领域重要的价格发现机制。在经济体系中，价格机制的资源整合与协调作用是具有基础性功能的，但是在交易成本过高的情况下可能会被其他经济机制（例如企业组织机制）所

❶　黄玉烨，李建忠.专利当然许可声明的性质探析——兼评《专利法修订草案（送审稿）》[J].政法论丛，2017（2）：145-152；刘明江.当然许可期间专利侵权救济探讨——兼评《专利法（修订草案送审稿）》第83条第3款[J].知识产权，2016（6）：76-85；李建忠.专利当然许可制度的合理性探析（下）[J].电子知识产权，2017（4）：24-31.

❷　黄玉烨，李建忠.专利当然许可声明的性质探析——兼评《专利法修订草案（送审稿）》[J].政法论丛，2017（2）：145-152.

❸　罗莉.我国《专利法》修改草案中开放许可制度设计之完善[J].政治与法律，2019（5）：29-37.

❹　[美]奥利弗·E.威廉姆森.资本主义经济制度——论企业签约与市场签约[M].段毅才，王伟，译.北京：商务印书馆，2020：37.

❺　丁文，邓宏光.论专利开放许可制度中的使用费问题——兼评《专利法修正案（草案）》第16条[M]//宁立志.知识产权与市场竞争研究：第7辑.武汉：华中科技大学出版社，2021：67-83.

取代，甚至导致有效率的资源配置无法进行。[1]在专利许可领域，如果特定交易行为的交易成本较高，专利权人和被许可人又难以整合并组成企业，则可能会使原本有效率的技术资源转移难以实现，妨碍技术创新活动持续进行。在技术标准专利许可中，同样面临专利许可费定价机制有效运行的难题，定价机制的公开性是合理制定专利许可费标准的重要保障。对标准必要专利而言，有在先许可合同并且许可费率得到公开时，在后被许可人能够运用市场比较法较为合理便捷地确定专利许可费率。[2]一方面，使当事人不必耗费交易成本用于此类条款的协商谈判。部分专利在技术内容和技术实施层面可能面临较为复杂的法律、技术和市场环境，专利权人和被许可人可能不得不花费较多成本对相应专利许可条款进行协商，从而形成双方都能够接受的交易结构和交易条件。另一方面，这也避免此类条款可能涉嫌违反反垄断法而导致法律效力的不确定性。在专利自愿许可中，由于部分限制性条款可能涉及违反反垄断法的问题，可能在反垄断民事诉讼或者行政执法中被认定为无效。[3]尽管专利许可合同部分条款无效不至于导致该合同整体无效，但是毕竟可能会改变专利权人预先设定的交易结构，并且给双方当事人带来履行合同行为效力的不确定性，不利于稳定当事人的合理预期。第二，能够减少由交易成本过高所带来的机会主义行为风险。在谈判形式方面，由专利自愿许可的秘密谈判改为专利开放许可的公开报价，有助于减少程序不公开导致的机会主义行为风险。专利开放许可声明对许可费标准的公布，可以克服不同被许可人之间在谈判条件信息方面的不平等地位，从而推动取得公平合理的谈判结果。在专利自愿许可中，专利权人和被许可人向对方当事人就专利许可费进行报价的活动是处于商业秘密保密状态的，该项专利的其他被许可人及社会公众无从知晓相应的专利许可费报价情况。[4]而且，双方当事人进行谈判的活动也处于秘密状态，谈判进展情况并不为外界所知。特定

---

[1] ［美］罗纳德·H.科斯.企业的性质［M］.陈郁，译//［美］罗纳德·H.科斯.企业、市场与法律.盛洪，陈郁，等译校.上海：格致出版社，上海三联书店，上海人民出版社，2014：28-46.

[2] 苏平，张阳珂.标准必要专利许可费公开问题研究与对策［J］.电子知识产权，2018（7）：48-55.

[3] 根据《民法典》第850条的规定，非法垄断技术的技术合同无效。

[4] 许啸宇.标准必要专利的FRAND许可规则研究［J］.哈尔滨师范大学社会科学学报，2016，7（4）：99-101.

被许可人为避免成为歧视性专利许可费率的受害者，防止专利权人在许可谈判中实施机会主义行为，不得不花费较多成本对其他相关许可活动进行调查了解，这将会推升专利许可谈判中的交易成本。此外，在专利自愿许可中，专利权人和被许可人有机会多次进行许可费报价，根据对方当事人报价情况再提出调整或者协商请求。双方当事人通常需要通过多次协商才能达成许可协议。专利权人在许可谈判中普遍居于主导地位，可以策略性地利用多次报价机制探寻对己方最为有利的许可费率。专利开放许可费形成机制则具有公开报价和一次报价的特点，专利权人在专利开放许可声明中公布许可费并且不能进行修改，因此许可费具有公开性和透明性，被许可人无须担忧受到不合理的许可费歧视待遇，防范对方机会主义行为所耗费的交易成本也会相应地减少。

其次，减少执行专利许可合同的交易成本。在专利许可交易成本中，不仅包括许可协议订立过程中的交易成本，还包括许可协议成立后的监督执行成本。在专利合同订立后，当事人在履行合同过程中需要承担相应的交易成本，包括市场环境变化导致当事人的不适应成本，与对方就专利实施活动继续讨价还价，以及为监督对方履行合同行为而支付的成本。❶ 合同订立前的交易成本与合同订立后的交易成本是相互交织在一起的，部分规则能够在合同订立前节约交易成本，但是有可能会在合同订立后产生推升交易成本的负面影响。❷ 在专利开放许可合同履行过程中，专利权人需要对被许可人实施开放许可专利的活动进行监督。在专利自愿许可中，专利权人为维护自身利益，特别是收取专利许可费的权益，可能会要求在许可协议中制定对被许可人实施活动进行监督检查的条款，一方面督促被许可人充分有效地实施专利技术，另一方面也有利于核查被许可人实施专利技术的数量、规模，从而为计算许可费数额提供依据。❸ 由于被许可人主体范围的广泛性和不特定性，以及专利开放许可合同订立程序和条款内容的简化性，因此专利权人在专利开放许可声明中制定监督检查条款并加

---

❶ ［美］奥利弗·E.威廉姆森.资本主义经济制度——论企业签约与市场签约［M］.段毅才，王伟，译.北京：商务印书馆，2020：39.

❷ ［美］奥利弗·E.威廉姆森.资本主义经济制度——论企业签约与市场签约［M］.段毅才，王伟，译.北京：商务印书馆，2020：40.

❸ 周海源.职务科技成果转化中的高校义务及其履行研究［J］.中国科技论坛，2019（4）：142-151.

以执行是较为困难的，并且也难以在被许可人实施专利技术过程中对其进行实际监督和核查。在此情况下，专利权人主要依据被许可人主动提供实施专利活动的信息了解实施情况。如果据此计算专利开放许可费数额，则专利权人有可能受到被许可人不实信息披露的侵害，在许可费收益方面遭受损失。为解决合同监督执行问题，第一种路径是在专利开放许可声明中增加监督检查条款，并强化对被许可人实施专利行为的监督核查。但是，在实务中，该路径可能难以发挥预期效果。第二种路径是简化专利许可费计算依据，并放宽监督检查要求。对专利权人而言这是较为可行的一种方式。根据该路径，专利开放许可声明可以充分发挥节约监督检查成本的作用。一是专利许可费支付方式的简化有利于减少监督成本。专利权人对被许可人实施行为进行监督较为困难，可能会在专利开放许可费支付方式方面选择较为容易认定的"一次总付"或者"一次总算、分期支付"等方式。❶这种方式计算得到的许可费数额与被许可人实施数量、利润因素等无直接关联，可以从根本上免除专利权人监督被许可人实施行为的必要性。二是被许可人支付许可费义务的严格化有助于降低监督成本。专利开放许可费应当在被许可人从事专利实施行为之前预先支付，如此才能有效保障其获得专利实施许可。专利实施者若是在完成专利产品制造、销售行为之后补交许可费，则仍有可能构成专利侵权。❷当事人如果在未获实施权的情况下进行专利实施，专利权人可以选择适用追究该当事人的违约责任或者侵权责任，从而取得较为有利的诉讼地位。专利开放许可声明效力的提高及其对谈判许可内容和过程的简化，可能会增加监督执行的难度和风险，将专利开放许可声明作为要约可以有效发挥其节约交易成本的作用。

最后，减少专利许可法律制度实施和管理成本。专利行政部门在专利开放许可声明发布和撤回，以及专利开放许可实施纠纷解决方面需要支付行政管理成本，既包括有关行政管理活动的直接成本，也包括专利制度社会影响风险等的隐性成本。我国基于专利登记簿信息建立了专利信息公示系统，对专利开放

---

❶ 刘强. 专利开放许可费认定问题研究［J］. 知识产权，2021（7）：3–23.

❷ 刘鑫. 专利当然许可的制度定位与规则重构——兼评《专利法修订草案（送审稿）》的相关条款［J］. 科技进步与对策，2018，35（15）：113–118.

许可信息的公示体现为在专利登记簿上增加相应信息。❶ 国家知识产权局关于《专利法修改草案（征求意见稿）》的说明也提到："声明当然许可相当于给专利打上一个开放使用的标签，在专利登记簿中与专利所包含的其它信息一同传播，有利于促进专利技术供需双方的对接，尤其是高校、科研院所专利的传播和运用。"❷ 专利开放许可制度具有提升专利权市场价值和许可实施效益的目标，但这是建立在开放许可专利具有潜在商业化前景基础上的，不能排除有部分开放许可专利并不具备进行市场化实施的技术条件或者市场环境，这可能会影响专利开放许可制度有效发挥作用。由此可能会产生两个方面的不良后果：一是此类专利通过自愿许可取得收益的可能性较小，专利权人通过专利开放许可获得专利年费减免的动力会更强❸；二是被许可人接受专利开放许可并将其投入商业化实施的积极性会更小。不论是基于主观动机原因，还是由于客观环境因素，声明开放许可的专利如果无法得到有效实施，均会导致该制度运行的目标难以实现，损害该制度的公信力，而且也将构成对制度运行管理成本的无谓消耗。如果产生此情况，则我国引入专利开放许可制度的合理性可能会受到质疑。❹《德国专利法》第 23 条没有涉及专利开放许可当事人之间的自行协商规则，当事人可以直接申请德国专利局进行裁决；《英国专利法》第 46 条则对当事人协商予以允许，在当事人难以达成一致的情况下，再申请英国知识产权局进行裁决。《法国知识产权法典》原第 L613-10 条第 2 款也采用类似于《英国专利法》的行政裁决规则。❺ 专利行政管理部门在专利开放许可纠纷解决方面介入程度

---

❶ 来小鹏，叶凡．构建我国专利当然许可制度的法律思考［M］//国家知识产权局条法司．专利法研究（2015）．北京：知识产权出版社，2018：181-193；王双龙，刘运华，路宏波．我国建立专利当然许可制度的研究［M］//国家知识产权局条法司．专利法研究（2015）．北京：知识产权出版社，2018：194-209.

❷ 国家知识产权局．关于《中华人民共和国专利法修改草案（征求意见稿）》的说明［EB/OL］.（2015-04-01）［2021-10-17］. http://www.cnipa.gov.cn/art/2015/4/1/art_317_134082.html.

❸ 有学者主张根据专利当然许可实施产生的效益决定给予专利权人年费减免的程度。李庆保．市场化模式专利当然许可制度的构建［J］．知识产权，2016（6）：96-101.

❹ 李慧阳．当然许可制度在实践中的局限性——对我国引入当然许可制度的批判［J］．电子知识产权，2018（12）：68-75.

❺《法国知识产权法典》原第 L613-10 条第 2 款规定，专利开放许可"请求应包括一份声明，即专利所有人同意任何公法或私法的人在支付合理报酬后使用专利。当然许可证只能是非独占性的。专利所有人与被许可人协商不成的，报酬总额由大审法院确定"。法国知识产权法典（法律部分）［M］．黄晖，朱志刚，译．北京：商务印书馆，2017：162.

较深时，被许可人能否以合理条件获得专利许可在很大程度上取决于专利行政管理部门采用何种标准对此类纠纷进行裁决。❶英国、德国等国家将专利开放许可视为专利强制许可的一种变体，在专利开放许可费争议解决路径中更多地比照专利强制许可，采用行政机关深度介入并加以裁决的模式。❷我国专利开放许可纠纷行政调解机制对专利行政管理部门介入程度的限制有助于防止行政成本的过多耗费和相应行政诉讼成本的实际支出。❸专利开放许可声明性质的合理界定，对节约包括行政管理成本在内的法律制度执行成本，减少法律制度实施中隐含的潜在风险，提高法律制度实施效能，可以发挥重要的作用。

专利开放许可声明法律性质的定位，与相应纠纷解决机制的特点是有密切联系的。事实上，我国和其他国家在专利申请数量及运用状况方面的不同背景，是导致专利开放许可制度纠纷解决机制差异的重要原因。英国专利申请数量相对较少，在有效专利中申请专利开放许可的比重并不高，其中实际得到实施的开放许可专利数量更少，加之英国对专利开放许可制度的定位在一定程度上更为接近于专利强制许可，因此其专利行政管理部门既有必要也有可能担负起对专利开放许可纠纷进行裁决的职能。❹与英国相比，我国专利申请和授权状况则有较大差别。我国专利申请数量、授权数量和有效专利维持数量与其他各国比较已经连续多年保持第一，并且在世界范围内的专利总量中占有很大比重。❺专利开放许可纠纷如果均需由专利行政管理部门进行裁决，很有可能产生大量相关纠纷案件，并且造成行政裁决事务工作量大、成本负担高的问题。从专利开放许可声明的自愿性特点可以看出，我国对专利开放许可制度的定位较为接近专利自愿许可而非专利强制许可，在专利自愿许可纠纷中，专利行政机关通常是不予以强势介入的，由此可以推论，在专利开放许可纠纷中，专利行政机关的介入程度也会较少，《专利法》将其规定为行政调解而非行政裁决正是顺应

---

❶ Waelde C, Laurie G, Brown A, Kheria S, Cornwell J. Contemporary Intellectual Property Law and Policy [M]. Oxford: Oxford University Press, 2014: 455.

❷ 曹源. 论专利当然许可 [M] // 易继明. 私法: 第14辑第1卷. 武汉: 华中科技大学出版社, 2017: 128-259.

❸ 刘强. 专利开放许可费认定问题研究 [J]. 知识产权, 2021 (7): 3-23.

❹ 李慧阳. 当然许可制度在实践中的局限性——对我国引入当然许可制度的批判 [J]. 电子知识产权, 2018 (12): 68-75.

❺ 黄德海, 窦夏睿, 李志东. 创新与中国专利文化 [J]. 电子知识产权, 2013 (9): 42-47.

了这种定位的要求。

二、专利开放许可声明要约属性的构成要素

第一，专利开放许可声明应当表明专利权人有意愿许可他人实施专利。在知识产权许可领域，潜在被许可人在确定知识产权权利人身份方面需要支付相应的寻找成本。❶专利文件对专利权人身份信息的记载可以在很大程度上节约此类成本，但是专利权人所具有的抽象许可意愿不能直接帮助被许可人确定许可谈判的具体对象。专利权人的许可意愿是否明确是专利许可协议能否顺利达成并得到有效履行的关键因素。《民法典》第 472 条规定，在要约中需要"表明经受要约人承诺，要约人即受该意思表示约束"。专利权人作出开放许可声明，可以在一定程度上降低潜在被许可人搜寻交易谈判对方当事人的成本。❷在如下两种情况下，专利权人许可他人实施相关专利权的意愿可能并不高。一是专利权人具有充足的专利实施能力，或者在未来一定时期能够具备相应的实施能力，会将相应专利保留给自己实施，而不会许可他人实施。此类专利可能对专利权人维持技术优势和市场优势具有重要作用，因此专利权人不会轻易让竞争对手有机会生产同自身产品相同的专利产品。许可他人实施专利的重要潜在风险是可能培育另外一个竞争对手，并使专利权人面临丧失技术优势的可能性。❸二是专利权人所获得的专利权有可能属于防御性专利，或者仅用于对竞争对手形成威慑，而不是实际进行产业化实施。在此情况下，专利权人可能自身并不实施相应专利权，但是也不愿意让其他企业能够生产与自身产品相竞争的产品。有英国学者认为，将专利进行开放许可的权利人主要是其自身实施专利能力不足，但是又具有推动该专利权实施的强烈愿望的主体。❹这部分专利权人对其所拥有的相应专利可以通过专利开放许可制度将专利许可意愿向社会公众进行发布。

❶ ［美］理查德·波斯纳.法律的经济分析：第 7 版［M］.蒋兆康，译.中文第 2 版.北京：法律出版社，2012：57.

❷ 宁立志，杨妮娜.专利拒绝许可的反垄断法规制［J］.郑州大学学报（哲学社会科学版），2019，52（3）：15-21.

❸ ［美］德雷特勒.知识产权许可：上［M］.王春燕，等译.北京：清华大学出版社，2003：29-30.

❹ Torremans P. Holyoak and Torremans on Intellectual Property Law［M］. 7th ed. Oxford：Oxford University Press，2013：118.

在专利权人并不具有许可他人实施专利权意愿的情况下，潜在被许可人有可能基于错误预期耗费时间和精力与专利权人进行商业接触和初步协商，❶ 如此可能会对潜在被许可人造成交易成本方面的无谓损耗，包括在寻找潜在交易对象的成本和在部分协商谈判中承担不必要的成本。

专利开放许可声明对专利权人许可意愿的明确，有助于减少潜在被许可人确定许可谈判对方当事人的交易成本。在当事人通过申请专利或者购买专利等方式获得专利权时，可以推论其重要目标在于将专利权通过转让或者许可等方式进行转化或者实施。因此，各有效专利权的所有者均有可能成为有意愿实施相应技术的当事人的潜在谈判和交易对象。但是，基于财产权中处分权的独立性和绝对性，专利权人享有是否转让专利或者许可专利的决定权。除法定情形以外，专利权人的处分权不应受到干涉。❷ 潜在实施者除需要确定专利权人身份以外，在确定专利权人是否有意愿授予许可方面需要另行耗费一定的交易成本。❸ 在某些情况下，这种交易成本还有可能因为专利权人的策略行为而被人为提高。例如，专利权人有可能在与潜在实施者商谈时表达出一定的许可意愿，但是并未作出明确承诺。潜在实施者可能基于对专利权人许可意愿的信赖而耗费时间成本继续磋商，或者投入经济资源及技术资源为实施该技术做准备。如果经过一段时间以后，专利权人无合理理由地拒绝许可，则可能造成对潜在实施者经营决策的不合理影响或者经营资源的无谓消耗。❹ 专利开放许可中的专利权人有可能利用被许可人对专利开放许可制度的信赖和对获得专利许可便利性的预期，诱使被许可人在实施开放许可专利过程中使用该专利权人拥有的其他关联专利，为其收取高额专利许可使用费制造可能性。

在技术标准组织专利许可中，也较为重视保护潜在被许可人的信赖利益，尤其是在专利权人作出 FRAND 许可承诺的情形下对被许可人获得许可的合理期望应当予以保护。FRAND 许可声明是在技术标准组织专利政策下作出的，但

---

❶ 李慧阳.当然许可制度在实践中的局限性——对我国引入当然许可制度的批判［J］.电子知识产权，2018（12）：68–75.

❷ 马碧玉.专利实施许可制度比较考察［J］.云南大学学报（法学版），2015，28（4）：13–18.

❸ 李建忠.专利当然许可制度的合理性探析（下）［J］.电子知识产权，2017（4）：24–31.

❹ 宁立志，杨妮娜.专利拒绝许可的反垄断法规制［J］.郑州大学学报（哲学社会科学版），2019，52（3）：15–21.

是技术标准组织并不负责对 FRAND 原则的解释和适用，主要原因包括专利许可协议谈判将耗费较多交易成本、标准必要专利经济价值有不确定性、避免技术标准制定过程被专利许可谈判活动干扰，以及被许可人实施技术标准的选择权应得到保障等方面。❶ 由于 FRAND 原则的实际适用是在技术标准制定后开始的，因此被许可人获得专利许可的合理期待有可能难以顺利实现。还有观点认为，FRAND 专利许可中，在符合相应条件的情况下，标准必要专利权人请求法院针对专利技术善意使用者颁发禁令可能构成滥用禁令救济。❷ 专利开放许可声明公布专利许可费等条件后，对保护潜在被许可人的预期利益能够很好地发挥作用，其法律效力比 FRAND 许可声明的效力更具有保障作用，这种保障作用应当在专利开放许可声明的法律性质定位方面得到进一步的确认和发展。

第二，专利开放许可声明有助于确定专利开放许可条件。专利权人在专利开放许可声明中关于专利许可费的内容，可以参照以下规则进行确定。(1)在专利许可费支付方式方面，可以参照技术合同制度加以适用。《民法典》第846条第1款规定了技术合同专利许可使用费的常用支付方式。《民法典》在原《合同法》基础上，将技术许可合同作为独立于技术转让合同的技术合同类型加以规定，体现了对前者地位的重视。当事人依据专利开放许可声明达成的协议属于技术许可合同，也应当遵循《民法典》技术合同章有关使用费支付方式的规定。《民法典》第846条第2款规定了提成支付许可费的具体计算依据和计算方式。在专利开放许可中，专利权人难以比照专利自愿许可约定监督许可合同执行的相应条款，对被许可人实施专利的行为进行监督的难度较高，可能回避较为复杂的按照销售额或者利润提成的支付方式，更为倾向于采用"一次总算、一次总付"或者"一次总算、分期支付"中的一种。(2)在专利开放许可费支付标准方面，应当以专利权的技术贡献或者经济价值为基础加以确定。专利开放许可费支付标准以专利权人对专利权的评估价值为基础予以明确。在专利开

---

❶ Cheng H C. Reasonable Patent Licensing in the Supply Chain-A Critical Review of Patent Exhaustion [J]. Wake Forest Journal of Business and Intellectual Property Law, 2014, 14 (2): 344-365; Lichtman D. Seventh Annual Baker Botts Lecture: Understanding the RAND Commitment [J]. Houston Law Review, 2010, 47: 1023-1049.

❷ 丁亚琦. 论我国标准必要专利禁令救济反垄断的法律规制 [J]. 政治与法律, 2017 (2): 114-124.

放许可声明发布时，专利权人并未与潜在被许可人进行协商，主要是由前者单方面制定的。❶专利开放许可声明规则对专利权人公布许可费标准的要求，可能促使拥有相互具有替代功能专利权的权利人之间形成许可费价格竞争机制，这也会使专利开放许可费的标准受到一定程度的限制。❷专利权人公布的许可费标准在含义方面若存在不同解释，可以参照《民法典》对格式条款解释的规则，作出对专利权人不利的解释。❸例如，对专利开放许可费认定中涉及的销售额、利润等因素的解释问题，在按照条款一般含义解释的基础上，还可以按照有利于被许可人权益保护的原则进行解释。（3）在其他许可条件的制定方面，将受到较为严格的限制。《民法典》第845条规定的技术合同主要内容可能会超出专利许可费条款的范围。❹除专利许可费条款以外，专利权人可能会制定两方面的条款。一方面是协助性条款。例如，专利权人承诺为被许可人提供额外的技术支持或者对专利权提供瑕疵担保等。技术转让方为受让人提供实施专利技术的专用设备、原材料和辅助信息对后者有效实施相应技术是较为重要的技术保障。❺从制度规则角度来说，不必对专利权人在专利开放许可声明中增加此类条款予以限制，以便被许可人能够在专利实施方面获得更好的技术保障。另一方面是限制性条款。专利权人若在专利开放许可声明中对专利实施的时间期限、地域范围、产品质量、销售价格等条件进行限制，以及增加向被许可人搭售其他专利或者产品、强制要求被许可人回授后续研发成果等其他限制性条款，则上述条款是否会被允许在专利开放许可声明中体现存在疑问。❻此类限制性条款本身可能存在违反反垄断法的嫌疑，通过国家知识产权局将其发布，会意味

---

❶ 曹源.论专利当然许可［M］//易继明.私法：第14辑第1卷.武汉：华中科技大学出版社，2017：128-259.

❷ 苏平，张阳珂.标准必要专利许可费公开问题研究与对策［J］.电子知识产权，2018（7）：48-55；刘强.我国专利开放许可声明问题研究［J］.法治社会，2021（6）：34-49.

❸ 隋彭生.论要约邀请的效力及容纳规则［J］.政法论坛，2004（1）：87-94.

❹ 《民法典》第845条第1款规定："技术合同的内容一般包括项目的名称，标的的内容、范围和要求，履行的计划、地点和方式，技术信息和资料的保密，技术成果的归属和收益的分配办法，验收标准和方法，名词和术语的解释等条款。"

❺ 蒋志培.技术合同司法解释的理解与适用——解读《最高人民法院关于审理技术合同纠纷案件适用法律若干问题的解释》［M］.北京：科技文献出版社，2007：53.

❻ ［法］多米尼克·格莱克，［德］鲁诺·范·波特斯伯格.欧洲专利制度经济学——创新与竞争的知识产权政策［M］.张南，译.北京：知识产权出版社，2016：87.

着从行政上对其合法性和法律效力的某种认可,有必要从制度规则方面对此情形加以避免。

第三,专利权人弱化对被许可人合同履行行为的监督。由于缺乏监督手段,因此专利权人在对被许可人实施专利技术的规模及支付许可费的数额可能存在疑问时,也很难通过诉讼等手段获得救济。专利权人在专利开放许可中对专利实施行为的监督控制能力,基本上等同于其在专利侵权诉讼中面临的情况。专利权人在专利侵权诉讼中对损害赔偿数额证明面临的困境,在专利开放许可费纠纷中也可能产生。比照在专利侵权诉讼中,专利权人由于缺乏证据证明对方侵权规模等要素,以至于难以证明被告应当承担的损害赔偿数额,可以预见专利权人在专利开放许可费纠纷中提成许可费数额的证明方面也将较为困难。[1] 由此,专利权人在事实上放弃了对被许可人实施行为进行监督的权利,也放弃了部分本应当享有的专利许可费利益。在专利侵权纠纷中,专利权人能够借助专利许可费和法定赔偿额提供认定依据方面的便利,在一定程度上缓解侵权损害赔偿数额证据不足的困境。[2] 但是,在专利开放许可费纠纷中,专利权人却很难借助专利侵权损害赔偿认定标准所提供的便利,尤其是难以借助法定赔偿额作为认定专利开放许可费数额的补充手段。[3] 在职务发明报酬纠纷中,已有相应司法裁判意见借助法定赔偿额的上限作为认定报酬数额的依据。[4] 因此,可以在专利开放许可费纠纷裁判中延续此思路,在难以认定许可费数额时,参照专利侵权损害法定赔偿额加以认定。《专利法》第四次修改将专利侵权损害法定赔偿额上限大幅度提高[5],这有利于在专利开放许可费纠纷中更好地保护专利权人应当获得的许可费收益。专利开放许可费数额如果难以用证据加以证明的,法院可以参考专利侵权损害法定赔偿数额的上限,在此范围内酌情认定专利开放许可费数额,减轻专利权人应当承担的举证责任。

---

❶ 何培育,蒋启蒙.论专利侵权损害赔偿数额认定的证明责任分配 [J].知识产权,2018(7):48-59.

❷ 徐小奔.论专利侵权合理许可费赔偿条款的适用 [J].法商研究,2016,33(5):184-192.

❸ 刘强.专利开放许可费认定问题研究 [J].知识产权,2021(7):3-23.

❹ 凌宗亮.职务发明报酬实现的程序困境及司法应对 [M]//国家知识产权局条法司.专利法研究(2013).北京:知识产权出版社,2015:186-195.

❺《专利法》第71条第2款。

第四节　专利开放许可声明效力问题

一、专利开放许可声明的实践性合同效力

专利开放许可声明在合同法上属于实践性合同抑或诺成性合同存在争议。在简单商品经济时代，实践性合同是处于主导地位的，经济关系的多样化和交易关系的复杂化使诺成性合同逐步成为主要类型。[1]专利许可实践性合同按照表现形式可以分为两类。第一种类型是形式意义上的实践性合同。根据法律规定，只有在当事人意思表示一致，并且由一方当事人履行相应合同义务之后，此类合同才能被认定成立。此类合同在形式上符合实践性合同的含义，其中又可以根据当事人为促使合同成立而履行义务的性质分为两种子类型，第一种子类型是当事人一方需要履行合同主要义务，另一种子类型是当事人履行的义务主要是交付证明合同成立的文件。《民法典》第 586 条"定金合同自实际交付定金时成立"、第 679 条"自然人之间的借款合同，自贷款人提供借款时成立"、第 890 条"保管合同自保管物交付时成立"属于第一种子类型。《民法典》第 685 条"第三人单方以书面形式向债权人作出保证，债权人接收且未提出异议的，保证合同成立"、第 814 条"客运合同自承运人向旅客出具客票时成立"则属于第二种子类型。第二种类型实践性合同是实质意义上的实践性合同。在此种类型合同中，当事人意思表示一致时，合同已成立，但是一方当事人可以选择终止合同或退出合同履行。[2]此种类型实践性合同也可以分为两种子类型。在第一种子类型中，法律赋予一方当事人任意撤销合同的权利，在合同撤销后自然不再承担履行合同的义务。此类合同最为典型的代表是赠与合同。第二种子类型是，法律不允许一方当事人通过诉讼方式强制要求对方履行合同义务。《中华人民共和国保险法》第 38 条规定的"保险人对人寿保险的保险费，不得用诉讼方式要求投保人支付"，便属于此种子类型。对此，当事人可以随时终止合同效力，不再履行合同义务，在法律效力上等同于实践性合同。实践性合同的债务

---

[1]　张力.实践性合同的诺成化变迁及其解释［J］.学术论坛，2007（9）：140-145.
[2]　张力.实践性合同的诺成化变迁及其解释［J］.学术论坛，2007（9）：140-145.

可以被认为是自然债务，当事人对此类债务不存在法律上的强制履行义务。❶在法律中界定实质意义上的实践性合同，可以更好地促成合同成立并鼓励当事人履行协议。被许可人在开始实施开放许可专利后，专利技术所能够产生的经济效益及专利权所发挥的经济价值有可能不足以支持原有专利开放许可费率，一种解决方案是与专利权人另行协商达成专利自愿许可协议，另一种解决方案是选择终止支付专利开放许可费。

专利开放许可合同属于实践性合同，与此类合同在商事属性方面的定位有关。在《民法典》合同编体系下，商事合同是民事合同中的一种子类型，当事人订立和履行商事合同的目的在于获得商业利润。在合同编典型合同分编中，大部分典型合同属于商事合同，具有较为显著的商事属性。在《民法典》中，技术合同章是知识产权条款较为集中的章节，该章所规定的技术合同属于商事合同。❷专利实施许可合同是有偿合同，被许可人一般不能无偿获得专利许可实施权。❸其中，专利自愿许可的商事属性最为显著，专利开放许可次之，专利强制许可则最弱；反之，专利自愿许可的公共属性最弱，专利开放许可较强，专利强制许可则最强。❹在专利强制许可中，很难认为当事人之间存在民商法意义上的合同。尽管在专利行政部门给予被许可人专利强制许可的程序中存在当事人之间可以协商的相应环节，但是这不能否定专利强制许可是以公权力机关的意志为主导的，并且主要体现公共利益的要求。例如，在颁发专利强制许可之前被许可人应当在合理期限内以合理条件向专利权人寻求专利自愿许可，在作出颁发专利强制许可的决定后当事人还可以就专利权人应获得的经济补偿费数额进行协商。但是，双方当事人经过上述协商程序后若不能达成协议，专利行政部门将通过强制力保证被许可人获得许可。这种强制力在专利开放许可中是难以存在的。专利自愿许可则着重强调当事人之间的合意，在双方意思表示

---

❶　此类债务包括继承法上"继承人自愿履行被继承人债务的，不在此限"的规定。覃远春.民法自然债五题略议［J］.河北法学，2010，28（1）：80—86.

❷　相对于原《合同法》而言，《民法典》技术合同章在知识产权因素方面的显著增加使该章商事属性得到进一步彰显。刘强.《民法典》技术合同章商事化变革研究——兼评知识产权法的相关影响［J］.湖南大学学报（社会科学版），2021，35（4）：135—141.

❸　宁立志，杨妮娜.专利拒绝许可的反垄断法规制［J］.郑州大学学报（哲学社会科学版），2019，52（3）：15—21.

❹　刘强.我国专利开放许可声明问题研究［J］.法治社会，2021（6）：34—49.

一致时便认可合同成立并可以履行，这对于促成合同成立是较为便利的，但是也给违约行为留下了较多空间，不便于专利实施方在发生情势变更的情况下对是否继续参与合同履行作出调整。在专利许可领域，部分显失公平甚至违反反垄断法的情况是在市场环境发生显著变化时产生的。❶ 对专利开放许可协议进行强制执行的成本相对较高，可能超过专利许可费能够给专利权人带来的收益及此项专利许可交易所能够带来的社会福利。由于多方面原因，专利权人在专利开放许可声明中发布的专利许可费标准通常不高，通过收取该许可费获得高额利润的可能性不大，单个被许可人支付的专利开放许可费将更为有限。专利开放许可费纠纷产生后，专利权人以诉讼方式强制要求被许可人支付许可费的经济动力并不高。

专利开放许可合同作为实践性合同的定位有助于保护被许可人的权益，特别是对被许可人依据市场环境因素决定是否继续参与专利开放许可实施活动具有重要作用。基于参与专利开放许可的自主权，被许可人在创新活动中的作用受到法律保护的力度将得到加强。根据熊彼特的创新理论，经济增长的基础动力来自生产要素组合的不断创新，其中包括企业采用消费者不熟悉的新产品、在现有制造活动中尚未得到应用的新工艺等情形。❷ 基于实践性合同属性，被许可人有权决定退出专利开放许可实施活动，这将有助于激励其更多地投入资源参与专利技术的转化活动中，消除其参与专利开放许可技术实施活动可能面临的风险和顾虑。专利自愿许可合同的诺成属性是由《民法典》合同编及其技术合同章规定，这与专利权人与被许可人在达成专利自愿许可协议过程的参与程度是相匹配的。在专利开放许可声明的制定和发布中，被许可人很难实质性地参与许可条款内容的协商，为平衡双方当事人的谈判地位和选择权利，有必要允许被许可人能够自主地退出专利开放许可实施活动。专利开放许可合同的实践性合同性质有助于保障被许可人在市场因素变化的情况下不再继续实施专利并退出专利开放许可合同的权利，应当在专利开放许可制

❶ 参考我国台湾地区飞利浦光盘专利强制许可案。廖尤仲.评台湾地区"经济部"智慧财产局飞利浦 CD-R 光盘及罗氏药厂克流感专利强制授权案［M］//王立民，黄武双.知识产权法研究：第7卷.北京：北京大学出版社，2009：37-63.

❷ ［美］约瑟夫·熊彼特.经济发展理论：对于利润、资本、信贷、利息和经济周期的考察［M］.何畏，易家祥，等译.北京：商务印书馆，2017：75-76.

度规则解释时予以明确。

二、专利开放许可声明与专利自愿许可的对抗效力

其一，专利开放许可声明具有相对于专利普通许可的对抗效力。专利开放许可声明本身所具有的公开性和要约性质使其具有优先效力，专利开放许可合同也相应地具有对抗效力。一方面，在专利开放许可声明发布以前已经签订的专利普通许可，其合同效力不受专利开放许可声明的影响。但是，专利普通许可被许可人有权转而选择适用专利开放许可的条件，以此避免受到歧视性许可条件的不利影响。另一方面，在专利开放许可声明发布以后签订的专利普通许可，被许可人必然已经将两种类型许可条件进行过比较，并且通常是在普通许可的条件更为优惠的情况下签订该许可的协议。在此情况下，专利普通许可协议不能排除专利开放许可声明及其协议的效力，专利开放许可声明也不能否定专利普通许可协议的效力，两者处于共存的状态。这两种类型专利许可的交易条件可能会存在差异，不同类型被许可人可能会向专利权人提出要求适用较为优惠的专利许可费率等条件。由于专利开放许可声明具有公开性和公共性特点，对专利普通许可合同条款的制定具有一定的示范作用❶，因此普通许可的被许可人可能会提出主张要求参照专利开放许可适用较低的专利许可费率。专利权人为维护其专利开放许可声明的稳定性，可能会同意被许可人对专利普通许可费率进行调整，由此实现专利开放许可对专利普通许可的优先适用性。

其二，专利开放许可声明具有相对于专有专利许可的对抗效力。专利排他许可与专利独占许可等专有许可在被许可人主体范围方面的严格限制，与专利开放许可的开放性与公共性存在较为明显的冲突，应当在其中何种类型专利许可具有优先效力的制度安排上兼顾相关利益主体。❷ 基于专利开放许可声明公开性和公共性的特点，应当赋予其优先于专利排他许可和专利独占许可等专有专

---

❶ 在《英国专利法》中，由英国知识产权局主管负责人等裁定的专利开放许可费，成为同行业企业制定专利自愿许可费的重要参考。Bainbridge D, Howell C. Intellectual Property Asset Management: How to Identify, Protect, Manage and Exploit Intellectual Property within the Business Environment [M]. London: Routledge, 2014: 174.

❷ 郭伟亭，吴广海. 专利当然许可制度研究——兼评我国《专利法修正案（草案）》[J]. 南京理工大学学报（社会科学版），2019，32（4）: 16-21.

利许可的效力，维护被许可人对实施该项开放许可专利的合理预期和合法权益。专利排他许可或者专利独占许可有可能在专利开放许可声明发布前已经成立并生效，但是如果其尚未在国家知识产权局进行备案登记，则不应产生对抗专利开放许可声明的效力。否则，在专利排他许可或者专利独占许可成立时间难以客观证明的情况下，可能会产生专利权人与第三人为排除专利开放许可声明的效力而伪造或变造专有专利许可合同的情况，专利开放许可被许可人的利益难以得到有效保护。专利开放许可被许可人和社会公众对专利开放许可的信赖利益，应当高于专利排他许可或者专利独占许可当事人的私人利益，否则专利开放许可被许可人可能始终处于专利开放许可声明效力被否定的风险之中，无法获得稳定的法律预期和市场预期，不利于鼓励其充分投入资源进行专利产品的生产和市场化。

为解决不同类型被许可人之间的利益平衡问题，产生冲突的专利许可类型之间的效力优先顺位应当合理认定。在部分其他国家立法例中，如果有专利排他许可或者专利独占许可，则会否定专利开放许可声明的效力，并且取消专利开放许可被许可人所取得的专利实施权。[1] 对已经取得专利开放许可实施权的被许可人，或者已经为准备实施开放许可专利技术投入资源并且即将取得专利实施权的潜在被许可人而言，否定专利开放许可声明的效力无疑会对其利益和预期造成较为严重的影响。在部分域外国家专利法中，专利权人若要撤回专利开放许可声明，需要得到所有被许可人同意，上述因素是重要原因之一。[2] 我国专利制度并未强制要求对专利许可合同予以备案登记，专利行政部门对当事人订立的专利许可合同情况是难以确切得知的。[3] 从被许可人主体范围而言，专利开放许可所涉及的实施主体范围较广，专利开放许可的公共性和公益性更强，而排他许可或者独占许可只涉及少数或者个别主体，因此前者的对抗效力也应当

---

[1] 曹源.论专利当然许可［M］// 易继明.私法：第14辑第1卷.武汉：华中科技大学出版社，2017：128–259；罗莉.我国《专利法》修改草案中开放许可制度设计之完善［J］.政治与法律，2019（5）：29–37.

[2] 曹源.论专利当然许可［M］// 易继明.私法：第14辑第1卷.武汉：华中科技大学出版社，2017：128–259；罗莉.我国《专利法》修改草案中开放许可制度设计之完善［J］.政治与法律，2019（5）：29–37.

[3] 周婷.开放许可制度下的纠纷救济手段及法律责任配置——兼评《专利法（修正案草案）》第50、51、52条［J］.北京政法职业学院学报，2020（1）：68–72.

受到更为有效的保护和肯定。此外，赋予专利独占许可对抗专利开放许可的优先效力，可能导致国家知识产权局在发布专利开放许可声明之前必须承担更多的审查义务，排除存在相应专利独占许可合同的可能性❶，这无疑会增加专利行政部门对专利开放许可声明发布的管理成本。至于在专利开放许可声明具备对抗排他许可和独占许可效力的情况下，专有许可被许可人利益的保护问题，可以通过由专利权人承担违约责任的方式加以解决。专利开放许可声明的对抗效力只是将专利排他许可或者专利独占许可降格为专利普通许可，而不是完全否定专有许可被许可人的专利实施权，此时被许可人受到的影响将会相对较小。

在专利自愿许可的各种类型中，专利独占许可的私人性比专利排他许可或者专利普通许可更强，"专利独占许可权具有非常强的垄断性，专利普通许可权基本上无任何垄断性可言，在各自的许可范围内，被许可人平行行使自己的权利，一般不会出现各个被许可人之间的侵权纠纷"❷。专利独占许可在面临与专利开放许可效力的冲突时，可能受到的法律限制反而更为显著。尽管独占许可实施权所具有的排他性最强，但是这种优势仅限于与专利自愿许可中的其他许可类型相比，在相对于专利开放许可时并不会具有法律效力顺位的优先性。因此，专利开放许可具有排除各种类型专利自愿许可的效力。此外，专利开放许可还有可能相对于专利强制许可具有效力优势。在专利强制许可颁发后，如果专利权人发布了专利开放许可声明，则作出专利强制许可决定的公共权利机构可以认为此项专利权不再符合颁发强制许可的条件，专利权人可以由此申请撤销专利强制许可。

三、撤回专利开放许可声明限制问题

在专利开放许可声明发布后，专利权人可以撤回该声明，国家知识产权局基于特定事由也可以依职权将该声明撤回。对专利权人撤回专利开放许可声明的权利进行适当限制，有利于克服其在专利许可合同订立以后实施"事后机会主义行为"的问题。专利开放许可声明发布机制能够在很大程度上保障潜在被

---

❶　赵石诚.利益平衡视野下我国专利当然许可制度研究［J］.武陵学刊，2017，42（5）：63-68.

❷　李显锋，彭夫.论专利普通许可权的法律性质［J］.广西大学学报（哲学社会科学版），2016，38（3）：62-67.

许可人的选择权，避免专利权人在与被许可人订立专利许可合同之前实施"事前机会主义行为"。❶ 但是，专利权人在专利开放许可声明发布后仍有可能实施其他类型的机会主义行为，这属于"事后机会主义行为"。❷ 其中，专利权人在不具有合理理由的情况下撤回专利开放许可声明是较为典型的例子。被许可人或者潜在被许可人为实施专利技术或者准备实施专利技术投入的资源越多，则越有可能成为专利权人策略性撤回专利开放许可声明行为的受害者。从专利权人作出专利开放许可声明以后到被许可人开始（准备）实施专利技术之前，被许可人所拥有的参与专利实施活动的选择权是较为充分的，在专利许可合同协商中的谈判地位也相对较高。在被许可人开始投入资源（尤其是交易专用资产）从事专利技术实施活动以后，则存在谈判地位下降的风险，专利权人则有可能在此阶段基于机会主义行为动机撤回专利开放许可声明，为另行索取高额许可费或者诱使对方实施其他相关技术提供条件。在此情况下，有必要对专利权人撤回专利开放许可声明的权利予以适当限制。

对专利权人撤回专利开放许可声明权利的限制不应过度严格。在专利开放许可实施过程中，专利权人和被许可人均在一定程度上面临信息不对称和信息不完全问题。其中，信息不对称有可能诱发机会主义行为，信息不完全则可能使双方当事人均面临较高的市场环境和技术能力的不确定性。❸ 在专利许可合同履行过程中，信息不完全问题主要是由于不确定性造成的，这是技术本身所隐含的缺陷以及市场交易结构的不完备等因素共同产生的结果。❹ 在市场环境变化以后，专利开放许可声明所制定的许可条款可能不再对专利权人有利，甚至可能使其陷入不合理的困境，因此应当保障其在适当的时候撤回专利开放许可声明并退出专利开放许可活动的权利。由市场因素所带来的不确定性不应由被许可人单独承担，也不应由专利权人单方面加以克服。在开放许可专利产品的市场容量及市场结构发生显著变化后，专利权人应当有权撤回专利开放许可声明，

---

❶ ［美］埃里克·弗鲁博顿，［德］鲁道夫·芮切特.新制度经济学：一个交易费用分析范式［M］.姜建强，罗长远，译.上海：格致出版社，上海三联书店，上海人民出版社，2015：94.

❷ ［美］埃里克·弗鲁博顿，［德］鲁道夫·芮切特.新制度经济学：一个交易费用分析范式［M］.姜建强，罗长远，译.上海：格致出版社，上海三联书店，上海人民出版社，2015：95.

❸ 刘学.技术合约与交易费用研究［M］.北京：华夏出版社，2001：16-17.

❹ 刘学.技术合约与交易费用研究［M］.北京：华夏出版社，2001：17.

防止该声明的持续存在对被许可人或者潜在实施者可能产生的误导。

在专利开放许可声明被撤回后，其法律效力也会随之终止，潜在被许可人不能再依据该声明获得专利开放许可实施权，现有被许可人已经完成的实施行为不受影响。专利权人撤回专利开放许可声明的权利基本上不受限制，随时有可能将其撤回，但是被许可人对专利权人在合理期间内不会撤回该声明并保持其法律效力有相应的预期。在专利权人提出撤回专利开放许可声明的申请时，可从制度规则层面予以一定的限制，或者就其撤回专利开放许可声明对被许可人产生的不利后果进行限缩。有必要规定，专利权人在提交专利开放许可声明并由国家知识产权局公布以后，一定期限内不能撤回该声明，该期限可以为六个月、一年或者两年。在《专利审查指南》等规章中可以对此期限加以明确。此外，也要防止出现专利权人通过不缴纳年费使专利权终止，或者与第三人串通宣告该项专利权无效，从而产生形同撤回专利开放许可声明的情况。尽管在专利权终止或者被宣告无效后，被许可人可以继续实施该项专利权，不会面临专利侵权的风险，但是其基于专利开放许可实施权而具有的市场预期有可能被破坏，其他潜在实施者可以在无须缴纳专利许可费的情况下进入相关市场，因此，有必要维护被许可人对专利开放许可声明法律效力的合理预期。

专利开放许可声明被撤回后，被许可人能否继续实施该项专利存在不确定性。《专利法》第50条第2款明确了专利开放许可声明被撤回后，不影响被许可人此前已经取得的专利开放许可实施权的法律效力。此处"在先给予的开放许可"是否截止于专利开放许可声明撤回日尚未得到明确。如果其能够延续到被许可人在撤回日之前已向专利权人发出通知所涵盖的专利实施期间，包括延续到专利开放许可声明撤回日以后，则对被许可人能够提供较好的保护。但是，如果其截止于专利开放许可声明撤回日，则意味着被许可人在该日期后无权继续实施专利权。从专利开放许可协议属于实践性合同的性质来看，仅依据专利开放许可声明和专利实施通知是无法确定合同效力和有效期的，还必须依据被许可人的实际实施行为和履行行为。因此，将"在先给予的开放许可"认定为延续到专利开放许可声明撤回日以后较为困难，被许可人依据实施专利权通知所能获得的延伸性保护有限。此外，对潜在被许可人的保护应当得到重视。被许可人发出实施专利通知后，能够被视为对专利权实施投入了经济成本并有合理预期，有必要赋予其相应的专利实施权。● 在此情况下，被许可人可以被允许在该通知所记载实施期间内继续享有专利实施权，能够合法地实施该项专利。专利权人在提交撤回专利开放许可声明的申请后，应当为被许可人提供一定期间用于选择是否继续实施该项专利。● 被许可人可以另行与专利权人协商订立专利普通许可合同，也可以放弃继续实施该专利。由此，可以为被许可人提供较为有效的保护，使其此前对实施专利的投资能够得到合理回报。

● 宁立志，王少南.技术标准中的专利权及其反垄断法规制［M］//陈小君.私法研究：第22卷.北京：法律出版社，2017：189-222.

● 刘强.我国专利开放许可声明问题研究［J］.法治社会，2021（6）：34-49.

第五章 专利开放许可制度管理机制和 激励机制问题

第一节 专利开放许可集中公布机制

一、专利开放许可集中公布机制的必要性

专利开放许可集中公布有利于专利开放许可声明及相关信息的广泛传播。专利开放许可制度的重要价值是克服专利权人与潜在被许可人之间关于专利许可的信息不对称问题。专利权人通过国家知识产权局官方平台公布专利开放许可声明，能够在很大程度上解决被许可人对专利权人许可意图和许可条件难以知悉的困境，缓解信息沟通问题。● 但是，如果专利开放许可声明只能散见于国家知识产权局每周公布的专利公报，则不利于被许可人通过方便的渠道查询到有关专利开放许可声明信息，也不利于专利权人集中展示其专利开放许可声明并树立良好的商业形象。专利许可信息公开机制的公示和公信效力尚未得到充分实现，专利许可信息披露内容和披露方式的灵活性较弱，不利于专利权技术价值和市场价值的有效展现和广泛认可。● 《专利审查指南修改草案（征求意见稿）》第五部分第 11 章第 5 节 "专利开放许可的登记和公告" 的规定："专利实施的开放许可有关内容在专利登记簿上登记，并在专利公报上公告。" 由此，专利开放许可声明公布机制主要依托专利公报的发布机制进行公布。国家知识

● 陈扬跃，马正平．专利法第四次修改的主要内容与价值取向［J］．知识产权，2020（12）：6-19.

● 关通．人工智能医疗专利开放许可机制构建研究［J］．南京工程学院学报（社会科学版），2021，21（1）：46-50.

产权局《专利开放许可试点工作方案》明确提出"搭建许可信息发布平台"。❶
有学者建议"专利行政部门制定和发布开放许可数据库，提供开放许可声明与
撤销声明以及开放许可协议模板，并规定开放许可费的计算依据和方式"❷。在
俄罗斯专利开放许可制度中，该国专利局为专利权人提供向社会公众公布专利
许可信息和通信联系方式信息的机会，这对不能独立实施该项专利权的潜在实
施者具有较为重要的作用。❸专利开放许可数据库可以作为专利开放许可集中
发布机制的重要载体和信息来源，也将为专利开放许可声明发布机制的改革和
完善提供技术支撑。专利开放许可集中公布机制的建立，将有利于专利开放许
可声明及相关信息得到更为集约化的展示和发布，既能够方便社会公众和被许
可人查询，也有助于提高专利开放许可声明的社会关注度，专利权人也能够借
由该机制更好地建立商业形象。尽管在专利开放许可声明中，专利权人不能进
行商业性宣传❹，但是发布该声明本身便表明权利人为社会提供专利许可、作出
技术贡献的意愿，有利于其经营行为得到更广泛的社会认可。

专利开放许可集中公布机制有利于专利开放许可合同的有效达成和实施，
提高被许可人参与专利开放许可实施的积极性。集中公布相关信息后，潜在被
许可人可以节约查询、检索专利开放许可声明及相关信息的成本，能够较为迅
速地确定专利权人授予专利许可的意愿和期望的专利许可条件，再结合对专利
技术价值和市场价值的评估作出是否接受专利开放许可并加以实施的决定。❺涉
及某种产品的多项可替代技术的专利权若均发布了开放许可声明，被许可人可
以较为方便地对相应多项专利权的开放许可声明信息进行比较和判别，从而确
定其中最为适合得到实施的专利权，为作出参与专利开放许可实施的决策提供

---

❶ 《专利开放许可试点工作方案》提出："试点省局通过依托的核查机构或相关公信力和影响力
强的信息平台，集中公开发布许可信息表。公开发布的信息应至少包括专利号、专利权人名称、发明名
称、许可使用费支付方式和标准、许可期限、专利权人联系方式等数据项。"

❷ 罗莉.专利行政部门在开放许可制度中应有的职能［J］.法学评论，2019，37（2）：61-71.

❸ Udalova N M, Vlasova A S. Intellectual Property in Russia［M］. London：Routledge，2021：185-186.

❹ 《专利审查指南修改草案（征求意见稿）》第五部分第 11 章第 3.3 节"专利开放许可声明"第
3 段规定："专利开放许可声明内容应当准确、清楚，不得出现明显商业性宣传用语。"

❺ 袁姣姣.开放许可中专利行政部门的智能化服务制度研究［J］.广东开放大学学报，2021，30
（2）：100-106.

更好的信息基础。❶由此，专利开放许可集中公布机制可以增进专利开放许可实施的可能性及其所能够产生的效益。从英国和德国专利开放许可声明发布机制以及专利开放许可实施比例的横向对比可以看到，专利开放许可集中公布机制确实可以提高被许可人参与的积极性。此外，专利开放许可集中发布机制，能够减少专利权人在声明发布过程的机会主义行为风险。专利开放许可制度的价值目标之一是减少专利许可领域的策略行为，但是，专利开放许可制度本身的局限可能在另一方面诱发新的机会主义行为。例如，部分专利权人提交专利开放许可声明的主要动机在于获得专利年费减免，而并不希望有被许可人实施其专利并参与市场竞争，由此可能在主观上不愿意其开放许可声明被查询到。通过专利开放许可集中发布机制，可以促进专利开放许可合同的达成，防止出现专利开放许可制度成本付出以后未能相应地实现其正面效益的情况。尽管《专利法》要求在专利开放许可实施期间方能给予专利权人年费减免，但是专利权人也有可能与关联主体合谋编造已经开始"实施"专利活动证据的情形，通过专利开放许可信息的集中公布可以在一定程度上消除该现象。

在《专利法》第四次修改过程中，对专利开放许可制度规则进行论证时，为减少制度运行成本所带来的疑虑，对专利开放许可声明公布机制的设计是较为简单的。当时，对专利开放许可声明发布机制的设想是比照专利公布公告机制，在专利公告信息中增加"一个标签"用于发布专利开放许可的基本信息即可。❷这种较为简易的专利开放许可声明发布机制设计，在不过多增加专利信息发布过程中的行政管理成本方面是有益的，有利于《专利法》第四次修改时相应条款获得通过。但是，在《专利法》已经获得通过，专利开放许可制度正式建立的背景下，可以根据在此前对专利开放许可声明发布机制的设想，为促进该项制度有效运行的需要而进行相应的机制完善。

专利开放许可集中公布机制可以借助网络化、智能化技术手段加以实现，专利行政部门也需要发展与履行职能相关的技术手段。专利行政管理部门提供

---

❶ 曹源.论专利当然许可［M］∥易继明.私法：第14辑第1卷.武汉：华中科技大学出版社，2017：128–259.

❷ 李旭颖，董美根.专利当然许可制度构建中的相关问题研究——以《专利法修订草案（送审稿）》第82、83、84条为基础［J］.中国发明与专利，2017，14（4）：86–91.

公共服务的方式逐步实现信息化和网络化，在专利开放许可声明等相关信息公布和公示方面也将主要采用电子化方式进行。❶国家知识产权局在专利审查等领域已经广泛地使用了信息化、智能化系统及相应数据库，技术水平的提升能够在专利开放许可声明发布及实施信息的集中发布机制中更好地发挥作用。❷《专利法实施细则修改建议（征求意见稿）》第2条第2款增加规定："纸件形式提交的各种文件，经过国务院专利行政部门转换为电子形式文件记录在电子系统数据库中，具有原纸件形式文件同等效力，当事人确有证据证明国务院专利行政部门电子系统数据库记录存在错误的除外。"这为包括专利开放许可声明在内的相关文件通过信息化手段进行管理和对外发布提供了机制保障。该征求意见稿第4条第2款修改规定："国务院专利行政部门的各种文件，可以通过电子形式、邮寄、直接送交或者其他方式送达当事人"，其中新增了对"电子形式"的明确规定并将其作为国家知识产权局发送文件的首选方式。该征求意见稿新增的第72条之六规定："国务院专利行政部门应当建设专利信息公共服务平台，完善全国专利信息服务网络，提供专利信息基础数据，培养专利信息人才。除专利法规定需要保密之外，专利信息基础数据由国务院专利行政部门通过建立内容完整、格式规范的数据库，以互联网等多种方式提供。"该条规定了专利信息数据库建设的内容，专利开放许可数据库和集中发布机制应属于其重要的组成部分。

专利开放许可集中公布机制可以彰显专利行政部门对专利开放许可制度的重视。专利行政部门能够投入资源建立专利开放许可集中公布机制，这体现了推进专利开放许可的政策导向，能够在实务中对专利开放许可的实施起到推动作用。建立专利开放许可集中公布机制，符合国家知识产权局促进知识产权运营的政策导向和专利开放许可制度的价值目标。2021年7月，国家知识产权局发布《关于促进和规范知识产权运营工作的通知》（国知发运字〔2021〕22号），提出"加快建立健全专利开放许可制度运行机制，汇聚专利许可使用需求数据，

---

❶ 袁姣姣.开放许可中专利行政部门的智能化服务制度研究［J］.广东开放大学学报，2021，30（2）：100–106.

❷ ［英］史蒂芬·亚当斯.专利信息资源：第3版［M］.董小灵，张雪灵，吴锐，译.北京：知识产权出版社，2017：147.

提升许可声明、定价、对接等配套服务能力，提高专利开放许可制度运行效能。鼓励高校院所参与开放许可活动，引导探索专利快速许可等新型专利许可方式，提高专利许可效率，降低专利许可交易风险和成本"❶。在完善专利开放许可制度实施机制方面，建立专利开放许可集中公布机制是促进"汇聚专利许可使用需求数据"的重要方面。在专利开放许可声明集中公布的基础上，对被许可人向专利权人发出的参与专利开放许可并进行实施的通知信息也可以实现集中公布，能够提升专利开放许可制度在社会公众和相应产业领域中的示范效应，让社会公众充分了解该项制度所产生的经济效益和社会效益，从而在相关领域起到带动引领作用。2021年6月发布的《国家知识产权局2021年政务公开工作要点》提出："建立专利开放许可信息公开机制，集中公开相关专利基础数据、许可费用等信息，解决专利技术供需信息不对称问题"❷，由此，更为明确地提出了"专利开放许可信息公开机制"，并且将"集中公开相关专利基础数据、许可费用等信息"作为该项信息公开机制的主要特点。该集中公开机制有别于专利授权确权等信息的定期公布公告机制，主要涉及在国家知识产权局官方网站等官方平台，通过建立专利开放许可声明等信息的数据库，集中对外发布相关信息及数据，使社会公众能够方便地了解、检索和查询专利开放许可信息。

二、专利开放许可集中公布机制的域外经验

专利开放许可集中公布机制的构建应当遵循便利性原则，被许可人借助该机制可实现对专利开放许可声明及相关信息的方便高效查询。英国知识产权局建立的专利开放许可声明查询平台可以提供借鉴。❸根据英国知识产权局的介绍：（1）该局建立了专利开放许可信息数据库，其中有专利开放许可声明的标准及相关信息，这意味着专利权人已同意将其专利许可给任何提出请求的人；（2）被许可人可以在该数据库中检索专利开放许可声明，以便将相应专利技术

---

❶　国家知识产权局.关于促进和规范知识产权运营工作的通知（国知发运字〔2021〕22号）[EB/OL].（2021-07-29）[2021-12-02].https：//www.cnipa.gov.cn/art/2021/7/29/art_75_166299.html.

❷　国家知识产权局.国家知识产权局2021年政务公开工作要点[EB/OL].（2021-06-15）[2021-12-02].http://www.cnipa.gov.cn/art/2021/6/15/art_75_160066.html.

❸　刘建翠.专利当然许可制度的应用及企业相关策略[J].电子知识产权，2020（11）：94-105；罗莉.专利行政部门在开放许可制度中应有的职能[J].法学评论，2019，37（2）：61-71.

用于技术研发创新或实施业务；（3）对已发布开放许可声明的专利，被许可人若有意取得该专利权的实施许可则应当与专利权人直接联系。❶ 由此可以看到，英国知识产权局建立了专利开放许可数据库，作为专利开放许可声明集中公布机制所依托的平台，其主要目标是提高被许可人查询检索专利开放许可声明的便利性，使其能够方便地查到相关信息并用于专利许可谈判和技术创新活动。《英国专利法》并不要求专利权人在专利开放许可声明中公布具体的专利许可费等许可条件信息，被许可人在数据库也查询不到相应信息。专利开放许可条件留待专利权人与被许可人具体协商后加以确定。英国知识产权局的专利开放许可声明数据库是与失效专利信息数据共同建立的，数据库名称为"专利开放许可和失效专利"［Patents Endorsed Licence of Right（LOR）and Patents Not in Force（NIF）］。❷ 英国知识产权局将这两项数据库共同建立和运行，主要原因可能是专利开放许可或者专利失效以后均可以由潜在使用者较为自由地加以使用，而不必担心专利侵权风险问题，因此均已经完全进入公有领域或者在一定程度上进入公有领域。技术使用者在查询到相应专利法律状态或者专利开放许可信息后，可以较为充分地利用相应专利技术从事技术创新或者生产实施，从而较好地发挥其技术价值和市场潜力。

在英国知识产权局专利开放许可数据库中可以查询到，2007 年至 2023 年4 月发布的专利开放许可声明为 9000 余件。该数据库公布了专利开放许可声明发布日期、专利申请号、专利公布号、专利权人、专利主分类号、专利申请日、专利名称等相关信息，数据库使用者可以利用上述信息对专利开放许可声明进行检索。其中，专利号既可以是英国专利号，也可以是指定英国的欧洲专利号。主分类号是以国际专利分类（International Patent Classification，简称 IPC）为准。在该数据库的全部数据或者相应检索结果中，可以根据专利开放许可声明发布日期的升序或者降序、专利分类号、专利号等要素进行排序，方便使用者对所需要的专利开放许可信息进行定位。在发布专利开放许可声明的主体方面，集

---

❶ 英国知识产权局 . 指南：知识产权许可［EB/OL］.（2014-12-12）［2021-12-02］. https：//www. gov.uk/guidance/licensing- intellectual- property#patents-and-licences-of-right.

❷ 英国知识产权局 . Intellectual Property Office-Licence of Right［EB/OL］.［2022-06-03］. https：//www.ipo.gov.uk/p-dl-licenceofright.htm.

中程度是比较高的。❶ 在高校方面，可以查询到该数据库中由高等学校及其附属机构提交的专利开放许可声明分别来自英国的诺丁汉大学、莱斯特大学，美国卡内基梅隆大学，以及日本的东京大学、京都大学等。可以看到，高等学校在英国知识产权局发布专利开放许可声明的积极性有待进一步提高。英国知识产权局经验显示，专利开放许可数据库的建立可以提高专利开放许可声明发布的数量和效率。有学者论及，英国在构建专利开放许可数据库后，开放许可声明率有显著提高。❷ 基于专利开放许可数据库建设，可以充分发挥专利开放许可信息集中公开在促进相关信息传播和推动专利许可等方面的作用。

专利行政部门在建立专利开放许可集中发布的基础上，还可以按照年度发布专利开放许可声明及实施情况的统计报告，体现专利开放许可制度的实施效果，也为社会公众了解专利开放许可制度的功能和作用提供更为准确全面的信息。从相关统计数据来看，部分国家中参与专利开放许可的专利权人比较多，纳入专利开放许可的专利权数量也具有相当规模。以英国为例，专利开放许可制度在英国具有较好的实施效果每年对专利进行开放许可登记的数量较多。❸ 根据英国知识产权局发布的统计数据，专利开放许可数量占专利授权数量比例较高，这为促进专利许可和实施提供了较好的基础。❹ 英国专利开放许可占比较高，在一定程度上与专利授权数量状况有关。因此，对专利授权数量进行适度控制，一方面有利于提高专利授权质量，另一方面也有利于增强专利许可实施的可能性。在英国专利开放许可声明撤回数量方面，占专利开放许可声明公布数量比例非常小，可见专利开放许可声明的有效性比较稳定。在德国，年度专利开放许可登记数量与专利授权数量之比与英国的情况差别不大，德国相关数据略高于英国。❺ 专利开放许可声明的数量可能会受到多种因素影响，专利开

---

❶ 2007 年至 2023 年 4 月，国际商用机器公司和丰田公司（Toyota）在英国的专利开放许可声明数量分别为 2000 件左右，合计占同一时期英国所有专利开放许可声明数量的 40% 以上。

❷ 罗莉. 专利行政部门在开放许可制度中应有的职能 [J]. 法学评论，2019，37（2）：61-71.

❸ 王瑞贺. 中华人民共和国专利法释义 [M]. 北京：法律出版社，2021：144.

❹ 2015—2021 年，英国知识产权局登记的专利开放许可数量维持在 1000—1700 件，英国知识产权局授权的专利数量在 5000—11000 件之间。United Kingdom Intellectual Property Office. Facts and Figures：Patents, Trade Marks, Designs and Hearings：2021［EB/OL］.（2022-07-20）［2022-12-21］.https：//www.gov.uk/government/statistics/facts-and-figures-patents-trade-marks-designs-and-hearings-2021.

❺ 易继明. 专利法的转型：从二元结构到三元结构——评《专利法修订草案（送审稿）》第 8 章及修改条文建议 [J]. 法学杂志，2017，38（7）：41-51.

放许可集中公布机制的建立和运行对提升专利权人参与专利开放许可的程度能够起到重要的促进作用。

专利开放许可集中公布机制与专利开放许可统计数据报告可以实现功能上的相互补充，共同发挥提供专利开放许可信息及促进专利开放许可实施的作用。专利开放许可集中公布机制对专利开放许可实施活动的推动作用是较为明显的，能够使社会公众与被许可人较为准确地了解专利开放许可声明及其实施活动的相关信息。❶ 在此基础上，专利开放许可统计数据报告可以从更为宏观的层面提供数据信息，有利于全面了解专利开放许可声明发布及实施的总体情况，为推动专利开放许可制度的发展提供信息保障。❷ 此外，专利开放许可集中公布机制还可以与其他相关信息公布机制衔接。在专利信息领域，专利开放许可集中公布机制可以与专利质押信息、失效专利信息、专利实施许可合同备案信息等类型信息的公布机制实现协同效应，使专利开放许可实施者和潜在实施者能够更为及时充分地了解专利开放许可相关的其他专利信息。在与专利信息相关的其他领域，专利开放许可集中公布机制可与涉及专利的金融机构融资担保、税收优惠政策等有关信息相衔接❸，从而使专利开放许可参与者能够更好地了解并充分运用相关政策措施所带来的优惠与便利。

三、专利开放许可集中公布机制的具体构建

专利开放许可集中公布机制包括专利开放许可声明集中公布和专利开放许可实施信息集中公布等内容。专利开放许可集中公布机制建立以后，可以发展成为专利开放许可信息数据库，并由此为专利开放许可信息的发布提供更为有力的数据和系统支持。❹ 在我国现有专利信息公布系统中，可以增设专利开放许可数据库，并与其他类型专利信息数据库有效链接，使各数据库之间形成协同效应和网络效应，提升专利信息数据库运用效益。❺ 在专利开放许可实施过

---

❶ 陈琼娣，黄志勇.共享经济视角下专利技术共享综述：主要模式及发展方向［J］.中国发明与专利，2022（2）：53-59.

❷ 罗莉.专利行政部门在开放许可制度中应有的职能［J］.法学评论，2019，37（2）：61-71.

❸ 袁姣姣.开放许可专利产业化功能的局限性［J］.天水行政学院学报，2019，20（6）：74-79.

❹ 袁姣姣.开放许可专利产业化功能的局限性［J］.天水行政学院学报，2019，20（6）：74-79.

❺ 吴峰，邓伟.从法律进化角度研究英国专利当然许可制度［J］.河南科技，2020（9）：46-51.

程中，可能在技术上会与其他相关的有效专利或者失效专利相联系，因此也有必要将专利开放许可信息数据库与其他类型专利数据进行链接与整合。专利开放许可声明集中发布系统的建立与专利交易平台的构建可以有效联系。有观点提出，通过"打造并充分利用专利交易平台"等措施，能够"激励专利权人实施开放许可以及专利实施主体接受开放许可"。[1] 围绕专利开放许可制度建立专利交易平台或者类似系统，是充分发挥专利开放许可制度功能的重要方式，但是又不能脱离专利开放许可制度本身的特点。如果是将已有的商业化专利交易平台强行连接到专利开放许可声明发布系统中，则可能产生三方面问题：第一，可能产生国家知识产权局官方平台和中介机构私营平台错位问题，使前者信息发布的权威性和法定性受到削弱，不利于专利开放许可声明的发布在社会公众中具备应有的影响力；第二，可能产生不同系统之间数据不兼容的问题，有可能由于数据来源或者数据格式的不同，造成专利开放许可声明发布系统的数据紊乱；第三，有可能产生法律效力的错位，混淆了专利开放许可与专利自愿许可在专利许可协议达成和履行方面法律地位的差异性，使专利开放许可制度的特点和优势被弱化。为此，应当保持专利开放许可声明发布机制的独立性和一致性，防止通过商业化中介平台发布的专利交易许可信息对国家知识产权局专利开放许可信息的发布产生不必要的干扰。事实上，国家知识产权局官方平台对专利开放许可声明信息的集中发布，以及今后可能建立的专利开放许可实施信息的持续发布机制，已经能够对商业化专利交易平台的建立和运行产生引导作用。商业化专利交易平台可以在其交易系统中对专利开放许可声明信息再次进行发布，由此能够促进该平台中的专利交易活动，为国家知识产权局专利开放许可声明集中发布机制提供更好的支持。

专利开放许可信息集中发布机制主要通过专利开放许可集中发布系统得到实现。社会公众可以通过访问该系统便利地对专利开放许可声明相关信息进行检索和查询。该系统也可以与其他相关专利信息数据库或者系统进行对接，实现与专利开放许可实施相关信息的衔接和互通。专利开放许可集中发布系统的主要构成要素为：（1）国家知识产权局建立专利开放许可数据库，并通过其官

---

[1]　何培育，李源信.基于博弈分析的开放许可制度优化研究［J］.科技管理研究，2021，41（12）：165-171.

方网站等途径向社会公众集中公开发布。结合《专利审查指南修改草案（征求意见稿）》第五部分第 11 章第 5 节"专利开放许可的登记和公告"第 2 段和国家知识产权局《专利开放许可声明》模板表格等文件的要求，在专利开放许可声明数据库中，应当集中发布专利开放许可声明生效信息，以及在专利公报中公布的著录项目信息，包括：主分类号、专利号、开放许可声明编号、专利权人、发明名称、申请日、授权公告日、专利许可使用费支付方式和标准、专利许可期限、专利权人联系方式、开放许可声明生效日等。（2）提供多渠道检索方式。目前，对包括专利开放许可声明在内的专利事务信息，只能通过专利号（专利申请号）、事务数据公告日、事务数据信息三个要素进行检索，这相对于专利开放许可声明的检索需求是不够充分的。对专利开放许可声明而言，可以在此平台之外单独建立专门的数据库及信息发布平台，实现对专利开放许可声明的全要素检索。例如，应当允许针对专利开放许可声明进行专利主分类号检索或者专利权人检索，从而协助被许可人明确相关同类专利是否发布了开放许可声明，方便对同类专利（含可替代专利）进行专利开放许可费率的比较。这有利于实现专利开放许可费形成中的价格竞争机制。❶（3）专利开放许可声明撤回事项也应当在该集中发布机制中予以公布并提供检索。根据《专利审查指南修改草案（征求意见稿）》第五部分第 11 章第 5 节"专利开放许可的登记和公告"第 3 段，专利开放许可声明撤回事项在专利公报中公布的项目包括：主分类号、专利号、开放许可声明编号、专利权人、发明名称、开放许可声明撤回日等。在专利开放许可集中发布机制中，对专利开放许可声明撤回信息也应提供全要素检索。（4）专利开放许可集中发布系统与其他专利信息数据库和系统的衔接。在专利开放许可实施过程中，除需要检索专利开放许可声明及其撤回信息外，还需要与专利说明书、权利要求书等专利文件，以及专利法律状态信息、专利实施许可合同备案信息等其他方面的专利信息进行衔接。被许可人在全面了解专利开放许可及相关其他专利信息后，才能够充分有效地对开放许可专利的状态进行掌握，对是否参与专利开放许可作出合理的判断和决策。（5）专利开放许可声明数据库可以对涉及相应专利的独占许可合同、排他许可

---

❶ 来小鹏，叶凡 . 构建我国专利当然许可制度的法律思考［M］// 国家知识产权局条法司 . 专利法研究（2015）. 北京：知识产权出版社，2018：181–193.

合同登记及变动情况进行实时监测。在建立专利开放许可信息数据库的基础上，可以与专利许可及转让合同备案登记数据库衔接，实现专利合同信息的自动检索与信息比对，减少不同类型专利许可合同之间可能存在的数据差异，避免各项专利许可合同效力可能产生的法律冲突。❶对可能与专利开放许可合同存在效力冲突的专利独占许可合同和专利排他许可合同，应当通过自动化手段进行信息对比，从而在专利开放许可声明的发布与撤回事务中实现更为高效准确的管理。专利开放许可声明数据库相对于专利实施许可合同备案系统既有联系也有区别，通过智能化检索系统可以实现有效连接。（6）专利开放许可集中发布系统与专利交易平台的对接问题。对此，应当根据专利交易平台建设情况和专利开放许可制度实施的需要进行确定。目前，国家知识产权局并未建立官方的专利交易平台，非官方专利交易平台的法定性、权威性和准确性均存在不足，因此将专利开放许可集中发布系统直接与其进行对接，可能会产生诸多问题。可以在解决相关机制衔接问题后，将专利开放许可声明发布平台与相应专利交易平台对接，实现各专利数据库系统的协同效应。

专利开放许可集中公布系统可以拓展相应的内容与功能。其中，既包括专利开放许可声明公布的首次信息发布系统，也包括专利开放许可合同备案信息、专利开放许可声明撤回信息、被许可人实施专利通知信息等动态信息发布系统。在专利开放许可中，信息披露行为被认为包括初次信息披露和持续信息披露。❷专利开放许可声明是首次信息披露的主要内容，是将特定专利权纳入开放许可的基础性法律文件，也确定了专利许可条件等专利交易与实施的基本内容，专利开放许可声明集中公布系统在专利开放许可信息公布系统中也具有基础性作用。此外，首次信息披露还涉及专利开放许可声明公布时应发布的其他相关信息。❸在首次信息披露的基础上，信息披露行为还包括被许可人在实施专利开放许可过程中所产生相关信息的持续公开披露。专利权人及被许可人参与专利开

---

❶ 袁姣姣.开放许可中专利行政部门的智能化服务制度研究［J］.广东开放大学学报，2021，30（2）：100-106.

❷ 关通.人工智能医疗专利开放许可机制构建研究［J］.南京工程学院学报（社会科学版），2021，21（1）：46-50.

❸ 关通.人工智能医疗专利开放许可机制构建研究［J］.南京工程学院学报（社会科学版），2021，21（1）：46-50.

放许可所提交的文件或者形成的信息不仅限于专利开放许可声明，还包括被许可人专利实施通知及具体实施情况等其他文件及信息。因此，在持续信息披露文件中，应充分反映专利开放许可实施的情况。对每一年度专利开放许可实施的情况，专利权人应在向被许可人获取相关信息并汇总后通过适当方式向社会公众进行公布。对实施情况的公布，可以使社会公众了解该项专利开放许可实施的状况，以及在专利开放许可制度框架下各项专利实施的总体情况。被许可人和潜在被许可人可以通过对专利开放许可实施情况的了解，为决定是否继续从事该项专利实施或者开始参与开放许可实施活动提供参考。专利开放许可实施中的持续信息披露内容，不仅限于专利开放许可合同备案及其变更信息，还应当包括专利开放许可实施的实际情况，其中涉及专利产品生产销售数量、产品利润等方面内容，由此可以实现对相关信息较为深度的披露，为社会公众提供更好的专利许可信息来源。

专利开放许可信息集中发布机制与商业化专利信息发布和运营系统之间应有衔接机制。在专利申请与授权信息公开中，国家知识产权局建立的专利信息官方公布机制提供了专利基础数据，知识产权服务机构可以在此基础上进行数据挖掘并能衍生出多种专利信息增值服务，为具有多种类型专利信息需求的研发创新主体和社会公众提供个性化专利信息服务。❶ 在专利开放许可声明信息发布中，也可以实现国家知识产权局官方发布的专利开放许可声明数据与知识产权服务机构所提供的商业化专利许可信息发布系统的有机结合，从而充分发挥专利开放许可声明的商业价值和市场价值。国家知识产权局建立专利开放许可信息集中发布机制，使知识产权服务机构能够更为便捷地获得专利开放许可声明的基础数据，并且通过相应的互联网或者其他商业渠道对已经发布的专利开放许可声明数据进行提炼、分析、加工并二次发布，使相应数据信息更为适合由潜在被许可人和社会公众获取、查询和使用❷，这对专利开放许可声明信息得到更为充分的传播和利用具有非常重要的作用。在此机制下，国家知识产权局通过专利开放许可集中发布机制公开的数据具有权威性，知识产权服务机构

---

❶ 王永红.定量专利分析的样本选取与数据清洗［J］.情报理论与实践，2007（1）：93-96.

❷ 袁姣姣.开放许可中专利行政部门的智能化服务制度研究［J］.广东开放大学学报，2021，30（2）：100-106.

发布的商业化数据具有便利性和多样性，在相应数据及时更新并保持一致的情况下，能够实现对专利开放许可声明等信息和数据更为有效的获取和使用。在专利开放许可信息披露机制中，国家知识产权局官方数据库与知识产权服务机构商业数据库相互结合，能够实现数据来源及内容权威性与多样化的有机融合，满足不同产业领域专利权人及被许可人的信息需求。在国家知识产权局官方数据库所提供的专利开放许可检索途径可能较为有限的情况下，知识产权服务机构商业数据库则可以为使用者提供多种方式的信息检索和发布服务。后者还可以定期发布相应的专利开放许可信息数据分析报告，针对特定产业领域或者技术领域的专利开放许可实施情况进行深入分析，使该领域相关创新主体和社会公众能够更好地了解专利开放许可实施的发展趋势和进展状况。

第二节　专利开放许可合同备案机制

一、专利开放许可合同备案机制必要性分析

专利开放许可的法律性质使专利开放许可合同的备案登记具有现实价值。在专利开放许可合同备案机制中，要注意三个方面的问题：（1）专利开放许可声明公布的公示效力和专利开放许可合同备案的公示效力问题。国家知识产权局对专利开放许可声明的公布，使该声明具有较强的公示效力。❶ 专利开放许可声明不仅包含专利权人及专利权的基本信息，还包括专利开放许可的具体内容，特别是专利开放许可费等交易条件。专利开放许可声明公示的内容范围要宽于专利实施许可合同的备案，后者包括专利开放许可合同的备案。专利开放许可合同的备案机制在程序和实体方面基本上按照专利自愿许可合同备案的模式予以规定。在专利实施许可合同备案中，当事人需要向国家知识产权局提交合同文本，但是国家知识产权局对外公布的信息通常仅包括专利权人和专利权的基本信息，以及专利许可类型信息，对专利许可合同的具体条款是不予公布

---

❶　袁姣姣. 开放许可中专利行政部门的智能化服务制度研究［J］. 广东开放大学学报，2021，30（2）：100–106.

的。❶ 这主要是为了合理保护当事人的商业秘密，消除当事人将专利许可合同备案可能造成商业秘密泄露的顾虑。因此，专利实施许可合同备案公布的信息范围要少于专利开放许可声明公布的信息范围。由此带来的法律效果是，专利开放许可声明的公示效力应当强于专利实施许可合同的备案与公示。（2）专利开放许可声明对抗效力与专利开放许可合同备案对抗效力的问题。专利开放许可声明所具有的较强公示效力，使其相对于专利自愿许可合同具有较强的优先效力。在专利自愿许可中，专利独占许可与专利排他许可具有较强的排他效力，也能够排斥和对抗专利普通许可的效力。但是，相对于专利开放许可声明而言，专利自愿许可的对抗效力较弱。《专利法》并不允许就已经发布开放许可声明的专利权订立专利独占许可合同或者专利排他许可合同。其他国家专利法也基本上不允许对已经订立专利独占许可合同或者专利排他许可合同的专利权发布专利开放许可声明。但是，《专利法》对专利独占许可合同及专利排他许可合同与专利开放许可声明的对抗效力问题未给予明确规定。专利开放许可合同的备案可以在一定期间内延续和强化专利开放许可的效力。即使专利开放许可声明被撤回，也不会影响已经备案的专利开放许可合同存续。（3）专利开放许可声明的生效效力与专利开放许可合同备案对合同生效效力影响的问题。专利开放许可声明属于要约，参照合同法规则并无单独发生法律效力并产生强制执行力的问题，只有在被许可人作出"承诺"并形成专利开放许可合同后才能够产生合同法上的法律拘束力。

专利开放许可合同当事人的备案义务是由《专利法实施细则》规定的。《专利法实施细则》第14条第2款对专利实施许可合同备案要求作出原则性规定："专利权人与他人订立的专利实施许可合同，应当自合同生效之日起3个月内向国务院专利行政部门备案。"该规定属于行政管理性规定，而非合同效力性规定，不同于在专利权转让和专利权质押等物权变动情形中对权利登记的强制要

---

❶ 《专利实施许可合同备案办法》第14条规定："专利实施许可合同备案的有关内容由国家知识产权局在专利登记簿上登记，并在专利公报上公告以下内容：许可人、被许可人、主分类号、专利号、申请日、授权公告日、实施许可的种类和期限、备案日期。"其中，专利实施许可合同备案公布内容不包括专利许可合同条款及相应专利许可费等信息。

求。❶ 在专利自愿许可合同中，专利实施许可合同的成立和生效与一般合同并无差异，在专利权人与被许可人意思表示一致并且具备相应的形式要件后具有相应的法律效力。专利实施许可合同是否在国家知识产权局登记备案，并不影响合同效力，但是登记备案有助于使合同具有对抗效力。专利开放许可与专利普通许可类似，在民法上会形成对专利权的限制。为使专利开放许可合同具有更为显著的公示效力和对抗效力，应当通过在专利行政部门的备案登记取得官方认可。对专利许可使用权的登记是对专利许可合同产生的使用权变动行为的公示。❷ 由于专利实施许可合同备案并非强制性的，备案对该合同法律效力的增强效力有限，因此也影响了当事人进行登记备案的积极性。近年来，我国专利实施许可合同备案状况是不甚理想的，有必要从专利开放许可合同备案方面促进专利实施许可合同备案事务的发展。

在专利开放许可合同登记备案后，对其合同效力的影响是在对其合同效力合理定位的基础上发挥作用的。专利权人订立专利许可合同是属于民法中对财产的处分行为抑或负担行为的问题，涉及对专利许可合同法律效力和对抗效力的认定。《元照英美法词典》将专利许可使用的法律效力定位为仅次于专利转让行为的效力。❸ 在德国民法理论中，根据法律行为所产生的效果不同，可以将其分为负担行为和处分行为两种类型。❹ 第一类是负担行为。这一类行为主要指债权行为，其法律效果是会产生债权请求权，主要包括债务合同（如买卖、赠与约定、租赁等）。❺ 专利许可行为可类比于有形物的租赁行为，专利权人允诺被许可人可以在一定期限内以特定方式实施专利技术，专利权人放弃对其主张独占性排他权。专利许可使用权是对专利权人所享有的独占权利的一种"负担"❻，这种权利负担通常是专利权人根据自主意愿作出的限制，在特殊情形下

---

❶　有学者主张对知识产权质押登记生效主义进行缓和，将其调整为登记对抗主义。鲍新中，张羽.知识产权质押融资：运营机制［M］.北京：知识产权出版社，2019：226-228.

❷　广东省高级人民法院民三庭.审理技术合同纠纷案件中难点热点问题综述［J］.人民司法，2013（5）：49-54.

❸　薛波.元照英美法词典［M］.北京：北京大学出版社，2014：846.

❹　［德］迪特尔·梅迪库斯.德国民法总论［M］.邵建东，译.北京：法律出版社，2013：167；［德］汉斯·布洛克斯，［德］沃尔夫·迪特里希·瓦尔克.德国民法总论［M］.41版.张艳，译.北京：中国人民大学出版社，2019：54.

❺　［德］迪特尔·梅迪库斯.德国民法总论［M］.邵建东，译.北京：法律出版社，2013：167.

❻　董美根.我国专利许可合同登记必要性研究［J］.电子知识产权，2012（2）：85-89.

也可能来自法律规定或者行政机关的决定（如专利强制许可）。第二类是处分行为。在德国民法理论中，"处分行为与负担行为不同，它并不是以产生请求权的方式，为作用于某项既存的权利做准备，而是直接完成这种作用行为"❶。处分行为更多属于物权行为，其结果是原所有权人将放弃对财产标的物所拥有的所有权。❷处分行为主要是指财产所有权转移，"处分即为权利的转让、权利的消灭，在权利上设定负担或变更权利的内容"，在典型例证方面，"处分的例子有移转物的所有权等"。❸专利权转让行为属于较为典型的处分行为，专利权人在专利权转让中将专利所有权让渡给受让人所有，专利权人在转让专利权后也将失去实施专利技术的权利。❹在德国民法上，区分处分行为和负担行为的主要判别依据在于：处分行为发生时，处分标的财产应当得到确定，并且实施处分行为者应当具有处分权限。❺在专利权或者专利申请权的转让中，转让人应当拥有相应的专利权或者专利申请权，并且该项权利在转让行为发生时应当已经得到确定。此外，德国民法对于物权法上的处分行为还适用公示原则：在通常情况下，处分行为必须通过某种公示手段（登记或交付）对外发布。❻与此相对应，对负担行为则无公示要求，可由当事人通过合同对负担行为的内容加以确定。

国内学者对专利许可属于负担行为抑或处分行为多有讨论，较为一致的意见是，专利自愿许可中的普通许可属于负担行为，独占许可或者排他许可则属于处分行为。❼在我国台湾地区相关理论探讨中，是将专利许可与专利转让共同归属为对专利权的处分行为，但是对专利许可采用登记对抗主义而非登记生效主义，体现了两者效力认定方面的差异性。❽在专利自愿许可中，专利普通许可属于专利权人在专利权上设立的权利负担，专利独占许可及专利排他许可

❶ ［德］迪特尔·梅迪库斯.德国民法总论［M］.邵建东，译.北京：法律出版社，2013：168.
❷ ［德］汉斯·布洛克斯，［德］沃尔夫·迪特里希·瓦尔克.德国民法总论［M］.41版.张艳，译.北京：中国人民大学出版社，2019：55.
❸ ［德］迪特尔·梅迪库斯.德国民法总论［M］.邵建东，译.北京：法律出版社，2013：168.
❹ 胡波.知识产权法的形式理性［J］.社会科学研究，2018（1）：106-118.
❺ ［德］迪特尔·梅迪库斯.德国民法总论［M］.邵建东，译.北京：法律出版社，2013：168-169.
❻ ［德］迪特尔·梅迪库斯.德国民法总论［M］.邵建东，译.北京：法律出版社，2013：169.
❼ 董美根.我国专利许可合同登记必要性研究［J］.电子知识产权，2012（2）：85-89.
❽ 张淑亚.台湾地区知识产权制度之评鉴［M］.北京：法律出版社，2016：235-240.

被认为是专利权人对专利权作出的权利处分。❶专利开放许可合同类似于专利普通许可合同，被许可人并无排除专利权人或者第三人实施专利的权利，也未获得明确授权代表专利权人对专利侵权行为人提起侵权诉讼。在专利权人的利害关系人中，独占许可的被许可人可以单独提起诉讼，排他许可的被许可人可以在专利权人不起诉的情况下起诉，普通许可的被许可人则只能在有专利权人明确授权的情况下起诉。❷《英国专利法》向专利开放许可被许可人赋予对专利侵权行为的诉权可能是一种例外情形。该法第46条第4款规定，专利开放许可被许可人（例外情形除外）可以要求专利权人提起诉讼并制止对专利权的侵权行为，如果专利权人在被许可人提出要求后两个月内拒绝起诉或者不愿提起诉讼，则被许可人可以其自己的名义提起侵权诉讼，如同自己是专利权人，而且可以将继续实施该项专利权的原专利权人也列为被告。❸然而，针对侵权行为提起诉讼是使专利权恢复到不存在侵权行为的完满状态，而非对专利权的处分，不能认为专利开放许可的被许可人由此取得专利权人的地位，或者等同于专利独占许可被许可人的地位。由此，专利开放许可应当被认为属于负担行为而非处分行为。基于对专利许可使用权性质的界定，对专利实施许可合同备案登记的性质也可以进行相应区分。非独占许可合同与独占许可合同在备案登记性质方面也可能会存在不同解读："一般许可合同如为登记，必为合同登记。独占许可合同如为登记，必为权利登记。"❹在此情形下，专利开放许可合同的备案登记也属于合同登记而非权利登记，被许可人的专利开放许可实施权并非来自备案登记而是基于其他要件。

专利实施许可合同备案所具有的功能也使专利开放许可合同备案具有必要性。其一，对专利开放许可合同提出备案要求可以防止当事人之间可能面临的权利冲突风险。不论将专利许可实施权视为债权还是物权，均可以通过备案登

---

❶　董美根.我国专利许可合同登记必要性研究［J］.电子知识产权，2012（2）：85–89.

❷　上海市第一中级人民法院课题组.知识产权被许可人的诉权研究［J］.东方法学，2011（6）：34–43；Liddicoat J. Standing on the Edge–What Type of "Exclusive Licensees" Should be Able to Initiate Patent Infringement Actions?［J］. International Review of Intellectual Property and Competition Law（IIC），2017，48：626–651.

❸　《十二国专利法》翻译组.十二国专利法［M］.北京：清华大学出版社，2013：560.

❹　董美根.我国专利许可合同登记必要性研究［J］.电子知识产权，2012（2）：85–89.

记使其法律效力得到巩固，从而有利于获得法律强制执行力和对抗效力。《英国专利法》第 46 条第 2 款规定，专利权人提出专利开放许可声明请求时，专利行政部门应当将该项请求通知任何登记为在专利权中有权利的人，在未有阻止专利开放许可事由时可以发放专利开放许可证并予以登记。❶由此，可以避免专利开放许可实施权与其他类型专利许可的冲突。专利许可合同登记备案和公示制度能够使社会公众了解专利许可合同及其所产生的权利转移和变更情况，使潜在被许可人在协商谈判并取得相应专利许可之前具有明确的市场预期和法律预期。❷在专利实施许可合同备案的对抗效力方面，有不少强化相应规则给予被许可人更多保护的意见，这是基于备案登记的公示效力而作出的制度选择。在专利被许可人与专利受让人可能产生权利冲突时，专利许可合同备案所体现出来的效力提升作用将尤为明显。❸我国专利许可合同备案制度并未明确要求各种专利许可合同在国家知识产权局登记备案，专利行政管理部门和被许可人较难知晓是否存在与专利开放许可声明相冲突的专利许可合同，以及专利开放许可实施活动是否会受到相应专利许可合同的阻碍。❹在专利开放许可合同备案中，也可以充分发挥备案登记机制的功能和特点，使专利开放许可声明在既有公示效力的基础上对其许可实施合同效力给予强化。其二，可以从总体上完善我国专利实施许可合同备案制度，对包括专利独占许可合同和专利排他许可合同在内的各种类型专利许可合同均要求进行登记备案，否则不具有对抗效力甚至执行效力。由此，可以解决专利开放许可实施与可能存在的专有许可（包括专利独占许可和专利排他许可）合同产生权利冲突的问题。❺在专利实施许可合同备案制度得到拓展和完善以后，专利开放许可被许可人对可能存在冲突的其他许可合同的搜寻成本和调查成本将显著降低，也可以避免专利权人进行"一权多卖"等机会主义行为。在专利开放许可领域，多种类型专利许可合同当事人

---

❶ 《十二国专利法》翻译组. 十二国专利法［M］. 北京：清华大学出版社，2013：559-560.

❷ 杨玲. 专利实施许可备案效力研究［J］. 知识产权，2016（11）：77-83.

❸ 吉日木图. 论专利权转让不破许可规则［J］. 湖北经济学院学报（人文社会科学版），2020，17（1）：94-98.

❹ 罗莉. 我国《专利法》修改草案中开放许可制度设计之完善［J］. 政治与法律，2019（5）：29-37.

❺ 何培育，李源信. 基于博弈分析的开放许可制度优化研究［J］. 科技管理研究，2021，41（12）：165-171.

之间的信息不对称问题主要存在于专利开放许可被许可人对专利独占许可和专利排他许可合同信息的获取障碍。专利实施专有许可合同的备案可以帮助当事人克服信息不对称所带来的交易安全风险。专利许可合同登记的权利变动宣示功能较弱，不利于解决专利许可使用权之间的冲突❶，因此，强化专利实施许可合同备案的权利变动公示效力，弱化未经备案的专利实施许可合同的对抗效力，对有效解决专利开放许可制度实施中的不同类型专利许可之间的权利冲突问题有重要作用。

二、专利开放许可合同备案机制的规则分析

我国专利开放许可合同备案是专利行政管理部门对专利开放许可事务推进管理和提供服务的重要措施。❷在专利开放许可合同备案机制实施时，应当兼顾与现有专利实施许可合同备案规则的衔接，并在该规则基础上体现专利开放许可合同的特点。在对备案机制规则进行设计时，应当有利于鼓励专利开放许可当事人将合同进行备案，并向社会公布相应的备案信息，避免产生类似专利自愿许可领域存在的当事人合同登记备案积极性不高的问题。❸在此基础上，可以推动专利自愿许可合同的备案，这将有助于克服可能存在的专利许可合同效力冲突问题。❹参照专利实施许可合同备案效力的规则，对专利开放许可合同备案并无强制要求。专利开放许可合同与专利自愿许可合同类似，均采用"登记对抗原则"而非"登记生效原则"，这意味着此类合同并不需要在国家知识产权局办理备案登记才能生效。❺对专利开放许可合同的法律效力采用"登记对抗原则"，可以强化专利开放许可声明的对抗效力，并提高当事人将专利进行开放

❶　广东省高级人民法院民三庭.审理技术合同纠纷案件中难点热点问题综述［J］.人民司法，2013（5）：49–54.

❷　丁文，邓宏光.论专利开放许可制度中的使用费问题——兼评《专利法修正案（草案）》第16条［M］// 宁立志.知识产权与市场竞争研究：第7辑.武汉：华中科技大学出版社，2021：67–83.

❸　何培育，李源信.基于博弈分析的开放许可制度优化研究［J］.科技管理研究，2021，41（12）：165–171.

❹　罗莉.我国《专利法》修改草案中开放许可制度设计之完善［J］.政治与法律，2019（5）：29–37.

❺　孙山.知识产权请求权原论［M］.北京：法律出版社，2022：75.

许可的积极性，而且可以保障专利开放许可被许可人实施该专利的合法权益。❶《民法典》合同编（特别是技术合同章）并未对合同（包括技术合同）登记问题作出明确规定，未将合同登记或者备案作为合同成立及生效的要件。在专利开放许可实施中，专利权人与被许可人之间达成一致的意思表示使该协议具有合同性质，因此，专利开放许可合同并不需要书面形式即可生效。2008 年《专利法》修改时，删除了第 12 条中原有的对专利实施许可合同"书面"形式的要求，该处修改既适用于传统上已经存在的专利自愿许可合同，也适用于新引入的专利开放许可合同。在专利开放许可合同订立过程中，专利权人的要约和被许可人的承诺通常是通过专利开放许可声明和专利实施通知等书面文件进行的，但并非体现为传统意义上的合同书形式。❷ 英国、德国等国家专利法中的专利开放许可制度被沿用到欧洲统一专利制度中。❸《欧洲统一专利保护条例》（Unitary Patent Regulation，简称 UPR）第 8 条第 2 款明确规定，根据该条第 1 款所订立的专利开放许可（Licences of Right）将被视为具有合同性质的专利许可证。❹ 专利自愿许可合同在订立过程中的要约和承诺行为均有可能采用默示方式（包括作为或者不作为的行为）进行。专利开放许可声明应采用书面形式，作为承诺的被许可人通知行为和支付许可费行为可以用非书面方式作出。对专利实施许可合同备案登记属于合同登记抑或权利登记的争议，主要集中于具有设权功能的专有许可合同备案中，对专利普通许可则普遍认为属于合同登记。专利权人授予专利普通许可是向被许可人作出在一定时间、地域及实施方式范围内不主张排他权的承诺，并且该承诺会随着许可合同终止而被专利权人收回，这更多地属于负担行为而非处分行为。在将专利开放许可归属于权利负担行为而非权利处分行为的情况下，专利开放许可合同的备案登记更多地属于合同登记而非权利登记。

---

❶ 朱尉贤 . 当前我国企业知识产权证券化路径选择——兼评武汉知识产权交易所模式［J］. 科技与法律，2019（2）：43–51.

❷ 马碧玉 . 专利实施许可制度比较考察［J］. 云南大学学报（法学版），2015，28（4）：13–18.

❸ Taplin R. Cross-border Intellectual Property and Theoretical Models［M］// Taplin R, Nowak A Z. Intellectual Property, Innovation and Management in Emerging Economies. London：Routledge，2010：1–14.

❹ ［英］休·邓禄普 . 欧洲统一专利和统一专利法院［M］. 张南，张文婧，张婷婷，译 . 北京：知识产权出版社，2017：14.

《专利审查指南修改草案（再次征求意见稿）》第五部分第11章第7节"专利开放许可实施合同的备案"规定："许可人与被许可人中的任何一方，可以在开放许可实施合同生效后，凭能够证明达成开放许可的书面文件向国家知识产权局办理备案手续。"当事人办理专利开放许可合同备案主要应当提交下列文件：（1）请求人签章的专利实施许可合同备案申请表；（2）被许可人向专利权人发出的书面通知；（3）支付许可使用费的证明（或专利权人收到许可使用费的证明）；（4）其他相关文件。此外，该节还规定，专利开放许可合同备案手续的办理参照《专利实施许可合同备案办法》执行。《专利实施许可合同备案办法》第4条对申请备案的专利实施许可合同有形式要求"申请备案的专利实施许可合同应当以书面形式订立"。当事人请求国家知识产权局对专利实施许可合同进行备案，应当以合同书方式订立许可合同。在专利开放许可合同备案方面，当事人需要提交的文件形式是较为灵活的。除专利开放许可声明是已经公开发布的文件外，被许可人发出书面通知的证明以及支付许可使用费的凭证（或专利权人收到许可使用费证明）等文件均可以作为替代正式书面专利许可合同的文书，并成为专利开放许可合同备案的依据。事实上，这符合专利开放许可合同达成和履行行为的特点，也是该合同具有实践性合同性质所产生的要求。专利自愿许可通常属于诺成性合同，双方意思表示一致时合同便已成立；专利默示许可则属于实践性合同，不仅双方需要意思表示一致，而且被许可人应当已经实施了专利权并在事后请求司法机关对默示许可合同加以认可。❶专利开放许可合同作为实践性合同，在证明合同成立和生效的法律文件形式方面也可以体现相应的灵活性，使当事人可以依据合同书以外的其他证据材料证明专利开放许可合同的法律效力。

专利开放许可合同备案机制能够产生较好的制度效益。在专利自愿许可领域，专利实施许可合同备案的制度功能主要包括能够推进专利许可信息公开，增强专利许可合同法律效力，以及减少专利许可权利冲突等。❷《专利实施许可合同备案办法》第15条规定："国家知识产权局建立专利实施许可合同备案数

❶ 王超，罗凯中.专利默示许可研究——以机会主义行为规制为视角［J］.邵阳学院学报（社会科学版），2015，14（3）：31-40.

❷ 马碧玉.专利实施许可制度比较考察［J］.云南大学学报（法学版），2015，28（4）：13-18.

据库。公众可以查询专利实施许可合同备案的法律状态。"国家知识产权局在其官方网站建立了相应数据库，社会公众可以根据相应的检索要素对数据库中的专利许可合同备案信息进行查询。专利开放许可合同备案机制也能够发挥类似作用，并且还能够与专利开放许可集中发布机制协同，共同促进相关专利许可实施信息的公开和传播。对专利开放许可而言，一方面是要建立专利开放许可声明数据库，并集中对社会公众进行发布；另一方面是在现有专利开放许可合同备案和公布机制中，专门针对专利开放许可合同设置相应的信息公布机制，使专利开放许可合同信息能够更为有效地得到登记备案和发布。在法律效力方面，专利开放许可合同备案对合同当事人的主要作用是使该合同具有对善意第三人的优先效力，提供该合同具有法律效力的证据，有利于专利开放许可使用费标准得到证明。[1]在日本专利法上，专利权人有义务将专利实施许可合同办理登记备案，被许可人有权针对专利权人怠于履行备案义务的行为提起诉讼。[2]在专利开放许可合同订立后，对合同进行登记备案能够增强专利许可交易市场的信息透明度，降低专利许可的交易成本，减少专利许可交易中的机会主义行为风险。[3]在信息公布内容方面，专利开放许可声明与专利实施许可合同备案是有差别的。在专利实施许可合同备案信息公开中，主要涉及专利权基本信息、合同当事人基本信息、专利许可类型，不涉及尚未公开的专利许可条件等部分核心内容信息。社会公众通过专利实施许可合同备案信息的公布，可以了解到当事人就某项专利权达成了许可协议，但是对未记载在专利开放许可声明的专利许可交易条件等信息则较难获取。在专利开放许可声明中，则会涉及专利许可费支付标准及方式等许可条件信息，但是不会包括被许可人等专利许可部分当事人信息。《专利审查指南修改草案（征求意见稿）》第五部分第11章第3节"专利开放许可声明"中要求，专利开放许可声明应当写明相关内容，这能够为社会公众提供更为完整和全面的信息。在专利开放许可集中发布机制中，可以将相应的专利开放许可合同也纳入该集中发布信息的范围，从而使其他被许可人和社会公众能够更为方便地查询到专利开放许可信息。

---

❶ 马碧玉.专利实施许可制度比较考察［J］.云南大学学报（法学版），2015，28（4）：13-18.

❷ 李明德，闫文军.日本知识产权法［M］.北京：法律出版社，2020：354.

❸ 马碧玉.专利实施许可制度比较考察［J］.云南大学学报（法学版），2015，28（4）：13-18.

三、专利开放许可合同备案效力分析

为促进专利开放许可实施，有必要强化专利开放许可合同登记备案的法律效力，使其具有更强的对抗效力。一般而言，专利普通实施许可能够对抗在后订立的专利独占许可或者专利排他许可，专利普通实施许可合同备案登记可以增强这种对抗效力。基于维护交易安全原则，专利普通许可具有一定的对抗效力，被许可人具有优先于在后专利权受让人或独占被许可人的地位。❶不论专利普通许可合同是否经过备案登记，通常并不影响其所具有的生效效力和对抗效力，但是在司法案件中可以优先认定备案登记对专利许可合同的证明效力。参照有形物"买卖不破租赁"的规则，在专利领域也存在"转让不破许可"的规则。❷"买卖不破租赁"规则体现在《民法典》第725条："租赁物在承租人按照租赁合同占有期限内发生所有权变动的，不影响租赁合同的效力。"该项规则的立法目的是保护承租人的权益，与原《合同法》第229条相比较增加了承租人占有租赁物的要求。❸此外，《民法典》物权编第14章专门新增了"居住权"，通过债权物权化的立法模式对房屋租赁人的权益进行特殊保护。在专利领域，"转让不破许可"规则同样体现了向作为专利权使用者的被许可人提供特殊保护的价值功能。依据该原则，在先订立的专利普通实施许可合同，可以排除在后签订的专利权转让合同对其产生的法律约束力。《技术合同司法解释》第24条第2款规定："让与人与受让人订立的专利权、专利申请权转让合同，不影响在合同成立前让与人与他人订立的相关专利实施许可合同或者技术秘密转让合同的效力。"这说明在司法政策方面对专利领域"转让不破许可"规则的维护。"举重以明轻"，专利普通许可合同可以对抗在后发生的具备完全处分行为性质的专利权人转让行为，必然也可以对抗在后发生的尚不完全具备处分行为性质的专利独占许可或者专利排他许可行为。❹专利开放许可合同具有相对于专利普通许可更强的对抗效力，因此也应当赋予在先发布的专利开放许可声明和在先订立并备案的专利开放许可合同优先于在后订立的专利独占许可合同、专

---

❶ 董美根.我国专利许可合同登记必要性研究［J］.电子知识产权，2012（2）：85-89.

❷ 张扬欢.论知识产权转让不破许可规则［J］.电子知识产权，2019（10）：42-61.

❸ 翟云岭，郭佳玮.租赁权占有对抗效力的二元考察［J］.北方法学，2022，16（3）：26-37.

❹ 董美根.我国专利许可合同登记必要性研究［J］.电子知识产权，2012（2）：85-89.

利排他许可合同或者专利普通许可合同的效力。专利开放许可合同备案登记可以使其具有更为优先的对抗效力。参考《民法典》第 725 条相对于原《合同法》第 229 条增加的限制性条件,专利开放许可声明发布后专利权人转让专利权行为不对被许可人专利实施权产生影响的条件之一,应当是被许可人已经开始并且在持续实施专利技术,否则不能享有"转让不破许可"规则的保护。

为了向专利开放许可合同备案当事人提供更为有效的保障,可以要求在先订立的专利独占许可合同和排他许可合同经过登记备案才具有对抗专利开放许可的效力。在专利开放许可声明发布以后,专利权人是无权与第三人订立独占许可或者排他许可合同的。《专利法》第 51 条第 3 款不允许专利权人在专利开放许可声明发布后与他人订立专利独占许可合同或者排他许可合同,这是《专利法》中唯一对这两类专利许可合同效力进行规定的条款。❶ 不论在后订立的专利独占许可合同或者排他许可合同是否备案登记,均不会具有对抗在先专利开放许可合同的效力,专利开放许可被许可人的实施权不会受到这两类合同的影响。事实上,国家知识产权局也不会在有专利开放许可声明的情况下对同一专利权的独占许可合同或者排他许可合同进行备案登记。在后订立的专利独占许可合同或者排他许可合同的被许可人较为容易查询到专利开放许可声明信息,因而有必要尽到相应的调查义务和注意义务,也要承担由此带来的专利独占许可合同或者排他许可合同法律效力的风险。❷ 在此情况下,专利权人如果恶意给予他人存在权利冲突的专利许可,专利独占许可合同或者排他许可合同的被许可人只能向其主张违约责任,而不能向专利开放许可的被许可人主张侵权责任或者排除其已经取得的许可实施权。

可能产生争议的问题是,在专利开放许可声明发布之前,专利权人已经与第三人订立了专利独占许可合同或者排他许可合同,此时专利开放许可被许可人所获得的实施权是否会受到影响。《专利审查指南修改草案(征求意见稿)》第五部分第 11 章第 3.1 节"专利开放许可声明的客体"规定:"针对下列情形

---

❶ 《民法典》技术合同章对专利许可合同作出独立于专利转让合同的规定,但是也未对专利许可合同进行进一步类型化区分。《技术合同司法解释》第 25 条规定了独占实施许可、排他实施许可、普通实施许可三种类型。

❷ 张鹏. 知识产权许可使用权对第三人效力研究 [J]. 北方法学, 2020, 14(6): 66-76.

提出的专利开放许可声明不予公告：（1）专利权处于独占或者排他许可有效期限内……"。该规定参考了《英国专利法》第 46 条第 2 款 ❶、《德国专利法》第 23 条第 2 款 ❷、《巴西工业产权法》第 64 条第 3 项 ❸，上述域外相关规定均要求已经存在专利独占许可（事实上包含排他许可）的专利权不得作出开放许可声明。专利独占许可合同或者排他许可合同若已经备案，国家知识产权局较为容易查询到相应信息，可以据此对专利开放许可声明不予登记。如果专利独占许可合同或者排他许可合同已经成立并生效，但是并未进行登记备案，则在后发布的专利开放许可声明及其所产生的专利开放许可合同的效力则会存在疑问。根据目前的专利许可合同效力认定标准，以及专利实施许可合同备案效力的规则，专利独占许可合同采用"登记对抗主义"，在该许可合同成立并生效以后，无须备案登记便可取得法律效力，对当事人产生约束力。❹ 但是，专利独占许可被许可人已经实质上取得了专利权人的法律地位，享有专利权所包含的所有权利内容，专利权人仅保留了名义上的权利，因此普遍认为专利独占许可应当属于民法上的处分行为而非负担行为。❺ 为解决专利独占许可效力的绝对性和公示要求缺失之间的矛盾，有学者主张应借鉴国外专利制度的经验，要求专利独占许可合同经过备案才能产生法律约束力 ❻；也有学者从专利独占许可合同备案登记在操作上和技术上面临的障碍角度，认为不应当强制要求此类合同进行备案，但是这并不妨碍从制度规则需求层面提出相应要求。❼ 专利独占许可合同和专利排他许可合同的登记备案将在很大程度上影响其能否具备对抗专利开放许可声明及专利开放许可合同的效力。

在专利实施许可合同备案制度变革中，为与专利开放许可声明发布与实施规则相协调，可以通过两种路径进行完善。第一种路径是，提高对专利独占许可合同或者排他许可合同的备案要求，规定此两类专有许可合同未登记备案不

---

❶ 《十二国专利法》翻译组 . 十二国专利法［M］. 北京：清华大学出版社，2013：559–560.

❷ 国家知识产权局条法司 . 外国专利法选译［M］. 北京：知识产权出版社，2015：874.

❸ 国家知识产权局条法司 . 外国专利法选译［M］. 北京：知识产权出版社，2015：1921.

❹ 杨玲 . 专利实施许可备案效力研究［J］. 知识产权，2016（11）：77–83.

❺ 杨玲 . 专利实施许可备案效力研究［J］. 知识产权，2016（11）：77–83；董美根 . 我国专利许可合同登记必要性研究［J］. 电子知识产权，2012（2）：85–89.

❻ 马碧玉 . 专利实施许可制度比较考察［J］. 云南大学学报（法学版），2015，28（4）：13–18.

❼ 董美根 . 我国专利许可合同登记必要性研究［J］. 电子知识产权，2012（2）：85–89.

能生效并产生法律约束力，或者只能将其视为专利普通许可合同而不具备独占效力。在日本专利法上，对专利独占许可要求以登记为有效要件，使可能受影响的第三人对所实施行为有可预测性。❶《日本专利法》要求专利独占许可合同必须在日本特许厅登记之后才能生效。❷我国如果能够要求专利独占许可合同或者排他许可合同需要备案登记后才能够生效，则可以避免专利行政部门在对这两类合同不知情的情况下公布专利开放许可声明，也可以减少专利开放许可被许可人与这两类合同被许可人之间产生权利冲突的可能性。在专利开放许可情形中，在先订立的专利独占许可合同或者排他许可合同如果因未登记备案而不具备对抗效力，相当于将其作为普通许可合同对待，所有潜在被许可人均有获得实施专利开放许可的权利。相对而言，在后专利许可如果是普通许可合同，则不影响在先专利独占许可合同或者排他许可合同，专有许可的被许可人有权继续要求专利权人后续不得订立专利普通许可合同。第二种路径是，赋予专利开放许可合同备案更强的对抗效力，使其能够对抗在先订立的独占许可合同或者排他许可合同。专利实施许可合同的登记备案通常仅具有对抗在后专利许可合同的效力，对于在先订立的专利许可合同（含独占许可合同或者排他许可合同）则不能产生对抗效力，依据"时间先后"规则，在先专有许可被许可人应得到优先保护。❸《日本专利法》第 99 条规定："普通实施权已经注册时，对在其后取得该专利权或独占实施权或者对于该专利权的独占实施权者，亦发生效力。"❹在此条规定中，专利普通许可合同备案的对抗效力也仅限于对抗在后专利许可合同。如果能够赋予专利开放许可合同备案对抗其他在先专利许可合同的效力，则能够提高专利开放许可被许可人参与许可实施活动的积极性。

专利开放许可被许可人行使对第三人侵权行为提起诉讼的权利，应当以专

---

❶ ［日］田村善之.日本知识产权法：第 4 版［M］.周超，李雨峰，李希同，译.北京：知识产权出版社，2011：337.

❷ 日本"专用实施权和临时专用实施权的设立、转让、变更、取消以及处分限制"均需要备案登记才能生效.杨玲.专利实施许可备案效力研究［J］.知识产权，2016（11）：77-83.

❸ 张鹏.知识产权许可使用权对第三人效力研究［J］.北方法学，2020，14（6）：66-76.

❹ 林秀芹，刘铁光.论专利许可使用权的性质——兼评《专利法实施条例修订草案》第 15 条与第 99 条［J］.电子知识产权，2010（1）：55-59；日本特许厅网站［EB/OL］.［2021-12-02］.http：//www.japaneselawtranslation.go.jp/law/detail/?id=3693&vm=04&re=01.

利开放许可合同备案登记作为前提条件。《英国专利法》等部分其他国家专利法的专利开放许可制度，允许被许可人在专利权人不起诉的情况下对第三人专利侵权行为提起诉讼，以维护合理的市场销售权益。❶专利开放许可被许可人在发现专利侵权行为后，既可以向专利权人提出请求并提供相应证据，由后者对专利侵权行为提起诉讼，也可以由被许可人依据相应规定直接起诉侵权行为人。在诉前禁令请求权主体方面，也包括专利权人和利害关系人两种类型，其中利害关系人主要是专利被许可人。❷专利开放许可被许可人应当被赋予专利侵权诉讼的起诉权和专利诉前禁令的请求权，以便通过诉讼程序维护其市场利益和合理预期。在专利开放许可合同备案机制建立以后，被许可人在行使诉讼权利和诉前禁令请求权时，应当以该专利开放许可合同已经登记备案作为权利基础。《最高人民法院关于对诉前停止侵犯专利权行为适用法律问题的若干规定》（2001年）第4条规定："申请人提出申请时，应当提交下列证据：……（二）利害关系人应当提供有关专利实施许可合同及其在国务院专利行政部门备案的证明材料，未经备案的应当提交专利权人的证明，或者证明其享有权利的其他证据。"被许可人提交证明享有诉权证据材料的首选方式是当事人在国家知识产权局的专利许可合同登记备案。如果专利许可合同尚未经过备案，则应当提交其他形式的证明材料，主要包括当事人签订的专利许可合同书等证据材料。在专利开放许可实施中，专利权人与被许可人之间可能并未签订专利开放许可合同书，国家知识产权局允许在此情况下进行备案登记并对开放许可合同进行确认，会促使当事人更为倾向于将专利开放许可合同进行备案以证明被许可人的诉讼权利和诉讼地位。由此，专利开放许可合同备案能够发挥更为显著的作用，使被许可人的实体权利和诉讼权利得到更好的保障。

---

❶《专利法》第65条规定："未经专利权人许可，实施其专利，即侵犯其专利权，引起纠纷的，由当事人协商解决；不愿协商或者协商不成的，专利权人或者利害关系人可以向人民法院起诉，也可以请求管理专利工作的部门处理。"

❷《专利法》第72条规定："专利权人或者利害关系人有证据证明他人正在实施或者即将实施侵犯专利权、妨碍其实现权利的行为，如不及时制止将会使其合法权益受到难以弥补的损害的，可以在起诉前依法向人民法院申请采取财产保全、责令作出一定行为或者禁止作出一定行为的措施。"周敏，李玉洁，易波.论专利实施许可下被许可人的诉讼资格［J］.昌吉学院学报，2006（2）：27-30.

第三节　专利开放许可年费减免机制

一、专利开放许可年费减免机制价值目标

专利开放许可制度激励机制是由多种相关激励措施共同组成的体系，其中有部分激励措施是关注度和显示度比较高的，在专利开放许可制度中，专利开放许可激励机制的价值和功能应得到合理定位。专利年费减免政策是专利开放许可制度中的重要激励政策，是在专利开放许可制度规则中明确规定的内在型激励措施。可以将专利开放许可年费减免优惠政策作为典型例证，对专利开放许可激励机制的功能目标进行解读。在美国专利申请和维持事务中，专利年费是专利权人较为明确的经济负担。[1] 专利年费减免制度是对专利权人参与专利开放许可的直接经济优惠，被认为是专利开放许可制度激励机制的典型例证，也成为《专利法》第四次修改中专利开放许可制度规则论证时讨论的重点对象。在某种程度上，是否给予开放许可专利权人年费优惠已经成为能否给予专利权人有效而充分的激励的重要标志。《专利法修改草案（征求意见稿）》《专利法修订草案（送审稿）》并未在当时拟建立的专利当然许可制度中制定专利年费优惠规则。这可能是出于两方面原因：一是对专利年费进行优惠可能会削弱专利年费制度对专利权人的约束作用，不利于促使其尽快放弃专利权，尤其是放弃不具备市场价值和产业化前景的专利权；二是对开放许可专利提供年费优惠可能会与已有年费减免政策相重叠，导致能够产生激励效果的程度受到影响。[2] 在《专利法》第四次修改通过之前，在专利开放许可制度中引入年费减免政策曾受到质疑，该政策被认为可能造成专利质量下降和公共资源浪费等问题。[3] 低价值专利若不能及时退出专利市场，可能会造成对相关专利权人的"反向激励"，这是对专利年费机制功能的削弱。但是，为促进我国专利开放许可制度顺利实施，吸引专利权人和被许可人更多地参与该制度，通过年费减免直接给予财政

---

[1] ［美］威廉·M.兰德斯，［美］理查德·A.波斯纳.知识产权法的经济结构［M］.2版.金海军，译.北京：北京大学出版社，2016：377.

[2] 许波.我国构建当然许可制度相关问题研究及建议［J］.电子知识产权，2017（3）：4-13.

[3] 李慧阳.当然许可制度在实践中的局限性——对我国引入当然许可制度的批判［J］.电子知识产权，2018（12）：68-75.

支持是很有必要的。

专利开放许可年费减免机制是建立在我国专利年费制度基础上的优惠政策，是对专利开放许可活动进行财政激励的重要方式。❶我国实行专利授权后的专利年费缴纳政策，专利权人为维持专利权有效是需要缴纳年费的。《专利法》第43条规定："专利权人应当自被授予专利权的当年开始缴纳年费。"由此确定了专利权人的年费缴纳义务。也有观点将年费缴纳规定作为法律事实而非法定义务，认为专利权人有权自主选择是否继续缴纳年费，并不应对其不缴纳年费的行为进行法律上的负面评价。❷不过，这并不影响未缴纳年费会导致专利权失效的法律后果。《专利法》第44条将"没有按照规定缴纳年费的"作为专利权在期限届满前终止的情形之一。因此，缴纳专利年费是专利权人避免专利失效的前提条件之一。从专利制度价值目标角度来看，专利年费制度的主要目的是促使专利权人尽早地放弃专利权，并使其进入公有领域，能够为所有具备条件的技术使用者所利用，减少社会公众为购买和使用专利产品而产生的经济负担。❸在专利开放许可制度中，专利年费减免政策产生的激励作用主要体现在以下四个方面。

首先，能够体现专利制度对专利开放许可的重视。专利开放许可制度中的专利年费减免机制，是唯一在《专利法》中规定的专利年费减免规则，也是唯一针对专利许可环节制定的专利年费减免规则。《专利法实施细则》中未对特定领域专利年费减免规则进行具体规定。由此，可以体现《专利法》对通过专利年费减免促进专利开放许可实施，激励专利权人将专利纳入开放许可和被许可人实施开放许可专利是较为重视的。对高价值专利而言，是较为容易通过专利权人自行实施等方式得到运用的，进行开放许可的专利可能会以质量较低、价值较小而转化较为困难的专利为主。❹专利价值有可能随着时间推移和市场变化

❶ ［日］柳泽智也，［法］多米尼克·圭尔克.形成中的专利市场［M］.王燕玲，杨冠灿，译.武汉：武汉大学出版社，2014：75-76.

❷ 王冀，蒋丽.对我国专利年费有关行为性质之审视［J］.湖南第一师范学报，2006（3）：145-147.

❸ 彭玉勇.专利法原论［M］.北京：法律出版社，2019：303.

❹ 蔡元臻，薛原.新《专利法》实施下我国专利开放许可制度的确立与完善［J］.经贸法律评论，2020（6）：83-94；［英］克里斯汀·格林哈尔希，马克·罗格.创新、知识产权与经济增长［M］.刘劭君，李维光，译.北京：知识产权出版社，2017：132-133.

而发生变动，专利开放许可对专利年费的减免可能使部分原本价值较低的专利权度过前期的市场开拓"困难期"，并在此后成为价值较高的专利权。因此，提供多层次激励机制将使专利开放许可实施得到更好的促进。一方面，专利开放许可声明公布为专利权人扩大专利许可交易机会提供了市场型激励机制；另一方面，专利年费减免会为专利权人维持该专利有效并增加许可谈判空间提供财政激励机制。专利年费减免规则的加入体现了《专利法》对专利开放许可制度的激励与支持，有利于推进专利开放许可制度得到更为充分的实施。

其次，能够减轻专利权人的经济负担。专利年费成为专利权人维持专利有效的主要经济负担之一，专利开放许可年费减免政策可以降低专利权人的经济成本。专利权人在获得专利授权后，是否持续维持专利权有效，在很大程度上取决于维持专利的成本和收益。[1] 不同价值专利权的权利人缴纳年费的积极性会有差异，高价值专利的权利人缴纳年费维持专利有效的动力总体较高，通过降低专利年费缴纳比例激励其延长专利有效期间的必要性并不明显；中等价值和较低价值专利权的权利人则可能较难获得专利许可费收益，因此较为迫切地需要通过参与专利开放许可获得年费减免。[2] 为鼓励专利权人将其拥有的专利进行开放许可，建立了专利开放许可制度的国家普遍为专利权人提供年费减免优惠。专利开放许可年费减免政策减少了专利权人每年需要缴纳的专利年费数额，但是该项专利权所缴纳的年费总额并不一定会减少。从单件专利年费缴纳比例上来看是有所下降，但是专利权人延长缴纳年费期间有可能使该项专利权的全部年费数额增加。[3] 专利开放许可拓宽了专利权人获取专利许可费的渠道，有可能会延长专利权产生许可费收益的周期，因此专利权人有可能在较长时间内持续缴纳年费，从而增加了缴纳专利年费的总额。

再次，能够促进专利权人参与专利开放许可。部分专利权人参与专利开放许可的主要目的是获得专利年费减免，这可以分为两种情况。第一种情况，专利权市场价值可能不高，专利权人将其进行开放许可后，通过专利许可费获得

---

❶ 吴欣望.专利行为的经济学分析与制度创新［J］.经济评论，2003（4）：22-26，42.

❷ 蔡元臻，薛原.新《专利法》实施下我国专利开放许可制度的确立与完善［J］.经贸法律评论，2020（6）：83-94.

❸ 尹锋林，罗先觉.英国许可承诺制度及对我国的借鉴意义［J］.电子知识产权，2010（10）：52-55.

市场收益的机会较小。在此情况下，专利年费支出可能超过专利许可费收益或者自行实施专利收益，专利年费减免有可能使权利人能够获得的净收益由负转正，从而成为其将专利开放许可的重要动力。第二种情况，专利权具有较为明显的经济价值，专利权人可以通过专利许可费获得收益并用于补偿专利年费支出。专利权人将专利开放许可后，由于其对被许可人实施专利技术和支付专利许可费等行为的控制能力减弱，因此其所能够收取的专利许可费可能少于通过专利自愿许可能够收取的许可费。[1] 在此情况下，专利开放许可所能够起到的宣传功能可以产生利益补偿作用，专利年费减免则能够更为直接地为专利权人弥补相应损失。[2] 此外，维持专利权有效是将专利进行开放许可的前提条件，在政策导向方面，是按照市场机制促使不具备实施价值的专利尽快失效并退出专利保护体系，还是维持其效力并提高专利开放许可实施的比例，这将成为主要以市场导向还是以政府导向作为激励模式的重要判断标准。

最后，能够实现专利权维持经济负担方面的利益平衡。专利年费制度可以被视为一种利益平衡机制，"专利年费作为一种以平衡公共利益和专利权人利益的立法技术手段，是对专利权在一定程度上的限制"。[3] 在专利开放许可制度年费减免机制中，也应当实现利益平衡。这包括两方面的含义，一是作为整体的专利权人群体与专利行政部门以及社会公众的在专利制度运行成本负担方面的利益平衡。专利制度主要是为专利权人提供保护，专利权维持时间越长，专利权人所能够获得的市场利益（包括许可费收益）就可能会越多。在专利实施主体向开放许可专利权人给付的许可费较多时，由专利权人通过缴纳年费向专利行政部门和社会公众进行较多回报将是较为合理的。二是不同类型专利权人之间利益回报的平衡。尽管所有专利权人均可以通过专利权的行使和运用获得利益回报，但是不同专利权人进行市场开发并取得利润的能力是不同的，所能够产生的市场价值也有差别，因此不同专利权人在年费负担方面也应当有所差别。

---

❶ 刘强. 专利开放许可费认定问题研究 [J]. 知识产权，2021（7）：3–23.
❷ 唐蕾. 我国建立专利当然许可制度的相关问题分析——以《专利法》第四次修改草案为基础 [J]. 电子知识产权，2015（11）：26–33；许波. 我国构建当然许可制度相关问题研究及建议 [J]. 电子知识产权，2017（3）：4–13.
❸ 王冀，蒋丽. 对我国专利年费有关行为性质之审视 [J]. 湖南第一师范学报，2006（3）：145–147.

由此，在专利开放许可中对获得市场收益较低的专利权人进行较多年费减免将有助于实现实质公平。[1] 对特定专利权人而言，由其所获得的专利开放许可费收益越多，说明专利制度对该项专利提供保护所产生的效益和回报越大，社会公众参与同专利权人进行收益分享的合理性也越高，应当由专利权人缴纳更多年费以实现利益平衡。

二、专利年费减免期间

各国对专利开放许可中专利年费减免期间的立法例主要有两种模式。第一种模式是在专利开放许可声明发布后开始给予专利年费减免。其一，英国和德国的专利法给予专利权人从专利开放许可声明发布到撤回该声明期间的专利年费减免。《英国专利法》第 46 条第 3 款（d）规定，如果专利年费缴纳期限届满日是在专利开放许可声明发布日之后，则该年费数额在应缴纳数额基础上减半计算。[2] 由此，专利年费减免优惠政策是在专利权进入开放许可后开始执行，不论是否有被许可人开始实施该开放许可专利均可以进行相应减免。《德国专利法》第 23 条第 1 款有类似规定，在德国专利局收到专利权人提交的专利开放许可声明后，尚未缴纳的年费将会减少一半。[3] 此外，根据《欧洲统一专利保护条例》第 11 条第 3 款，在欧洲专利局（EPO）收到专利权人提交的专利开放许可声明后，该项专利权的续展费（年费）数额也会相应减少。[4] 其二，巴西对专利权人给予专利开放许可声明发布以后到有被许可人开始实施该专利为止期间的专利年费减免优惠。《巴西工业产权法》第 66 条规定，在从专利开放许可的要约发出开始至以任何方式授予第一个许可为止的期限间内，给予专利权人年费减半的优惠。[5] 这意味着，在有被许可人开始实施开放许可专利以后，将不再给予专利权人年费减免优惠。这可能是基于在被许可人开始实施该专利后，专利

---

❶　王冀，蒋丽.对我国专利年费有关行为性质之审视［J］.湖南第一师范学报，2006（3）：145–147.

❷　《十二国专利法》翻译组.十二国专利法［M］.北京：清华大学出版社，2013：560.

❸　国家知识产权局条法司.外国专利法选译［M］.北京：知识产权出版社，2015：874.

❹　［英］休·邓禄普.欧洲统一专利和统一专利法院［M］.张南，张文婧，张婷婷，译.北京：知识产权出版社，2017：14.

❺　国家知识产权局条法司.外国专利法选译［M］.北京：知识产权出版社，2015：1921.

权人便能够获得许可费收益，因此继续给予专利年费减免优惠的必要性会相对降低。该模式可以避免给予专利年费减免和专利许可费收益的"双重激励"，防止对专利权人产生过度激励。巴西给予开放许可专利权人的专利年费减免优惠期限可能会较短，激励专利权人发布开放许可声明的效果可能较好，但是激励专利权人积极与被许可人协商开放许可合同的功能则有可能受到限制。

第二种模式是在被许可人开始实施开放许可专利后给予专利年费减免。我国《专利法》采用在开放许可专利得到被许可人实施以后给予专利权人年费减免优惠的规则。《专利法》对专利年费减免期间规定的是"开放许可实施期间"，并非在专利开放许可声明发布以后便给予年费减免。制定该款规定的原因，是考虑到我国专利数量较多，但是总体质量不高，若在专利开放许可声明发布以后立即给予年费优惠，则可能会减少维持专利权有效的成本，造成低质量专利权或者专利申请更为泛滥的现象。[1]因此，专利开放许可年费减免的对象应当集中在具有市场前景和实施价值的专利权范围内，而不宜将该优惠政策适用面扩展得过宽。[2]这是基于我国专利申请、授权及维持现状作出的模式选择，较为符合我国专利领域的实际情况。在专利开放许可声明发布以后，如果并未有被许可人实际实施过该专利，则说明该专利权能够产生的经济效益有限，给予其专利年费减免可能造成公共资源浪费，也不利于及时终止此类专利权的效力并使其退出专利制度保护的对象范围。[3]专利开放许可实施期间通常小于专利开放许可声明从发布到撤回的期间，应当以被许可人向专利权人发出实施专利权的通知并且缴纳专利开放许可费的起止时间作为判断该实施期间的标准。

在专利开放许可年费减免方面，将专利年费减免期间与是否承担补缴年费义务相结合，可以保障专利权人对专利年费减免优惠的合理预期。对以上两种专利年费减免模式进行比较可以看到，第一种模式给予专利权人年费减免期间较长，第二种模式相应优惠期间则会较短。但是，有必要结合专利权人在开放许可终止后是否需要补缴年费判断总体优惠程度。我国《专利法》对专利开放

---

[1]　陈扬跃，马正平．专利法第四次修改的主要内容与价值取向［J］．知识产权，2020（12）：6-19.

[2]　王瑞贺．中华人民共和国专利法释义［M］．北京：法律出版社，2021：145.

[3]　李慧阳．当然许可制度在实践中的局限性——对我国引入当然许可制度的批判［J］．电子知识产权，2018（12）：68-75.

许可年费减免期限的规定较为严格，但是并未要求专利权人在撤回开放许可声明时补缴此前已经减免的年费。英国和德国的专利法则均有专利权人在撤回声明时补缴年费的要求。《英国专利法》第 47 条第 2 款规定，专利权人提出撤回专利开放许可声明时，应当按照未发布专利开放许可声明并享受年费减免优惠时应当缴纳年费的标准补缴差额，以此作为专利行政主管部门同意其撤回专利开放许可声明的条件之一。❶ 根据该条规定，如果专利权人请求撤回专利开放许可声明，则不仅撤回后年费缴纳数额恢复到正常标准，而且此前已经获得的年费减免优惠也要补缴。❷ 根据《英国专利法》第 47 条第 3 款和第 4 款，在英国知识产权局基于权利冲突（例如专利开放许可声明与专利独占许可合同产生冲突）等事由依职权撤回专利开放许可声明的情况下，虽然并非专利权人主动请求撤回该声明，但是专利权人也应当补缴之前已经减免的年费，否则可能会导致专利权被终止。❸ 由此，专利权人在专利开放许可声明撤回后的年费补缴义务是较为严格的。《德国专利法》第 23 条第 7 款也有类似于《英国专利法》第 47 条第 2 款的规定，虽然专利权人补缴之前已获得优惠的年费不是其撤回专利开放许可声明的前提条件，但是补缴年费义务仍然是法定的，并且延迟补缴年费还会产生滞纳金等额外负担。❹ 此外，《俄罗斯联邦民法典》第 1368 条第 2 款规定，在撤回专利开放许可声明的情况下，专利权人应当补齐专利开放许可声明公布之日起的专利维持费用。❺《巴西工业产权法》第 64 条第 4 款也规定，专利权人在潜在被许可人接受许可条件并开始实施该专利之前撤回专利开放许可声明（要约）的，不适用该法第 66 条规定的年费减免优惠。❻ 虽然该条未明确规定专利权人将已经享受的年费减免数额予以补缴，但是已经隐含了类似的要求。根据欧洲专利局《关于统一专利保护的规则》第 12 条第 2 款，对专利开

❶ 《十二国专利法》翻译组 . 十二国专利法 [M] . 北京：清华大学出版社，2013：560.

❷ Richards J. Controlling Patenting Costs [M] //Bryer L G, Lebson S J, Asbell M D. Intellectual Property Operations and Implementation in the 21st Century Corporation. Hoboken：John Wiley & Sons，Inc.，2011：37–59.

❸ 《十二国专利法》翻译组 . 十二国专利法 [M] . 北京：清华大学出版社，2013：560.

❹ 国家知识产权局条法司 . 外国专利法选译 [M] . 北京：知识产权出版社，2015：875.

❺ 俄罗斯知识产权法——《俄罗斯联邦民法典》第四部分 [M] . 孟祥娟，译 . 北京：法律出版社，2020：113–114.

❻ 国家知识产权局条法司 . 外国专利法选译 [M] . 北京：知识产权出版社，2015：1921.

放许可声明的撤销也要求以补缴被减免的续展费（年费）为条件。❶相较而言，我国《专利法》不要求专利权人补缴已经获得的年费优惠，这使专利权人能够对年费减免有较为明确的预期，有利于更好地激励其将专利权纳入开放许可并由被许可人实施。在专利开放许可年费减免规则修改时，可以在维持专利权人不承担补缴义务的基础上，适当延长专利年费减免期间。

三、专利年费减免比例

在专利开放许可年费优惠规则中，确定固定的减免比例是较为常见的模式。在其他国家专利开放许可制度中，对专利年费减免一般采用固定比例，并且在专利法中予以明确。我国《专利法》并未明确专利开放许可年费减免的具体比例，参照已有专利年费减免政策采用固定比例的可能性较大。目前，各国专利开放许可制度规定的专利年费减免比例通常为50%。《英国专利法》第46条第3款（d）、《德国专利法》第23条第1款、《巴西工业产权法》第66条均采用该减免比例。欧洲专利局《关于统一专利保护费用的规则》第3条规定的专利开放许可年费减免比例为较低的15%。❷这可能是考虑到欧盟部分成员国尚未建立专利开放许可制度，对该制度及由此产生的专利年费减免可能还存在疑虑，因此不对专利年费减免设定过高比例，从而平衡各成员国的利益。专利年费减免比例通常是固定的，专利维持年限越长，年费优惠数额将越多，专利权人会越有动力将专利纳入开放许可并维持有效。❸在认定专利年费减免金额时，固定比例标准较为方便计算，也避免与较为复杂的专利开放许可实施规模等市场因素相联系。

在专利开放许可年费减免的具体比例方面，可以与其他类型专利年费减免规则相衔接。《专利审查指南修改草案（征求意见稿）》对专利开放许可年费减

---

❶ ［英］休·邓禄普.欧洲统一专利和统一专利法院［M］.张南，张文婧，张婷婷，译.北京：知识产权出版社，2017：14.

❷ ［英］休·邓禄普.欧洲统一专利和统一专利法院［M］.张南，张文婧，张婷婷，译.北京：知识产权出版社，2017：14.

❸ Rudyk I. The License of Right in the German Patent System, in Three Essays on the Economics and Design of Patent Systems［EB/OL］.（2013-06-13）［2021-12-02］.https：//edoc.ub.uni-muenchen. de/15791/1/Rudyk_Ilja.pdf.

免与普通专利年费减免一并规定，由此可以推测将采用相同的减免比例。2016年《专利收费减缴办法》第 4 条规定，专利申请人或者专利权人为个人或者单位的，可以减缴年费的 85%；两个或者两个以上的个人或者单位为共同专利申请人或者共有专利权人的，可以减缴年费的 70%。❶ 上述 85% 和 70% 的专利年费减缴比例均高于其他国家专利开放许可年费减免 50% 的比例，这可以体现更明显的优惠力度。2018 年《关于停征和调整部分专利收费的公告》规定："专利年费的减缴期限由自授权当年起 6 年内，延长至 10 年内。"❷ 这实际上已经涵盖了发明专利和外观设计专利的大部分保护期限，以及实用新型专利的全部保护期限。《专利审查指南修改草案（征求意见稿）》第五部分第 11 章第 8 节"开放许可实施期间费减手续的办理"第 2 段规定，专利权人若在主体资格或者专利权客体等方面符合多项专利费用减缴条件的，可以选择按照减缴比例最高的一种条件请求减免专利年费。因此，专利权人对各种专利年费减免优惠政策只能择一享受，而不能叠加适用。专利权人若既能够享受普通专利年费减免，又能够获得专利开放许可年费减免，则有可能选择适用前者。这两种专利年费优惠政策所针对的对象是有所区别的，普通专利年费减免主要涉及个人、中小企业和非营利机构，专利开放许可年费减免的对象则可能主要是大型企业。前者一般具有享受普通专利年费优惠的条件，不必依据专利开放许可获得专利年费减免；后者则一般不具备获得普通专利年费优惠的资格，需要转而选择专利开放许可年费减免。

在专利年费减免比例规则设计中，可以在以下两个方面加以完善。第一，可以制定专利年费减免浮动标准，并且与专利开放许可费收益数额为反向关联。专利开放许可实施达到一定规模以后，专利权人能够享受的专利年费减免比例可逐步递减。专利开放许可实施规模较大，说明专利权人已经从其中获得了较多许可费收益，对其继续给予专利年费减免优惠的必要性也会相对降低。从激励机制叠加效应方面而言，可能也会存在边际效应递减的问题。从鼓励潜在使

---

❶ 《财政部、国家发展改革委关于印发〈专利收费减缴办法〉的通知》（财税〔2016〕78 号）〔EB/OL〕.（2016-08-04）〔2021-12-02〕.http://www.gov.cn/xinwen/2016-08-04/content_5097534.htm.

❷ 国家知识产权局.《关于停征和调整部分专利收费的公告》（第 272 号 ）〔EB/OL〕.（2020-11-17）〔2021-12-02〕.https://www.cnipa.gov.cn/art/2020/11/17/art_2468_154951.html.

用者参与专利开放许可的角度出发，可以对实施效益较好的专利权人提供优惠力度更大的年费减免政策❶，但是，这也有可能使开放许可专利权人获得不必要的双重激励，实际上是将公共资源投入政策激励需求不强的专利权之中，相对降低了对更为需要获得专利年费减免的专利权人的支持力度。为此，有必要为具有专利许可和产业化潜力、但是尚未充分实施的专利权在年费减免方面给予更多优惠。第二，在专利年费减免比例认定中，可以要求专利权人对专利开放许可实施的真实性提供证明，但不宜过于严格。将专利开放许可年费减免标准与专利开放许可实施规模等商业因素相衔接，可能会使专利年费优惠政策的适用复杂化；且专利行政管理部门需要依据相应证据材料对专利开放许可实施市场因素予以认定，并以此作为确定专利年费减免数额的依据，这可能会增加专利年费减免政策执行的行政管理成本。此外，专利权人和被许可人也有可能"制造"专利开放许可实施活动的相关证据，以符合专利年费减免条件，造成机会主义行为风险。不论是否采用专利年费减免浮动标准，均可以要求专利权人对实施情况提供证据加以证明，在浮动减免标准规则中要求承担证明义务将更有必要。在证据材料方面，可以将被许可人制造销售专利产品的发票或者其他相关材料用于证明专利技术实施活动确实曾经实际发生，以此作为专利权人能够享受专利年费减免优惠的重要证据。

四、专利开放许可年费减免机制衔接问题

专利开放许可合同备案与专利年费减免机制可以有效衔接，从而方便专利权人办理专利年费减免并获得相应优惠。对普通专利年费减免机制，需要专利申请人或者专利权人在申请专利或者获得专利授权时提交申请并办理相应的减免手续，还需要提供收入证明等文件。专利开放许可实施中的专利年费减免事务，对优惠手续的办理进行了相应的简化。《专利审查指南修改草案（征求意见稿）》第五部分第 2 章第 3.2 节第 2 段规定："办理专利开放许可实施合同备案的，视为提出年费减缴请求，无需办理专利费减备案手续。"由此，专利权人不

---

❶ 李慧阳.当然许可制度在实践中的局限性——对我国引入当然许可制度的批判［J］.电子知识产权，2018（12）：68-75；蔡元臻，薛原.新《专利法》实施下我国专利开放许可制度的确立与完善［J］.经贸法律评论，2020（6）：83-94.

需要单独办理专利开放许可实施年费减免手续，仅需要进行专利开放许可合同登记备案即可享受年费优惠，这可以为专利权人提供事务办理方面的方便。

专利开放许可实施年费减免政策不延及专利自愿许可。专利开放许可与专利自愿许可的协商和实施有可能交织在一起。在专利开放许可框架下达成的专利自愿许可不属于专利开放许可，专利权人不能由此享受专利年费减免优惠。❶《专利审查指南修改草案（征求意见稿）》第五部分第 11 章第 8 节 "开放许可实施期间费减手续的办理" 曾对专利开放许可期间另行达成的专利普通许可专利年费减免问题进行了规定："双方签订的专利实施许可合同，可以依据《专利实施许可合同备案办法》办理备案，但不能请求减缴年费。"在专利开放许可声明发布后，专利权人可以与他人单独进行协商并达成专利自愿许可协议。根据《专利法》第 51 条第 3 款的规定，在此情况下专利权人只能与被许可人订立专利普通许可协议，而不能订立专利独占许可或者专利排他许可，以免与专利开放许可实施产生法律冲突，损害专利开放许可被许可人的权益。由于包括专利普通许可在内的专利自愿许可并不属于专利开放许可，因此专利权人与被许可人订立专利普通许可并不能享受相应的专利年费减免优惠。

专利开放许可年费减免标准可以与专利开放许可实施规模衔接。关于是否需要将专利年费减免比例与专利开放许可实施规模相联系，存在两个方面的问题。其一，在已经实施的专利开放许可中给予专利年费减免差别化待遇是否合理的问题。有学者主张对开放许可实施效益较好的专利权给予更高比例的年费优惠，并且对即将到期的专利权降低年费优惠的比例。❷将专利开放许可年费减免标准与专利开放许可实施规模等商业因素相衔接，可能会使专利年费优惠政策的适用复杂化。专利行政管理部门需要对专利开放许可实施市场因素予以认定，并以此作为确定专利年费减免的依据，这可能会增加专利年费减免政策执行的行政管理成本，也有可能诱使专利权人和被许可人"制造"专利开放许可实施活动的相关证据，造成机会主义行为风险。其二，对专利开放许可实施

---

❶ 郭伟亭，吴广海.专利当然许可制度研究——兼评我国《专利法修正案（草案）》[J].南京理工大学学报（社会科学版），2019（4）：16–21.

❷ 蔡元臻，薛原.新《专利法》实施下我国专利开放许可制度的确立与完善 [J].经贸法律评论，2020（6）：83–94.

规模较大的专利是应当降低还是提高专利年费减免比例的问题。在专利开放许可实施规模可以得到证据支撑的情况下，随着被许可人实施活动的范围拓展和利润增加，提高专利年费减免优惠比例有可能使当事人过多关注激励政策能否得到落实，而对专利实施活动本身投入的资源则会相对下降。但在专利开放许可实施规模达到一定标准以后，可以考虑适度降低专利年费减免优惠比例，从而使市场导向型激励机制更好地发挥作用，避免造成给予专利开放许可当事人重复的经济激励。

专利开放许可实施真实性与专利年费减免政策适用问题。对不具备实施前景或者经济价值较低的专利权，可能既难以通过专利自愿许可进行实施，也难以通过专利开放许可得到实际利用。在此情况下，专利权人将其进行开放许可的主要目的可能是获得专利年费减免，甚至可能为达到此目的而与具有关联关系的被许可人虚构专利实施的事实。[1] 这是对专利开放许可年费减免认定机制缺陷的不正当利用，产生原因是专利行政部门在决定给予年费减免时仅依据当事人提交的专利开放许可合同等书面资料，而不会对专利实施状况进行实质审查或者实地调查，可能会造成垃圾专利持续维持有效而不能及时终止效力。将专利年费减免比例与专利开放许可实施的数量和规模建立过于紧密的联系，可能会造成专利权人"反向操作"的问题，这主要体现为不是努力增加专利开放许可实际实施的规模与效益，而是"制造"专利开放许可实施的证据并用于获得更高的年费减免比例。为此，一方面对专利开放许可年费减免采用固定比例较为合理，另一方面可对专利权人请求年费减免的证明材料提出更为严格的要求。后者可以使专利开放许可实施行为的真实性得到更好证明，也能够为专利权人向被许可人主张专利许可费权益提供更为有利的规则。

在专利开放许可激励政策中，有必要注意专利年费减免政策与其他类型激励政策的衔接问题。为鼓励专利开放许可活动，除《专利法》规定的专利减免政策外，国家有关行政管理部门、各地方政府及其专利行政管理部门，均有可能出台税收优惠、金融支持、奖励鼓励等方面的激励政策，这对于更为有效地激励专利权人将其专利权进行开放许可，以及鼓励被许可人投入资源进行专利

---

❶　蔡元臻，薛原．新《专利法》实施下我国专利开放许可制度的确立与完善［J］．经贸法律评论，2020（6）：83-94.

技术的实施可以发挥重要的促进作用。❶ 目前，地方政府原有针对专利申请及授权的奖励和资助政策受到严格限制并逐步取消。2022 年 1 月，国家知识产权局发布《关于持续严格规范专利申请行为的通知》，提出："要协同市场监管、科技、财政等部门，逐步减少对专利授权的各类财政性资助，每年至少减少 25 个百分点，直至在 2025 年以前全部取消。不得直接将专利申请、授权数量作为享受奖励或资格资质评定政策的主要条件。坚决杜绝重复资助、超额资助、清零奖励、变相资助、大户奖励等情况。"❷ 由此，各地政府部门对专利事务的财政资助可能会逐步向专利运用和专利维权等方面进行转移，从而推动专利市场价值的实现和专利权人的有效维权。其中，专利开放许可实施活动有可能成为地方政府财政资助的重点对象，例如，地方政府部门为专利开放许可中的专利权人和被许可人提供项目资助，或者对专利权人所获得的专利开放许可费收入及被许可人实施开放许可专利所获得的利润给予税收优惠。专利年费减免政策可以与税收优惠等其他激励政策叠加使用，但是也应当注意不宜过度激励，应以税收减免等负担减轻型激励政策为主，避免直接给予经济奖励，以免再次出现专利申请授权奖励中曾经产生的套取财政资金等不良情况。

---

❶ 在版权领域，有观点提出对开放许可活动提供税收优惠政策支持。赵锐. 开放许可：制度优势与法律构造［J］. 知识产权，2017（6）：56–61.

❷ 国家知识产权局. 国家知识产权局关于持续严格规范专利申请行为的通知［EB/OL］.（2022-01–25）［2022–02–15］.https：//www.cnipa.gov.cn/art/2022/1/25/art_75_172922.html.

第六章 技术标准专利开放许可问题

第一节 专利开放许可与技术标准专利许可的理念契合

一、专利开放许可公共性与技术标准开放性契合

技术标准制定组织在标准制定和实施过程中，可能涉及标准必要专利许可问题。根据技术标准制定组织的专利政策，专利权人应当向该组织所有成员作出授予公平、合理和非歧视专利许可的承诺，并依据 FRAND 原则给予专利许可。我国《专利法》建立专利开放许可制度以后，能够为标准制定组织实施专利许可政策提供更为有力的法律制度保障，为 FRAND 专利许可问题的解决提供新的路径，从而较好地平衡专利权人和被许可人之间的利益。专利开放许可机制和 FRAND 专利许可机制可以更好地得到契合与衔接，两者能够相互促进合理适用和为规则发展提供支撑。技术标准的制定和实施具有开放性，但是专利权属于私权并且具有较为显著的垄断性。专利开放许可有助于促进技术标准专利权的许可使用，包括解决技术标准专利许可中的反垄断问题。[1]FRAND 原则在法律适用方面较为模糊，专利权人有可能实施专利阻遏或者专利劫持行为，损害被许可人的合理预期和合法利益。[2]专利权的私权性质可能会与技术标准的社会公共利益性质产生冲突，作为公共产品的技术标准有可能成为专利权人扩张私权的载体和途径。[3]技术标准的开放性和公共性与专利的独占性和私有

[1] 张乃根.涉华经贸协定下知识产权保护相关国际法问题［J］.河南财经政法大学学报，2021，36（3）：44-54.

[2] Schevciw A. The Unwilling Licensee in the Context of Standards Essential Patent Licensing Negotiations ［J］. AIPLA Quarterly Journal, 2019, 47（3）: 369-400.

[3] 董玉鹏.知识产权与标准协同发展研究［M］.杭州：浙江大学出版社，2020：28-30.

性之间可能会产生矛盾。❶ 在欧洲电信标准协会（European Telecommunication Standard Institute，简称 ETSI）制定的 ETSI 知识产权政策中❷，第 3.1 节对政策目标的规定是防止因知识产权问题而导致参与者在技术标准制定、采用、实施过程中遭到投资损失，为此要实现对公共性技术标准的使用和知识产权权利人利益之间的平衡。《世界知识产权组织 FRAND 替代性争议解决机制（ADR）指南》（以下简称《WIPO 指南》）导言部分认为："标准制定组织（SDO）通常要求其成员依照公平、合理和非歧视性条款（FRAND）授予标准必要专利许可。"❸ 在 ETSI 等标准制定组织看来，标准必要专利对技术标准的制定和实施是必需的和不可避免的，但是此类专利可能会对技术标准制定过程造成扭曲和阻碍。❹ 专利开放许可的公共性与开放性程度强于专利自愿许可和专利强制许可，能够获得专利开放许可实施权的潜在被许可人的主体是较为广泛的，而专利自愿许可和专利强制许可的实施主体则被局限在较小范围之内。❺ 传统上的专利自愿许可模式对专利权人的意思自治范围和支配地位是承认和尊重的，由此凸显了专利权的私权属性和私利目的。专利强制许可固然可以在一定程度上排除专利权人对专利实施活动的控制，但是由于其实际用于司法裁判和行政裁决的情形较少，因此主要限于发挥对专利权人的威慑作用。❻《专利法》第四次修改建立专利开放许可制度后，不仅丰富和完善了专利许可规则体系，而且为解决技术标准开放性和专利权垄断性之间的矛盾提供了新的契机。2019 年《国务院反垄断委员会关于知识产权领域的反垄断指南》（以下简称《反垄断指南》）第 11 条指出，该指南所涉及的"标准制定"，"是指经营者共同制定或参与制定在一定范围内统一实施的涉及知识产权的标准"。在产品质量行政监管和市场准

---

❶ 乔岳，郭晶晶. 标准必要专利 FRAND 许可费计算——经济学原理和司法实践［J］. 财经问题研究，2021（4）：47–55.

❷ European Telecommunication Standard Institute. ETSI Intellectual Property Rights Policy［EB/OL］.（2022–11–30）［2022–12–28］. https：//www.etsi.org/images/files/IPR/etsi–ipr–policy.pdf.

❸ 世界知识产权组织. 世界知识产权组织 FRAND 替代性争议解决机制（ADR）指南［EB/OL］.［2021–12–07］. https：//www.wipo.int/export/sites/www/amc/zh/docs/wipofrandadrguidance.pdf.

❹ Bekkersa R，Verspagenb B，Smitsb J. Intellectual Property Rights and Standardization：The Case of GSM［J］. Telecommunications Policy，2002，26（3–4）：171–188.

❺ 刘建翠. 专利当然许可制度的应用及企业相关策略［J］. 电子知识产权，2020（11）：94–105.

❻ 张武军，张博涵. 新冠肺炎疫情下药品专利强制许可研究——以瑞德西韦为例［J］. 科技进步与对策，2020，37（20）：83–88.

入方面，技术标准主要作为技术规范的构成要素；在产品市场推广和消费者使用方面，技术标准的主要功能在于体现"技术普适性、实施开放性和目的公益性"❶。技术标准的开放性与专利权的独占性之间存在较为显著的冲突。制定技术标准的目的是推动不同企业之间在产品的研发和制造过程能够中更好地进行技术方面的衔接，越多企业加入技术标准的实施越能发挥技术标准在统一产品规格和技术性能等方面的重要作用。然而，专利独占性则可能对技术标准开放性的体现造成阻碍，甚至导致技术标准异化为专利权人获取超过其专利权技术贡献的经济回报的工具。在缺乏专利开放许可制度对其开放性提供保障的情况下，可能会使专利独占性所产生的负面影响较为明显，技术标准为技术使用提供的开放性可能会受到专利权独占性所带来的制约。❷为实现激励专利权人投资于技术创新和运用活动，专利法通过赋予权利人垄断权使其独占性地享有就专利技术进行市场开拓并获得经济回报的权利。某项专利权若是实施特定技术标准的必要专利技术时，专利权独占性对技术标准推广的影响则会更为显著。例如，可能存在"技术标准所规定的内容是产品的质量要求或者功能要求，而且某项专利技术是实现该项标准唯一的技术方案"的情形❸，在此情况下，专利权人对技术标准实施活动的垄断程度和支配力会更强，在专利许可谈判中所处的谈判优势地位也会更为显著。专利权人若实施"专利劫持"等行为，将严重影响技术标准的推广和应用，也会阻碍技术标准开放性的实现。❹因此，专利垄断性可能会影响甚至扭曲技术标准的制定和实施。

专利开放许可具有公共性，专利权人的许可意向和许可条件均具有较强的透明性，能够使专利权独占性所带来的负面影响降到最低程度，从而也有利于技术标准开放性的实现。技术标准的重要功能在于充分发挥不同参与者之间的网络效应，提高技术兼容程度和适用范围，减少技术差异化带来的交易成本，

❶　易继明，胡小伟.标准必要专利实施中的竞争政策——"专利劫持"与"反向劫持"的司法衡量［J］.陕西师范大学学报（哲学社会科学版），2021，50（2）：82-95.

❷　郑伦幸.技术标准与专利权融合的制度挑战及应对［J］.科技进步与对策，2018，35（12）：139-144.

❸　魏凤，张红松，陈代谢，等.重视知识产权保护 加快标准化战略布局［J］.中国科学院院刊，2021，36（6）：716-723.

❹　张振宇.技术标准化中的专利劫持行为及其法律规制［J］.知识产权，2016（5）：79-83.

专利开放许可有助于技术标准实施者发挥该网络效应的作用，防止网络效应所产生的收益由专利权人单独获取。❶ 依据《专利法》第 50 条第 1 款的规定，专利权人提交开放许可声明表示其"愿意许可任何单位或者个人实施其专利"，不特定的潜在被许可人均具有获得专利开放许可实施权的便利。专利开放许可具有公开性和公共性的特点，专利权人提交专利开放许可声明意味着承诺向不特定的被许可人授予专利许可，有助于众多潜在被许可人获得专利许可并充分实施。❷ 技术标准专利许可可能会在专利自愿许可和专利强制许可之间转换：如果专利权人与被许可人能够自行达成许可协议，则属于专利自愿许可；如果由法院依据 FRAND 原则对专利许可进行裁决，则属于专利强制许可。❸ 在《TRIPS 协定》第 31 条规则下，专利强制许可的颁发是以潜在被许可人已与专利权人在合理期间和合理条件下协商自愿许可但未达成协议作为前提的。❹ 在技术标准专利许可中移植专利开放许可的相应规则，则可以使前者兼具专利许可规则体系中三种专利许可类型的特点，促进相应纠纷得到更为有效的解决。❺ 我国《专利法》将专利开放许可声明的法律性质定性为要约，有助于巩固该声明的法律效力和约束力，能够更好地与技术标准专利许可相结合。❻ 在 2014 年欧盟委员会发布的《专利与标准：关于以知识产权为基础的标准化的新框架》最终报告（以下简称欧盟《专利与技术标准报告》）中认为，可以通过专利开放许可确保标准必要专利在合理非独占基础上授予许可，应当鼓励依据专利开放许可促进

❶ Bosworth D S, Mangum R W III, Matolo E C. FRAND Commitments and Royalties for Standard Essential Patents ［M］// Bharadwaj A, et al. Complications and Quandaries in the ICT Sector. Singapore：Springer Nature Singapore Pte Ltd., 2018：19-36.

❷ 文希凯. 当然许可制度与促进专利技术运用［M］// 国家知识产权局条法司. 专利法研究（2011）. 北京：知识产权出版社，2013：227-238.

❸ Contreras J L. A Brief History of FRAND：Analyzing Current Debates in Standard Setting and Antitrust Through a Historical Lens ［J］. Antitrust Law Journal, 2015, 80（1）：39-120.

❹ Sundaram J. Pharmaceutical Patent Protection and World Trade Law：The Unresolved Problem of Access to Medicines ［M］. Routledge, 2018：77; Kennedy M. WTO Dispute Settlement and the TRIPS Agreement Applying Intellectual Property Standards in a Trade Law Framework ［M］. Cambridge：Cambridge University Press, 2016：152.

❺ Czychowski C. What is the Significance of a FRAND License Declaration for Standard Essential Patents with Regard to their Transferability?–News from Germany ［J］. GRUR International, 2021, 70（5）：421-426.

❻ 伯雨鸿. 我国《专利法》第四次修正之评析［J］. 电子知识产权，2021（3）：39-48.

FRAND 原则的有效适用。❶ 国家知识产权局在关于《专利法修改草案（征求意见稿）》的说明中提到，建立专利开放（当然）许可制度后，能够促进"需求方以公平、合理、无歧视的许可费和便捷的方式获得专利许可，可以降低许可谈判难度，大幅降低专利许可交易成本，提高被许可人实施专利的意愿，有利于企业特别是中小企业充分挖掘使用专利"❷。由此，可以将专利开放许可制度与 FRAND 原则较为明确地联系起来。专利权人将涉及技术标准实施的必要专利进行开放许可，则发出了向不特定多数人授予专利许可的承诺，其中必然包括技术标准制定组织的成员以及技术标准制定组织以外其他可能实施技术标准的潜在被许可人。实施技术标准的当事人可以根据专利权人发布的专利开放许可声明及其所制定的专利许可费支付标准和方式，按照预计实施专利的规模、范围及其所产生的利润，向专利权人支付专利许可费，便可以获得专利实施权。❸ 因此，被许可人不必耗费额外交易成本与专利权人另行协商并签订专利许可协议，也不必担心不能以合理对价获得专利许可的问题，在此基础上技术标准的开放性能够在很大程度上得到保障。事实上，专利开放许可制度的开放性比技术标准的开放性更为显著。在专利实施主体方面，专利开放许可能够涵盖包括技术标准组织成员在内的所有社会公众，而标准必要专利则主要在制定该技术标准的组织范围内得到实施。关于技术标准的开放性，可以解读为技术标准使得"技术知识在产业集群内部的流转能够促进创新成果扩散，进而实现技术标准扩散"❹。专利开放许可声明及其专利许可费标准等内容的发布，可以在更广的范围内实现技术标准的开放性，并且对相同或者相关技术领域的专利许可活动起到指引作用。进行开放许可的专利权通常在技术难度、复杂度和技术门槛方面较小，被许可人对专利权人提供技术支持的需求较低，使开放许可专利能在更为广泛的被许可人中得到实施。

❶ European Commission.IPR Patents and Standards Report ［EB/OL］.（2014–03–24）［2021–12–01］.https://ec.europa.eu/docsroom/documents/4843/.

❷ 国家知识产权局.关于就《中华人民共和国专利法修改草案（征求意见稿）》公开征求意见的通知［EB/OL］.（2015–04–01）［2021–12–01］.https://www.cnipa.gov.cn/art/2015/4/1/art_78_110930.html.

❸ 刘强.专利开放许可费认定问题研究［J］.知识产权，2021（7）：3–23.

❹ 李庆满，戴万亮，王乐.产业集群环境下网络权力对技术标准扩散的影响——知识转移与技术创新的链式中介作用［J］.科技进步与对策，2019，36（8）：28–34.

二、专利开放许可便捷性与技术标准便利性契合

专利开放许可机制所具有的许可活动便捷性与技术标准在技术活动实施方面的便利性契合。专利开放许可机制与技术标准专利许可均面临两项基本任务：促进专利技术得到有效实施和使专利权人能够获得合理回报。[1] 技术标准的推广使技术合作研发、技术产品销售等方面的技术交易活动具有便利性，能够在克服相应交易成本障碍方面发挥重要作用。技术成果等无形资产的交易成本较高，对节约交易成本的制度需求也是较强的。技术交易当事人能够借助技术标准节约专利许可交易活动中搜寻交易对方当事人、协商谈判交易条件和监督执行交易合同等方面的交易成本。[2] 在市场交易日益复杂化的情况下，技术标准的推广可以显著地降低交易成本，推动技术交易活动的开展和实施，促进包括专利权在内的技术成果资源更优化地得到配置。[3]《反垄断指南》第 11 条认为："标准制定有助于实现不同产品之间的通用性，降低成本，提高效率，保证产品质量。"此处"成本"主要是指技术实施方面的有形经济成本，也涉及克服信息不对称等方面的交易成本。专利制度在总体上能够实现降低交易成本的作用，专利权相对于商业秘密而言具有的公示性、确定性、独占性等方面特点，这使它在交易成本方面具有更为明显的优势。[4] 然而，在技术交易活动中，技术标准和专利权两项因素的叠加却有可能会产生推升交易成本的问题，阻碍两者本来具有的便利化的实现。在传统的专利自愿许可模式下，专利权人授予专利许可的意愿不明确和许可条件不确定，可能会在主客观两个方面阻碍涉及技术标准的专利许可得到有效达成和履行。在主观方面，部分标准必要专利的权利人是否具有许可他人实施专利的意愿难以得到准确识别。《反垄断指南》第 27 条认为："谈判双方在谈判过程中的行为表现及其体现出的真实意愿"是认定专利权人是否实施滥用垄断地位行为的重要因素之一。专利开放许可对遏制标准必要

❶ Lemley M A, Shapiro Carl. A Simple Approach to Setting Reasonable Royalties for Standard-Essential Patents [J]. Berkeley Technology Law Journal, 2013, 28（2）: 1135-1166.

❷ ［美］奥利弗·E.威廉姆森.资本主义经济制度［M］.段毅才，王伟，译.北京：商务印书馆，2020: 37.

❸ 王道平，韦小彦，张志东.基于高技术企业创新生态系统的技术标准价值评估研究［J］.中国软科学, 2013（11）: 40-48.

❹ 刘洋.专利制度的产权经济学解释及其政策取向［J］.知识产权, 2009, 19（3）: 29-34.

专利权人滥用借助技术标准产生的市场支配地位具有非常显著的作用，并且可能比专利强制许可有更强的开放性和更为广泛的影响力。❶部分专利权人可能在表面上愿意授予他人实施专利的许可，但是其所提出的许可条件可能是对方难以接受并且明显超出合理许可费率水平的。在客观方面，专利自愿许可的多次谈判模式使专利许可谈判的便捷性受到影响，被许可人对专利许可费标准等核心许可条件的可预见性较弱，不利于涉及技术标准的开放型授权模式的实施。❷此外，专利自愿许可谈判过程的复杂化，被许可人在谈判开始前及过程中对交易专用性资产的支出可能会使双方谈判地位对比发生变化。交易专用性投资可能会使当事人之间的交易关系得到固定，从而使当事人受到机会主义行为损害的可能性增大。❸在被许可人或者潜在被许可人为实施专利技术投入专用性资产后，专利权人不提交专利开放许可声明或者在声明发布后撤回声明，可能使对方陷入困境。

专利开放许可声明的主动性和声明许可费标准的具体化使技术标准实施者对专利许可费率等经济成本因素的预期较为明确，为其评估标准实施和专利运用的成本效益提供了参考。技术标准能够产生节约交易成本的效果，然而也可能会助长专利垄断权异化问题，从而使专利许可的交易成本不降反升，FRAND原则也可能会成为专利权人实施"专利劫持"等机会主义行为的工具。❹FRAND原则虽然被广泛使用，但是其本身存在较为明显的模糊性，对该原则的明确定义和具体适用缺乏广泛的共识。❺在德国专利法中，FRAND专利许可与专利开放许可是相互平行并且可以类比的两种专利许可方式。❻一方面，不能由于专利权人作出FRAND专利许可声明，便推定其与被许可人之间已经达成具有法律

❶ 罗莉.我国《专利法》修改草案中开放许可制度设计之完善［J］.政治与法律，2019（5）：29-37；唐蕾.我国建立专利当然许可制度的相关问题分析——以《专利法》第四次修改草案为基础［J］.电子知识产权，2015（11）：26-33.

❷ 周源祥.RAND许可原则的最新立法与案例发展趋势分析［J］.科技与法律，2016（3）：642-657.

❸ 孙晓华.技术创新与产业演化［M］.北京：中国人民大学出版社，2012：130.

❹ 张扬欢.责任规则视角下的专利开放许可制度［J］.清华法学，2019，13（5）：186-208.

❺ Layne-Farrar A, Padilla A J, Schmalensee R. Pricing Patents for Licensing in Standard-Setting Organizations：Making Sense of FRAND Commitments［J］. Antitrust Law Journal, 2007, 74（3）：671-706.

❻ Czychowski C. What is the Significance of a FRAND License Declaration for Standard Essential Patents with Regard to their Transferability?-News from Germany［J］. GRUR International, 2021, 70（5）：421-426.

效力的专利许可协议；另一方面，也不意味着专利权人放弃了通过诉讼方式主张未经许可实施行为构成专利侵权的权利。❶ 与此相对应，在英美法系的衡平法上，专利权人作出 FRAND 许可承诺可能意味着其放弃了寻求禁止令救济的权利。❷ 法院在审理技术标准 FRAND 许可纠纷时，也会倾向于不给予专利权人禁令救济，专利权人将不能禁止被许可人实施标准必要专利。❸ 根据相关理论，如果原告希望法庭迫使被告做正确的事情，那么原告自己就必须做正确的事情，寻求公平的人必须做到公平。❹ 专利开放许可意味着权利人放弃了对专利权主张财产规则保护，同样会减少其在专利侵权诉讼中获得禁止令救济的可能性。❺ 这与 FRAND 原则类似，均有助于解决专利权保护力度过强而导致的"反公地悲剧"问题。❻ 专利开放许可声明及其实施机制对专利许可条件的明确，有助于解决 FRAND 原则下达成专利许可协议的障碍，避免可能产生的推高交易成本的潜在风险。❼《专利法》第 50 条第 1 款要求专利权人在专利开放许可声明中公布许可费标准，这既消除了对该事项所产生的信息不对称问题，也避免了专利权人利用 FRAND 原则框架下专利许可谈判机制的缺陷实施机会主义行为，增强了标准必要专利许可谈判的便利性和透明性。专利开放许可制度的重要功能在于，能够使技术标准必要专利的许可费成本得以预见。❽ 在专利开放许可

❶ 易继明，胡小伟．标准必要专利实施中的竞争政策——"专利劫持"与"反向劫持"的司法衡量［J］．陕西师范大学学报（哲学社会科学版），2021，50（2）：82-95.

❷ Halt G B, Donch J C, Fesnak R, Stiles A R. Intellectual Property in Consumer Electronics, Software and Technology Startups［M］．New York：Springer Science+Business Media, 2014：170.

❸ Torti V. Intellectual Property Rights and Competition in Standard Setting Objectives and Tensions［M］．London：Routledge, 2016：167.

❹ Hovenkamp H J. Justice Department's New Position on Patents, Standard Setting, and Injunctions, 2020. Faculty Scholarship at Pennsylvania Carey Law. 2149［EB/OL］.（2020-02-17）［2021-12-02］.https：// scholarship.law.upenn.edu/faculty_scholarship/2149.

❺ Teece D J. The Tragedy of the Anticommons Fallacy：A Law and Economics Analysis of Patent Thickets and FRAND Licensing［J］．Berkeley Technology Law Journal, 2017, 32（4）：1489-1526.

❻ Kieff F S. Removing Property from Intellectual Property and（Intended?）Pernicious Impacts on Innovation and Competition［M］// Manne G A, Wright J D. Competition Policy and Patent Law under Uncertainty Regulating Innovation. Cambridge：Cambridge University Press, 2011：416-440.

❼ Contreras J L. A Brief History of FRAND：Analyzing Current Debates in Standard Setting and Antitrust Through a Historical Lens［J］．Antitrust Law Journal, 2015, 80（1）：39-120.

❽ 周源祥．RAND 许可原则的最新立法与案例发展趋势分析［J］．科技与法律，2016（3）：642-657.

制度中，被许可人获得专利实施权以及确定专利许可费率等专利许可条件均较为便利，有利于节约专利许可交易成本，减少专利许可条件协商谈判成本，促进技术标准的推广应用。依据《专利审查指南修改草案（征求意见稿）》，国家知识产权局可以对专利开放许可声明中的许可费标准在一定程度上予以审查。❶国家知识产权局在专利开放许可费问题中"事前审查 + 事后调解"模式的构建有助于专利开放许可费的合理确定，也能在必要的情况下为 FRAND 原则实施提供更好的保障。有德国学者认为，《德国专利法》第 23 条规定的专利开放许可制度规则，可以较好地解决技术标准专利许可费认定的问题，将在有效适用 FRAND 原则方面发挥重要作用。❷事实上，《德国专利法》并未要求专利权人在专利开放许可声明中公布专利许可费率，当事人之间若发生争议则需要提交德国专利局对纠纷加以解决，这比仅由司法机关解决纠纷的模式能够具有更好的灵活性和便利性。❸我国专利开放许可声明并未记载所有专利许可交易条件，在专利开放许可实施中当事人之间也有可能产生其他方面的争议，我国专利行政机关可以对相关纠纷进行调解，有助于相关纠纷得到有效解决，从而吸引专利权人和被许可人通过专利开放许可从事技术标准相关的专利实施活动。

技术标准专利许可和专利开放许可均能为专利许可协议的达成和履行提供灵活性，两者相结合可以产生更好的运用效果，从而形成制度实施协作效应。同时，要防止这两种专利许可机制所提供的便捷性被策略行为所阻碍，或者由于技术复杂化而产生关联技术专利许可交易成本过高问题。技术标准专利许可和专利开放许可降低交易成本的功能，可以通过与其他类型专利许可形成协同机制得到更为有效的实现。专利默示许可规则可以促成技术标准专利许可协议的达成，并克服专利权人策略行为所产生的交易风险，也能够在专利开放许可中为被许可人提供必要的相关专利许可实施权保障。在技术标准专利许可与专

---

❶ 国家知识产权局 . 关于就《专利审查指南修改草案（征求意见稿）》公开征求意见的通知［EB/OL］.（2021–08–03）［2021–12–04］.https：//www.cnipa.gov.cn/art/2021/8/3/art_75_166474.html.

❷ Goddar H，Kumaran L. Patent Law Based Concepts for Promoting Creation and Sharing of Innovations in the Age of Artificial Intelligence and Internet of Everything［J］. Les Nouvelles–Journal of the Licensing Executives Society，2019，54（4）：282–287.

❸ Goddar H，Kumaran L. Patent Law Based Concepts for Promoting Creation and Sharing of Innovations in the Age of Artificial Intelligence and Internet of Everything［J］. Les Nouvelles–Journal of the Licensing Executives Society，2019，54（4）：282–287.

利开放许可并存的许可交易中，专利默示许可规则也能够较好地发挥作用。在技术标准专利许可中，曾有制定专利默示许可规则促进专利许可协议达成的建议。❶专利默示许可对克服技术标准专利许可中的专利阻遏、专利螳螂、专利劫持等机会主义行为有重要作用。❷《专利法》已经免除了专利实施许可合同形式方面的"书面"合同要求，在司法案件中认可专利默示许可将不会存在法律规则方面的限制。❸在技术标准专利许可及专利开放许可中，被许可人在实施专利权人明示许可的专利技术时，均有可能需要使用在技术上存在关联的其他专利技术。❹在专利开放许可实施中，被许可人对相关专利许可的需求是拓展专利默示许可适用范围的现实动力之一，有必要在此领域更为积极地通过认定专利默示许可以减少被许可人的专利侵权风险。由此，通过专利默示许可等相关制度规则，可以使技术标准专利许可和专利开放许可在促进专利许可便利性方面的功能得到更充分体现，技术标准专利许可与专利开放许可相互衔接所产生的交易成本优势也能够得到较为有效的保障。

三、专利开放许可条件一致性与技术标准普遍适用性契合

技术标准通常具有较强的普遍适用性，能够解决技术实施过程中重复出现的技术问题，如在通信技术领域中，技术标准对提升产品的互操作性和增强技术的网络效应等具有显著的促进作用。❺专利权人向被许可人授予专利许可能够协助前者建立技术标准或者推广其已经制定的技术标准，从而通过技术标准市场份额的扩张获得更为显著的专利产品市场利益。❻然而，专利权所具有的垄

---

❶ 张伟君.默示许可抑或法定许可——论《专利法》修订草案有关标准必要专利披露制度的完善[J].同济大学学报（社会科学版），2016，27（3）：103–116.

❷ 易继明.专利法的转型：从二元结构到三元结构——评《专利法修订草案（送审稿）》第8章及修改条文建议[J].法学杂志，2017，38（7）：41–51.

❸ 尹新天.中国专利法详解[M].北京：知识产权出版社，2011：170.

❹ 尹新天.中国专利法详解[M].北京：知识产权出版社，2011：170–171.

❺ Kesan J P, Hayes C M. FRAND's Forever: Standards, Patent Transfers, and Licensing Commitments[J].Indiana Law Journal, 2014, 89（1）：231–314.

❻ Jennewein K. Intellectual Property Management: The Role of Technology–Brands in the Appropriation of Technological Innovation[M]. Heidelberg: Physica–Verlag , 2005：83；Jennewein K. Intellectual Property Management: The Role of Technology–Brands in the Appropriation of Technological Innovation[M]. Heidelberg: Physica–Verlag, 2005：141.

断性可能会带来专利许可谈判的个别化和专利许可条件的差异化，妨碍技术标准在节约技术实施成本方面充分发挥作用。专利权人为追求独占利益的最大化，可能会在相同专利的各项许可协议中制定不同的专利许可费率❶，但在标准必要专利许可中，不同被许可人通常是排斥不具有合理市场因素的差别化待遇的。❷专利开放许可声明的公开性和透明性能够实现不同被许可人之间专利许可条件的一致性，从而为技术标准及其专利许可活动的普遍性提供规则基础。"非歧视"是 FRAND 原则中非常重要的组成部分，但"非歧视"并不意味着所有的专利许可证都必须在相同的条件下授予给被许可人，可以允许对不同被许可人在一定情形下实现专利许可条件的灵活性。❸在此情形下，包括专利普通许可、专利开放许可在内的各种类型专利许可的许可费率应当保持基本均衡，专利开放许可费标准所具有的一致性有助于许可费率保持相应的协调性。专利开放许可制度的开放性与公共性"有助于解决专利权的垄断性与技术标准的普遍适用性之间存在的矛盾"。❹技术标准适用的普遍性在技术上的意义是相同技术标准的不同实施者之间能够平等地获得并使用符合该技术标准的技术，而在经济学上的意义应当是相同技术标准的不同实施者应当可以基于同一水平的合理成本获得专利权人许可授权，从而在相同的技术水平和经济成本上进行市场竞争。但是，技术标准本身只能解决技术可获得性方面的问题，而在经济成本方面则主要依赖专利权人对许可费率的设定。由于专利权人的主观意愿、被许可人实施能力、市场环境变化等诸多因素的影响，因此就相同专利权向不同被许可人授予许可所产生的专利许可费标准通常是会存在差别的。技术标准制定组织引入 FRAND 原则可以在一定程度上解决专利许可条件不公平不合理的问题，但是该原则在法律性质和适用标准等方面存在不确定，导致其所能够发挥的作用是有限的。在华为诉交互数字技术公司（IDC）案判决及其相关学术讨论中能

❶　董玉鹏.知识产权与标准协同发展研究［M］.杭州：浙江大学出版社，2020：30-31.

❷　曹源.论专利当然许可［M］//易继明.私法：第 14 辑第 1 卷.武汉：华中科技大学出版社，2017：128-259.

❸　Contreras J L. A Brief History of FRAND: Analyzing Current Debates in Standard Setting and Antitrust Through a Historical Lens［J］. Antitrust Law Journal，2015，80（1）：39-120.

❹　徐东.专利"当然许可"制度的初步探讨［M］//国家知识产权局条法司.专利法研究（2018）.北京：知识产权出版社，2020：190-203.

够体现该特点，一方面，专利权人作出 FRAND 许可声明后是否会引发"强制缔约义务"存在疑问。该案判决及部分学界观点主张应当由专利权人承担强制缔约义务，还有部分观点则认为专利权人应承担的仅是"善意协商义务"。❶另一方面，FRAND 原则所产生的专利许可费标准较为模糊。关于 FRAND 原则的解释问题，在专利权人与被许可人之间产生纠纷时才会由司法机关或者仲裁机构加以认定，在此之前难以对该原则的具体含义和相应许可费标准予以明确。❷该案判决认为 FRAND 原则涉及专利许可费"本身合理"和"相比较合理"两个方面。❸然而，不论是根据被许可人产品本身的利润率、该行业平均利润率抑或其他相关企业利润水平等因素确定许可费标准，均存在认定标准和参考对象来源较为模糊的问题，难以解决不同被许可人之间许可费支出地位不平等的问题。有美国学者归纳了 FRAND 原则存在不确定性的四个方面："（a）合理使用费的概念和含义；（b）'非歧视'的含义；（c）必须被授予专利许可的被许可人范围；（d）标准必要专利权人能够获得禁止令救济的情形。"❹从域外专利开放许可制度经验来看，在不涉及公共利益的专利技术领域，专利许可缔约义务更多地来自当事人的先行行为，例如通过专利行政部门发布的专利开放许可声明或者在技术标准制定组织中作出的 FRAND 许可声明。❺FRAND 原则的模糊性导致对专利权人事后机会主义行为的预防会较为困难❻，在传统的专利自愿许可和专利强制许可模式下，均难以有效地解决 FRAND 原则模糊性和差异性所带来的问题，这为专利开放许可制度发挥作用提供了空间。

专利开放许可制度可以在两个方面克服 FRAND 原则的模糊性及其可能产

---

❶ 周源祥.RAND 许可原则的最新立法与案例发展趋势分析［J］.科技与法律，2016（3）：642–657.

❷ Kesan J P, Hayes C M. FRAND's Forever: Standards, Patent Transfers, and Licensing Commitments［J］.Indiana Law Journal, 2014, 89（1）: 231–314.

❸ 周源祥.RAND 许可原则的最新立法与案例发展趋势分析［J］.科技与法律，2016（3）：642–657.

❹ Melamed A D, Shapiro C. How Antitrust Law Can Make FRAND Commitments More Effective［J］.The Yale Law Journal, 2018, 127（7）: 2110–2141.

❺ 曹源.论专利当然许可［M］// 易继明.私法：第 14 辑第 1 卷.武汉：华中科技大学出版社，2017：128–259.

❻ Melamed A D, Shapiro C. How Antitrust Law Can Make FRAND Commitments More Effective［J］.The Yale Law Journal, 2018, 127（7）: 2110–2141.

生的"歧视性"待遇问题。一是在专利权人的许可意图方面，专利权人在专利开放许可声明发布后负有与不特定的被许可人订立专利开放许可协议的义务。《专利法》第四次修改将专利开放许可声明的法律性质定位为要约而非要约邀请，使专利权人的缔约义务更为明确，被许可人获得专利实施权不需要另行与专利权人进行协商。❶ 因此，标准必要专利的权利人所发布的专利开放许可声明，其法律约束力是超过在技术标准组织内部发布的 FRAND 专利许可承诺的。日本相关专业机构发布的研究报告认为，专利开放许可制度的重要优势在于能够"促进创新与公开，避开技术标准化中的专利阻碍"等。❷ 专利开放许可声明的公共性和公开性能够克服信息不对称和专利权人缔约义务不明确等问题，为被许可人获得专利许可提供制度保障。二是在专利许可费标准方面，专利开放许可声明对许可费标准的公布意味着被许可人对需要承担的许可费支出的预期是较为明确的。专利权人公布的专利开放许可费标准对所有被许可人均保持一致，基本上不存在所谓歧视性待遇问题。替代技术的专利权人之间可能存在专利许可费价格竞争关系，所以专利权人寻求过高专利开放许可费率的可能性也比较低。如果专利权人不仅是在技术标准制定组织中发布 FRAND 专利许可声明，而且通过国家知识产权局发布专利开放许可声明，则充分利用专利开放许可条件的公开性和一致性，能够更好地解决公平合理确定技术标准专利许可条件的问题。在技术标准发挥关键作用的行业领域，专利权人可能会积极地将其所拥有的专利进行开放许可，由此可以在保持一定程度竞争优势的情况下使其专利技术得到更为广泛的推广。❸ 此外，专利开放许可费标准的一致性还有利于专利权人委托专业机构对专利许可费的收取和分配进行管理，从而实现类似于著作权集体管理组织的作用。❹ 由此，可以提升专利开放许可事务管理的专业

---

❶ 蔡元臻，薛原. 新《专利法》实施下我国专利开放许可制度的确立与完善［J］. 经贸法律评论，2020（6）：83-94.

❷ 徐东. 专利"当然许可"制度的初步探讨［M］//国家知识产权局条法司. 专利法研究（2018）. 北京：知识产权出版社，2020：190-203.

❸ Rudyk I. Three Essays on the Economics and Design of Patent Systems, Chapter 1, The License of Right in the German Patent System［EB/OL］.（2013-06-13）［2021-12-02］. https：//edoc.ub.uni-muenchen.de/15791/1/Rudyk_Ilja.pdf.

❹ Binctin N, Bourdon R D, Dhenne M, Vial L. Feedback on the Intellectual Property Action Plan Roadmap of the European Commission［EB/OL］.（2020-12-07）［2021-12-02］. https：//halshs.archives-ouvertes.fr/halshs-02970368/document.

化水平并提高效率，也有利于专利权人收益的充分实现。美国知识产权交易国际公司曾在其建立的专利许可交易系统中，通过提供以"许可权利单元"（Unit License Right）命名的标准化、非排他的专利许可合同，对专利许可实施权进行集中交易。❶ 通过该交易系统，可以实现专利许可交易的透明化、公开化和标准化，由此提高专利许可交易的价格发现能力、提升交易效率，增强专利技术的流动性。❷ 该交易模式获得美国政府监管部门的审查通过，并且得到专业人士的广泛肯定。❸ 专利行政管理部门建立的专利开放许可机制也能够实现类似的作用，可以通过专利年费减免等激励政策产生更好的实施效果。专利开放许可及其所带来的标准化、公开化许可交易模式，能够增强专利许可交易的透明度和一致性，被许可方能够更精确地预测需要承担的专利许可费支出，提高专利研发效率和商业决策效率。❹ 专利开放许可制度中的价格形成机制和谈判许可机制，也有助于克服专利侵权诉讼威慑力不足、FRAND 原则法律约束较弱和多次谈判交易结构缺失等方面的问题。❺ 专利开放许可能够使技术标准专利许可 FRAND 原则的模糊性及其产生的不利影响得到有效克服。

在技术标准专利许可中，FRAND 原则也能够在一定程度上弥补专利开放许可机制的不足。一是在被许可人能够获得专利许可的范围方面，FRAND 原则有可能比专利开放许可更为广泛。根据 ETSI 知识产权政策第 6.1 条，FRAND 许可声明的专利许可内容包括"制造"等实施行为，其中涵盖了被许可方根据专利技术设计制造或委托制造定制部件和子系统的权利。专利开放许可的专利权利范围主要限于专利权人在开放许可声明中明确予以许可的专利权，而不涉

---

❶ Steele M L. The Great Failure of the IPXI Experiment: Why Commoditization of Intellectual Property Failed [J]. Cornell Law Review, 2017, 102（4）: 1115–1142.

❷ Steele M L. The Great Failure of the IPXI Experiment: Why Commoditization of Intellectual Property Failed [J]. Cornell Law Review, 2017, 102（4）: 1115–1142.

❸ 袁慧，马建霞，王媛哲. 专利运营模式发展研究及其在国内外运用的对比分析 [J]. 科技管理研究，2017, 37（24）: 159–164.

❹ 美国司法部. 对美国知识产权交易国际公司反垄断审查意见（Response to Intellectual Property Exchange International, Inc.'s Request for Business Review Letter）[EB/OL].（2017–01–04）[2021–12–01]. https: // www.justice.gov/atr/response–intellectual–property–exchange–international–incs–request– business–review–letter.

❺ Yu R, Yip K. New Changes, New Possibilities: China's Latest Patent Law Amendments [J]. GRUR International, 2021, 70（5）: 486–489.

及实施该专利过程中可能必须使用的其他相关专利。英国《专利实务指南》第
46.17 节中引述的厄普约翰专利案涉及相互依赖专利开放许可问题。❶ 在该案
中，被许可人可能面临实施开放许可专利却构成对专利权人其他专利侵权的风
险，使其不得不选择退出专利开放许可。如此，有可能使相关专利开放许可活
动难以实现制度目标，也可能使该专利开放许可成为专利权人索取高额许可费
的工具。二是 FRAND 专利许可承诺是不可撤销的，而专利开放许可声明则有
可能基于专利权人的意愿随时予以撤回。ETSI 知识产权政策第 6.1 节要求专利
权人作出 FRAND 原则许可承诺至少在三个月内是不可撤销的，这使参与者在
技术标准制定和实施过程对可能面临的知识产权风险保持合理的可预期性。与
此相对应，专利开放许可声明则可以在发布之后由专利权人撤回。根据《专利
法》第 50 条第 2 款，撤回专利开放许可声明不具有溯及力，并不影响在此之前
已经授予的专利开放许可的法律效力。如果潜在被许可人基于对获得专利开放
许可实施权的预期做好了相应准备，投入了实施该专利权的交易专用性资产，
则有可能会遭受相应的经济损失。在制定专利开放许可声明撤回具体规则时，
FRAND 原则许可承诺在一定时期内不可撤销属性的做法值得借鉴。

第二节　专利开放许可对技术标准专利许可的规则保障

一、专利开放许可声明公开性与披露技术标准信息规则

第一，专利权人应当在专利开放许可声明中披露该专利涉及的技术标准。
在专利开放许可声明发布机制中，有必要建立披露技术标准信息的规则，标准
必要专利的专利权人应当在专利开放许可声明中披露其知道或者应当知道的相
关技术标准，特别是该专利作为必要专利的技术标准。在专利开放许可声明中
披露技术标准信息的规则是与传统上在技术标准制定中披露相关专利信息的规
则相对应的。在总体上，专利开放许可声明的公共性和公开性有助于被许可人
以公平合理的许可条件获得专利实施权，并推动专利技术实施效益的最大化。

---

❶　Upjohn's Patent 1291632（BL O/40/87; BL O/102/87）.

但是，这不能消除专利权人在某些情况下实施机会主义行为，并对专利开放许可声明发布机制进行策略性利用的可能性，其中较为典型的情形是对标准必要专利开放许可声明的发布问题。专利权人在提交专利开放许可声明时，有可能隐瞒其中涉及相应技术标准的信息，诱使被许可人实施该项专利权及其所涉及的技术标准，并由此产生对该标准中其他标准必要专利的实施行为。如果相应技术标准中的多项必要专利均由同一专利权人或者具有关联关系的多个专利权人所有，则专利权人对专利开放许可声明进行策略性利用的可能性会相应增加。随着人工智能、5G 通信、物联网等技术的不断发展，越来越多的技术标准及相应标准必要专利将不断出现，技术标准制定组织和司法机构应对 FRAND 专利许可纠纷也将面临更多挑战。❶FRAND 原则缺乏透明度、一致性和全面性是其广受诟病的问题❷，强化专利权人在标准必要专利开放许可声明中的信息披露义务是解决上述问题的重要方式。技术标准制定组织应当采用更为积极的态度应对在全球范围内可能出现的技术标准必要专利许可纠纷问题，包括通过制定相应专利披露政策和专利许可政策对专利许可纠纷进行事前预防。❸ 由于专利开放许可对专利权独占性的明显限制，因而专利权人将其核心技术专利和标准必要专利进行开放许可的积极性可能并不高，通过专利开放许可促进标准必要专利实施的必要性非常显著。❹ 在专利开放许可声明中，专利权人进行了两个方面的意思表示，一方面明确表达了愿意向任何单位或者个人授予专利许可的意愿，另一方面明确了专利许可费标准等授予专利许可的条件。❺ 这将比 FRAND 声明中仅表明对专利许可诚信谈判义务的承诺更具有约束力。❻ 根据《专利法》

---

❶ Liu K C. Arbitration by SSOs as a Preferred Solution for Solving the FRAND Licensing of SEPs? [J]. International Review of Intellectual Property and Competition Law（IIC），2021，52（6）：673-676.

❷ Contreras J L. Global Rate Setting：A Solution for Standards-Essential Patents? [J].Washington Law Review，2019，94（2）：701-757.

❸ Liu K C. Arbitration by SSOs as a Preferred Solution for Solving the FRAND Licensing of SEPs? [J]. International Review of Intellectual Property and Competition Law（IIC），2021，52（6）：673-676.

❹ 刘鑫.专利当然许可的制度定位与规则重构——兼评《专利法修订草案（送审稿）》的相关条款[J].科技进步与对策，2018，35（15）：113-118.

❺ 刘强.我国专利开放许可声明问题研究[J].法治社会，2021（6）：34-49.

❻ Czychowski C. What is the Significance of a FRAND License Declaration for Standard Essential Patents with Regard to their Transferability?–News from Germany [J].GRUR International，2021，70（5）：421-426；蔡元臻，薛原.新《专利法》实施下我国专利开放许可制度的确立与完善[J].经贸法律评论，2020（6）：83-94.

第 50 条第 1 款的规定，专利权人应当明确专利开放许可费的支付方式和标准。专利开放许可声明发布以后，包括潜在被许可人在内的社会公众均有机会知悉，相关信息具有较高透明度。❶专利开放许可的公开性和公共性程度均高于技术标准专利许可的 FRAND 声明。在此基础上，专利权人有必要承担在专利开放许可声明中披露相关技术标准信息的义务。

第二，专利开放许可声明披露技术标准，专利开放许可实施者可以更为明确地了解可能存在的技术标准信息。由此，潜在专利被许可人能够合理地评估专利开放许可费是否符合该专利的市场价值，作出是否接受该专利开放许可并加以实施的决定。在技术标准披露专利信息的规则中，专利权人在参与技术标准制定过程中应当披露其知悉的与该标准相关的专利或者专利申请。2014 年《国家标准涉及专利的管理规定（暂行）》第 5 条对国家标准制定或者修订过程中的专利信息披露义务作出了相应要求。ETSI 知识产权政策第 4 条规定，该组织每个成员应当尽其合理的努力，在制定其参与的技术标准或技术规范期间，及时通知 ETSI 在该技术标准或者技术规范中存在的必要知识产权。在技术标准制定过程中由专利权人披露相关专利信息，主要是为了保证标准制定过程的公平性，使技术标准制定者及参与者可以在准确掌握专利信息的情况下综合评估标准制定的相关内容，包括是否采纳包含该专利的技术标准提案。参考 ETSI 知识产权政策第 6.1 条，全面及时准确地披露专利信息，是技术标准制定组织要求专利权人作出 FRAND 许可承诺的前提条件。这种披露主要是在技术标准制定组织内部进行披露，而不涉及对社会公众进行披露。在专利开放许可中增加披露技术标准信息的机制，不仅要求专利权人在专利开放许可声明中"初始披露"其所知悉的涉及该专利的技术标准，而且还要对声明发布以后新产生的相关技术标准信息进行持续披露，保持相关信息的不断更新和及时性。❷由此，一方面可以使社会公众了解该专利在技术标准制定过程中具有的重要性，另一方面可以促进技术标准所涉及专利信息的公开透明。专利开放许可声明由专利权人向国家知识产权局提交，并通过国家知识产权局进行发布，能够保证相应技

---

❶　罗莉.我国《专利法》修改草案中开放许可制度设计之完善［J］.政治与法律，2019（5）：29–37.

❷　关通.人工智能医疗专利开放许可机制构建研究［J］.南京工程学院学报（社会科学版），2021，21（1）：46–50.

术标准信息披露的权威性。依据披露技术标准信息的规则，专利权人在提交专利开放许可声明时，如果该项专利属于特定技术标准的必要专利，则应当准确完整地披露其所知悉的相应技术标准信息；包括标准必要专利和标准非必要专利均应当对该事项予以披露，其中对标准必要专利应当承担更为严格的披露义务。在此基础上，专利开放许可声明发布以后，专利权若被事后纳入相应技术标准，专利权人也应当通过适当方式进行披露。我国《专利法》并未允许对专利开放许可声明进行修改，因此专利行政部门有必要建立相应机制为专利开放许可相关技术标准信息的持续披露提供便利。此外，也可以由技术标准制定组织公布相应标准必要专利中已经发布的专利开放许可声明信息，以供技术标准制定组织成员及社会公众查询并在参与技术标准实施活动时作为参考。

第三，技术标准专利许可费定价机制可借助专利开放许可制度公开性得到保障。专利开放许可声明对专利许可费等条件的公布，将技术标准实施中对专利许可的事后谈判改为技术标准制定前或者制定中对专利许可的事前谈判或者事中谈判，有利于被许可人获得更为优势的谈判地位。❶ 在技术标准制定过程中，专利权人有可能利用该标准所产生的网络效应及其对被许可人沉淀成本的"锁定"作用实施机会主义行为，专利开放许可则有利于将专利许可费恢复到市场竞争所形成的价格水平。❷ 专利权人发布的专利开放许可声明与 FRAND 许可声明均会给潜在被许可人带来获得专利实施许可的相应预期，并且使社会公众能够充分了解到该专利及其产生的社会效益。❸ 在技术标准专利许可中，被许可人享有专利权人 FRAND 许可声明的保障，但是专利许可条件的透明度和公开性依然具有非常重要的作用。❹ 参考 ETSI 知识产权政策第 3.1 条，在技术标准制定组织中，作为该组织成员或者第三人的知识产权权利人，对于相关企业

---

❶ Ghidini G, Trabucco G. Calculating FRAND Licensing Fees: A Proposal of Basic Pro-competitive Criteria [M] // Bharadwaj A, et al. Complications and Quandaries in the ICT Sector. Singapore: Springer Nature Singapore Pte Ltd., 2018: 63–78.

❷ Spulber D F. Antitrust Policy toward Patent Licensing: Why Negotiation Matters [J]. Minnesota Journal of Law, Science and Technology, 2021, 22 (1): 83–162.

❸ Krauspenhaar D. Liability Rules in Patent Law–A Legal and Economic Analysis [M]. Berlin: Springer–Verlag, 2015: 104–105.

❹ U.S. Department of Justice.Response to Intellectual Property Exchange International, Inc.'s Request for Business Review Letter [EB/OL]. (2013–03–26) [2022–12–01].https://www.justice.gov/atr/response–intellectual–property–exchange–international–incs–request–business–review–letter.

在实施标准和技术规范中使用其知识产权的行为，都应得到充分和公平的报酬。从专利自愿许可、技术标准专利许可到专利开放许可，专利许可费定价机制的公开程度不断提高，专利许可费标准的公平性也会相应增强。在一般的专利自愿许可中，由于专利权人在协商程序方面较少受法律制度或者自治规则的限制，因此在制定专利许可费标准方面的意思自治范围是较大的，在产生争议时司法裁判能够介入并加以调整的程度较低。在技术标准专利许可中，相关标准制定组织的专利许可政策会对专利权人与被许可人之间的专利许可谈判在程序上和实体上进行相应规制。然而，尽管 FRAND 专利许可声明是公开的，但是一般并不包括专利许可的具体条件，在该原则声明下，专利权人和被许可人还需要进行个别协商，从而达成专利自愿许可协议。FRAND 专利许可谈判的双边性、秘密性是其交易成本增加的重要因素，可能会引发专利权人实施"专利劫持"等机会主义行为，导致"专利堆积"问题或者在不同被许可人之间产生不合理的歧视性待遇。[1]专利开放许可声明对专利许可费率的公布不仅可以为公平合理确定专利许可条件提供基本保证，而且可以在一定程度上产生制度"外溢"效应，对替代技术专利权的许可谈判提供可比较的专利许可费标准，乃至对本专利全球范围内许可费的确定提供参考对象。[2]在华为诉交互数字技术公司案中，有观点认为 FRAND 原则本身便构成合同法上的要约，只要被许可人发出实施专利的通知，此项专利许可便已成立。[3]但是，FRAND 原则内容过于模糊，该原则中的合理性和非歧视性等方面有较为宽泛的解释空间，事实上难以明确地认定当事人之间所达成专利许可条件的具体内容。[4]因此，当事人在 FRAND 原

---

[1] 易继明，胡小伟.标准必要专利实施中的竞争政策——"专利劫持"与"反向劫持"的司法衡量［J］.陕西师范大学学报（哲学社会科学版），2021，50（2）：82-95；Spulber D F. Antitrust Policy toward Patent Licensing：Why Negotiation Matters［J］. Minnesota Journal of Law, Science and Technology，2021，22（1）：83-162.

[2] 祝建军.标准必要专利禁诉令与反禁诉令颁发的冲突及应对［J］.知识产权，2021（6）：14-24.

[3] 叶若思，祝建军，陈文全，叶艳.关于标准必要专利中反垄断及 FRAND 原则司法适用的调研［M］// 黄武双.知识产权法研究：第 11 卷.北京：知识产权出版社，2013：1-31.

[4] Mesel N D. Interpreting the 'FRAND' in FRAND Licensing：Licensing and Competition Law Ramifications of the 2017 Unwired Planet v Huawei UK High Court Judgements［M］// Bharadwaj A, et al. Multi-dimensional Approaches Towards New Technology. Singapore：Springer Nature Singapore Pte Ltd.，2018：119-135.

则下进行专利许可具体协商是必不可少的。专利许可单独协商过程通常是不公开的，专利权人有可能利用标准必要专利所带来的谈判地位优势和被许可人之间的信息不共享和不对称，实施索取不合理高价许可费等行为，这可能构成滥用专利垄断地位并违反反垄断法。❶ 专利开放许可声明的公开性能够保障所有潜在被许可人均可以清楚地了解专利权人制定的专利许可费标准，特定被许可人遭遇不合理歧视性许可费待遇的可能性较低。此外，也应当注意专利权人对专利开放许可声明中专利许可费披露机制的策略利用问题。为了提高被许可人实施开放许可专利及相关技术标准的积极性，专利权人可能会对特定标准必要专利制定较低的专利开放许可费标准，甚至免费许可使用。但是，实施该项开放许可专利会涉及对某项技术标准的实施，以及实施该项技术标准的其他必要专利，并由专利权人设定较高的专利许可费标准。为此，在专利权人与被许可人之间就专利开放许可费产生争议时，有必要将专利开放许可费与该专利权人在同一技术标准的其他必要专利中的 FRAND 许可费率相结合并予以认定，以防止专利权人实施利用专利开放许可声明许可费披露机制的机会主义行为。

二、专利开放许可法定性与技术标准专利许可

首先，专利开放许可具有较为显著的法定性，这是相对于技术标准专利许可意定性较强的区别特征。在法律性质方面，我国专利开放许可声明属于要约，其法律约束力要强于作为要约邀请的 FRAND 专利许可声明，专利开放许可机制的加入有利于 FRAND 专利许可取得更为明确的法律基础。❷ 在技术标准专利许可 FRAND 原则中，单方法律行为说认为，标准必要专利权利人作出的该声明是一种单方当事人实施的法律行为。❸ 北京市高级人民法院审理的西电捷通诉索尼 WAPI 专利侵权案二审判决书提及，西电捷通公司关于标准专利权的"公

---

❶ 刘鑫. 试验数据专利保护的反垄断问题——以《关于滥用知识产权的反垄断指南》为范本的诠释［J］. 上海政法学院学报（法治论丛），2016，31（3）：89-95.

❷ 管育鹰. 标准必要专利权人的 FRAND 声明之法律性质探析［J］. 环球法律评论，2019，41（3）：5-18；张广良. 标准必要专利 FRAND 规则在我国的适用研究［J］. 中国人民大学学报，2019，33（1）：114-121.

❸ 管育鹰. 标准必要专利权人的 FRAND 声明之法律性质探析［J］. 环球法律评论，2019，41（3）：5-18.

平、合理、无歧视许可声明"，"不代表其已经做出了许可"，"不能认定双方已达成了专利许可合同"。❶ 多数其他国家将专利开放许可声明定位为要约邀请，虽然这与 FRAND 专利许可声明的法律性质较为接近 ❷，但是两者均存在法律效力不确定和内容比较模糊等方面的问题，该立法模式中的专利开放许可声明也将难以起到促进 FRAND 原则有效实施的作用。我国专利开放许可声明法定性较强的特点还体现为，该声明通常只能记载专利许可费标准，而基本上排除了专利许可费以外的其他许可条件。❸ 在 FRAND 原则下进行专利许可合同协商时，专利权人可能期望增加对被许可人的限制性条款，从而保障前者的经济利益和竞争优势，甚至其中有部分条款可能有构成专利权滥用和违反反垄断法的嫌疑。《专利法》第四次修改增加了防止专利权滥用的规定，主要体现为第 20 条第 1 款中有关专利申请人和专利权人在从事申请专利和行使专利权时应当遵循诚实信用原则，以及从另一方面要求相关权利人不得滥用专利权造成损害公共利益或者他人合法权益的后果。此外，该条第 2 款还对违反第 1 款并涉及反垄断违法的法律责任追究依据进行了明确，专利权人实施的专利许可行为构成对专利权滥用，造成排除或者限制竞争结果，构成违法垄断行为的，将根据《反垄断法》对此类行为予以规制。在标准必要专利许可中，专利权人基于谈判地位优势，在专利许可合同中加入限制性条款的可能性将显著增加。这种限制性条款包括涉及专利许可费的限制性条款和非许可费事项的其他方面限制性条款两种类型。其中，涉及专利许可费的限制性条款主要是索取不合理高价，在专利开放许可声明公开性的制约下产生这种情况的可能性会明显减少；非许可费事项的其他方面限制性条款，则由于专利开放许可声明的法定性特点而基本被排除了。❹ 相对于传统模式中 FRAND 原则下的专利许可协商谈判而言，在专利开放许可模式法定性基础上，专利权人实施违反反垄断法的专利权滥用行为的可能性也将受到较为严格的限制。

---

❶　北京市高级人民法院（2017）京民终 454 号民事判决书。

❷　黄玉烨，李建忠．专利当然许可声明的性质探析——兼评《专利法修订草案（送审稿）》[J]．政法论丛，2017（2）：145-152.

❸　国家知识产权局《专利开放许可声明》模板表格。国家知识产权局．"与专利实施许可合同相关"的表格下载 [EB/OL]．（2023-01-11）[2023-02-20].https：//www.cnipa.gov.cn/col/col187/index. html.

❹　刘强．我国专利开放许可声明问题研究 [J]．法治社会，2021（6）：34-49.

其次，被许可人获得专利开放许可实施权构成条件由专利法规定。专利权人发布 FRAND 专利许可声明或者专利开放许可声明，将被认为是在一定条件下放弃了对未经许可实施专利当事人提起专利侵权诉讼的权利。❶ 在专利开放许可机制中，被许可人可以依照法定程序取得开放许可专利实施权，并不需要与专利权人单独协商并接受额外限制条款。❷《德国专利法》第 23 条第 3 款规定，被许可人在向专利权人发出希望实施该专利的意愿，并且详细说明实施该专利的方式后，便能够按照其所陈述的方式获得该专利的开放许可实施权。❸《英国专利法》则要求专利权人与被许可人另行达成专利许可协议，后者才能取得专利开放许可实施权。❹ 在我国《专利法》中，被许可人取得专利开放许可实施权的要件基本参照了《德国专利法》的相应模式，简化了其取得实施权的谈判许可程序要件。在 FRAND 原则下，专利权人虽然作出了许可承诺，但是在事实上可以通过多种手段保有颁发专利许可的决定权。例如，专利权人可以在谈判中延迟订立专利许可合同的时间，索取高额专利许可费，对被许可人实施专利技术的能力提出质疑，不为被许可人实施专利技术提供便利条件等，因此被许可人所处谈判地位较为劣势。❺FRAND 原则对于专利许可条件的限制能力较弱，专利权人在确定专利许可费标准和其他专利许可条件方面享有较为宽泛的谈判空间和决定权利。虽然有 FRAND 原则作为基础，但是在专利权人对专利许可条件认可并达成协议之前，被许可人是难以实际取得专利实施权的。在专利开放许可模式下，被许可人只需要满足《专利法》所规定的向专利权人发出通知和支付许可费这两项条件便可以获得专利开放许可实施权，因而既无动力也无必要与专利权人另行协商谈判许可条件。❻ 对于无须专利权人提供技术协助便可以实施的专利技术，被许可人更有依据法律规定直接获得实施权并加以使用

❶ Czychowski C. What is the Significance of a FRAND License Declaration for Standard Essential Patents with Regard to their Transferability?–News from Germany［J］.GRUR International，2021，70（5）：421-426.

❷ 刘强.专利开放许可费认定问题研究［J］.知识产权，2021（7）：3-23.

❸ 国家知识产权局条法司.外国专利法选译［M］.北京：知识产权出版社，2015：874-875.

❹ Rudyk I. Three Essays on the Economics and Design of Patent Systems，Chapter 1，The License of Right in the German Patent System.［EB/OL］.（2013-06-13）［2021-12-02］.https：//edoc.ub.uni-muenchen.de/15791/1/Rudyk_Ilja.pdf.

❺ 易继明，胡小伟.标准必要专利实施中的竞争政策——"专利劫持"与"反向劫持"的司法衡量［J］.陕西师范大学学报（哲学社会科学版），2021，50（2）：82-95.

❻ 刘强.专利开放许可费认定问题研究［J］.知识产权，2021（7）：3-23.

的动力。在技术标准专利许可中，被许可人获得专利实施技术支持的渠道是多元化的，专利开放许可模式能够让其以更小的协商成本和谈判风险获得实施专利的合法权利。

再次，专利开放许可费单次定价机制有利于被许可人合理确定许可费负担。事实上，专利开放许可费与 FRAND 专利许可费在一定程度上均受到法律规则或者市场因素制约，这两种类型专利许可费的意定程度与一般的专利自愿许可费相比是较弱的。❶专利权人在发布专利开放许可声明或者 FRAND 声明后，通过司法途径起诉潜在被许可人专利侵权并请求法院颁发禁止令的权利也会受到相应限制，使其通过该声明表达的专利许可意愿及被许可人的相应预期能够得到保障。❷在 FRAND 原则下，专利权人与被许可人可能需要就专利许可进行多次协商谈判才能达成协议。在该谈判模式中，专利权人可以先提出较高许可费报价，再根据被许可人所处谈判地位、能够实现的利润水平和专利许可费承受能力等因素对许可费率谈判条件进行适当调整。由此形成的专利许可费水平有可能超出被许可人实际能够承担的限度，但是由于沉淀成本等原因造成的谈判地位劣势而不得不接受。❸在前述美国知识产权交易国际公司商业化专利许可模式中，被许可人为持续实施特定专利权，可能会多次购买该公司提供的"许可权利单元"，在多次购买行为之间会存在时间间隔，在此期间所投入的实施成本会形成新的沉淀成本，从而使其在后续购买决策时处于更为不利的谈判地位，影响其参与此类标准化专利许可活动的积极性。❹在司法裁判中对专利许可费是否符合 FRAND 原则进行判断时，可能会"以被许可人的生产承受能力"作

---

❶　Binctin N, Bowdon R D, Dhenne M, Vial L. Feedback on the Intellectual Property Action Plan Roadmap of the European Commission［EB/OL］.（2020-12-07）［2021-12-02］.https：// halshs.archives-ouvertes.fr/halshs-02970368/document.

❷　Krenz C. The Enforcement of Standard Essential Patents in Germany-A Stocktaking［EB/OL］［2021-12-20］.https：//www.dlapiper.com/en/germany/insights/publications/2017/08/patent-law- update-germany/.; 张广良.标准必要专利 FRAND 规则在我国的适用研究［J］.中国人民大学学报, 2019, 33（1）：114-121.

❸　［美］奥利弗·E.威廉姆森.资本主义经济制度［M］.段毅才, 王伟, 译.北京：商务印书馆, 2020：87.

❹　Steele M L. The Great Failure of the IPXI Experiment：Why Commoditization of Intellectual Property Failed［J］.Cornell Law Review, 2017, 102（4）：1115-1142.

为判定专利许可费率价格是否过高的参考因素之一。❶尽管专利权人对许可费报价过高可能直接导致专利许可谈判破裂❷，但是还有必要顾及由于其他不利因素迫使被许可人接受不合理高价许可费的可能性，应当尽量避免产生对被许可人利润的过度"压榨"。❶在专利开放许可声明中，专利权人需要对专利许可费标准予以明确，从而由传统的多次谈判协商转变为单次协商谈判，专利权人利用谈判过程制定并索取过高许可费的可能性也会被大幅度压缩，这有利于技术标准必要专利实施者通过谈判获得较为合理的专利许可费定价并确定相应的费用支出。

最后，专利开放许可费的法定性在 FRAND 原则适用中体现示范性。专利开放许可费能够对 FRAND 专利许可费的认定提供重要的事实基础和参考标准。在 FRAND 专利许可中，通常会采用虚拟谈判法、许可费类比法、市场价值法等方法对专利许可费标准进行计算。❹欧盟《关于在建立统一专利保护领域加强合作的条例》第 8 条第 1 款对专利开放许可费标准作出了"合理对价"（Appropriate Consideration）的原则要求。❺这为认定相关专利开放许可费提供了指引，对 FRAND 专利许可费标准的明确提供了帮助。1970 年美国乔治亚—太平洋（Georgia-Pacific）案采用虚拟谈判法计算专利侵权损害赔偿，为标准必要专利许可费计算提供重要参考，美国多个法院参照该方法计算 FRAND 专利许可费。❻有美国法官解释道，采用虚拟谈判法的目的是将当事人成功谈判并达成

---

❶ 罗蓉蓉．美国专利主张实体合法性检视及中国的应对策略［J］．科技进步与对策，2020，37（4）：137-146．

❷ 于海东．专利许可合同主要条款的起草与审核［J］．中国发明与专利，2016（11）：76-81．

❶ 林平．标准必要专利 FRAND 许可的经济分析与反垄断启示［J］．财经问题研究，2015（6）：3-12．

❹ 杨东勤．确定 FRAND 承诺下标准必要专利许可费费率的原则和方法——基于美国法院的几个经典案例［J］．知识产权，2016（2）：103-109．

❺ Regulation（EU）No.1257/2012 of the European Parliament and of the Council of 17 December 2012. Krauspenhaar D. Liability Rules in Patent Law-A Legal and Economic Analysis［M］．Berlin：Springer-Verlag，2015：126-127.

❻ Layne-Farrar A, Wong-Ervin K W. Methodologies for Calculating FRAND Damages：An Economic and Comparative Analysis of the Case Law from China, the European Union, India, and the United States［J］．Jindal Global Law Review, 2017, 8（2）：127-160.

许可的情况下可能形成的许可费作为当事人应当支付的损害赔偿费用。❶ 在该案判决意见所涉及的 15 项计算专利侵权损害赔偿的标准中，有 10 项涉及专利许可费，说明专利侵权损害赔偿数额的认定与专利许可费的计算均涉及专利经济价值，两者有较多共通之处。❷ 该案中的 15 项专利侵权损害赔偿的标准大多数可用于 FRAND 专利许可费的认定，并且可以在解决标准必要专利开放许可费争议时作为参考因素。❸ 在专利开放许可声明中制定的专利许可费标准通常是较为合理的，能够较好地预测专利权人与被许可人之间可能产生的谈判结果，反映了专利权人与其他实施者之间已经达成的专利许可费协议。在专利许可费类比认定法适用中，专利开放许可费也可以作为重要的类比对象。❹ 在德国专利开放许可费纠纷解决的司法实践中，法院通常也会结合之前可类比的专利许可费、专利权对实施者的重要性及其所能够产生的经济价值等影响因素，形成较为合理的专利许可费标准。❺ 因此，专利开放许可费率的公布不仅对该专利 FRAND原则的适用产生重要影响，而且能够为具有类似技术功能和市场特点的其他专利权的许可费率的确定提供可类比的对象。

三、技术标准专利开放许可条款的合理形成

在技术标准制定组织中，专利权人发布 FRAND 专利许可声明后，与标准实施者签订许可协议时需要遵守该原则的要求，其专利许可费率应当合理地体现专利权对产品利润的贡献，并且不能在各被许可人之间造成不合理的歧视性待遇。在专利开放许可声明中，虽然专利权人不能在许可费率方面对不同被许可人实行差别化待遇（不论这种差别待遇是否具有合理事由），但是该许可费率

---

❶ Layne-Farrar A, Wong-Ervin K W. Methodologies for Calculating FRAND Damages：An Economic and Comparative Analysis of the Case Law from China, the European Union, India, and the United States［J］. Jindal Global Law Review, 2017, 8（2）：127-160.

❷ Cauley R F. Winning the Patent Damages Case：A Litigators Guide to Economic Models and Other Damage Strategies［M］. 2nd ed. Oxford：Oxford University Press, 2011：9-10.

❸ Layne-Farrar A, Padilla A J, Schmalensee R. Pricing Patents for Licensing in Standard-Setting Organizations：Making Sense of FRAND Commitments［J］. Antitrust Law Journal, 2007, 74（3）：671-706.

❹ 何江，金俭. 美国标准必要专利的反垄断审查与中国镜鉴——以"FTC诉高通案"为例［J］. 管理学刊，2021，34（2）：94-109.

❺ Krauspenhaar D. Liability Rules in Patent Law-A Legal and Economic Analysis［M］. Berlin：Springer-Verlag, 2015：103-104.

是否合理地体现了专利权的经济价值则难以由法律规则加以约束。其他国家将专利开放许可作为反垄断执法措施时，可能会在专利许可纠纷解决过程中对许可费率提出限制要求。❶ 但是，我国尚未将专利开放许可用于反垄断执法领域，因此也不存在对专利开放许可费进行限制的规则基础。专利权人制定的专利开放许可费率若过高，可能对当事人造成若干负面影响，但是这也属于专利权人和被许可人意思自治的范围，在法律层面一般不予干预。专利权人制定的专利开放许可费率超出合理水平时，一方面会对专利权人的商业形象造成不利影响，另一方面会促使潜在被许可人"用脚投票"并且可能选择实施具有替代功能的其他专利权。

专利制度利益平衡问题涉及的重点领域之一是有关专利许可的反垄断执法。❷ 在反垄断执法领域，专利许可制度规则的适用更为重视专利权人与被许可人之间的利益平衡，消费者权益等公共利益问题会由反垄断执法部门在必要时作为支撑其决定的依据之一。❸ 在专利许可中，反垄断执法的目的是防止专利权人滥用由专利权所带来的垄断地位及实施限制竞争的行为，恢复市场机制在专利许可谈判中的基础性地位，公平合理地解决当事人之间就专利许可合同的订立和解释所产生的纠纷。专利权人有可能同时具备法律上的独占权利和经济上的垄断地位，因而可能存在滥用垄断地位获取不合理市场利益的问题。专利权人滥用垄断地位的问题集中体现在与被许可人所达成的专利许可协议条款是否合理，特别是能否符合技术标准制定组织 FRAND 原则的问题上。专利权人在制定专利开放许可条款时利用在专利许可谈判中的信息占有、谈判地位、技术能力等方面优势的可能性较小，难以出现在专利许可合同谈判和履行过程中附加不合理的合同条款，包括索取高额专利许可费、不允许被许可人对专利权有效性提出质疑、一揽子专利许可、强制被许可人回授后续研发成果知识产权等

---

❶ 马一德. 技术标准之许可定价规则的"非国家化"——以可比许可法为中心 [J]. 法学研究, 2022, 44（3）: 103-124.

❷ 谢嘉图. 论延长专利保护期的正当溯及既往——一种"开放许可"的解决进路 [M] // 李雨峰. 西南知识产权评论: 第 8 辑. 北京: 社会科学文献出版社, 2020: 192-205.

❸ 王瀚. 美国标准必要专利中反向劫持问题研究 [J]. 学术界, 2018（3）: 189-199, 279-280.

情形❶，在专利权人通过专利许可所获得的直接收益中，既包括专利许可费等货币收益，也包括技术产品收益和无形资产收益等非货币收益❷，被许可人将后续研发成果许可给专利权人是后者所获得的无形资产收益之一。在日本专利法上，专利实施许可合同被许可人有权对专利权提起无效审判请求，这并不会违反诚实信用原则。❸通过上述类型条款，专利权人能够维护其市场地位优势和技术水平优势，为其持续获取相应利润提供专利许可合同方面的保障。

在技术标准专利许可中，专利许可费标准不应超出合理范围，并且不应构成对不同被许可人的歧视性待遇。FRAND原则可以成为专利开放许可费率是否公平合理并且不属于歧视性标准的重要参考。在FRAND专利许可费标准认定方面，将防止标准必要专利权持有人实施下列行为作为主要目标："（i）利用专利阻遏或拒绝许可的威胁来收取过高和不合理的许可费（许可费率应当合理）；（ii）通过拒绝许可将竞争对手从行业中排除（许可应当是非强制性的）；或（iii）利用标准必要专利的基础作用索取其他非标准必要专利的许可费或要求交叉许可（许可条款必须公平）。"❹为促进FRAND专利许可和专利开放许可机制便利性的有效体现，法院在对FRAND原则进行适用时，应当侧重对专利权人与被许可人谈判过程的调整而并非对谈判结果的干预，甚至在某种程度上可以将诉讼程序（至少是诉讼程序的起始阶段）视为当事人FRAND专利许可协商谈判的延续❺；在专利开放许可纠纷解决机制中，当事人协商的对象不再是专利许可协议本身的效力和内容，而是协议履行中的相应问题，法院可以对当事人关于专利许可条件的意思表示予以认可，并将其作为合同条款加以适用。在欧洲法院系统，法官可能会尽量避免介入对专利许可费具体标准是否满足FRAND

❶　郑伦幸.技术标准化下专利许可制度私法基础的困境及其超越［J］.知识产权，2015（7）：49-54.

❷　岳贤平.技术许可中价格契约理论研究［M］.上海：上海人民出版社，2007：57.

❸　李明德，闫文军.日本知识产权法［M］.北京：法律出版社，2020：362.

❹　Bosworth D S, Mangum R W III, Matolo E C. FRAND Commitments and Royalties for Standard Essential Patents［M］// Bharadwaj A, et al. Complications and Quandaries in the ICT Sector. Singapore：Springer Nature Singapore Pte Ltd., 2018：19-36.

❺　罗娇.论标准必要专利诉讼的"公平、合理、无歧视"许可——内涵、费率与适用［J］.法学家，2015（3）：86-94，178.

原则要求的认定，只在必要情况下才作出相应裁决。❶ 由于司法审判对专利许可费标准认定的介入程度有限，因此需要调整专利权人与被许可人在技术标准专利许可中的谈判地位，恢复市场机制在技术标准专利许可中的主导作用。专利开放许可有助于被许可人在一定程度上获得相对于专利权人的谈判地位优势，但是也存在专利许可谈判和专利许可条件灵活性减少的问题，需要通过专利开放许可实施机制规则合理解决。

对专利许可费形成机制灵活性的维护，有助于技术标准专利开放许可费的合理确定。专利开放许可声明的法定性和稳定性也可能会削弱 FRAND 专利许可的灵活性。FRAND 专利许可声明不涉及具体的许可条件，这有待专利权人与被许可人单独进行协商并加以确定，因此当事人可以根据相应专利许可合同所涉及实施活动和市场情况的特点制定许可条款和设定许可条件。在许可费形成机制方面，FRAND 专利许可谈判通常是在保密状态下进行的，专利权人为防止其许可条件被披露可能会主张交由第三方（如专业律师）评估其制定的专利许可费率是否符合 FRAND 原则。❷ 专利开放许可声明稳定性要求该声明一经发布不得对内容进行修改，由此可能会产生专利许可费标准或者计算依据固定化而难以适应市场环境变化的问题。❸ 解决该问题有两种方式：一是在专利开放许可制度中建立专利开放许可声明内容修改机制，允许专利权人在专利开放许可声明发布一定期间后对开放许可条件进行调整，以适应专利产品成本收益可能发生的变化❹；二是将专利开放许可与专利自愿许可相结合，允许专利权人与被许可人另行达成专利自愿许可协议，并在合理范围内享有优先适用的效力，从而满足不同当事人对专利许可条件的差异化需求。第二种方式是在专利开放许可通常具有相对于专利自愿许可优先效力的基础上，为在技术标准必要专利许

❶ Krenz C. The Enforcement of Standard Essential Patents in Germany–A Stocktaking［EB/OL］.（2017–08–18）［2021–12–20］.https：//www.dlapiper.com/en/germany/insights/publications/2017/08/patent–law–update–germany/.

❷ Krenz C. The Enforcement of Standard Essential Patents in Germany–A Stocktaking［EB/OL］.（2017–08–18）［2021–12–20］.https：//www.dlapiper.com/en/germany/insights/publications/2017/08/patent–law–update–germany/.

❸ 谢嘉图.缺陷与重构：当然许可制度的经济分析——以《专利法修稿草案（送审稿）》为中心［J］.西安电子科技大学学报（社会科学版），2016，26（4）：97–103.

❹ 何培育，李源信.基于博弈分析的开放许可制度优化研究［J］.科技管理研究，2021，41（12）：165–171.

可中体现 FRAND 原则灵活性而作出的特殊规则安排。

专利开放许可中专利权人的强制缔约义务与技术标准专利许可中专利权人的相应义务，均有助于专利许可费率标准的合理形成。专利开放许可合同订立机制可以被理解为一种自愿式强制缔约机制。[1] 有观点认为，标准必要专利权利人有授予相应专利许可的义务，这与公用事业单位的强制缔约义务较为类似。[2] 标准必要专利在该相关技术市场或者产品市场中具有垄断性地位，潜在被许可人欲进入该市场不可避免地需要使用该专利技术，若不能获得专利权人的许可将面临构成专利侵权的风险。此类专利具有的市场支配地位和不可替代性与供水企业等垄断性主体所处地位较为相似，因此该专利权人也应当承担类似的强制性缔约义务。[3] 有法官认为，标准必要专利 FRAND 专利许可与普通专利许可或者专利强制许可有差异[4]，这也间接印证了 FRAND 专利许可有更为接近于专利开放许可的可能性。这位法官提出该观点的主要依据是华为诉交互数字技术公司案的裁判意见。当时我国尚未建立专利开放许可制度，这位法官在分析论证时也难以将 FRAND 专利许可与专利开放许可直接进行比较，但是，从 FRAND 专利许可所引发的强制缔约义务来看，与其他国家专利开放许可制度中专利权人的相应义务有类似之处。

第三节　技术标准专利许可与专利开放许可的机制衔接

一、技术标准制定组织专利政策对专利开放许可的接纳

技术标准专利许可与专利开放许可在应用领域和许可模式方面均存在协同之处，因此技术标准制定组织在确定专利政策时可以对专利开放许可规则予以

---

[1] 王双龙，刘运华，路宏波.我国建立专利当然许可制度的研究［M］// 国家知识产权局条法司 . 专利法研究（2015）. 北京：知识产权出版社，2018：194—209.

[2] 叶若思，祝建军，陈文全，叶艳 . 关于标准必要专利中反垄断及 FRAND 原则司法适用的调研［M］// 黄武双 . 知识产权法研究：第 11 卷 . 北京：知识产权出版社，2013：1—31.

[3] 崔建远 . 强制缔约及其中国化［J］. 社会科学战线，2006（5）：214—221.

[4] 叶若思，祝建军，陈文全，叶艳 . 关于标准必要专利中反垄断及 FRAND 原则司法适用的调研［M］// 黄武双 . 知识产权法研究：第 11 卷 . 北京：知识产权出版社，2013：1—31.

适度纳入和整合，以充分发挥后者的功能。根据英国、德国等国家专利开放许可制度实施的经验，通信、电子等专利和技术标准较为密集的产业领域企业发布专利开放许可声明的数量和比例相对较高。❶ 由此可以看到，技术标准制定组织对专利开放许可的接纳程度可能会比较高。技术标准制定组织可以在专利政策中提出要求，标准必要专利权利人不仅有义务作出 FRAND 专利许可声明，而且要提交专利开放许可声明，从而为被许可人获得专利许可提供更为有力的保障。在英国部分技术标准制定组织专利许可政策中，要求专利权人作出专利开放许可声明，确保技术标准实施者能够在合理条件下获得专利许可，并且可以由英国知识产权局对相应专利开放许可纠纷进行裁决。❷FRAND 专利许可与专利开放许可声明可以相互衔接与配合。专利权人的 FRAND 专利许可声明对其在专利开放许可声明中制定专利许可费标准能够形成一定程度的限制和制约，由此提高被许可人对专利许可条件的可预期性。我国专利开放许可制度并未对专利权人制定的专利许可费标准进行任何实质性的限制，可以认为专利权人能够根据其意愿自主决定许可费率。❸ 技术标准制定组织在 FRAND 原则基础上要求专利权人发布专利开放许可声明，不会显著影响专利权人应当享有的专利许可费标准制定权。国家知识产权局对专利开放许可声明主要进行形式审查，对专利开放许可费标准的实质审查和介入是有限度的。在对标准必要专利的许可费进行认定时，可以参考专利权人在已经发布的专利开放许可声明中确定的许可费率。❹ 由此，可以实现专利开放许可费与专利自愿许可费等其他类型专利许可费的有效衔接。

基于专利开放许可声明的公开性、公共性，以及由声明发布所形成的价格竞争机制和商业信誉等因素的制约，通常较难根据《专利法》或者《反垄断法》强制要求专利权人对专利开放许可费率进行修改。专利开放许可声明的公开性

---

❶ 徐东.专利"当然许可"制度的初步探讨［M］//国家知识产权局条法司.专利法研究（2018）.北京：知识产权出版社，2020：190-203.

❷ Taubman A S. Several Kinds of 'Should'. The Ethics of Open Source in Life Sciences Innovation［M］// Overwalle G V. Gene Patents and Collaborative Licensing Models Patent Pools, Clearinghouses, Open Source Models and Liability Regimes. Cambridge：Cambridge University Press，2009：219-243.

❸ 蔡元臻，薛原.新《专利法》实施下我国专利开放许可制度的确立与完善［J］.经贸法律评论，2020（6）：83-94.

❹ 刘强.专利开放许可费认定问题研究［J］.知识产权，2021（7）：3-23.

和公共性能够在一定程度上克服 FRAND 声明公开范围的局限性和 FRAND 专利许可条件秘密性的问题，并且相关国家对专利开放许可信息发布系统的建立可以提高公众可及性和参与积极性。❶《专利法》为保持专利开放许可声明的稳定性和一致性，也未设置对该声明内容进行修改的程序，这意味着声明内容通常是不允许修改的，相应的专利许可费标准也是不能调整的。❷ 如果专利权人与被许可人达成合意，在专利开放许可条件基础上对双方之间的专利许可条件进行调整和修改，则将使双方之间的专利许可从专利开放许可跨越到专利自愿许可的范围。❸ 在此情况下，专利开放许可制度所发挥的作用主要在于对专利权人许可意愿的披露和为双方协商专利许可条件提供可以参照的标准，但是在节约双方协商程序成本方面的作用不够显著。这也说明《专利法》对专利权人制定的专利开放许可费标准在合法性方面有较高的容忍度，一般不会对其合法性或合理性提出质疑。在技术标准专利许可中，专利权人作出的 FRAND 声明不仅可以对其与被许可人之间通过专利自愿许可达成的许可条件形成约束，而且能够对专利权人在专利开放许可声明中制定的许可费率产生制约。专利开放许可费标准若违反 FRAND 原则，技术标准制定组织及相关被许可人可以向专利权人提出撤回专利开放许可声明并重新予以发布的要求。另外一种解决路径是，在专利开放许可实施产生纠纷，特别是在专利开放许可费标准方面产生争议，并由法院进行司法裁判时，应当基于 FRAND 原则对专利权人发布的专利开放许可费率是否违反反垄断法进行审查。

在专利开放许可制度中，受到《专利法》相关条款的限制，通常不允许专利权人要求被许可人承担除按照标准支付专利许可费外的其他义务。部分国家制定了强制专利开放许可规则，相应专利许可条件由法院或者专利行政部门裁定，在此情况下更难以由公权力部门对当事人增加除专利许可费以外的其他许

---

❶ Gowers A. Gowers Review of Intellectual Property［R］. The United Kingdom Stationery Office, 2006: 90.

❷ 何培育，李源信. 基于博弈分析的开放许可制度优化研究［J］. 科技管理研究，2021，41（12）：165-171.

❸ 刘强. 我国专利开放许可声明问题研究［J］. 法治社会，2021（6）：34-49.

可条件。❶ 在技术标准实施活动中，FRAND 专利许可所涉及许可条件可能更为复杂，双方当事人可能就许可条件进行多次谈判并达成具有个性化的协议内容。尽管该许可谈判模式所耗费的交易成本较高，但是能够较好地满足不同当事人多元化的交易条件需求。❷ 在 FRAND 专利许可中，专利权人期望的利益诉求可能不仅限于收取专利许可费，还包括向被许可人销售技术设备或者给予其他相关专利许可，对被许可人实施专利技术的时间、地域、规模进行适当限制，要求被许可人保证专利产品质量，要求被许可人回授后续研发成果知识产权等。❸ 专利权人希望约定此类许可合同条款，但是难以在专利开放许可中得到体现。在此情况下，技术标准制定组织的专利政策可以起到补充作用，相关专利政策产生效力的主体范围及于技术标准制定组织成员，该组织成员在实施开放许可专利时应当承担《专利法》专利开放许可制度框架以外的相应义务。这将为专利权人在授予专利许可过程中合理预期的实现提供更好保障。

二、技术标准制定组织专利政策与专利开放许可的互补

在技术标准制定组织专利政策对专利开放许可进行接纳时，不仅要探求两者之间的契合性与协调性，也要注意相互之间的差异问题，并充分发挥各自所具有的特点。在专利许可实践中，这两种专利许可机制能够在相互衔接的过程中实现优势互补。

第一，专利许可法律属性方面的互补。其一，专利开放许可是官方建立的公共许可机制，FRAND 原则属于技术标准制定组织等专业机构制定的自治许可规则。专利开放许可制度是由《专利法》建立的正式法律规则，国家知识产权局对专利开放许可声明的受理、发布和撤回等事务进行行政管理，强化了专利开放许可声明具有的权威性和稳定性。❹FRAND 专利许可则属于技术标准制定

---

❶ Zimmeren E V, Overwalle G V. A Paper Tiger? Compulsory License Regimes for Public Health in Europe [J]. International Review of Intellectual Property and Competition Law (IIC), 2011, 42 (1): 4–40.

❷ Contreras J L. FRAND Market Failure: IPXI's Standards-Essential Patent License Exchange [J]. Chicago-Kent Journal of Intellectual Property, 2016, 15 (2): 419–440.

❸ 宁立志，王少南. 技术标准中的专利权及其反垄断法规制 [M] // 陈小君. 私法研究：第 22 卷. 北京：法律出版社，2017：189–222.

❹ 刘强. 我国专利开放许可声明问题研究 [J]. 法治社会，2021 (6): 34–49.

组织及其成员之间自发设立的专利许可方式，具有民间性和自治性❶，一般未得到官方机构的确认，反而有可能要接受反垄断执法机构进行的反垄断审查。其二，专利开放许可声明具有公开性和公共性，FRAND 声明则限于特定标准制定组织内部。专利开放许可声明是向社会公众发布的法律文件，其受众包括具有专利实施能力的潜在被许可人在内的各个主体，具有较为广泛的主体参与可能性。❷FRAND 原则声明一般是在技术标准制定组织中作出的，并在该组织成员范围内有效，应当归属为半开放式的专利许可。由于 FRAND 专利许可仅适用于技术标准的实施过程，因此将该许可目标主体限定在特定技术标准制定组织成员是具有合理性的，但是，也有可能产生同一专利在不同技术标准组织或者不同技术标准中所适用的专利许可费率存在差异的问题，从而带来某种程度的"歧视性"。其三，专利开放许可声明属于要约，FRAND 专利许可声明属于要约邀请。我国《专利法》将专利开放许可声明认定为具有要约性质，其他部分国家则将专利开放许可声明作为要约邀请。两者区别之处在于是否需要公布专利开放许可费等许可条件，以便双方能够较为便捷地达成专利开放许可协议。FRAND 专利许可声明更多地属于要约邀请而非要约，在该声明中通常并不包含具体的条件（包括专利许可费标准）。❸这一方面弱化了 FRAND 专利许可声明的法律拘束力，另一方面也为双方当事人提供了较为充分的灵活性。在技术标准专利许可所涉及的许可条件较为复杂的情况下，采用 FRAND 原则能够为专利权人和被许可人保留足够的谈判空间，适应不同被许可人和不同市场环境的差异性。

第二，专利许可形成机制方面的互补。其一，专利开放许可费标准明确性更强，FRAND 专利许可费标准较为模糊。专利开放许可声明中公布的专利许可费标准和支付应当方式是较为明确的，这是《专利法》对专利开放许可声明要约属性定位的内在要求，也是国家知识产权局对专利权人所提交专利开放许可声明进行审查的重要内容。国家知识产权局《专利开放许可声明》模板表格中

---

❶　朱雪忠，李闯豪. 论默示许可原则对标准必要专利的规制［J］. 科技进步与对策，2016，33（23）：98-104.

❷　张利国. 突发公共卫生事件中关键专利技术的许可机制及其完善［J］. 清华法学，2021，15（6）：162-173.

❸　李扬 .FRAND 承诺的法律性质及其法律效果［J］. 知识产权，2018（11）：3-9.

对若干较为典型的专利开放许可费计算方式和支付方式进行了列举，均要求专利权人填写具体内容。❶ 该模板表格允许专利权人另行制定其他专利开放许可费标准，但是也应当达到所列举具体计算方式的明确程度。FRAND 专利许可则不要求专利权人明确专利许可费的具体标准，只要求其作出"公平、合理、非歧视"等较为抽象的承诺。❷ 其二，专利开放许可费形成机制属于专利开放许可声明发布之前的事前谈判，FRAND 专利许可费则属于相应声明发布之后的事后谈判。❸ 专利开放许可费是由专利权人单方制定的，被许可人无权也无机会参与，这限缩了潜在被许可人就专利许可费率与专利权人进行协商的空间。专利开放许可属于事前谈判，被许可人可以通过其他渠道与专利权人就专利开放许可费进行意见交换，但并不属于正式谈判，该意见也不具有法律拘束力。FRAND 专利许可属于事后谈判❹，专利权人在作出该声明后会与被许可人协商谈判专利许可事项并确定许可条件，被许可人在开始进行协商时面临较多不确定性。其三，专利开放许可制度中有专利年费减免等激励机制，FRAND 专利许可则不具有此类激励机制。在专利开放许可制度中，为鼓励专利权人将其专利进行开放许可，在法律规则上为其提供专利年费减免等政策激励。❺FRAND 专利许可也具有一定程度的开放性，但是其相关规则的制定和实施未经过官方认可，也未对其提供专门的财政激励政策，主要是由法院在相应纠纷案件审理时给予参照适用。专利开放许可与 FRAND 专利许可之间存在以上差异，但是这并不影响两者之间可以有效地进行相互衔接与结合，而且这种差异性能够成为两者相互推动发展的重要基础和来源。

第三，专利许可纠纷争议解决方面的互补。其一，专利开放许可费争议主要涉及许可费标准适用问题，FRAND 专利许可费争议则主要涉及专利许可费

---

❶ 国家知识产权局.与专利实施许可合同相关表格下载［EB/OL］.（2023-01-11）［2023-02-20］.https://www.cnipa.gov.cn/col/col187/index.html.

❷ 徐家力.标准必要专利许可费之争——以"高通诉魅族"案为切入点［J］.江苏社会科学，2018（1）：166-172.

❸ Lemley M A, Shapiro Carl. A Simple Approach to Setting Reasonable Royalties for Standard-Essential Patents［J］. Berkeley Technology Law Journal, 2013, 28（2）：1135-1166；李剑.标准必要专利许可费确认与事后之明偏见——反思华为诉 IDC 案［J］.中外法学，2017，29（1）：230-249.

❹ 覃腾英.论 FRAND 谈判前置制度［J］.竞争政策研究，2019（2）：25-37.

❺ 陈扬跃，马正平.专利法第四次修改的主要内容与价值取向［J］.知识产权，2020（12）：6-19.

率的制定问题（许可费率适用问题一般会同时解决）。由于专利开放许可声明中对专利许可费率的公布，可以减少围绕专利许可费标准内容产生的争议，因此可能产生的纠纷主要涉及该许可费标准的具体适用问题，其中包括确定专利产品制造数量、销售规模、利润水平等方面的事项。❶FRAND 专利许可纠纷会先涉及专利许可费标准的确定问题，在此基础上才能认定专利许可费的具体数额和支付方式等问题。FRAND 专利许可声明具有不确定性和模糊性，专利权人与被许可人之间签订专利许可协议能否得到法院认可并得到执行存在不确定性。其二，法院和行政机关对专利开放许可费介入较少，对 FRAND 专利许可费则介入较多。由于在实体上专利开放许可费标准较为明确（在部分情况下专利开放许可是免费的），并且在程序上有专利行政部门的纠纷调解机制，因此法院需要审理的专利开放许可费纠纷案件数量可能是比较少的。如果围绕专利开放许可产生过多纠纷，则会在一定程度上挫伤当事人参与专利开放许可的积极性。FRAND 原则涉及较多的技术标准制定组织和专利许可当事人，法院可能面临较多的相关纠纷诉讼。其三，专利开放许可费纠纷一般不涉及反垄断审查问题，FRAND 专利许可费纠纷则可能会涉及反垄断审查。专利开放许可费具有公开性、公共性、稳定性等方面特点，专利权人基于市场环境和商业信誉等方面因素，可能会对专利开放许可费率进行必要的自主限制，不会索取过高的许可费。❷此外，在专利开放许可声明中附加除许可费以外其他限制性条件的可能性较低，即使有相应条款也可能难以得到执行或者履行。FRAND 专利许可则可能被专利权人策略性利用并产生"专利劫持"行为，也有可能由被许可人策略性利用而产生"专利反劫持"行为❸，该专利许可模式面临反垄断审查的可能性较高。

三、专利开放许可与技术标准专利许可生效机制的衔接

技术标准制定过程和专利开放许可声明的发布、专利开放许可实施过程可能是相互交织和重叠的。第一种情况，专利开放许可声明发布时可能技术标准

---

❶ 刘强 . 我国专利开放许可声明问题研究［J］. 法治社会，2021（6）：34–49.

❷ 刘强 . 我国专利开放许可声明问题研究［J］. 法治社会，2021（6）：34–49.

❸ 刘孔中 . 论标准必要专利公平合理无歧视许可的亚洲标准［J］. 知识产权，2019（11）：3–16.

尚未制定，此时尚无从判定该专利是否属于此后制定的技术标准中的必要专利，专利权人无须披露技术标准信息，专利开放许可费的制定也不会受到之后发布的 FRAND 原则声明的约束。第二种情况，专利开放许可声明发布在技术标准制定之后，此时已经能够较为明确地确定该专利是否属于标准必要专利，专利权人需要披露相应的技术标准信息。如果属于标准必要专利，则该专利许可费率的确定与相应的专利自愿许可类似，均会在一定程度上受到 FRAND 原则的制约。❶ 专利权人在专利开放许可声明发布并由被许可人取得专利实施权时，有可能依据 FRAND 原则与其他被许可人协商谈判而授予专利自愿许可。《专利法》第 51 条第 3 款允许开放许可专利权人与被许可人另行自愿协商并达成许可合同，只是将该许可合同的类型限定在专利普通许可，而排除了专利排他许可和专利独占许可。在同时存在专利开放许可和专利普通许可的情况下，FRAND原则的适用可能影响这两类专利许可及其所设定专利许可条件的效力认定问题。专利开放许可费率与专利普通许可费率可能存在差异，这通常不会构成对FRAND 原则的违反，原因在于，专利许可费率与其他许可条件存在相互影响的关系，专利权人在其他许可条件中加入的限制性条款或者协助性条款可能会对许可费率的调整产生影响。判断专利许可费率的差异性是否构成违反 FRAND原则的歧视性待遇，不能仅依据专利许可费率本身是否有差别，还要结合专利许可协议中的其他许可条件综合判别。《反垄断指南》第 19 条"涉及知识产权的差别待遇"要求，在分析经营者实行的差别待遇是否构成滥用市场支配地位行为时，需要考虑"交易相对人的条件是否实质相同""许可条件是否实质不同"等因素。专利权人在专利开放许可中制定与专利普通许可不同的专利许可费率，本身可能并不违反反垄断法，但是应当允许被许可人选择适用两种专利许可费中更为合理的一种。

关于专利开放许可合同成立的认定问题，可以参考技术标准制定组织专利政策以及专利权人的 FRAND 声明中的专利许可合同成立的相关规则。FRAND专利许可政策制定和实施时，对合同是否成立的法律效力存在两个方面的问题。一是在技术标准制定组织与专利权人之间，该组织的专利政策能否作为合同内

---

❶ 刘运华，曾闻.国外标准必要专利许可费计算方法对中国专利开放许可制度设计的启示［J］.中国科技论坛，2019（12）：108–115.

容予以认定的问题。专利许可政策对该组织成员企业或者研发机构有能否产生约束力的问题，也面临是否可以构成合同的问题。有观点认为，专利政策可以构成技术标准制定组织与专利权人及技术标准制定其他参与者之间的合同。❶ 如果技术标准制定组织与成员之间能够就专利政策达成协议，则该组织的专利政策可以具有约束力；如果不能达成一致，则难以认定该政策对特定成员产生了拘束力。如在美国司法案件裁判意见中认为，专利权人与技术标准制定组织之间关于标准必要专利的协商达到了合同成立的"要约、承诺、对价"要件。❷ 因此，技术标准制定组织专利政策是通过合同形式体现的，并且对 FRAND 专利许可声明的性质产生相应影响。二是专利权人与专利技术实施者之间就专利许可达成协议的法律效力认定问题。专利权人与实施者之间订立专利开放许可合同之后，后者才实际取得了专利技术的实施权，在此基础上能够合法地在专利开放许可制度规则下实施该项专利权。❸ 专利权人 FRAND 专利许可声明不足以让被许可人实际取得实施权。技术标准制定组织可以规定专利权人发布专利开放许可声明的义务并认可其法律效力，使被许可人能更为合理公平地获得专利许可条件。

专利开放许可费率与专利普通许可费率之间的影响是双向的。法院在适用 FRAND 原则并就技术标准专利许可费进行裁判时，需要遵循的重要原则之一是对市场机制的尊重，包括探寻和模拟双方当事人已经进行或者可能进行的专利许可谈判，并且减少对专利许可费标准的实体性裁判。❹ 该模式应当在专利开放许可费形成及纠纷裁判中得到援用，从而解决专利许可费司法定价过程中可能产生的成本过高和信息不对称问题。在专利许可费标准方面，专利普通许可费率具有较高的灵活性，并且能够与其他方面许可条件更为有效地加以结合，但

---

❶　张吉豫 . 标准必要专利 "合理无歧视" 许可费计算的原则与方法——美国 "Microsoft Corp. v.Motorola Inc." 案的启示 ［J］. 知识产权，2013（8）：25-33.

❷　胡洪 . 司法视野下的 FRAND 原则——兼评华为诉 IDC 案 ［J］. 科技与法律，2014（5）：884-901.

❸　刘强 . 我国专利开放许可声明问题研究 ［J］. 法治社会，2021（6）：34-49.

❹　刘嘉明 . 标准必要专利定价困境与出路—— "法院—市场主体" 二元复合解决模型的构建 ［J］. 法学杂志，2021，42（1）：121-131.

是与专利开放许可费率之间产生差异和冲突的可能性也较为明显。❶首先，专利开放许可条件可能对专利普通许可效力产生影响。专利开放许可费率若高于专利普通许可费率，后者因为费率较低通常不会被认定为违反 FRAND 原则，而前者则由于定价机制合理性较强不构成违法。如果专利开放许可费率低于 FRAND 专利许可费率等专利普通许可费率，则需要判别专利普通许可中是否有其他限制性条件使其较高的许可费率具有合理性。例如，专利权人在专利普通许可中若能够为被许可人提供瑕疵担保或者技术诀窍，则能够使其较高的许可费率得到合法依据。其次，专利普通许可也可能会影响专利开放许可费率的合理性。在专利开放许可声明发布之前已签订专利普通许可的情况下，后者许可费率可能会对前者许可费率的合理性认定产生影响。在此情况下，如果专利开放许可费率低于普通许可费率，则普通许可中的被许可人可能会要求加入专利开放许可，从而享受较低的专利许可费率。❷在专利开放许可中，被许可人需要承担的许可谈判交易成本较专利普通许可更低，如果还能够在专利许可费标准方面有更多优惠，则可能会更好地取得相对于专利普通许可被许可人的竞争优势。❸关于是否允许专利普通许可的被许可人对专利开放许可费率提出反对意见的问题，可能会存在争议，一般而言，并不排斥在专利开放许可框架下存在专利普通许可，但是专利普通许可费率对专利开放许可费产生争议后的纠纷解决会产生影响。在技术标准制定和实施过程中，FRAND 原则的适用结果及其所产生的专利许可费率并非静态不变的，而是可以进行动态调整的。在后续签订的专利普通许可费率较低的情况下，可以对专利开放许可费率是否符合 FRAND 原则进行动态判别。在专利开放许可费率通常具备合理性的基础上，可以根据专利普通许可费进行适当调整，从而使 FRAND 原则更为适应市场变化对专利许可费率所产生的影响。

在对专利开放许可费进行司法认定和裁决时，可以参考该项专利权已经订

---

❶ 蔡元臻，薛原.新《专利法》实施下我国专利开放许可制度的确立与完善［J］.经贸法律评论，2020（6）：83–94.

❷ 曹源.论专利当然许可［M］//易继明.私法：第14辑第1卷.武汉：华中科技大学出版社，2017：128–259.

❸ 曹源.论专利当然许可［M］//易继明.私法：第14辑第1卷.武汉：华中科技大学出版社，2017：128–259.

立的专利普通许可合同中制定的许可费率，将专利普通许可费作为虚拟谈判规则中当事人可能达成的专利许可费率的参考对象。在专利侵权损害赔偿数额认定中，可以参照专利许可费的合理倍数确定侵权行为人应当承担的赔偿责任范围。由此可以推论，对专利开放许可费予以认定时，有更为充分的理由对专利普通许可费率进行参照适用。❶在参考专利普通许可费率时，应当综合专利许可合同中的各项许可条件予以认定，也包括将专利开放许可的公共性和公益性作为影响因素，而不应单纯移植 FRAND 专利许可费率等专利普通许可费率。此外，应对专利开放许可中可能参与实施专利的被许可人范围予以推定，使专利开放许可费在各被许可人之间合理分担，避免专利权人所获得的专利开放许可费总额过高，防止加重被许可人的许可费负担。

四、技术标准专利权人撤回专利开放许可声明权利的限制

《专利法》并未对专利权人撤回专利开放许可声明作出任何限制，因此专利权人通常可以随时撤回该声明。该专利权若属于特定技术标准的必要专利，则会给实施该标准技术的被许可人带来相应的合同效力困境，也会给潜在被许可人为实施该项专利技术所做准备造成相应风险。在技术标准制定组织中，专利权人作出 FRAND 专利许可声明后，通常是不被允许随意撤回该声明的。❷FRAND 专利许可声明所带来的合同义务和法律拘束力较为有限，专利权人不撤回该声明也不会对其权利义务造成显著影响。此时，专利权人还能够享受由 FRAND 许可承诺所带来的允许其将专利权纳入技术标准的便利，因而会倾向于保留该声明的效力。在 FRAND 原则框架下，专利权人拒绝许可被认为是滥用技术标准所带来垄断地位的重要行为模式之一；在专利开放许可声明发布后，专利权人撤回声明也形同拒绝被许可人继续实施该专利权，已经为实施该专利做好准备的被许可人也将丧失获得许可的机会。❸专利权人撤回声明可

❶　刘强.我国专利开放许可声明问题研究［J］.法治社会，2021（6）：34–49.

❷　贾欣琪（Chia T H）.用 RAND 保留专利打智能手机专利战［M］//何沐丹，译.万勇，校.万勇，刘永沛.伯克利科技与法律评论：美国知识产权经典案例年度评论（2012）.北京：知识产权出版社，2013：215–343.

❸　Layne-Farrar A, Padilla A J, Schmalensee R. Pricing Patents for Licensing in Standard-Setting Organizations: Making Sense of FRAND Commitments［J］. Antitrust Law Journal, 2007, 74（3）：671–706.

能会对获得标准必要专利实施权的被许可人，以及尚未获得专利实施权的潜在被许可人的现实利益和预期利益产生显著影响。❶ 一方面，专利权人撤回专利开放许可声明可能会损害潜在被许可人的利益。为保护被许可人的利益，《专利法》第 50 条第 2 款否认撤回专利开放许可声明具有溯及力，因而对已经产生的专利开放许可实施权不会产生影响，但是，在技术标准专利许可中，专利权人撤回专利开放许可声明毕竟剥夺了准备实施标准必要专利的潜在被许可人获得开放许可实施权的可能性，其在谈判地位和利益保护方面相对于已获得专利开放许可实施权的被许可人将处于弱势地位。此外，专利权人顾及已经授予的专利开放许可实施权可能会对其市场竞争地位产生的影响，会更为迫切地需要通过向潜在被许可人收取高额许可费弥补预期损失。另一方面，专利权人撤回专利开放许可声明可能会损害标准必要专利被许可人的利益。专利开放许可费率若低于专利普通许可费率，由于专利普通许可被许可人通常难以转换到较低的专利开放许可费率，因此可能不得不在较高的许可费率水平上继续履行专利普通许可协议，这无疑会对在专利开放许可声明发布之前已经获得实施权的被许可人造成不利影响。为此，有必要解决专利权人撤回专利开放许可声明不受限制给技术标准必要专利被许可人及潜在被许可人造成的困境。

为解决对专利权人撤回专利开放许可声明限制措施缺失的问题，技术标准制定组织可以在专利政策中对技术标准专利权人撤回专利开放许可声明的权利进行更为严格的限缩。结合我国《专利法》的规定和欧盟《专利与技术标准报告》的分析，考虑到专利权人撤回专利开放许可声明的效力受到限制，对已经产生的专利开放许可实施权不具有溯及力，也不因专利权属发生变更或者专利权人破产等因素受到影响，因此该规则被认为可以作为有效适用 FRAND 原则的重要法律基础。例如，技术标准制定组织可以比照对 FRAND 专利许可声明的规定，也要求专利权人在专利开放许可声明发布后一定时期内不得撤回该声明，以此保护潜在被许可人在该期间内具有取得专利开放许可实施权的合理预

---

❶ 穆向明.专利当然许可的理论分析与制度构建——兼评《专利法修订草案（送审稿）》的相关条款〔J〕.电子知识产权，2016（9）：29-35.

期，并为实施该专利做相应准备。❶从内涵方面看，当事人在 FRAND 原则下订立的专利许可所涉及的许可条件，既包括专利许可费和专利许可方式等经济性条款，也包括专利实施期间等周期性条款，专利权人有义务保障被许可人在合理期间内享有实施专利的权利，以此激励和保护被许可人为实施专利进行的资源投入。专利开放许可声明不应包含专利权终止以后继续收取许可费的内容，但是也有必要保持此声明在一定期间内不被撤回，否则将难以满足 FRAND 专利许可对维护被许可人合理预期的要求。此外，技术标准组织还可以要求专利权人在开放许可费率低于已经颁发的专利普通合同许可费率时必须撤回专利开放许可声明，或者将专利普通许可费率降低到专利开放许可费率水平，从而维护已经获得专利许可实施权的被许可人的公平合理非歧视待遇。专利开放许可声明对不同被许可人之间的差别化待遇是较为排斥的，但是 FRAND 原则并不绝对否定专利许可费标准可以存在差异性。❷为充分发挥专利开放许可在公开性、公平性方面的优势，应当侧重维护其稳定性和优先适用效力。对 FRAND专利许可声明或者专利开放许可声明撤回的时间限制问题，可以参考部分国家专利法对专利开放许可声明撤回或者修改期间的要求，平衡专利权人的利益诉求、被许可人对 FRAND 专利许可的期望以及市场环境变化情况，以一至两年作为相应许可声明撤回或者修改的期间为宜，在此期间内，专利权人不得撤回专利开放许可声明或者 FRAND 专利许可声明。在此期间后，专利权人可以撤回这两项声明，但是要为被许可人提供必要的缓冲期间，并且为潜在被许可人退出实施专利技术的准备活动提供便利，以免被许可人或者潜在被许可人由于专利权人撤回声明而遭受不必要的损失。

与专利开放许可声明撤回相关的法律问题还包括，标准必要专利权人在专利开放许可声明发布后转让该专利权，则该声明对专利受让人是否具有约束力的问题，以及在原专利权人撤回专利开放许可声明后，专利受让人是否有义务再次提交专利开放许可声明的问题。被许可人若已经开始实施该开放许可专利，

---

❶ 唐蕾.我国建立专利当然许可制度的相关问题分析——以《专利法》第四次修改草案为基础［J］.电子知识产权，2015（11）：26-33；国家知识产权局条法司.外国专利法选译［M］.北京：知识产权出版社，2015：1921.

❷ 马海生.专利许可的原则：公平、合理、无歧视许可研究［M］.北京：法律出版社，2010：72.

可以视为双方已达成专利开放许可合同，则基于"转让不破许可"的规则，专利权转让不会影响专利实施许可合同的效力，专利受让人应当受到该许可合同的约束。❶ 如果专利权人发布专利开放许可声明后，尚未有被许可人依据专利开放许可机制开始实施该专利，则受让人是否必须继受该专利开放许可声明的约束，则可能会存在疑问。对此，可以借鉴 FRAND 原则对于专利权转让情形的规定，要求开放许可专利受让人继续履行已经发布的专利开放许可声明所载明的相关许可义务。ETSI 知识产权政策第 6.1 bis 条对于标准必要专利权转让后的追溯问题提出较为严格的要求，规定"任何根据政策作出 FRAND 承诺的声明人转让必要知识产权所有权的，应在相关转让文件中包括适当条款，以确保该承诺对受让人具有约束力，且受让人在未来转让行为中将类似地包含适当条款，以对所有利益继承人具有约束力"。因此，专利开放许可声明发布后，专利转让中的受让人应当继续承受该声明的法律约束力。依据《专利审查指南修改草案（征求意见稿）》，专利权人在转让专利权时要撤回专利开放许可声明，受让人应当负有根据原专利开放许可条件再次发布开放许可声明的义务，这在一定程度上属于强制专利开放许可，是为保障标准必要专利被许可人利益作出的规则安排。对技术标准必要专利权的转让而言，专利开放许可声明效力的延续问题将显得更为重要，对此问题，较为有效的解决方式是，在标准必要专利发生转让时，应当让专利开放许可声明或者 FRAND 专利许可声明得以存续，并对专利受让人和被许可人继续有效。❷ 这对维护现有被许可人的权益是最为有利的，不会因为专利权属发生变更而影响被许可人对获得专利实施权的稳定预期。为此，有必要限制专利权人策略性地利用专利权的转让行为撤回专利开放许可声明及 FRAND 专利许可声明，从而回避这两项许可声明所带来的法律义务。对标准必要专利权受让人赋予原开放许可声明被撤回后再次提交专利开放许可声明的义务，可以在很大程度上解决相应专利权发生转让时被许可人持续获得专利开放许可实施权的法律障碍问题。

---

❶ Czychowski C. What is the Significance of a FRAND License Declaration for Standard Essential Patents with Regard to Their Transferability?–News from Germany［J］. GRUR International, 2021, 70（5）: 421–426.

❷ 袁晓东，蔡宇晨. 标准必要专利转让后 FRAND 承诺的法律效力——英国"无线星球诉三星案"的启示［J］. 知识产权, 2017（11）: 46–50.

第七章　专利开放许可纠纷解决机制问题

第一节　专利开放许可纠纷的类型和特点

一、专利开放许可纠纷的主要类型

专利开放许可制度实施过程中产生的纠纷可以分为当事人之间的民事纠纷，以及当事人与行政机关之间的行政纠纷。其中，行政纠纷主要是由于专利行政管理部门在对专利开放许可声明事务管理方面所产生的纠纷，包括在专利行政管理部门依据相应职权对专利开放许可声明的受理、发布、撤回等事务进行管理过程中，当事人对专利行政管理部门作出的有关决定不服而提出的专利行政复议或者专利行政诉讼纠纷。[1] 专利开放许可声明的提交、发布和撤回均为专利权人与专利行政管理部门之间的事务，并不涉及对被许可人行为的管理，被许可人一般也无权参与决定此类事务。此类纠纷具有行政纠纷的属性，主要依据行政复议法或者行政诉讼法解决。在专利开放许可制度实施中，专利行政纠纷产生的可能性较小，更多情形可能是在实施开放许可专利过程中当事人之间就专利实施活动所产生的纠纷，这属于专利开放许可实施纠纷。专利开放许可实施纠纷主要发生在专利开放许可声明发布以后，被许可人或者第三人实施开放许可专利的过程中。相关纠纷主要包括合同类纠纷和侵权类纠纷两种类型。[2] 这两类专利开放许可实施纠纷之间可能存在相互交织的情况，需要给予有效应对。

第一种为合同类纠纷：专利开放许可合同成立纠纷、专利开放许可合同履

---

[1] 曹源．论专利当然许可［M］//易继明．私法：第14辑第1卷．武汉：华中科技大学出版社，2017：128–259.

[2] 刘明江．当然许可期间专利侵权救济——兼评《专利法（修订草案送审稿）》第83条第3款［J］．知识产权，2016（6）：75–85.

行纠纷和专利开放许可合同效力纠纷等。（1）专利权人与被许可人可能就专利开放许可合同是否成立产生争议。专利权人提交的专利开放许可声明内容较为具体，属于要约的法律性质较为明确，并且经过国家知识产权局的审查和公布，其法律效力通常能够得到认可。❶较为容易产生争议的是被许可人发出专利实施通知及支付专利许可费的行为是否符合"承诺"的要求，以及能否促成专利开放许可合同的成立。例如，被许可人在专利实施通知文件中对实施专利技术内容的记载是否明确，对专利产品来源的描述是否准确，以及其他方面条款，均有可能对该通知的效力产生影响。由于该通知文件是由被许可人直接发给专利权人的，并不需要事先经过国家知识产权局审核，因此其内容是否符合要求可能会存在疑问。对该通知法律效力的认定，将直接影响被许可人能否取得专利开放许可实施权，若实施权不成立则有可能给其带来专利侵权风险。在专利许可中，"潜在被许可方的首要目标就是避免支付任何许可使用费。如果这不可避免，那么也要争取最优的交易条件"❷。被许可人可能会回避向专利权人支付专利开放许可费的义务，专利权人许可费收益的实现可能会受到法律规则和市场环境的限制。（2）专利开放许可合同成立后，还面临合同履行过程中可能产生的纠纷。专利权人与被许可人可能会围绕专利开放许可费标准和具体数额的认定，专利开放许可费是否得到及时足额的支付，被许可人实施专利技术的规模和范围、产品数量和质量，产品销售行为，专利权人对被许可人实施专利行为的监督控制，被许可人获得专利权人提供的技术支持等方面发生争议。❸其中，专利开放许可费争议可能是合同履行中所面临的重要问题之一，并且在认定许可费数额时可能存在较为复杂的影响因素，在专利开放许可费的数额标准、支付方式、支付时间等方面均有可能产生争议。在专利开放许可费数额认定影响因素中，被许可人制造专利产品的数量、销售价格、利润率、专利贡献度等均有可能被考虑在内。在被许可人向专利权人报告专利产品制造销售情形的信

❶ 张利国. 突发公共卫生事件中关键专利技术的许可机制及其完善［J］. 清华法学，2021，15（6）：162-173.

❷ ［美］兰宁·G. 布莱尔，［美］斯科特·J. 莱布森，［美］马修·D. 阿斯贝尔. 21世纪企业知识产权运营［M］. 韩旭，方勇，曲丹，等译. 北京：知识产权出版社，2020：123.

❸ 刘明江. 当然许可期间专利侵权救济探讨——兼评《专利法（修订草案送审稿）》第83条第3款［J］. 知识产权，2016（6）：76-85.

息披露义务方面，专利权人可能要求被许可人定期进行报告和信息披露，被许可人基于对商业秘密泄露的担心而不愿意过多地披露信息。专利权人对被许可人实施情况的知情权是其实现专利许可费请求权的前提条件，应当得到必要的保护。此外，依据《民法典》技术合同章的规定，专利权人还负有向被许可人提供技术资料、技术支持等方面的辅助义务。《民法典》第866条规定："专利实施许可合同的许可人应当按照约定许可被许可人实施专利，交付实施专利有关的技术资料，提供必要的技术指导。"专利权人提供技术资料和技术指导的义务，在合同有明确约定时属于主合同义务，在合同无明确约定时也应当构成附随义务。在专利开放许可实施中，与其他专利实施许可合同类似，专利权人充分履行该项义务对被许可人有效实施专利技术具有重要作用。在技术合同制度中，"技术转让合同的特殊性在于作为合同标的的技术的复杂性，在让与人转让技术之后，受让人通常并不能立即将此技术转化为生产力，而需要让与人提供进一步的帮助和指导，以方便受让人掌握受让的技术"❶。在履行该项义务范围的认定标准方面，可以参照《民法典》第870条关于专利权人对专利技术的瑕疵担保义务加以认定。（3）专利权人与被许可人还有可能就专利开放许可合同的生效与失效等法律效力问题产生纠纷。在合同生效方面，尽管专利权人一般不能在专利开放许可声明中对合同生效附加条件或者附期限，但是其效力的主体范围和行为范围有可能产生争议。在效力终止方面，专利开放许可合同效力期间是固定抑或变动的，是有限期间限制还是延及专利全部有效期间会存在争议；在专利权人撤回专利开放许可声明后，被许可人是否被允许在一定时期内继续实施该专利权可能会产生疑问；在专利开放许可合同与专利自愿许可中的专利独占许可合同或者专利排他许可合同在效力方面有冲突时，应当以何种专利许可合同的效力为优先认定对象可能会产生争议。从法律规范来说，并不允许专利开放许可和其他存在冲突的专利许可合同同时存在，但是在现实中确实有可能发生此类情形，应当由其中何种专利许可合同的被许可人承担相应的调查成本和冲突风险，在制度规则方面将面临利益权衡的问题。

第二种为侵权类纠纷：包括专利开放许可被许可人侵权纠纷、专利开放许

---

❶ 王利明.合同法研究：第三卷［M］.2版.北京：中国人民大学出版社，2018：590.

可第三人专利侵权纠纷等。（1）专利权人依然面临专利侵权行为的威胁，这种威胁主要来自除被许可人之外的第三人。专利许可是对被许可人豁免专利侵权责任的法律承诺和保证，但是这并不意味着专利权人和被许可人不会受到第三人专利侵权行为的侵害。❶ 尽管专利开放许可具有主动性、开放性和公共性的特点，潜在被许可人可以较为方便地获得专利实施权，但是仍然存在主客观方面的原因导致部分市场主体在未取得实施权的情形下对该项专利技术进行生产制造或者使用，从而构成对专利权合法实施者市场利益的侵蚀。专利开放许可属于主动式许可，专利权人与被许可人之间通过事先许可能够形成较为良好的合作关系，由此促进协同创新和技术转移。❷ 专利许可的重要功能之一是抑制潜在使用者未经许可的侵权行为，在专利保护范围较为模糊和保护力度不足的情况下更是如此。❸ 在国际贸易与投资领域，专利保护机制和专利许可转让制度是否完善是外国投资者决定是否在对方国家投资的重要因素。❹ 在药品专利等特定技术领域，专利权利要求保护范围相对而言更为清晰，专利权人针对侵权行为较为容易获得胜诉，被许可人在面临较高侵权风险的情况下更愿意与专利权人达成许可协议。❺ 这种情况也会拓展到专利开放许可领域，产生促进被许可人加入专利开放许可实施的效果。在专利开放许可声明发布以后，有意愿实施专利技术的当事人既有可能选择加入专利开放许可并通知专利权人，也有可能基于各种原因选择进行未经许可的实施行为。❻ 专利侵权行为人如果未依照专利开放许可声明向专利权人发出通知并支付许可费，则不能被认为获得专利开放许可实施权。游离在专利开放许可体系之外的专利侵权行为，既损害了专利权人

---

❶ ［美］罗杰·谢科特，［美］约翰·托马斯. 专利法原理：第2版［M］. 余仲儒，组织翻译. 北京：知识产权出版社，2016：315.

❷ 这类似于有学者提出的"胡萝卜许可"（"Carrot" Licensing）。Ma M Y. Fundamentals of Patenting and Licensing for Scientists and Engineers［M］. 2nd ed. Singapore World Scientific Publishing Co. Pte. Ltd., 2015：212.

❸ Biga B. The Economics of Intellectual Property and Openness：The Tragedy of Intangible Abundance［M］. London：Routledge，2021：104–105.

❹ Liegsalz J. The Economics of Intellectual Property Rights in China：Patents，Trade，and Foreign Direct Investment［M］. Wiesbaden：Springer Fachmedien，2010：101–102.

❺ Burk D L，Lemley M A. The Patent Crisis and How the Courts Can Solve It［M］. Chicago：University of Chicago Press，2009：59.

❻ 刘明江. 当然许可期间专利侵权救济探讨——兼评《专利法（修订草案送审稿）》第83条第3款［J］. 知识产权，2016（6）：76–85.

的利益，也损害了已经获得专利开放许可实施权的被许可人的利益，不合理地侵蚀了专利权人及被许可人应当享有的专利产品市场利益。专利侵权行为若得不到有效制止，有可能会产生"破窗效应"，对现有被许可人造成"反向诱导"，使其放弃被许可人身份转而实施未经许可的侵权行为。（2）在专利开放许可中专利权人有可能面临被许可人的侵权行为。被许可人取得专利开放许可实施权时，应当已经通知专利权人并支付相应的许可费，但是，被许可人可能在其向专利权人所发出的通知中记载的实施规模较小，而实际实施专利权的规模较大，并且其已支付许可费数额较少，而应当根据其实际实施规模负有支付更多许可费的义务，此时应当就超出部分承担侵权责任抑或违约责任。在日本专利许可规则中，专利普通实施被许可人超出专利许可合同授权的范围实施专利技术的，通常会被视为构成专利侵权行为，超许可范围生产的产品也得不到专利权用尽规则提供的豁免。❶在专利开放许可实施中，被许可人超过许可范围实施专利时，可能会构成专利侵权责任，由此需要承担停止侵权及赔偿损失等方面的责任。相对于违约责任，由被许可人承担侵权责任可能会使专利权人获得更好的经济赔偿，也更有利于抑制未经许可的超许可范围实施行为，更好地维护专利开放许可制度的稳定性和可预期性。

此外，在专利开放许可的被许可人面临第三人或者其他被许可人侵权行为所造成的损害时，是否有权以自己的名义针对侵权行为提起诉讼也会存在疑问。由于开放许可的被许可人仅具有类似专利普通许可被许可人的法律地位，其所获得专利实施权更多地属于债权而非物权，因此如果其不能提起专利侵权诉讼，或者只能在专利权人明确授权或者怠于行使诉讼权利的情况下对侵权行为提起诉讼，则有可能妨碍其有效维护应有的市场利益。❷专利权人在专利开放许可实施期间，并不需要耗费制造销售专利产品的经济成本和承担相应的商业风险，并且已有部分专利开放许可费作为收益保障，因此对专利侵权行为提起诉讼的意愿可能并不强烈，被许可人可能面临承担专利侵权行为所导致主要损害的风险。

---

❶ 李明德，闫文军. 日本知识产权法［M］. 北京：法律出版社，2020：359.

❷ 曹源. 论专利当然许可［M］// 易继明. 私法：第14辑第1卷. 武汉：华中科技大学出版社，2017：128-259.

二、专利开放许可纠纷的特点

基于专利开放许可所具有的公共性、自愿性、法定性等方面的特征，专利开放许可纠纷具有如下特点：首先，诉讼信息不对称问题。这是专利开放许可实施活动中当事人信息不对称问题在诉讼程序中的延伸体现。在专利许可过程中有机会主义行为风险，并且"还可能存在技术信息被泄露和被蒙骗的问题，同时可能存在贸易双方的机会主义行为"❶。专利开放许可声明具有公开性和公共性特点，有利于克服信息不对称问题，但是，专利权人与被许可人依然在特定方面享有相对于对方当事人的信息优势。一方面，专利权人可能知晓实施开放许可专利制造产品时所需要的其他相关辅助专利或者非专利技术信息，以及需要获得其他专利许可才能够合法制造销售相应专利产品的信息。专利权人可能并非该项技术的合法拥有者，而属于该项技术及其专利权的无权处分人。❷因此，由其签订的专利许可协议可能属于无效合同或者效力待定的合同。❸在专利开放许可领域，无处分权的专利权人所作出的专利开放许可声明可能也属于效力待定的情形。专利权人在提交专利开放许可声明时一般不会披露可能存在的无处分权情况，被许可人所获得专利实施权可能也会有权利瑕疵，面临专利开放许可声明被撤回和专利侵权诉讼的风险。另一方面，被许可人实施专利技术活动的信息对专利权人而言可能是不透明的，并且在诉讼中可能成为后者处于不利地位的原因之一。被许可人需要承担专利实施过程中的技术风险和商业风险，并非每项获得专利许可的技术均能形成产品并成功上市。❹此外，被许可人对专利实施过程也会掌握更多信息。信息不对称问题可能会导致当事人在举证能力和诉讼能力等方面存在差异，使双方诉讼地位存在实质上的不平等。在诉讼案件中，原被告当事人存在"武器不平等"问题，"一方当事人为谋求不当的

---

❶ 夏先良. 知识论——知识产权、知识贸易与经济发展［M］. 北京：对外经济贸易大学出版社，2000：485.

❷ 关于专利许可属于对专利权人的处分行为抑或负担行为，存在不同学术观点。如果认为专利许可属于处分行为，则存在专利权人或者第三人无权"处分"的问题；如果认为专利许可属于负担行为，则不存在所谓无权"处分"的问题。王泽鉴. 民法学说与判例研究［M］. 重排合订本. 北京：北京大学出版社，2015：318.

❸ 董美根. 知识产权许可研究［M］. 北京：法律出版社，2013：111.

❹ DesForges C D. The Commercial Exploitation of Intellectual Property Rights by Licensing（Business & Economics）［M］. Merrill：Thorogood，2001：15-16.

诉讼利益而将其所持有的证据进行恶意操作以妨碍对方当事人收集证据，使其陷入无证可举的不利境地"❶。在诉讼规则方面若不对信息不对称问题进行矫正，可能会促使被许可人在实施专利过程中对专利权人隐瞒相关信息，更不利于专利权人取得专利许可费权益的实现。

其次，诉讼诚信风险问题。在信息不对称问题等因素支配下，专利开放许可当事人可能在诉讼中实施不诚信行为，从而使诉讼过程被扭曲和滥用，不利于法院查明案件事实并作出合理裁判。❷专利权人在专利开放许可声明发布之前或者之后，可能知晓该专利不符合专利授权条件的无效事由，但是仍然针对被许可人或者专利侵权行为人提起违约诉讼或者侵权诉讼。双方在诉讼纠纷特定争议事项的举证能力方面会有差异，诉讼诚信问题将直接影响诉讼过程的顺利进行和争讼事实的有效查明。专利权人也有可能恶意提交专利申请并获得授权，然后将其进行开放许可，诱使被许可人实施该项专利。有学者论及依据有效性薄弱的知识产权行使权利或者将基础专利权作为竞争工具而对市场秩序可能造成破坏的问题，认为这种情况可能会导致交易成本提升等消极结果。❸被许可人考虑到获得专利开放许可实施权较为便捷，可能不会耗费过多成本对专利权有效性问题进行调查。但是，在专利权人与被许可人产生争议时，专利有效性可能会成为争议问题之一。在双方举证能力对比方面，专利开放许可实施纠纷表面上具有专利许可合同纠纷的性质，但是在当事人掌握证据和证明能力等方面又具有专利侵权诉讼的特点。在专利侵权诉讼中，《专利法》第71条为保障专利权人诉讼利益的实现，制定了法定赔偿额、举证责任倒置、举证妨碍、惩罚性赔偿等多项规则，能够在很大程度上解决专利权人诉讼利益实现的问题。但是，部分上述在专利侵权诉讼中能够适用的证据规则在专利开放许可纠纷中

---

❶ 程书锋，余朝阳.论证明妨碍规则在知识产权诉讼中的适用与完善［J］.电子知识产权，2018（7）：93–99.

❷ 程书锋，余朝阳.论证明妨碍规则在知识产权诉讼中的适用与完善［J］.电子知识产权，2018（7）：93–99.

❸ 在《信息封建主义》中论述道："依靠有疑问的资源，它将使知识产权权利人或一小部分知识产权所有人处于市场的中心控制地位，结果是竞争受到损害，所以如果互联网上交易的基本方法受制于专利，那么无论是通过缴纳专利许可费，还是在现有的专利基础上进行发明或者使用效率较低的方法，都会增加交易成本。"［澳］彼得·达沃豪斯，［澳］约翰·布雷斯韦特.信息封建主义［M］.刘雪涛，译.北京：知识产权出版社，2005：3.

能否得到应用并不确定，有可能受到法律规则限制而不能得到适用。例如，在专利开放许可声明或者被许可人通知中确定专利产品制造数量限制以后，被许可人是否超出该数量限制进行专利产品制造，在证据方面较难认定。❶ 在《英国专利法》中，对专利权人在专利开放许可声明发布后主张禁止令或者损害赔偿救济的权利进行较为严格的限制。❷《专利法修改草案（征求意见稿）》《专利法修订草案（送审稿）》也曾经试图对开放许可专利权人的诉讼权利和救济途径进行限制。专利权人在专利开放许可声明发布后，实质上已经放弃了部分诉讼权利，对专利权人实体权利的保护从原有的财产规则转变到债权规则，这有助于缓解专利权人实施机会主义行为的风险，但是也将影响其诉讼利益的实现。❸专利权人在专利开放许可纠纷中的诉讼能力（包括举证能力）与专利侵权诉讼中的相应情况较为接近，但是专利权人在专利开放许可纠纷中的诉讼地位又弱于专利侵权诉讼，可能会产生诉讼权益保护方面的反差与错位。诉讼当事人有可能利用制度规则和诉讼特点之间的差异之处，为追求诉讼利益最大化而策略性地实施诉讼行为，从而使诉讼过程难以顺利进行。

再次，查明事实难度问题。在专利开放许可实施纠纷诉讼中，当事人可能面临举证能力不足的问题。造成该问题的原因，既有客观上的举证不能（例如证据并不存在或者毁损灭失），也有主观上的举证意愿不足，或者故意设置举证障碍；既有一方当事人举证能力不足，也有双方当事人共同面临的举证能力不足。❹ 这两种原因均有可能对诉讼正义造成危害，但是诉讼证据规则需要重点规制的是主观举证意愿不足问题，而难以解决客观举证能力不足问题。在专利开放许可诉讼中，掌握有关证据并具有举证能力的当事人若隐匿、毁损或者拒不提供证据，可能会使对方当事人证明相应事实面临实质障碍，法院查明涉案事

---

❶ 李明德，闫文军. 日本知识产权法［M］. 北京：法律出版社，2020：359.

❷《英国专利法》第46条第3款（c）项.《十二国专利法》翻译组. 十二国专利法［M］. 北京：清华大学出版社，2013：560.

❸ Li R，Wang R L. Reforming and Specifying Intellectual Property Rights Policies of Standard-Setting Organizations：Towards Fair and Efficient Patent Licensing and Dispute Resolution［J］. University of Illinois Journal of Law，Technology & Policy，2017（1）：1-48.

❹ 刘强. 专利开放许可费认定问题研究［J］. 知识产权，2021（7）：3-23.

实也会更为困难。❶ 从专利权人角度来说，在专利开放许可费等纠纷中，可能面临证明被许可人制造专利产品数量及其利润等方面能力不足的问题。在此方面，相关证据可能主要由被许可人掌握，专利权人难以通过正常合法渠道获得。在专利侵权诉讼中，专利权人或者具有诉讼权利的专利开放许可被许可人可能面临对专利侵权行为是否成立及其所产生非法利润的证明障碍。开放许可专利权人若提起诉讼，则会面临与普通专利侵权诉讼类似的举证困境，侵权诉讼被告制造销售侵权产品的行为可能均处于秘密状态，专利权人难以查证。被许可人若提起专利侵权诉讼，除可能存在与专利权人在此诉讼中类似的举证困境以外，可能还会有其他方面的障碍。如被许可人从其所受损失角度来主张应获赔偿数额，则需要证明其所受市场利益损失的规模，由于被许可人的市场利益可能难以得到准确量化，因此其所受损失的数额也是难以证明的。❷ 专利权人所面临的举证困难和事实查明难度问题应当得到有效解决，防止其合理权利难以获得有效救济。

最后，多种类型专利纠纷交织问题。在专利开放许可纠纷中，可能同时存在专利许可合同纠纷和专利侵权纠纷，不同类型纠纷相互交织增加了解决纠纷的难度。专利侵权认定及损害赔偿数额认定可能存在认定标准模糊等问题，采用何种类型诉讼事由并对案件进行裁判会有争议。❸ 在有专利许可合同的情况下，法院更倾向于适用合同纠纷模式处理案件，该司法政策可能延伸至专利开放许可纠纷裁判中。❹ 此外，专利权人有可能将开放许可专利与普通许可专利相互"捆绑"，这意味着被许可人在实施开放许可专利时可能会使用其他关联专利，从而必须与专利权人另行达成专利普通许可协议。这类似于在标准必要专利许可中，专利权人将 FRAND 声明专利与非 FRAND 声明专利加以组合并对被

---

❶ 张友好. 论证明妨碍法律效果之择定——以文书提出妨碍为例［J］. 法律科学（西北政法大学学报），2010，28（5）：108–114.

❷ 曹源. 论专利当然许可［M］// 易继明. 私法：第 14 辑第 1 卷. 武汉：华中科技大学出版社，2017：128–259.

❸ Teece D J. The Tragedy of the Anticommons Fallacy: A Law and Economics Analysis of Patent Thickets and FRAND Licensing［J］. Berkeley Technology Law Journal, 2017, 32（4）：1489–1526.

❹ 蒋志培. 技术合同司法解释的理解与适用——解读《最高人民法院关于审理技术合同纠纷案件适用法律若干问题的解释》［M］. 北京：科技文献出版社，2007：21–31.

许可人进行许可。[1] 专利权人可能希望一并解决与该项专利相关的专利侵权纠纷或者专利普通许可纠纷问题，但是，从行政调解和司法诉讼机制模式来说，很难就不同类型专利纠纷一并加以解决。例如，专利开放许可纠纷中，在专利开放许可实施期间或者该期间前后，被许可人或者第三人有可能实施专利侵权行为并对专利权人权益造成损害，根据《专利法》第 52 条，专利行政机关和司法机关在此情况下只能就专利开放许可纠纷本身进行调解或者裁决，否则在案件管辖权等方面可能会存在争议。在此情况下，相关公权力部门可能会拒绝受理专利权人提出的专利侵权行政处理或者司法诉讼请求，并且不会对专利侵权损害赔偿或者专利普通许可费等其他类型专利纠纷作出裁决。英国《专利实务指南》第 46.66.3 节提及：英国知识产权局可能会在专利开放许可案件中拒绝为专利权人就专利侵权行为提供许可费补偿，也不会对专利开放许可声明发布前被许可人应当支付的专利许可费等事项作出裁决，上述其他类型专利纠纷可能需要由有管辖权的法院受理并作出裁决。专利行政管理部门和法院在对专利开放许可纠纷进行调解或者审理时，可能会排除对其他类型专利纠纷的管辖。这一方面可以集中资源使专利开放许可纠纷得到更为有效的解决，另一方面也可能会造成其他类型专利纠纷难以得到及时解决，以及产生不同类型专利纠纷的处理结果不一致或者相冲突的问题。

第二节　专利开放许可纠纷行政调解机制问题

一、行政调解职能的机制保障

专利开放许可纠纷解决机制中行政调解机制和司法裁判机制应当协同发挥作用，充分体现专利行政管理部门专业特点和司法机关审判职能。专利开放许可制度为专利行政管理部门适度介入专利权人与被许可人之间的许可谈判，并

---

[1]　Lesser W. Whither the Research Anticommons?［M］// Kalaitzandonakes N, et al. From Agriscience to Agribusiness, Innovation, Technology, and Knowledge Management. Cham: Springer International Publishing AG, 2018: 131–144.

防止出现未经许可使用专利技术的侵权行为提供了机制保障。❶在知识产权行政执法机制发展进程中，专利行政部门从传统的消极应对到积极作为，从事后执法到事前管理，能够在有效实施专利开放许可制度时，为解决专利许可谈判机制和专利许可费形成机制的缺陷提供良好契机。知识产权法律实施机制的发展趋势是，逐步从事后执法和消极遏制违法侵权行为，转向事前激励和积极促进合法使用行为。❷专利开放许可制度能够促使专利技术实施者从"先使用后诉讼"的模式转变为"先许可后使用"的模式，拓展合法使用专利技术的空间和动力。在"先使用后诉讼"模式中，由于专利许可交易成本等方面原因，技术使用者可能未经许可实施专利技术，事后若面临专利权人起诉侵权再进行应对。该模式一方面反映了专利许可交易成本较高的现实情况，另一方面会推升机会主义行为风险和交易成本水平。"先许可后使用"模式则是技术使用者事先获得专利许可再从事实施活动，这可以避免纠纷解决等方面的成本消耗，有助于市场交易机制的合理有效构建。对该模式的拓展需要通过专利开放许可等方式降低专利许可交易成本，包括提升专利开放许可实施中纠纷解决机制的运行效率。通过专利开放许可制度实施，专利行政管理部门可以有效地发挥信息发布、内容审核、纠纷调解等方面的职能，使该制度得到良好运转，促使专利技术的潜在实施者更多地选择依据专利开放许可获得专利技术实施权并进行合法实施，而不是先进行侵权实施活动并在遇到专利侵权诉讼后给予专利权人事后经济赔偿。❸传统上，专利侵权行为的出现既有专利许可交易成本较高等客观方面因素，也有专利技术实施者策略性地利用专利诉讼制度缺陷等主观方面的问题。❹单纯依靠专利自愿许可中专利权人与被许可人之间的自发调节机制难以有效克服相应的阻碍因素，尤其是其中的交易结构失衡和市场机制缺陷问题。专利行政管理部门在专利开放许可制度实施中可以发挥更为主动的作用，从而对当事人之间利益实现更为积极而动态的平衡。

---

❶ 刘强.专利开放许可费认定问题研究［J］.知识产权，2021（7）：3–23.

❷ 资琳.数字时代知识产权与新兴权利的法理论证——"知识产权与相关权利的法理"学术研讨会暨"法理研究行动计划"第八次例会述评［J］.法制与社会发展，2019，25（5）：207–224.

❸ 刘廷华，张雪.当然许可专利禁令救济正当性的法经济学分析［M］//李振宇.边缘法学论坛：2017年第2期.南昌：江西人民出版社，2017：24–28.

❹ 原晓爽.专利侵权行为的经济分析［J］.太原理工大学学报（社会科学版），2004（4）：57–61.

专利许可规则体系的完善对于充分发挥专利行政部门的职能也将起到重要作用。在传统的专利自愿许可和专利强制许可"二元"结构中，专利行政部门在纠纷解决方面所能够发挥的作用均较为有限。在专利自愿许可纠纷中，专利行政部门基本上不进行干预，主要职能是进行有限的行政调解；在专利强制许可中，专利行政部门能够进行较为深度的干预，但是由于专利强制许可案件数量较少，相应纠纷解决机制的适用范围会受到限制。在专利开放许可中，专利行政部门可以在专利开放许可声明事项管理（包括受理、审查、发布和撤回）、专利开放许可信息公布系统的建立和运行、专利开放许可年费减免优惠、专利开放许可实施纠纷调解等多个方面发挥作用。❶专利开放许可制度中对专利权人减免年费，实际上隐含着推定专利权人在专利许可费收益方面可能会遭受潜在损失的情况，为此有必要从财政方面进行补贴。合理落实专利年费减免政策将是政府职能有效发挥、推动专利开放许可制度充分实施的重要方面。

首先，在对专利开放许可声明审查方面，专利行政部门应当合理确定审查范围。对专利开放许可声明的有效审查和发布，是节约当事人专利许可交易成本、降低交易风险、保障交易安全的重要基础。❷专利开放许可制度的重要功能是促进专利权人将其专有权利部分地贡献给社会，专利开放许可声明等文件信息的准确、完整是实现该目标的基础性条件。❸专利开放许可声明是否符合《专利法》在形式与内容方面的要求，以及特定情况下是否满足专利权评价报告提交义务的要求，是国家知识产权局在专利开放许可声明发布阶段审查的重点对象。国家知识产权局对专利开放许可声明通常只进行形式审查，而不对专利权人在该声明所制定的许可费率等交易条件进行实质审查。在例外情况下，国家知识产权局也可以进行有限度的实质审查，这将为调解处理可能出现的专利开放许可纠纷积累经验，甚至可以为将来可能实际发生的专利强制许可及其使用费裁决提供参考和借鉴。专利行政部门在调解专利开放许可纠纷中所形成的管理经验，也可以辐射到对专利自愿许可的行政调解和对专利强制许可的行政

---

❶ 罗莉.专利行政部门在开放许可制度中应有的职能［J］.法学评论，2019，37（2）：61–71.

❷ 李建忠.专利当然许可制度的合理性探析（下）［J］.电子知识产权，2017（4）：24–31.

❸ 徐东.专利"当然许可"制度的初步探讨［M］//国家知识产权局条法司.专利法研究（2018）.北京：知识产权出版社，2020：190–203.

裁决等相关事务之中。事实上，专利开放许可纠纷有可能与专利自愿许可纠纷、专利侵权纠纷等其他类型专利纠纷交织在一起❶，专利行政部门在涉及相关纠纷调解事务时应当根据其特点进行处理。

其次，在专利行政机关提供专利许可领域公共管理服务方面，专利开放许可是较好的着力点。专利行政部门在专利开放许可机制中有效地提供公共服务，是充分发挥该制度在节约专利许可交易成本、提高许可交易效率等方面功能的重要保障。❷在专利自愿许可中，当事人在达成许可协议后是否进行备案取决于其意愿，国家知识产权局基本上无权干涉，备案与否并不会影响专利许可协议的成立、生效与履行。在此情况下，国家知识产权局在专利许可合同信息发布和管理等方面能够发挥的公共服务职能是有限的。但是，在专利开放许可中，国家知识产权局能够在多个方面发挥重要的公共服务职能，包括专利开放许可声明发布、专利开放许可声明模板表格的提供等，还可以建立专利开放许可信息管理和发布系统。❸英国《高尔斯知识产权评论》提出的建议是建立专利开放许可信息系统集中发布相关信息，并且可以与其他专利信息系统（如欧洲专利局数据库）相连接，扩大宣传力度和提高社会公众获得相关信息的方便性。❹专利权人为享受专利年费减免等优惠政策，会积极配合国家知识产权局履行相应职能并提供相关资料。被许可人为保障其专利开放许可实施权得到认可，也将主动将专利开放许可合同进行备案。此外，在专利开放许可中，国家知识产权局提供公共服务的对象是较为广泛的，可能远超过专利自愿许可和专利强制许可。在专利自愿许可中，专利行政部门介入纠纷的可能性较小，当事人更多地会选择由司法机关解决争议；在专利强制许可中，作出颁发强制许可的规则门槛较高，我国专利行政管理部门尚未正式颁发过专利强制许可。专利开放许可则可能会涉及较多的专利权人和被许可人，产生纠纷的数量可能也会较多，对专利行政管理部门提供专业化服务的能力也会带来相应的考验。❺在专利行

---

❶ 刘建翠.专利当然许可制度的应用及企业相关策略［J］.电子知识产权，2020（11）：94–105.

❷ 李建忠.专利当然许可制度的合理性探析（下）［J］.电子知识产权，2017（4）：24–31.

❸ 罗莉.专利行政部门在开放许可制度中应有的职能［J］.法学评论，2019，37（2）：61–71.

❹ Gowers A. Gowers Review of Intellectual Property［R］. The United Kingdom Stationery Office，2006：90.

❺ 刘建翠.专利当然许可制度的应用及企业相关策略［J］.电子知识产权，2020（11）：94–105.

政管理部门拓展公共管理服务方面，专利开放许可制度实施中的行政管理服务和专利开放许可实施纠纷行政调解机制可以成为重点领域之一。

最后，在专利开放许可纠纷解决方面，应通过适当的纠纷解决机制促进专利开放许可争议的有效合理解决。专利行政部门在专利开放许可实施纠纷中所发挥的职能较专利自愿许可更多，但是弱于专利强制许可。从职能性质来说，专利行政部门在专利开放许可和专利自愿许可纠纷中的主要职能均属于行政调解，不同于专利强制许可中的行政裁决职能。专利纠纷行政调解是专利行政管理部门从行政裁决职能中独立出来的一项具有特色的行政职能，体现了服务型政府建设的成果。❶ 国家知识产权局《专利纠纷行政调解办案指南》（2020 年制定），对由国家知识产权局和地方各级政府专利部门负责调解专利纠纷的相关事务作出了相应规定。该指南对专利纠纷所涉及的行政调解作出界定："行政调解是指在行政机关的主持下，以当事人双方自愿为基础，以法律、法规及政策为依据，通过对争议双方的说服与劝导，促使双方当事人互让互谅，平等协商，达成协议，以解决有关争议的活动。"行政调解活动是由行政机关主持的，该特点区别于当事人自行和解、由人民调解委员会等其他机构进行的民间调解，以及由法院在案件受理和审理过程中组织的司法调解。结合该指南的规定，专利开放许可纠纷行政调解遵循自愿、合法、保密、无偿等原则，促成双方当事人合理有效地解决纠纷。

专利行政调解属于专利执法活动的一种类型。《专利行政执法办法》（2010年制定，2015 年修改）第 2 条规定："管理专利工作的部门开展专利行政执法，即处理专利侵权纠纷、调解专利纠纷以及查处假冒专利行为，适用本办法。"当时，国家知识产权局通常不负责开展具体的专利行政执法工作，其主要相关职能是指导、监督地方人民政府知识产权行政部门开展专利执法活动。《专利法》第四次修改新增第 70 条第 1 款，赋予国家知识产权局直接负责处理重大专利侵权纠纷的职权，国家知识产权局由此具有对专利侵权纠纷进行处理的相应权

---

❶ 何炼红.论中国知识产权纠纷行政调解［J］.法律科学（西北政法大学学报），2014，32（1）：155–165.

限。❶ 随着国家知识产权局《重大专利侵权纠纷行政裁决办法》的制定和专利开放许可制度的建立，国家知识产权局逐步开展对重大专利侵权纠纷进行行政裁决和对专利开放许可实施纠纷进行调解的执法工作。❷《专利法实施细则》第85条并未将专利许可纠纷明确规定作为专利行政调解的事项，对此类纠纷可以作为该条第（五）项"其他专利纠纷"中的一种纳入专利行政调解事项的范围。专利开放许可实施纠纷属于专利许可纠纷的一种类型，《专利法》第52条已经明确将其作为国家知识产权局负责调解的专利纠纷事项，因此尽管《专利法实施细则》相应条款尚未作规定，将其纳入专利纠纷行政调解范围也有明确的法律依据。

当前，专利行政管理部门对专利纠纷进行调解的职能内容及其业务范围在不断拓展。《专利法》《专利法实施细则》对专利行政管理部门在专利侵权纠纷、专利许可纠纷、职务发明权属及报酬纠纷中的行政调解职能作出了越来越广泛的规定。专利开放许可纠纷行政调解职能是专利行政调解业务领域扩展的新例证。在专利自愿许可纠纷中，主要由各地方政府管理专利的部门进行调解，并且此项职能并未纳入《专利法》《专利法实施细则》的明确规定，在实践中体现程度较弱。专利开放许可纠纷则由国家知识产权局负责调解，并且是唯一专属由国家知识产权局进行调解的专利纠纷，体现了对此类纠纷处理的重视。尽管《专利法》第四次修改通过版本并未采纳《专利法修改草案（征求意见稿）》《专利法修订草案（送审稿）》中曾经提出的行政裁决模式，但是仍然为国家知识产权局在专利开放许可纠纷解决中充分发挥专业性和权威性保留了较为充分的制度空间。❸ 因此，专利开放许可实施纠纷行政调解机制能够发挥其应有的作用。

---

❶　《专利法》第70条第1款规定："国务院专利行政部门可以应专利权人或者利害关系人的请求处理在全国有重大影响的专利侵权纠纷。"

❷　《重大专利侵权纠纷行政裁决办法》允许国家知识产权局在处理重大专利侵权纠纷时对双方当事人进行调解，因此也赋予了对此类纠纷的行政调解职能。该办法第21条规定："国家知识产权局可以组织当事人进行调解。双方当事人达成一致的，由国家知识产权局制作调解书，加盖公章，并由双方当事人签名或者盖章。调解不成的，应当及时作出行政裁决。"

❸　国家知识产权局对专利开放许可纠纷进行行政调解所形成的调解协议可以寻求司法确认，由此可以获得司法强制执行力。郭伟亭，吴广海.专利当然许可制度研究——兼评我国《专利法修正案（草案）》[J].南京理工大学学报（社会科学版），2019，32（4）：16-21.

二、专利行政调解机构及人员配置

国家知识产权局在专利开放许可纠纷处理中具有行政调解职能，有必要充分发挥其在纠纷解决中的专业特点，并与技术标准制定组织 FRAND 专利许可纠纷解决机制相衔接。《专利法》《专利法实施细则修改建议（征求意见稿）》《专利审查指南修改草案（征求意见稿）》《专利审查指南修改草案（再次征求意见稿）》并未对国家知识产权局专利开放许可纠纷调解的机构设置作出专门规定，但国家知识产权局是否需要设置专利开放许可纠纷调解的专门机构，以及相应专门机构设置和人员配置等事项需要得到明确，使该调解机制得到合理构建。❶《专利法》第 52 条赋予国家知识产权局专利开放许可实施纠纷中进行行政调解的职能。专利开放许可与 FRAND 原则不仅在专利许可条件形成机制方面能够结合，而且在专利许可纠纷解决机制方面也可以相互影响。国家知识产权局在对涉及技术标准的专利开放许可纠纷进行调解时，有必要邀请相关技术标准制定组织专业人员参与；在对不涉及技术标准的专利开放许可纠纷进行调解时，也可以邀请相应行业组织的专业人员参与。由此，可以体现专利许可纠纷解决所涉及的技术、法律、市场等多方面因素的影响。尽管公权力机关行政调解在纠纷解决介入程度方面比行政裁决模式低，但是前者还是能够较好发挥专利许可费纠纷解决能力的。❷国家知识产权局在对专利开放许可费等纠纷进行调解时，有必要在调解机构设置和调解人员配备方面体现专业化的特点，调解涉及技术标准的专利开放许可纠纷时更应当如此。国家知识产权局可以针对专利开放许可纠纷建立调解专家库，建立调解员选任制度，使调解组织的专业性和灵活性得到较为充分的体现。❸专利开放许可费纠纷行政调解机制也可以促进技术标准专利许可 FRAND 原则的合理适用。在涉及标准必要专利的开放许可纠纷中，可以借鉴此类纠纷调解相关机构组成和机制的特点，使调解活动更好地符合专利开放许可和技术标准许可的双重要求。在德国专利开放许可制度中采用行政裁决模式，如果专利权人和被许可人之间不能就专利开放许可费达

---

❶ 李雷，梁平.偏离与回位：专利纠纷行政调解制度重构［J］.知识产权，2014（8）：24-31.

❷ 罗莉.专利行政部门在开放许可制度中应有的职能［J］.法学评论，2019，37（2）：61-71.

❸ 何炼红.论中国知识产权纠纷行政调解［J］.法律科学（西北政法大学学报），2014，32（1）：155-165.

成协议，则可以寻求德国专利局对许可费标准进行裁决。❶ 标准必要专利的权利人若有义务将其专利权进行开放许可，解决此类专利许可费的公权力机构有可能从法院转变为专利行政机关。❷ 我国虽然并未采用专利开放许可费行政裁决模式，但是可以由国家知识产权局在标准必要专利开放许可费的调解和适用中发挥更为积极的作用，特别是可以有效地适用于 FRAND 专利许可。在德国专利局专利开放许可纠纷仲裁机构方面，由行业专家等组成仲裁庭进行仲裁。❸ 由专利行政机关介入标准必要专利许可费纠纷解决的前提条件之一是，有关专利权人将其专利权进行开放许可，有必要通过机制设计使其能够享有相应的制度便利。例如，在举证责任方面，专利权人通常负有证明其专利权属于标准必要专利并且被告实施了专利技术的责任，为减轻专利权人在此方面的举证责任，可以将特定标准必要专利并未由涉案技术标准的实施者使用的举证责任转移给被告。❹ 由专利行政机关对专利开放许可费纠纷进行介入，可以使标准必要专利使用者较为容易解决可能面临的许可费纠纷，这对专利实施者中的中小企业而言是很重要的。

在专利开放许可费纠纷解决行政调解机制中，通过行政调解机构组成人员的多元化和专业化可以提高解决纠纷的专业性和效率。在 FRAND 专利许可费纠纷中，技术标准制定组织一般不进行介入；在专利开放许可纠纷解决机制中，技术标准组织可以在专业人员方面为行政部门和司法机关提供辅助支持。另外，技术标准制定组织也可以组成仲裁庭对 FRAND 专利许可费进行相应裁决，每位仲裁员应具备实质性的专业知识，不得受雇于任何与相关争议的事项有直接

❶　国家知识产权局条法司. 外国专利法选译［M］. 北京：知识产权出版社，2015：874-875.

❷　Goddar H, Kumaran L. Patent Law Based Concepts for Promoting Creation and Sharing of Innovations in the Age of Artificial Intelligence and Internet of Everything［J］. Les Nouvelles-Journal of the Licensing Executives Society, 2019, 54（4）：282-287.

❸　Goddar H, Kumaran L. Patent Law Based Concepts for Promoting Creation and Sharing of Innovations in the Age of Artificial Intelligence and Internet of Everything［J］. Les Nouvelles-Journal of the Licensing Executives Society, 2019, 54（4）：282-287.

❹　Goddar H, Kumaran L. Patent Law Based Concepts for Promoting Creation and Sharing of Innovations in the Age of Artificial Intelligence and Internet of Everything［J］. Les Nouvelles-Journal of the Licensing Executives Society, 2019, 54（4）：282-287.

利害关系的其他机构。❶《WIPO 指南》认为，知识产权纠纷的专业调解员或者仲裁员拥有专利争议和标准必要专利许可方面的知识，将有助于提高知识产权争议解决结果的质量，并控制知识产权纠纷解决程序所需的时间和成本。专利开放许可纠纷中对专利许可费认定的灵活程度要小于对 FRAND 专利许可费的认定，但前者在纠纷解决专业性方面要求更高。欧盟《专利与技术标准报告》认为，专利权人通常在获得专利授权时便决定是否将其纳入专利开放许可，但是此时可能并不能确定该专利权是否属于特定技术标准的必要专利。因此，在判别涉案专利是否属于标准必要专利以及对专利许可费纠纷进行调解时，更需要纠纷解决机构的专业化作为保障。为更有效地对专利开放许可纠纷进行调解，国家知识产权局在具体案件中可以设立临时调解小组，聘请该专利权所属领域的法律专家和技术专家，从而实现较为广泛的代表性，提高调解小组的专业化程度。可以借鉴法院审理知识产权案件时聘请技术调查官等方面的机制，建立专利开放许可纠纷调解专家库，并根据具体案件的特点从该专家库中选聘特定专家组成调解小组开展调解工作。为了增强专利开放许可纠纷调解组织人员组成的灵活性，可以让争议双方当事人参与调解组织人选的确定。《WIPO 指南》还规定，在 FRAND 专利许可纠纷中，"当事双方应分别各指定一名仲裁员；双方分别指定产生的两名仲裁员随后应指定首席仲裁员"。国家知识产权局在组成调解机构进行专利开放许可纠纷调解时，可以体现出更强的灵活性。一是可以将此类纠纷委托给专门的调解机构进行处理，该调解机构相对于国家知识产权局可以具有一定程度的独立性，以便采用更为灵活的组织和机制。二是在调解组织人员组成方面，可以由专利权人或者被许可人从调解机构专家库中选择部分调解专业人员，或者在专家库范围外选择其他具有相应专业知识的调解员进行调解。❷ 不论是由调解机构选任还是由当事人选择的调解员，均应当秉持公正立场对专利开放许可纠纷进行调解，以便更好地维护行政调解在纠纷解决方面的公信力。

---

❶ Contreras J L. Global Rate Setting: A Solution for Standards-Essential Patents? [J].Washington Law Review, 2019, 94（2）: 701-757.

❷ 何炼红.论中国知识产权纠纷行政调解 [J].法律科学（西北政法大学学报），2014, 32（1）: 155-165.

我国有关政策文件对专利行政调解机构组成人员的专业化和多元化也提出了要求。国家知识产权局、司法部《关于加强知识产权纠纷调解工作的意见》（国知发保字〔2021〕27号）提出："充分利用社会资源，注重选聘具有专利、商标、著作权等工作经验和知识背景的专业人士以及专家学者、律师等担任调解员，建立专兼结合、优势互补、结构合理的知识产权纠纷调解员队伍。"专利开放许可行政调解机构的专业人员配置也应当体现知识产权专业背景和较高的业务水平，应当兼顾从知识产权学术专家、知识产权行政管理专家、知识产权中介服务业专业人士和企业知识产权管理专家等方面遴选人才，使具体案件调解人员的组成能够顾及各方面的专业意见和利益诉求。此外，该意见还强调了"采取联合调解、协助调解、委托移交调解等方式，建立知识产权纠纷人民调解、行政调解、行业性专业性调解、司法调解衔接联动工作机制"。从大调解体系的构成来看，行政调解与人民调解、行业协会调解、司法调解等其他类型调解机制之间，既可以各自发挥优势，又有必要充分进行衔接。专利开放许可纠纷行政调解兼具专业程度较强、权威性较高和高效便捷等方面的特点，且行政调解并不向当事人收取费用，对当事人而言纠纷解决的成本较低。

在调解程序方面，有必要针对专利开放许可合同的特点进行规则设计。《专利纠纷行政调解办案指南》指出：专利纠纷行政调解"具有严格的程序"。该指南还援引了国家知识产权局《专利行政执法办法》，指出《专利行政执法办法》对调解专利纠纷有严格的程序性规定，包括受理、意见陈述、调解、结案等。专利行政调解程序的规范化，能够提升调解机制运行的效率，也能够增进当事人对调解机制及其调解结论的信任程度，提高调解协议达成的可能性和当事人自觉履行调解协议的积极性。[1]专利行政调解遵循自愿原则，当事人对调解程序的信任和参与是调解活动顺利开展的基础条件。[2]该指南对专利行政调解立案条件的规定体现了该要求："调解专利纠纷案件是依当事人请求，由管理专利工作的部门受理后通知另一方当事人进行调解，调解立案的前提条件是双方当事人都同意参加调解，一方当事人提出调解请求并不能立案，只能先行受理，在

---

[1] 王莲峰，张江．知识产权纠纷调解问题研究［J］．东方法学，2011（1）：78-84.

[2] 易继明，严晓悦．美国《2021年综合拨款法案》知识产权条款评析［J］．贵州师范大学学报（社会科学版），2022（1）：137-149.

另一方当事人同意调解后，管理专利工作的部门才能正式立案。"专利行政调解程序与其他类型纠纷解决程序在一定程度上是相互排斥的。该指南明确了不能进入专利行政调解程序的情形："对于当事人提出的下列专利纠纷的行政调解请求，管理专利工作的部门不予受理：1.请求人已向仲裁机构申请仲裁的；2.已向人民法院起诉的；3.不属于该管理专利工作的部门的受案和管辖范围；4.管理专利工作的部门认为不应受理的其他情形。"在专利行政调解审理程序方面，该指南对调解案件的受理和立案、调解工作的开展、调解案件的结案等方面作出较为具体的规定。国家知识产权局对专利开放许可纠纷行政调解事务也可以按照该指南规定的方式进行处理。

在国家知识产权局专利开放许可纠纷调解机制的构建中，需要制定和完善相应的制度规则。将《专利纠纷行政调解办案指南》适用于专利开放许可纠纷调解存在以下三个方面的问题，需要在制定相应制度规则时加以完善。一是专利开放许可纠纷行政调解专门规章缺失。❶适用《专利纠纷行政调解办案指南》的行政机关主要是地方人民政府知识产权行政管理部门，国家知识产权局并不能直接适用该指南的规定。根据该指南关于调解案件管辖的规定，仅限于地方人民政府管理专利工作的部门，在文字含义上并不涉及国家知识产权局负责的专利行政调解事务。《专利法》第四次修改赋予国家知识产权局处理重大专利侵权纠纷的职权后，国家知识产权局制定《重大专利侵权纠纷行政裁决办法》作为处理此类纠纷的规章。但是，《专利法》第四次修改在赋予国家知识产权局对专利开放许可纠纷进行调解的职权后，国家知识产权局尚未制定相应规章对可能出现的专利开放许可纠纷行政调解作出程序性规定。为此，国家知识产权局有必要制定专门规章，对专利开放许可纠纷行政调解进行有针对性的规定。二是专利开放许可纠纷行政调解的组织机构和运行机制存在缺失。❷国家知识产权局是由现有相关内设部门，还是需要新建内设部门负责专利开放许可纠纷行政调解事务，尚待明确。《专利法实施细则修改建议（征求意见稿）》和《专利

---

❶ 我国尚未制定关于行政调解的专门、统一的法律规范。王聪.作为诉源治理机制的行政调解：价值重塑与路径优化［J］.行政法学研究，2021（5）：55-66.

❷ 专利纠纷行政调解专门机构的缺乏也在一定程度上影响了调解协议的法律执行效力。王霞，易建勋.专利行政调解协议的效力及其固化［J］.知识产权，2017（2）：81-87.

审查指南》修改草案两次征求意见稿也未对专利开放许可纠纷行政调解的组织机构和运行程序作出更为具体的规定。国家知识产权局在制定相应规章时，应当重点对此相关内容进行明确。专利纠纷行政调解是专利执法事务的组成部分，可以由国家知识产权局中负责指导地方专利执法的部门承担专利开放许可纠纷调解业务。此外，国家知识产权局也可以采用委托第三方专业机构负责调解事务的模式，充分发挥第三方机构的专业性和灵活性。部分地方专利行政部门建立了知识产权保护中心，提供专利申请、运用和维权等公共服务。❶在国家知识产权局对外提供公共服务时，也可以采用类似模式，从而提高专利开放许可纠纷调解的效率和效益。三是专利开放许可纠纷行政调解机制与其他调解机制或者司法程序衔接的问题。在专利纠纷行政调解事务范围内，专利开放许可纠纷行政调解是专属由国家知识产权局管辖的调解事项，地方人民政府管理专利工作的部门并无相应调解职权。人民调解、行业协会调解等其他类型调解机制对专利开放许可纠纷也较为难以介入。因此，国家知识产权局的相应调解机制主要是与司法确认程序相衔接。❷《专利法》第四次修改过程中曾提出建立专利纠纷行政调解与司法确认衔接的机制，但是在此次修改正式通过版本中未能对此给予体现。❸《专利法实施细则修改建议（征求意见稿）》规定当事人可以就专利纠纷行政调解协议申请司法确认。❹在实务中，已有部分省市开展了专利纠纷行政调解司法确认工作，取得了良好的效果。❺在国家知识产权局专利开放许可纠纷调解程序的构建中，有必要会同人民法院共同建立调解协议的司法确认机制，从而使调解协议具有更强的权威性和执行力，使国家知识产权局在专利开放许可纠纷调解中的专业化职能得到更好的发挥，专利权人和被许可人选择采用调解机制解决专利开放许可实施纠纷的积极性也会相应地得到提高。在

---

❶　傅启国，万婧，程秀才.知识产权保护中心快速维权机制的检视与重塑研究［J］.中国发明与专利，2021，18（12）：65-70，79.

❷　姜芳蕊，陈晓珍，曹道成.专利纠纷行政调解协议司法确认程序之构建［J］.知识产权，2014（9）：26-31.

❸　李雷，梁平.偏离与回位：专利纠纷行政调解制度重构［J］.知识产权，2014（8）：24-31.

❹　易继明，严晓悦.美国《2021年综合拨款法案》知识产权条款评析［J］.贵州师范大学学报（社会科学版），2022（1）：137-149.

❺　刘友华，朱蕾.专利纠纷行政调解协议司法确认制度的困境与出路［J］.湘潭大学学报（哲学社会科学版），2020，44（6）：85-91.

此基础上，法院需要审理的专利开放许可纠纷案件也会相应减少，能够较为显著地节约司法资源。

第三节　专利开放许可纠纷司法裁决机制问题

一、专利开放许可当事人权利义务设定问题

在专利开放许可实施纠纷司法裁决中，法院需要对专利权人或者被许可人的权利义务进行明确或者予以适当调整，以此合理解决双方当事人在权益分配方面产生的争议。[1]司法裁判是在法律规范基础上对当事人利益在个案中给予平衡保护，在对其中一方利益进行保护时，需要权衡对另外一方当事人的影响及体现社会公共利益。在专利开放许可纠纷中，司法政策应当有利于促进开放创新等技术研发活动，从而在宏观层面促进科学技术的持续进步和增进社会福利。在专利案件司法裁判认定标准中，应当将其纳入知识产权公共政策的整体考量，"将该方案中的收益与社会损失（social losses）进行权衡，其中，收益的形式就是新创作出来的成果，而社会损失通常就是当相应成果的财产权以高于其生产的边际成本的价格出售时所造成的消费者福利损失……知识产权政策就是对上述方面进行比较与衡量，以达到适当的平衡"[2]。在专利开放许可声明或者被许可人通知等文件中，如果实施特定开放许可专利所必需的条件尚未得到明确，则需要法院为当事人补充相应的合同条款。《民法典》合同编是允许当事人在发生合同纠纷时补充合同条款的，在双方当事人不能就此问题达成一致时，法院可以发挥司法救济功能为当事人提供合同条款的补充。[3]但是，在专利开放许可纠纷中，法院在为当事人补充合同条款时应当持审慎态度，不能使双方交易条件过度复杂化并导致专利开放许可制度在简化专利许可交易模式方面的功能难以充分发挥。在英国专利开放许可纠纷解决机制中，英国知识产权局在为当事

---

[1]　王瑞贺．中华人民共和国专利法释义［M］．北京：法律出版社，2021：150-151.

[2]　［美］罗伯特·P.莫杰思．知识产权正当性解释［M］.金海军，史兆欢，寇海侠，译．北京：商务印书馆，2019：14.

[3]　《民法典》第510条规定："合同生效后，当事人就质量、价款或者报酬、履行地点等内容没有约定或者约定不明确的，可以协议补充；不能达成补充协议的，按照合同相关条款或者交易习惯确定。"

人设定许可条款的自由裁量权方面进行了一定程度的自我限制。根据英国《专利实务指南》第 46.27 节，英国知识产权局局长在为当事人设定许可条款方面具有广泛的自由裁量权；在此基础上，对其自由裁量权的限制主要在于两方面：（1）不能对被许可人施加任何积极义务；（2）不得设定禁止其他人申请类似许可证的条款。其中，第一项要求是不能为被许可人设定积极义务，由此可以推论在纠纷解决中被许可人在决定是否加入专利开放许可实施活动和选择退出方面有较为充分的决定权。第二项要求是不能限制其他被许可人加入专利开放许可并对专利权进行实施，这是保持专利开放许可的开放性和公共性的必要条件。法院在设定当事人权利义务时，应当注意保持双方法律地位的平等性，不宜对一方当事人所拥有专利权或者实施权的权利内容施加过多限制，防止其成为对方机会主义行为的受害者。对此，可以参考法院在标准必要专利许可纠纷中所采取的立场。一般认为，标准必要专利所有者和侵权被告所处的法律地位不应使他们分别获得过高许可费（"专利劫持"情形）或支付过低许可费（"反向专利劫持"情形），应当平等地对待专利产品的许可受益者和侵权被告。❶ 在专利开放许可纠纷中，不能排除专利权人寻求禁止令救济的权利，专利权人主张被许可人支付许可费和专利侵权者停止侵权行为均属于正当行使权利的行为，本身不构成对专利权的滥用或者对垄断地位的滥用。❷ 专利权人基于专利开放许可声明所放弃的是选择合法被许可人的权利，而不是放弃专利权的所有权利。在专利开放许可声明发布后，专利权人与被许可人之间的谈判地位基本上已处于平等地位，无须法院在诉讼案件中对双方权利义务设定时进一步向被许可人倾斜，否则可能使专利权人应当享有的权益更难以得到保障，也可能对专利开放许可诉讼案件以外其他被许可人的市场利益构成威胁。

法院在专利开放许可纠纷审理中，可以为当事人设定的权利义务主要包括以下方面：（1）在专利权人方面，法院可以要求专利权人披露实施开放许可专利技术所依赖的其他专利权，包括该专利权人或者其他专利权人所拥有的相关专利，从而为被许可人决定是否实施或者继续实施该项开放许可专利提供必要依据。对部分专利许可而言，只有在专利权人能够对下游专利实施行为进行监

---

❶　马一德.FRAND 案例精选：第二卷［M］.北京：知识产权出版社，2021：28.

❷　马一德.FRAND 案例精选：第二卷［M］.北京：知识产权出版社，2021：28.

督检查，并且能够参与下游专利产品利润分配的情况下，相关专利许可协议才能够达成。❶在被许可人已经开始实施该项开放许可专利的情况下，可以认定专利权人已经就其拥有的其他相关专利向被许可人颁发了默示许可，以保证后者能够合法实施该项专利权。❷此外，法院可以赋予专利权人对被许可人实施专利活动的知情权、监督权和介入权。知情权主要涉及对被许可人实施情况进行信息知晓的权利。监督权是对被许可人实施活动进行监督、检查和管理的权利，对其实施行为中出现的问题（如产品质量不符合技术标准）提出异议并要求其改正的权利。介入权则是在被许可人不再有效实施开放许可专利时，专利权人取消其实施权并要求其停止实施活动的权利。（2）法院可以对专利开放许可费进行合理认定。参考英国《专利实务指南》第46.35节，法院可以基于"自愿许可人/自愿被许可人"规则，假设专利权人和被许可人进行专利自愿许可谈判时可能达成的专利许可费，并在此基础上对涉案专利开放许可费的标准作出认定。❸在专利开放许可费纠纷案件中，法院可以基于专利开放许可实施过程所产生的利润，以及专利权对利润实现的贡献程度等因素，结合专利权人与被许可人可能达成的专利许可协商谈判结果，对许可费数额进行合理认定。专利开放许可费应当合理体现专利权的经济价值，反映专利权对产品市场竞争力提升所发挥的作用，使产品利润在专利权人与被许可人之间得到合理分配。以专利开放许可合同有偿性作为基础，专利权人发布专利开放许可声明的商事属性和公益目的均应得到合理体现。（3）从被许可人角度来说，法院可以对其向专利权人报告实施开放许可专利情况的信息披露义务作出要求，该信息披露义务包括首次信息披露义务、定期信息披露义务和临时信息披露义务。❹首次信息披露义务是被许可人第一次向专利权人发出接受专利开放许可并实施专利权的通知中进行的信息披露；定期信息披露义务是被许可人在实施专利过程中每经

---

❶ Rosenberg A. Designing a Successor to the Patent as Second Best Solution to the Problem of Optimum Provision of Good Ideas [M] // Lever A. New Frontiers in the Philosophy of Intellectual Property. Cambridge University Press, 2012: 88–109.

❷ 尹新天. 中国专利法详解 [M]. 北京: 知识产权出版社, 2011: 172.

❸ 刘强. 专利开放许可费认定问题研究 [J]. 知识产权, 2021（7）: 3–23.

❹ 关通. 人工智能医疗专利开放许可机制构建研究 [J]. 南京工程学院学报（社会科学版），2021, 21（1）: 46–50.

过一段时间向专利权人披露专利实施情况的义务；临时信息披露义务是被许可人在发生影响专利权实施的重大事项时向专利权人进行信息披露的义务，例如发现专利侵权行为或者涉及专利产品的政策环境和市场状况发生重大变化等。❶在专利开放许可中，被许可人进行披露信息有助于专利权人实现知情权，也是专利权人对专利实施活动监督管理和获得许可费的重要保障。

　　法院在对专利开放许可纠纷进行司法裁决时，需要考虑专利许可合同在整体上所具有的关系合同属性以及专利开放许可合同的公共属性。❷在专利自愿许可合同的谈判和履行过程中，双方当事人是基于一定的信赖才能建立专利许可交易关系的，并为构建信赖关系付出了相应的交易成本和经济代价。❸因此，法院在对合同是否成立、生效及合同解除等合同效力问题予以认定时，应当尽可能维持合同效力，避免双方已投入的交易成本和建立的信赖关系被无谓损耗。在专利开放许可合同中，情况会有所不同，可以将当事人专利开放许可活动分为两个阶段，并分别有针对性地适用相应的司法政策。（1）第一阶段为专利开放许可合同订立阶段。在此阶段，专利开放许可合同的关系合同属性还不明显。专利开放许可合同在订立过程中具有公共性和公开性，专利权人发布专利开放许可声明的原因，并非基于对特定被许可人实施能力的信任，而是该专利适用范围的普遍性和社会效益实现的广泛性。被许可人选择接受该专利开放许可合同，也并非仅依据专利权人所拥有的商业信誉或者提供技术支持的能力，更多情况是基于对该技术本身是否具有市场价值的判断。在此情况下，法院不能强行要求被许可人加入专利开放许可实施中，应当为其保留较为充分的选择权。（2）第二阶段为专利开放许可合同履行阶段。在此阶段，专利开放许可合同已具有较为显著的关系合同属性。双方当事人已经形成交易关系并履行了实施行为，并由此建立了一定程度的信任关系。专利权人如果对被许可人按照其通知内容支付许可费已经具有相应预期，与其他被许可人谈判专利普通许可的动力

❶　关通.人工智能医疗专利开放许可机制构建研究［J］.南京工程学院学报（社会科学版），2021，21（1）：46-50.

❷　刘承韪.契约法理论的历史嬗迭与现代发展——以英美契约法为核心的考察［J］.中外法学，2011，23（4）：774-794.

❸　何怀文，陈如文.技术标准制定参与人违反FRAND许可承诺的法律后果［J］.知识产权，2014（10）：45-49，71.

会有所下降，并且谈判意愿会受到一定程度的限制。专利开放许可被许可人对在一定时期内享有专利实施权也具有较为稳定的预期，并会为持续地实施专利技术投入各项资源和成本。❶ 我国《专利法》未要求专利权人在撤回专利开放许可声明时说明理由，也未限制专利权人撤回该声明的权利，在此情况下对被许可人实施权的保护也仅限于不溯及既往。在专利开放许可声明被撤回后，被许可人会面临不再享有实施权的困境，可能不得不与专利权人重新谈判专利许可或者终止实施专利权。这是对在此阶段专利开放许可合同应当具备关系合同属性的忽视，将对被许可人应当享有的合理预期造成破坏。在《专利法》未提供特别保护的情况下，法院应当给予被许可人合理期间继续实施专利权，抵消专利权人撤回专利开放许可声明所带来的负面影响。法院通过司法裁判提供相应保障，也可以激励潜在被许可人积极参与专利开放许可实施，使其制度特点能够得到充分发挥。

法院在对专利开放许可实施纠纷进行裁判时，要注意其自愿性与法定性相结合的特点。《民法典》合同编对一般合同并未规定需要具有书面形式。《民法典》第 863 条第 3 款规定，技术许可合同应当采用书面形式，其中将专利许可合同包括在内。《专利法》等知识产权单行法律并未要求知识产权许可合同需要具有书面形式，因此可以认可知识产权默示许可的存在。❷ 在专利许可协议订立后，被许可人基本上不能单方面退出该协议，除非得到专利权人的同意而产生双方共同解除合同的效力。在专利许可协议履行过程中，专利产品的市场环境和预期实现的利润水平可能还会发生相应变化。❸ 随着产品利润发生波动等方面因素，专利许可条件可能对被许可人更为不利，但是其并不享有单方面退出专利许可协议的权利，只能依据《民法典》合同解除条件对专利开放许可合同予以解除，或者依据反垄断法宣告该合同无效或者效力终止。从另一角度来

❶ 王洪新.专利行政部门在当然许可中的定位［J］.黑龙江省政法管理干部学院学报，2017（5）：16-19.

❷ DesForges C D. The Commercial Exploitation of Intellectual Property Rights by Licensing（Business & Economics）［M］.Thorogood，2001：16.

❸ 在我国台湾地区飞利浦光盘专利许可案中，该专利许可费率在订立合同时较为合理，但是随着光盘产品价格下跌而使许可费率超出被许可人能够接受的水平。廖尤仲.评台湾地区"经济部"智慧财产局飞利浦 CD-R 光盘及罗氏药厂克流感专利强制授权案［M］// 王立民，黄武双.知识产权法研究：第 7 卷.北京：北京大学出版社，2009：37-63.

说，被许可人在停止支付专利许可费后，便失去了专利开放许可协议所提供的法律保护功能，若继续实施专利技术有可能构成专利侵权，而非仅构成合同违约行为。❶ 在此情况下，专利权人起诉理由可能不再是主张对方支付专利许可费，而是请求对方承担专利侵权损害赔偿责任。在认定专利侵权损害赔偿额时，被许可人此前通知中所记载的支付专利开放许可费数额可以作为计算参考依据。《专利法》第71条第1款将专利使用费合理倍数作为认定专利侵权损害赔偿的重要计算方式。在此方面，被许可人所发出通知的记载事项会具有相应的法律约束力。

在被许可人或者第三人专利侵权纠纷方面，在司法政策上应当保持专利开放许可的开放性和公共性，减轻当事人可能面临的专利侵权风险。在制定相应规则时有两种模式可供选择，从而为被许可人实施开放许可专利提供保障。第一种模式是，将专利开放许可声明作为专利权用尽的重要依据，被许可人无须实际支付专利开放许可费便可以获得该项侵权例外规则的保护。在此情况下，被许可人实施专利权的行为范围有所拓展。根据欧洲法院意见，专利权人发布专利开放许可（权利许可）声明之后，被许可人向其寻求获得开放许可授权的，专利权人无权阻止被许可人从欧盟其他国家进口该专利产品。❷ 专利开放许可和专利强制许可在是否能够成为专利权用尽的依据方面存在差异。专利开放许可是基于专利权人的意愿授予的许可，可以产生专利权用尽的法律效果；专利强制许可则并非基于专利权人同意而产生，因此不能成为适用专利权用尽规则的许可来源。❸ 依据该模式，专利权人作出专利开放许可声明后，被许可人可以享有专利权用尽提供的豁免，在未支付专利开放许可费时，仅需要承担违约责任，而不需要承担侵权责任，由其生产的专利产品的市场销售和自由流转不会受到影响。第二种模式是，不将专利权用尽范围作扩张解释，专利权人可以要求未

---

❶ 《民法典》第873条第1款规定，"被许可人未按照约定支付使用费的，应当补交使用费并按照约定支付违约金；不补交使用费或者支付违约金的，应当停止实施专利或者使用技术秘密，交还技术资料，承担违约责任"。该条款仅规定未支付专利使用费的违约责任，但是不意味着不会产生专利侵权责任。

❷ ［德］约·帕根贝格，［德］迪特里希·拜尔.知识产权许可协议：第6版［M］.谢喜堂，译.上海：上海科学技术文献出版社，2009：23-25.

❸ ［德］约·帕根贝格，［德］迪特里希·拜尔.知识产权许可协议：第6版［M］.谢喜堂，译.上海：上海科学技术文献出版社，2009：23.

经许可使用者承担侵权责任，但是应当对后者的责任范围作适当限制，包括法院避免对该案被告颁发禁止令，并对损害赔偿数额上限作出明确要求。❶此外，被许可人有可能对开放许可专利权实施"反向劫持"行为，包括通过主张其未实施专利、该专利并未被纳入标准或者并非标准必要专利等事由，不向专利权人支付许可费，或者主张不构成专利侵权的抗辩情形。❷为此，应对专利权人的维权活动提供规则支持，简化专利权人应当承担的侵权诉讼举证责任或者专利许可费数额的举证责任。

关于当事人权益保护问题，由于专利开放许可机制中的自愿许可协商在程序上的空间较小，因此需要通过法律制度或者实施机制的相应规则予以明确。有学者提出，应当在被许可人未于规定期限内支付许可使用费、被许可人已进入破产清算程序、被许可人擅自分许可他人实施，被许可人恶意隐瞒实施状况等情形下，取消被许可人的专利开放许可实施权。❸由《专利法》等制度规则提供专利开放许可中的法定默认许可条款，可以节约当事人围绕相关条款进行协商谈判的成本。《民法典》技术合同章为专利自愿许可合同制定了相应的默认条款，在专利开放许可中也可以发挥相应作用，并且专利开放许可当事人可能更需要法律规则对合同条款的补充和保障。专利许可规则体系的发展和完善为专利权人和被许可人提供更多的制度选择空间❹，较为典型的例证是，在人工智能等专利密集型技术领域，专利技术的交叉性、重叠性、复合性程度较高，尤其需要通过专利开放许可或者交叉许可实现上下游企业共享专利技术，这将有助

---

❶ Cheng H C. Reasonable Patent Licensing in the Supply Chain-A Critical Review of Patent Exhaustion［J］. Wake Forest Journal of Business and Intellectual Property Law, 2014, 14（2）: 344-365.

❷ Schevciw A. The Unwilling Licensee in the Context of Standards Essential Patent Licensing Negotiations ［J］. AIPLA Quarterly Journal, 2019, 47（3）: 369-400; Bharadwaj A, Singh M, Jain S. All Good Things Mustn't Come to an End: Reigniting the Debate on Patent Policy and Standard Setting［M］// Bharadwaj A, et al. Multi-dimensional Approaches Towards New Technology. Singapore: Springer Nature Singapore Pte Ltd., 2018: 85-116. 在技术标准制定过程中，还存在另外一种情况，时常会有专利权人将非必要专利声称为必要专利。Ghidini G, Trabucco G. Calculating FRAND Licensing Fees: A Proposal of Basic Pro-competitive Criteria［M］//Bharadwaj A, et al. Complications and Quandaries in the ICT Sector, Singapore: Springer Nature Singapore Pte Ltd., 2018: 63-78.

❸ 易继明. 评中国专利法第四次修订草案［M］// 易继明. 私法: 第15辑第2卷. 武汉: 华中科技大学出版社，2018: 2-81.

❹ 关通. 人工智能医疗专利开放许可机制构建研究［J］. 南京工程学院学报（社会科学版），2021, 21（1）: 46-50.

于技术开发活动的充分推进。

二、专利开放许可费司法认定问题

专利开放许可费是专利权人在开放许可中所获得的主要经济收益，也是双方当事人可能产生争议的焦点问题。[1] 专利许可费是专利权人、被许可人和社会公众之间的重要利益分配和平衡机制。[2] 在传统专利许可中，专利许可费标准不合理等可能损害部分利益主体权利，并且可能会危害公共健康等领域的社会公共利益。在基因技术医疗领域，"专利权的独占性质也使得基因专利权人可以漫天要价，索取高额的许可使用费，从而抬高基因检测和基因治疗的成本，患者寻求基因技术诊治面临着经济障碍"[3]。一方面，专利开放许可有助于在一定程度上解决专利许可费较高的问题，专利权人基于商业或者道德等方面因素可能会将专利许可费调整到合理水平。另一方面，被许可人的广泛参与也会使专利产品在下游市场的销售价格维持在较低水平，从而减轻了消费者和社会公众的经济负担，有助于公共利益得到更好的实现。专利权人与被许可人能否实现专利开放许可以及对专利开放许可费率的合理确定，体现了被许可人实施相关技术所面临的专利侵权及其损害赔偿的法律风险，以及专利技术市场价值等经济因素。[4] 在专利许可费中，不论是费用总额还是占产业规模总值的比重，总体而言都呈现增长趋势。[5] 专利开放许可费纠纷解决机制能够为技术标准专利许可费争议的解决提供机制保障。专利开放许可费是调节和平衡专利开放许可当事人利益的重要机制。参照专利自愿许可费和专利强制许可使用费的认定标准，专利开放许可费应当实现对专利权人研发投入的经济补偿和经营投入的合理利

---

[1] 在欧洲统一专利制度中，专利开放许可费纠纷由欧洲统一专利法院进行裁决。McDonagh L. European Patent Litigation in the Shadow of the Unified Patent Court [M]. Cheltamham：Edward Elgar Publishing Limited，2016：95–96.

[2] Gassmann O，Bader M A，Thompson M J. Patent Management：Protecting Intellectual Property and Innovation [M]. Cham：Springer Nature Switzerland AG，2021：96.

[3] 胡波. 专利法的伦理基础 [M]. 武汉：华中科技大学出版社，2011：212.

[4] Dubiansky J E. The Licensing Function of Patent Intermediaries [J]. Duke Law & Technology Review，2017，15（1）：269–302.

[5] 有学者统计，1992—2002 年，各行业平均专利许可费率从 5.135% 上升到 6.2%。Ratliff A. Biotechnology and Pharmaceutical R&D and Licensing Trends：You Pays Your Money and Takes Your Chances [J]. Journal of Commercial Biotechnology，2003，10（1）：54–59.

润。❶ 在专利开放许可费价格形成机制方面，专利开放许可声明的自愿性和公开性有利于许可费标准在合理均衡的水平上得到确定。在专利开放许可纠纷解决机制方面，对专利开放许可费的司法认定机制也应当体现相应的要求，有必要避免专利开放许可声明形式上的公开性和公共性，与专利开放许可费标准过高时在实质上所形成的专利产品可及性障碍产生矛盾。在全球范围内不断出现的标准必要专利许可及 FRAND 原则适用纠纷本身就意味着"市场失灵"问题日益严重和扩大化倾向。❷ 专利开放许可费标准和专利侵权损害赔偿数额之间可以相互参照和借鉴。❸《专利法》将专利许可费的合理倍数纳入专利侵权损害赔偿数额认定的参照依据，该认定模式的合理性曾受到质疑，认为不同专利许可协议中制定的专利许可费之间可能本身就存在差异性。❹ 因此，有必要从制度规则上对专利开放许可费参考专利侵权损害赔偿数额的认定模式予以确认，为法官在此问题上的参照适用提供法律规则依据。

将专利开放许可实施纠纷解决机制，特别是其中专利开放许可费认定及纠纷解决机制与标准必要专利许可价格形成及纠纷解决机制相衔接，可以成为解决专利许可纠纷的较好的路径选择。首先，在专利许可费纠纷解决程序方面，《专利法》对专利开放许可实施过程中的纠纷解决采用"司法主导、行政为辅"的模式。❺ 依据《专利法》第 52 条，国家知识产权局在专利开放许可纠纷中发挥行政调解的职能，不同于专利强制许可纠纷中的行政裁决模式。❻ 而且，专利开放许可实施纠纷是《专利法》及《专利法实施细则》中专门由国家知识产权局进行调解的专利纠纷类型，由此可以充分发挥国家知识产权局在行政调解方面的专业经验和权威性。在技术标准专利许可费纠纷中，如果专利权人发布了

❶ Saha S. Patent Law and TRIPS：Compulsory Licensing of Patents and Pharmaceuticals ［J］. Journal of the Patent and Trademark Office Society，2009，91（5）：364–374.

❷ Liu K C. Arbitration by SSOs as a Preferred Solution for Solving the FRAND Licensing of SEPs?［J］. International Review of Intellectual Property and Competition Law（IIC），2021，52（6）：673–676.

❸ Santo J D. Intellectual Property Income Projections：Approaches and Methods ［M］// Reilly R F，Schweihs R P. The Handbook of Business Valuation and Intellectual Property Analysis. New York：The McGraw–Hill Companies，Inc.，2004：383.

❹ Hovenkamp E，Jonathan M. How Patent Damages Skew Licensing Markets ［J］. Review of Litigation，2017，36（2）：379–416.

❺ 刘强. 专利开放许可费认定问题研究［J］. 知识产权，2021（7）：3–23.

❻ 罗莉. 专利行政部门在开放许可制度中应有的职能［J］. 法学评论，2019，37（2）：61–71.

专利开放许可声明，则双方当事人均可以依照专利开放许可纠纷解决机制寻求专利许可费纠纷的合理解决。其次，在专利许可费认定标准方面，专利开放许可费认定中对其他类型专利许可费标准和专利侵权损害赔偿标准的借鉴可以为技术标准专利许可费的认定提供有益参照，专利自愿许可费率对专利开放许可费率的确定也具有较为明确的参考意义。在对专利开放许可费进行认定时，可以参照就同一专利权订立的其他自愿许可协议中约定的许可费率，也可以参考就具有替代关系的其他专利权所订立的专利自愿许可协议中制定的许可费率。❶作为参照对象的专利自愿许可协议是专利独占许可协议或者专利排他许可协议时，需要在这两类专有许可协议的许可费率基础上作相应调整。专有许可协议许可费率可能会涵盖专利权的所有市场利益，在特定案件中专利开放许可费率则主要是对单个被许可人应当支付的许可费给予认定，因此要避免由于除涉案当事人以外的其他被许可人主体数量较多而累计给予专利权人许可费回报过高的情形。

技术标准专利许可与专利开放许可之间可以在专利许可费标准认定方面双向借鉴经验。一方面，技术标准专利许可的实践经验可以为专利开放许可费的认定提供借鉴。技术标准制定组织对 FRAND 原则的应用模式可以延伸到专利开放许可费纠纷解决中。FRAND 原则可以分解为公平、合理、非歧视等方面的具体内容，在专利开放许可机制可以保证对不同被许可人之间许可费率的公平性和非歧视性的基础上，FRAND 原则中的合理规则对专利开放许可费的确定具有更为重要的影响。❷在 FRAND 原则适用中，通常采用专利技术预期营业利润或者专利产品实际销售收入的一定比例计算许可费，或者采用行业标准法、研发成本回报率法等方法认定专利许可费。❸在美国高通公司与美国联邦贸易委员

❶　刘强.专利开放许可费认定问题研究［J］.知识产权，2021（7）：3-23.
❷　广东省高级人民法院《关于审理标准必要专利纠纷案件的工作指引（试行）》第18条对确定标准必要专利许可使用费参照方法的方法进行了明确："（1）参照具有可比性的许可协议；（2）分析涉案标准必要专利的市场价值；（3）参照具有可比性专利池中的许可信息；（4）其他方法。"其中第（2）项侧重体现了合理原则，第（1）（3）项主要体现了公平、非歧视原则。该指引第24条进一步规定了标准必要专利市场价值认定中的影响因素.刘嘉明.标准必要专利定价困境与出路——"法院—市场主体"二元复合解决模型的构建［J］.法学杂志，2021，42（1）：121-131；乔岳，郭晶晶.标准必要专利 FRAND 许可费计算——经济学原理和司法实践［J］.财经问题研究，2021（4）：47-55.
❸　刘运华，曾闻.国外标准必要专利许可费计算方法对中国专利开放许可制度设计的启示［J］.中国科技论坛，2019（12）：108-115.

会诉讼案中，法院采用专利许可费率比较法、专利价值法认定许可费率是否属于不合理的高价，并且参考专利组合等其他因素。[1] 在涉及技术标准专利的开放许可费纠纷中，专利行政机关或者法院也可以采用类似标准认定许可费。在FRAND原则中，可能会采用"数字比例"规则，将涉案专利权数量与该技术标准所有必要专利的数量进行比较，作为在专利产品利润中涉案专利应当具有价值比例的认定基础。[2] 在专利开放许可费认定中，如果涉案专利属于某项整体产品或者设备的零部件，则也应当将该零部件专利在产品或者设备所有专利技术或者非专利技术中所处地位和所发挥技术作用作为认定专利许可费的依据。另一方面，专利开放许可声明中对专利开放许可费标准的明确，可以用于对技术标准专利许可中FRAND原则的具体解释和适用。在专利许可费价格形成机制方面，尽管专利开放许可费表面上由专利权人单方面制定，并不类似技术标准专利许可费标准的制定过程由双方当事人共同参与[3]，但是各专利权人之间在专利开放许可费方面存在事实上的竞争关系。专利权人在制定专利开放许可费率时，必然会参考其他专利权人已经公布的具有替代作用的相关专利的许可费率。[4] 专利权人市场影响力等因素所形成的约束机制，以及国家知识产权局对专利开放许可声明的审查机制，均能对专利权人产生相应的制约力。因此，技术标准专利权人在专利开放许可声明中公布的专利许可费标准，通常可以被认为是符合FRAND原则的，并且能够对涉及该专利权的其他类型专利许可费率的确定起到重要的指引作用。

专利开放许可声明中许可费标准的形成机制对预防可能出现的专利许可费纠纷将发挥重要的作用。涉及技术标准的专利权人在制定专利开放许可费时虽然不受法律规则的干预，但是由于商业环境等多方面因素的影响，也会对许可

---

[1] 何江，金俭.美国标准必要专利的反垄断审查与中国镜鉴——以"FTC诉高通案"为例［J］.管理学刊，2021，34（2）：94-109.

[2] Layne-Farrar A, Padilla A J, Schmalensee R. Pricing Patents for Licensing in Standard-Setting Organizations: Making Sense of FRAND Commitments［J］. Antitrust Law Journal, 2007, 74（3）：671-706.

[3] 刘运华，曾闻.国外标准必要专利许可费计算方法对中国专利开放许可制度设计的启示［J］.中国科技论坛，2019（12）：108-115.

[4] 这相当于在FRAND专利许可纠纷中司法机关将涉案专利许可费率与其他类似可比较的专利许可费率相联系并对前者予以确定的模式.马一德.多边贸易、市场规则与技术标准定价［J］.中国社会科学，2019（6）：106-123，206.

费率进行相应的自主限制。一是市场形象因素。专利开放许可费率过高可能会违背专利开放许可的开放性特点，也会在市场中对专利权人的商业形象造成不利影响，专利权人在技术标准制定组织内的声誉也有可能会受到影响。二是被许可人实施专利积极性问题。专利开放许可费率过高，被许可人接受专利开放许可并实施该专利的积极性必然会受到抑制，不利于专利权人发布专利开放许可声明效果的充分体现。❶技术标准专利权人希望标准制定组织内外的主体更多地参与技术标准的实施，因此在专利开放许可费率制定时会通过价格优惠提高吸引力，减轻专利开放许可实施者需要负担的许可费成本。三是价格竞争因素。在专利权人作出专利开放许可声明之前，在技术标准制定组织内拥有替代技术的其他专利权人可能已经作出了专利开放许可声明，而且其制定的专利许可费率较低，这会对在后发布的专利开放许可声明许可费率的提高会产生限制作用。存在替代关系的专利权之间在开放许可费率方面如果有明显差别，可能会影响技术标准制定组织在对专利权进行选择时的决定。专利权人对专利开放许可费标准的自行限制，将在较大程度上避免产生索取过高专利许可费的情形，相应专利许可费标准符合 FRAND 原则的可能性也会得到提高，当事人围绕专利许可费产生纠纷的可能性也会相应减少。与此相对应，FRAND 专利许可费的具体标准通常是由专利权人与被许可人之间通过分别协商谈判确定的 ❷，专利权人受到市场环境制约的程度较小。因此，通过专利开放许可引导专利权人将标准必要专利以最优模式许可他人实施，能够减少 FRAND 原则所带来的不确定性问题及其可能产生的相关法律纠纷。

---

❶　刘建翠．专利当然许可制度的应用及企业相关策略 [J]．电子知识产权，2020（11）：94–105；谢嘉图．缺陷与重构：当然许可制度的经济分析——以《专利法修稿草案（送审稿）》为中心 [J]．西安电子科技大学学报（社会科学版），2016，26（4）：97–103．

❷　Bekkersa R，Verspagenb B，Smitsb J．Intellectual Property Rights and Standardization：The Case of GSM [J]．Telecommunications Policy，2002，26（3–4）：171–188．

第四节　侵权救济问题和举证责任问题

一、侵权救济问题

（一）权利人和被许可人对专利侵权行为的诉权

在专利开放许可制度实施中，如果产生专利侵权行为，则需要关注专利权人或者被许可人针对第三人专利侵权提起诉讼的权利和程序问题，有必要保障专利权人和被许可人对专利侵权行为提起诉讼的权利。专利许可与专利转让在法律效果方面的重要区别之一是，前者通常并非赋予被许可人针对侵权行为提起诉讼的权利，而后者则意味着专利权人的诉讼权利也随之发生转移。❶在专利开放许可实施过程中，专利权人和被许可人分别享有专利权和专利技术实施权，相关权利是其享有针对专利侵权行为提起诉讼权利的法律基础。专利开放许可声明的公开性和被许可人主体范围的广泛性，使得具有诉讼权利的潜在主体也会分布在相当宽的范围之内。在专利开放许可声明发布以后，专利权人或者被许可人能否对专利侵权行为人寻求禁令救济存在争议。产生争议的焦点在于，专利权人作出专利开放许可声明是否意味着其已经授权任何人实施该专利，并且在任何条件下均不能阻止对方实施专利权。根据专利开放许可制度规则，专利开放许可声明发布并不意味着无条件授予专利许可，专利权人通过专利开放许可获得更多净收益将产生重要的激励作用。❷因此，在专利开放许可制度中，应当赋予专利权人对专利侵权行为提起诉讼的权利，以维护其应当享有的独占利益，这也有利于督促侵权行为人接受专利开放许可而非未经许可实施专利权。

在专利开放许可中，赋予被许可人相对独立的诉权是使其免受专利侵权行为损害，并更好地督促专利侵权行为人接受专利开放许可获得合法实施权的重要保障机制。在专利自愿许可中，被许可人可能会要求在许可协议中制定赋予

---

❶　［美］罗杰·谢科特，［美］约翰·托马斯.专利法原理：第 2 版［M］.余仲儒，组织翻译.北京：知识产权出版社，2016：316.

❷　刘廷华，张雪.当然许可专利禁令救济正当性的法经济学分析［M］//李振宇.边缘法学论坛：2017 年第 2 期.南昌：江西人民出版社，2017：24-28.

其诉讼权利的条款。❶ 例如，在专利权人收到被许可人请求起诉通知一定期限内未采取行动制止侵权行为时，被许可人应有权自行起诉侵权行为并承担相应费用。❷ 在英国专利开放许可制度中，在被许可人发现专利侵权行为并向专利权人请求起诉侵权行为人后，专利权人有相应时间决定是否起诉，在此之后该被许可人可以起诉。❸ 在知识产权领域，相关司法解释对不同类型知识产权被许可人诉讼权利有相应规定。通常认为，专利独占许可被许可人有独立提起诉讼的权利，专利排他许可被许可人可以在专利权人不起诉的情况下提起诉讼，专利普通许可被许可人可以在专利权人明确授权的情况下提起诉讼。❹ 专利开放许可被许可人所拥有的专利实施权和诉讼权利应当基本等同于专利普通许可的被许可人，参照现有规定只有在专利权人明确授权的情况下才能起诉。但是，为鼓励专利开放许可被许可人积极维权，有效抑制专利侵权行为并引导侵权行为人接受专利开放许可，可以将专利开放许可被许可人的诉讼权利予以强化，使其取得类似排他许可被许可人的诉讼地位。《英国专利法》对专利开放许可被许可人的诉讼权利已经作出类似安排，我国专利开放许可制度可加以借鉴。《英国专利法》第 46 条第 4 款规定，专利开放许可被许可人有权请求专利权人对专利侵权行为提起诉讼，专利权人若在收到请求后两个月内拒绝起诉或者不起诉，则被许可人有权提起侵权诉讼，并且可以将专利权人列为被告或者抗辩人。❺ 根据该条规定，明确地赋予专利开放许可的被许可人对专利侵权行为提起诉讼的权利，被许可人在行使诉权之前应当履行相应的程序性条件。被许可人在起诉专利侵权行为之前，需要先请求专利权人提起诉讼，在专利权人不行使或者不愿意行使诉讼权利的情况下再由被许可人起诉。《英国专利法》第 46 条第 5 款规定，专利权人根据该条第 4 款参与诉讼的，除非其到庭参加诉讼，否则不应

---

❶　世界知识产权组织.世界知识产权组织知识产权指南：政策、法律及应用［M］.北京大学国际知识产权研究中心，译.北京：知识产权出版社，2012：152.

❷　［英］埃里克·亚当斯，［英］罗威尔·克雷格，［英］玛莎·莱斯曼·卡兹，等.知识产权许可策略：美国顶尖律师谈知识产权动态分析及如何草拟有效协议［M］.王永生，殷亚敏，译.北京：知识产权出版社，2014：86.

❸　Aplin T, Davis J. Intellectual Property Law: Text, Cases, and Materials［M］. 3rd ed. Oxford : Oxford University Press，2016：829.

❹　李显锋，彭夫.论专利普通许可权的法律性质［J］.广西大学学报（哲学社会科学版），2016，38（3）：62-67.

❺　《十二国专利法》翻译组.十二国专利法［M］.北京：清华大学出版社，2013：560.

当承担诉讼费用或者成本。❶在专利开放许可声明发布以后，被许可人范围可能比较广泛，由其提起的专利侵权诉讼数量也可能较多，如果专利权人均需要花费成本参加诉讼则会面临较为严重的诉讼成本负担。因此，应当免除专利权人提起诉讼或者参加诉讼的义务，并且规定专利权人在并未参与诉讼的情况下不必承担相应的诉讼费用，以保护其作出专利开放许可声明并授予专利许可的积极性。

（二）权利人侵权救济措施的限制

专利权人在专利侵权诉讼中能够获得的救济措施应在规则上给予一定限制。《专利法》是系统化的法律规则体系，可专利客体、专利侵权判定、专利侵权损害赔偿等方面规则的制定和适用会对专利许可纠纷处理产生影响，可专利客体范围的缩小、专利侵权损害赔偿数额标准的降低均有可能弱化潜在被许可人寻求专利许可（包括专利开放许可）的积极性。❷基于专利开放许可的公共性和公益性，专利权人在获得专利侵权救济方面的权利受到限制，其中包括请求法院对专利侵权行为颁发禁止令和获得专利侵权损害赔偿的权利。《英国专利法》第46条第3款（c）项规定，在专利侵权诉讼中，被告或抗辩人承诺以开放许可条件接受专利许可的，则不得针对其作出强制令或禁止令，并且其承担的损害赔偿费数额不得超过专利开放许可费数额的两倍。❸一方面，该条规定给予专利侵权诉讼被告选择接受专利开放许可的权利，并且在此情况排除了专利权人请求针对其颁发禁止令的权利；由此，专利开放许可能够成为专利侵权诉讼被告的一种"保护伞"或者"避风港"，可以使其免受禁止令的制约。❹该规定可以督促专利侵权诉讼被告寻求获得专利实施的合法许可，并进而与专利权人谈判具体的专利许可协议，不会继续实施未经许可的侵权行为；由此，也有可能使专利实施者怠于在专利侵权诉讼开始之前主动地寻求获得专利开放许可，因为事先选择获得许可并不一定能带来避免禁止令方面的额外收益。另一方面，

❶《十二国专利法》翻译组.十二国专利法［M］.北京：清华大学出版社，2013：560.
❷ Sparks R L, Paschall C D, Park W. Recent Patent Legislation and Court Decisions in the United States：Impact of Validity of Patents and on Obtaining, Licensing, and Enforcing Patents［J］. International In-House Counsel Journal, 2015, 8（31）：1–12.
❸《十二国专利法》翻译组.十二国专利法［M］.北京：清华大学出版社，2013：560.
❹ 董美根.论专利被许可使用权之债权属性［J］.电子知识产权，2008（8）：14–19.

专利权人针对专利侵权行为获得损害赔偿救济的权利也受到限制。专利侵权行为人若选择接受专利开放许可，则在达成专利开放许可协议之前实施的侵权行为所产生的损害赔偿数额不能超过专利开放许可费率的一定倍数。❶《专利法》第四次修改增加了专利侵权损害的法定赔偿标准，并且在《民法典》第1185条基础上新增了专利侵权损害惩罚性赔偿条款。❷在专利开放许可实施中，如果对专利权人获得禁止令或者损害赔偿的权利予以限制，则不利于鼓励专利技术实施者主动加入专利开放许可，反而可能诱导其在专利权人提起专利侵权诉讼之后再相对被动地选择接受专利开放许可，以免承担过重的专利侵权民事责任。

专利开放许可的被许可人通过进口专利产品满足国内市场需求，可能会面临法律规则方面的障碍。该问题涉及：进口行为是否属于专利开放许可授权实施的范围，以及《专利法》是否同等对待在国内生产的产品和从国外进口的产品。在《英国专利法》上，专利开放许可证是不包含对进口专利产品的授权许可的。根据英国《专利实务指南》第46.53节引述的专利案件判决意见，如果专利开放许可的被许可人从其他国家进口了专利产品，而不是在英国生产该产品，则仍然可以为专利权人提供禁令救济。❸因此，如果被许可人从外国进口专利产品，则会被认为不属于专利开放许可允许的实施方式，可能会受到专利权人所提起的专利侵权诉讼，并且专利权人可以在案件中请求法院对被许可人的进口行为颁发禁止令。我国《专利法》第11条在对专利独占权利的内容进行列举时，也将专利产品的进口权独立于制造权、使用权和销售权加以规定。❹专利权人在专利开放许可声明中若未明确授予被许可人进口专利产品的权利，则

---

❶《英国专利法》第46条第3款第（c）项。

❷《专利法》第71条第1款规定："侵犯专利权的赔偿数额按照权利人因被侵权所受到的实际损失或者侵权人因侵权所获得的利益确定；权利人的损失或者侵权人获得的利益难以确定的，参照该专利许可使用费的倍数合理确定。对故意侵犯专利权，情节严重的，可以在按照上述方法确定数额的一倍以上五倍以下确定赔偿数额。"该条第2款规定："权利人的损失、侵权人获得的利益和专利许可使用费均难以确定的，人民法院可以根据专利权的类型、侵权行为的性质和情节等因素，确定给予三万元以上五百万元以下的赔偿。"

❸ Case 434/85, Allen & Hanbury's Ltd v. Generics（UK）Ltd.［1988］ECR 1245,［1988］1 CMLR 701. Torremans P. Holyoak and Torremans on Intellectual Property Law［M］.7th ed. Oxford：Oxford University Press, 2013：131-132.

❹ 李岚，樊爱民.专利产品平行进口的合法性研究［J］.社会科学家，2004（3）：47-50.

被许可人实际上并未被授权进口专利产品。在此情况下，被许可人是不能进口专利产品并使用或者再次销售的。欧洲法院判决意见认为，应从维护欧盟统一市场中产品跨国自由流通的角度，在专利开放许可声明发布后，不支持专利权人的禁令请求，这意味着专利权人无权阻止来自欧盟单一市场其他成员国的产品进口行为。❶ 因此，根据现有规则，专利开放许可在授权内容方面对进口的排除或者未明示予以许可，有可能对产品的跨境自由流动产生限制和阻碍。

专利开放许可实施中相关专利权用尽的范围可能会受到限制。构成专利权用尽的条件之一是专利技术实施者获得专利权人的许可并从事专利产品的制造或者销售，但是专利权部分权利内容的用尽并不代表该专利权的其他权利内容也一并用尽。在专利权人发布专利开放许可声明，以及被许可人向专利权人发出实施通知并支付许可费的情况下，该声明涉及的专利权可以被认为已经用尽，但是与该专利权实施相关联的其他专利权则未必也会被认定为已经用尽。当专利许可协议对允许被许可人使用专利权的权利内容作出明确限定时，专利权用尽范围也会受到相应限制。❷ 从专利开放许可制度的价值取向来说，应当是鼓励专利权人对专利权的所有权利内容均授予开放许可的，但是专利权人从维护其市场独占利益或者其他相关产品的市场利益角度来说，可能会对专利授权内容范围作出一定限制。专利权人对专利产品某项权利内容的授权实施可能是以对其他相关权利内容的授权作为条件的，被许可人若不能获得相应的专利许可将难以有效利用专利技术，将专利权人对专利权的某项权利内容的授权许可自然拓展到其他权利内容也是较为困难的。被许可人在对开放许可专利进行实施时，需要严格对照和遵守专利开放许可声明所限定的实施方式，以免超出许可范围而构成专利侵权行为。在法律规则方面，可以采取专利默示许可等方式适当拓展专利开放许可实施中专利权用尽的范围，使被许可人能够获得实施专利技术必要的相关专利许可，避免其运用专利权的活动受到不必要的限制。

---

❶ Torremans P. Holyoak and Torremans on Intellectual Property Law［M］.7th ed. Oxford：Oxford University Press，2013：131-132.

❷ 石必胜．专利权用尽视角下专利产品修理与再造的区分［J］.知识产权，2013（6）：14-20；李菊丹，宋敏．美国基因专利权利用尽原则的适用与启示［J］.知识产权，2015（2）：93-100.

二、诉讼证据问题

（一）合理分配举证责任

在专利开放许可纠纷司法裁判中，法院可以结合当事人的举证能力合理分配举证责任。举证妨碍规则是举证责任倒置规则的一种特殊情况，主要是法院基于诉讼诚信原则对举证责任的调整与分配，能够使专利开放许可纠纷诉讼案件证明过程更为有效和符合客观事实。❶ 在证据规则中，依据"平等接近事证"的观点，应当以恢复当事人的公平状态为目标排除妨碍证明的结果。❷ 在专利侵权诉讼和专利开放许可诉讼中，专利权人对专利技术实施者（包括专利侵权诉讼被告或者专利开放许可中的被许可人）控制能力较弱和信息不对称情况较为严重，可以通过举证责任分配对需要承担证明责任的主体进行转换，并明确被告不能承担证明责任的诉讼后果，由此可以使原被告双方的证明义务得到合理分配。在德国司法诉讼案件中，"以损害赔偿义务或违背诚实信用原则为根据，并以实体法上的义务违反为要件，赋予举证妨碍行为以证明责任倒置的效果"❸。通过举证责任的合理分配能够防止诉讼当事人在证明事实方面的机会主义行为，此类行为可能是专利技术实施中机会主义行为在诉讼程序中的延续，并且会严重危害诉讼活动的正常进行。诉讼诚信可能因证据能力不对称而受到损害，"若一个人通过实施证明妨碍行为能够获得的利益大大超出因受到法律追究可能遭受的损失时，则其很有可能会实施证明妨碍行为"❹。专利技术实施者在实施专利侵权行为或者专利被许可行为时，会对可能需要承担的诉讼风险及其带来的法律责任进行评估，将成本与收益进行权衡，并作出是否从事相关行为的决定。这种模式会延伸到专利诉讼活动中，在专利开放许可纠纷中可能将面临更多问题。

在专利开放许可纠纷诉讼案件中，当事人在举证过程中可能实施的机会主

---

❶ 刘强 . 专利开放许可费认定问题研究 [J] . 知识产权，2021（7）：3-23.

❷ 张友好 . 论证明妨碍法律效果之择定——以文书提出妨碍为例 [J] . 法律科学（西北政法大学学报），2010，28（5）：108-114.

❸ 胡学军 . 具体举证责任视角下举证妨碍理论与制度的重构 [J] . 证据科学，2013，21（6）：659-675.

❹ 程书锋，余朝阳 . 论证明妨碍规则在知识产权诉讼中的适用与完善 [J] . 电子知识产权，2018（7）：93-99.

义行为包括故意毁损、伪造、隐匿与专利开放许可实施相关的证据材料，无正当理由拒不提交能够证明专利开放许可实施活动及其利润的证据材料等。❶《专利纠纷司法解释二》第27条引入了专利侵权诉讼损害赔偿数额举证妨碍规则。❷《专利法》（第四次修改）第71条第4款将其正式作为法律条款加以立法规定。❸根据该规则，在专利侵权损害赔偿数额司法认定方面，在"谁主张，谁举证"原则基础上根据原被告双方掌握证据的情况对举证责任进行适当调整，可以由实际拥有相应证据的被告承担证明责任。❹专利侵权损害赔偿数额认定的重要因素是专利侵权产品销售数量、销售价格、利润率、经营成本等，证明上述事项的证据主要由被告掌握❺，原告很难通过正常途径知悉并获取相应证据材料。这为在专利开放许可纠纷案件中合理分配举证义务并适当减轻专利权人的举证责任提供了规则参考。

在专利开放许可纠纷中，专利权人也会面临与其在专利侵权诉讼中类似的举证困境，需要通过举证责任的合理分配和在法律效果方面的合理救济获得保障。在专利自愿许可中，由于此类许可合同属于关系合同，专利权人与被许可人基于同对方的信任关系订立合同，并且能够在合同中约定由专利权人对被许可人实施专利技术的行为进行监督控制，因此前者掌握后者实施过程中相应证明材料的能力较强。但是，在专利开放许可中，基于此类许可的公开性和公共性，专利权人不能对实施专利技术的被许可人进行选择，也难以通过专利许可合同条款对其实施行为进行管理。在此情况下，专利权人举证能力不足的问题

---

❶ 程书锋，佘朝阳.论证明妨碍规则在知识产权诉讼中的适用与完善［J］.电子知识产权，2018（7）：93-99.

❷ 该条规定："权利人因被侵权所受到的实际损失难以确定的，人民法院应当依照专利法第65条第1款的规定，要求权利人对侵权人因侵权所获得的利益进行举证；在权利人已经提供侵权人所获利益的初步证据，而与专利侵权行为相关的账簿、资料主要由侵权人掌握的情况下，人民法院可以责令侵权人提供该账簿、资料；侵权人无正当理由拒不提供或者提供虚假的账簿、资料的，人民法院可以根据权利人的主张和提供的证据认定侵权人因侵权所获得的利益。"

❸ 该款规定："人民法院为确定赔偿数额，在权利人已经尽力举证，而与侵权行为相关的账簿、资料主要由侵权人掌握的情况下，可以责令侵权人提供与侵权行为相关的账簿、资料；侵权人不提供或者提供虚假的账簿、资料的，人民法院可以参考权利人的主张和提供的证据判定赔偿数额。"

❹ 袁秀挺.专利侵权诉讼举证制度之审视与重构［J］.中国发明与专利，2018，15（10）：53-61.

❺ 范晓宇.专利侵权损害赔偿的要件及其举证责任——以《侵权责任法》为切入点［J］.法学杂志，2012，33（1）：147-151.

与专利侵权诉讼中的情形较为相似。❶在专利开放许可纠纷案件中对当事人举证责任进行分配时，一方面要权衡双方当事人举证的能力，包括一方当事人是否掌握和便于提供相应证据材料，另一方面要考虑相应证据材料的重要性和证明结果的盖然性问题。❷被许可人如果要证明专利权人在专利开放许可声明中所制定的专利许可费不合理，或者由于专利权人撤回专利开放许可声明给其造成了损失，则需要承担证明责任。在被许可人不能证明其专利产品实施规模及产生的利润时，法院可以参考专利权人的诉讼主张和相关证据认定被许可人应当支付的专利开放许可费，从而使举证责任分配的效果得到更好的体现。

（二）证据范围问题

在专利开放许可纠纷中，当事人在证明对方应当承担的合同义务或者侵权责任时，有可能面临证据资料来源范围较小的问题。❸除部分相关证据可能掌握在被许可人手中而难以由专利权人获取之外，也有客观上双方均不掌握相关证据的情况。可以拓展当事人提供证据资料的范围，在原有内部证据的基础上增加外部证据，使举证能力欠缺问题得到合理解决。❹传统上，证明被许可人实施专利权的规模、范围、利润等因素的证据来自其专利实施活动本身，这属于内部证据。例如，被许可人的销售合同、销售发票、出货单等能够直接用于证明其所获利润的证明材料均可以作为证据加以使用。被许可人在获得专利开放许可实施权后，制造销售专利产品过程中所产生的证据材料能够用于证明其利润数额等方面因素。但是，上述证明材料可能由被许可人所拥有，也有可能发生毁损灭失，因此开放许可专利权人将难以获取并用于支持诉讼请求。

在专利开放许可实施纠纷中，专利权人能够通过相应途径获得外部证据，并用于证明其应当享有的专利开放许可费权益。❺有部分证据的形成与专利侵权

---

❶ 在标准必要专利许可费司法认定中，已经涉及举证妨碍规则的具体适用。广东省高级人民法院《关于审理标准必要专利纠纷案件的工作指引（试行）》第19条规定："在审理标准必要专利许可使用费纠纷案件中，若当事人有证据证明对方持有确定标准必要专利许可使用费的关键性证据的，可以请求法院责令对方提供。如对方无正当理由拒不提供，可以参考其主张的许可使用费和提供的证据进行裁判。"

❷ 刘嘉明.标准必要专利定价困境与出路——"法院—市场主体"二元复合解决模型的构建［J］.法学杂志，2021，42（1）：121-131.

❸ 祝建军.标准必要专利适用禁令救济时过错的认定［J］.知识产权，2018（3）：46-52.

❹ 刘强.专利开放许可费认定问题研究［J］.知识产权，2021（7）：3-23.

❺ 李晓庆.知识产权惩罚性赔偿的法理剖析与适用进路［J］.学术交流，2021（12）：40-51.

行为或者专利许可实施行为并无直接关系，而是在可以类比涉案专利的其他专利技术实施过程中所产生的证据或者能够证明该技术领域相关总体情况的证据。在专利开放许可纠纷中，有两种典型情况可能会采用拓展型证据材料。第一种情况，专利产品平均利润率。在证明专利开放许可纠纷中涉案专利产品的利润率时，可以采用该专利所在技术领域的平均利润率作为依据。行业平均利润率的形成与涉案专利技术实施过程并无直接联系，涉案专利产品利润率水平很难从整体上影响行业平均利润率，但是这并不妨碍将该技术领域的平均利润率作为衡量涉案产品利润水平的证据加以使用。在《德国雇员发明法》及德国劳动部《私营企业职务发明报酬指南》中，已经区分不同行业所产生的平均利润率并将其作为职务发明报酬计算的依据之一。❶涉及专利开放许可纠纷的平均利润率有两种类型，一是行业整体平均利润率，二是涉案专利产品的整体平均利润率。其中，第二种类型更为符合涉案专利本身的情况，第一种类型也可以作为证据使用。事实上，在技术标准专利许可费率认定中，已经较为广泛地采用这两种类型的平均利润率作为认定依据。例如，可以"根据同一标准的相似（或者代表性）标准必要专利权人的平均利润率（专利许可费收益/专利研发投入）作为涉案专利权人的合理利润率"❷，或者根据最小可销售组件价格、产品平均利润率和专利权对产品利润的贡献等多个因素来确定专利开放许可费率。❸对专利开放许可费的认定也可借鉴相应领域许可费标准，拓展证明专利开放许可费的证据来源。

第二种情况，同类专利许可费率。在英国《专利实务指南》第46节中，专利开放许可费的认定采用"自愿许可人/自愿被许可人"原则，虚拟专利权人与被许可人之间会进行的专利许可谈判，并将由此形成的专利许可费作为涉案专利开放许可费的认定标准。根据英国相关专利案例，可以对与涉案专利类型相同或者近似的其他专利所实际达成的专利许可费率予以确定，并将其作为涉

---

❶　肖冰.日本与德国职务发明报酬制度的立法比较及其借鉴［J］.电子知识产权，2012（4）：48-52.

❷　陈学宇，郑志柱.我国标准必要专利问题的司法政策研究——技术进步视野下的检视［J］.法治论坛，2020（1）：120-136.

❸　肖延高，邹亚，唐苗.标准必要专利许可费困境及其形成机制研究［J］.中国科学院院刊，2018，33（3）：256-264.

案专利开放许可费认定的重要依据。在参考技术标准专利许可费认定中的"市场比较法"时，需要借鉴技术交易市场中其他同类专利许可合同所确定的许可费率。❶参考英国《专利实务指南》第46.36节，在对自愿许可人和自愿被许可人作为优先对比对象的专利许可费标准进行选择时，涉及其他许可人和被许可人实际上在相同或类似专利产品中已有的专利自愿许可中许可条款的内容；诉争专利开放许可与现有专利许可之间的差异比较若不准确，可以采用在原有基础上调整许可费率的方式，并将相应的差异性纳入影响因素的范围。❷采用"市场比较法"对专利许可费进行认定，可能会存在查证其他同类专利许可合同内容并将其作为证据使用的问题。作为对比对象的同类专利许可费的形成与涉案专利许可费的形成在谈判过程等方面并无直接联系，各项专利许可合同协商过程均在秘密状态下由双方当事人谈判完成，其他被许可人通常无从知晓谈判细节与合同具体内容。在专利开放许可规则下，专利权人在专利开放许可声明中发布的专利许可费等条件是公开的，实质上很难在不同被许可人之间适用差别化许可条件，但是在被许可人提出异议并且将专利开放许可费率与专利普通许可费率进行比较和判别的情况下，则需要借助其他同类专利的许可费率作为比对依据。由此，可以较为合理地确定涉案专利权应当获得的开放许可费。

---

❶ 罗娇. 论标准必要专利诉讼的"公平、合理、无歧视"许可——内涵、费率与适用 [J]. 法学家，2015（3）：86-94，178.

❷ 刘强. 专利开放许可费认定问题研究 [J]. 知识产权，2021（7）：3-23.

第八章　特定领域专利开放许可制度实施机制问题

第一节　高等学校专利领域

一、高等学校专利开放许可的必要性

专利许可规则体系的完善和专利开放许可制度的建立，对高等学校等特定类型研发主体和专利拥有者可能具有特别重要的意义。

第一，专利开放许可的公共产品属性与公立高等学校的非营利性契合。在专利许可机制差异化方面，不同类型专利权人对专利许可规则体系中各种专利类型的需求是不同的。企业对专利权的转化能力和许可谈判能力较强，对市场信息掌握较为充分，因此通过专利自愿许可实现许可费收益的可能性较大。公立高等学校对专利开放许可的制度需求则会相对较强。根据对英国专利开放许可制度实践情况的统计，英国高校提交专利开放许可声明的比例和积极性并不高，不过这可能与英国高校通过市场化手段自愿许可专利的能力较强有关联。❶我国高校专利转化能力有所差别，对专利开放许可制度的需求可能会更高。2015 年《促进科技成果转化法》修改和 2020 年《专利法》第四次修改均从各自角度明确了高等学校处置科技成果及其专利权的自主权。❷修改后的《促进科技成果转化法》第 18 条规定："国家设立的研究开发机构、高等院校对其持有的科技成果，可以自主决定转让、许可或者作价投资，但应当通过协议定价、在技术交易市场挂牌交易、拍卖等方式确定价格。"《专利法》第四次修改第 6

---

❶　在英国专利开放许可中，高校专利只占较小部分，其中英国高校专利更是很少。万小丽，冯柄豪，张亚宏，等.英国专利开放许可制度实施效果的验证与启示——基于专利数量和质量的分析［J］.图书情报工作，2020，64（23）：86-95.

❷　刘建翠.专利当然许可制度的应用及企业相关策略［J］.电子知识产权，2020（11）：94-105.

条第 1 款规定：对职务发明单位而言，"该单位可以依法处置其职务发明创造申请专利的权利和专利权，促进相关发明创造的实施和运用"。以上两项法律条款进一步明确了高等学校等单位对科技成果专利权的自主处置权和收益权，为高校灵活运用各种模式推进专利许可提供了法律权利的保障。2020 年 2 月，教育部、国家知识产权局、科技部《关于提升高等学校专利质量 促进转化运用的若干意见》（以下简称《高校专利质量若干意见》）明确提出高等学校应当积极将专利权向社会"开放许可"，提高专利转化实施的效率。❶国家知识产权局《专利开放许可试点工作方案》将高等学校作为推动专利开放许可的重点参与单位类型之一。❷《专利法》建立专利开放许可制度后，为公立高等学校创新许可模式提供了重要契机，高等学校可以通过该制度实施推行专利开放许可。高等学校在拥有科技成果专利处置权后，会提高转让专利权或者许可专利权的积极性，探求更为有效地运用专利权的路径和方式，但也会使科技成果处置权利扩张与许可谈判能力有限之间的矛盾更为突出。专利开放许可制度能够为高等学校提供较好的专利许可交易平台，有助于解决高校专利转化难的问题。

第二，公立高等学校的公益性与专利开放许可的公共性相契合。公立高等学校主要由国家设立，较多地承担政府资助科研项目并完成科技成果，在设立目的、组织机构和经费来源等方面均具有较强的公益属性。在科技研发创新活动领域，由政府设立的高等学校主要承担基础性、前沿性和公益性工作。❸《高等教育法》第 24 条规定："设立高等学校，应当符合国家高等教育发展规划，符合国家利益和社会公共利益。"在公立高校的公益属性方面，"国家举办公立高校并非为了营利，而是为了促进和实现社会公共利益，也就是说，公立高校具有非营利性和公益性"❹。根据《科学技术进步法》第 87 条的规定，财政性科学技术资金应当主要用于科学技术基础条件与设施建设等事项。美国《拜杜法

---

❶ 《高校专利质量若干意见》提出："支持高校创新许可模式，被授予专利权满三年无正当理由未实施的专利，可确定相关许可条件，通过国家知识产权运营相关平台发布，在一定时期内向社会开放许可。"

❷ 《专利开放许可试点工作方案》提出："2022 年底前，超过 100 所高等院校、科研组织、国有企业参与试点，达成专利许可超过 1000 项，专利转化专项计划相关绩效指标有效提升。"

❸ 李万君，朱信凯，李艳军.种子法中科技创新规定的演进：动因、特点及启示［J］.中国科技论坛，2019（12）：23-30.

❹ 申素平，周航.公立高校举办者权利义务研究［J］.中国高教研究，2020（6）：38-44.

案》及其他相关法案鼓励大学将其研发成果向产业部门许可授权，应优先向具
有对研发成果进行实际运用能力的小企业许可授权。❶有资料显示："拜杜法案
出台之后，美国大学转让和许可的专利数迅速增加……收入上则相差悬殊，从
低于 500 美元到过亿美元都有，如 2006 年纽约大学收入高达 1.97 亿美元。"❷
另有资料提到："2004 年，美国专利的前四名获得者，包括两所私立大学，加
利福尼亚理工学院和麻省理工学院，都将公共利益作为其专利政策的明确目
标。"❸根据统计，2008—2011 年，我国高等学校和科研院所对外专利许可占总
量的 10% 左右，居于较为重要的地位。❹专利开放许可也具有较为明确的公共
性。专利开放许可声明发布后，不特定的多数被许可人均可以根据《专利法》
的规定获得专利开放许可实施权，通过生产制造专利产品较好地满足社会公众
的需求。专利权人在专利开放许可中追求的主要不是私权和私益，更多是体现
其服务于社会公众的公共属性。专利权具有非消耗性和非竞争性的公共产品属
性，能够同时由多个被许可人使用并产生效益，专利开放许可能够在很大程度
上克服专利独占性所带来的负面影响，更好地体现其公益属性。此外，高等学
校在专利开放许可声明中可以对被许可人生产产品质量进行某种程度的控制，
并且可以对被许可人下游专利许可继续保持一定公共属性提出相应要求。❺由
此，高等学校通过专利开放许可既可以提升专利权的公益性和公共性，也可以
引导被许可人更好地实施专利权。

第三，高等学校专利经济价值需要通过专利开放许可得到充分实现。有资
料显示："近年来，我国高等学校和科研院所每年获得授权的专利数量由十几万
件增至 20 万件，约占授权专利总量的 10%，而许可转让率仅有 2.4%。"❻我国高
等学校将科技成果专利权许可转让并转化实施的需求是较为显著的，这也是实

---

❶ 武学超.美国创新驱动大学技术转移政策研究［M］.北京：教育科学出版社，2017：54.

❷ 吴欣望，朱全涛.专利经济学：基于创新市场理论的阐释［M］.北京：知识产权出版社，
2015：142-143.

❸ Chaifetz S, Chokshi D A , Rajkumar R, Scales D, Benkler Y. Closing the Access Gap for Health
Innovations：An Open Licensing Proposal for Universities［J］.Globalization and Health, 2007, 3（1）.

❹ Prud' homme D, Zhang T L. China's Intellectual Property Regime for Innovation：Risks to Business and
National Development［M］.Cham：Springer Nature Switzerland AG, 2019：84.

❺ Hull G. The Biopolitics of Intellectual Property：Regulating Innovation and Personhood in the Information
Age［M］.Cambridge：Cambridge University Press, 2019：32.

❻ 万小丽.粤港澳大湾区高校专利开放许可制度探析［N］.中国社会科学报，2019-06-19（8）.

现专利权市场价值的重要途径。有资料显示："自 70 年代末以来，加利福尼亚大学从基因编辑技术中获得了超过 1.5 亿美元的专利许可费，2011 年该校专利许可费总收入超过 1.82 亿美元"❶。高等学校基本上不自行进行专利产品的生产制造和商业化经营，通过自行实施将专利转化为现实生产力的能力较弱，必须与具备生产经营能力的市场主体合作。通过专利转让和专利许可实现专利权益流转和技术要素资源的整合将成为重要途径，具有"里程碑意义"。❷高等学校通过专利诉讼获得市场利益和经济回报的意愿和能力也相对有限。一方面，专利诉讼需要耗费较多的经济资源，也需要较高的法律事务处理能力，这对于主要从事教学与科研工作的高等学校而言会有相应困境。高等学校及科研机构可能不具有较高的专利实施意愿或产业化实施能力，导致其所拥有的部分专利不能得到实施或者充分实施，专利开放许可制度能够与科技成果转化法律制度相结合促进专利实施并形成较好的实施效果。❸另一方面，通过专利诉讼所获得的禁止令救济对高等学校获得利益回报意义不大，损害赔偿救济数额可能并不充分。因此，通过专利许可获得许可费收益将成为高等学校科技成果转化的主要途径之一。高等学校拥有丰富的智力资源和较强的研发能力，但是将创新成果实施并将其市场化的能力相对较弱。2017 年美国司法部和联邦贸易委员会《知识产权许可反垄断指南》提到："知识产权通常是生产过程中的一个组成部分，通过与互补因素的结合获得价值。互补生产要素包括生产和分销设施、劳动力和其他知识产权项目。知识产权所有者必须安排知识产权与其他必要因素的结合才能实现其商业价值。"❹在《专利法》建立专利开放许可制度后，部分高校对实施该项制度并对专利进行开放许可体现了较高的积极性。2021 年 12 月，"吉林省高校院所首批开放许可专利 723 件，其中，实施免费许可专利 147 件；发

---

❶ Brougher J T. Intellectual Property and Health Technologies：Balancing Innovation and the Publics Health［M］. New York：Springer Science+Business Media，2014：105-106.

❷ 陈强，鲍悦华，常旭华. 高校科技成果转化与协同创新［M］.北京：清华大学出版社，2017：127.

❸ 曹源. 论专利当然许可［M］// 易继明. 私法：第 14 辑第 1 卷.武汉：华中科技大学出版社，2017：128-259.

❹ The U.S. Department of Justice and the Federal Trade Commission，Antitrust Guidelines for the Licensing of Intellectual Property，2.3［EB/OL］.（2017-01-12）［2021-12-02］.https：//www.ftc.gov/system/files/documents/ public_statements/1049793/ip_guidelines_2017.pdf.

明专利 604 件，占 83.5%；实用新型专利 119 件，占 16.5%"❶。2022 年 4 月，湖南省发布了省内 15 所高等学校进行开放许可的 560 件专利。❷其中，有部分高等学校实施免费专利开放许可，更为显著地实现了专利开放许可的公益性。

第四，专利开放许可较为适合高等学校专利转化的特点。《全国人民代表大会常务委员会执法检查组关于检查〈中华人民共和国专利法〉实施情况的报告》认为："高校和科研院所'重申请、轻运用'的问题较为突出，专利'沉睡'与'流失'现象并存。……国有科研机构、高等院校专利转化面临政策、体制障碍，发明人的权益难以体现，专利评估定价机制不健全，科研人员创造和实施专利的热情和积极性不高。"❸在专利自愿许可中，一旦专利许可合同订立并生效，双方当事人均需要受到合同条款的法律约束，会使其面临相应的违约风险和侵权风险。高等学校作为专利权人不能在合同履行过程中终止合同效力或者解除合同，在退出专利许可协议的决定权方面受到制约。这在一定程度上抑制了高等学校谈判专利许可的积极性。《专利法》对专利权人提交和撤回专利开放许可声明的自主决定权给予充分保障。高等学校可以根据需要提交专利开放许可声明，并在市场环境发生变化时将该声明予以撤回。高等学校可以将专利开放许可声明与专利自愿许可等转化模式较好地进行结合，被许可人若需要专利普通许可方式，高等学校可以在开放许可声明发布后与被许可人订立专利普通许可合同，也可以撤回专利开放许可声明并授予被许可人专利普通许可。❹鼓励高等学校将专利权作为开放许可的客体，可以促进专利技术的有效转化实施，维护相关专利创新参与者获得合理回报的利益需求。❺因此，高等学校专利开放许可能够使专利许可实施活动公益性和专利权人合理经济回报得到较好结合。

第五，高等学校专利开放许可发展空间较大。高等学校专利申请和授权是

---

❶ 王璐.吉林省暨长春市高校院所开放许可专利对接会在长春召开：高校院所首批开放许可专利 723 件［N］.东亚经贸新闻，2021-12-02（2）.

❷ 张艳，江雨琪.湖南发布首批开放许可专利 560 件［N］.中国质量报，2022-04-26（A3）.

❸ 陈竺.全国人民代表大会常务委员会执法检查组关于检查《中华人民共和国专利法》实施情况的报告——2014 年 6 月 23 日在第十二届全国人民代表大会常务委员会第九次会议上［J］.中华人民共和国全国人民代表大会常务委员会公报，2014（4）：460-465.

❹ 万小丽.粤港澳大湾区高校专利开放许可制度探析［N］.中国社会科学报，2019-6-19（8）.

❺ 刘鑫.专利当然许可的制度定位与规则重构——兼评《专利法修订草案（送审稿）》的相关条款［J］.科技进步与对策，2018，35（15）：113-118.

推动技术成果向企业转移的基础步骤，将相关专利向企业授予许可也会成为向其他相关实施主体发出该技术有后续创新前景的重要信号。[1] 在各国高等学校专利权中，能够得到有效授权许可并充分实施的比重并不高，这意味着通过专利开放许可等方式促进高等学校专利许可有较大的发展空间。[2] 根据国家知识产权局进行的问卷调查，九成受访高校有意愿将专利权进行开放许可，有 500 多所高等学校参与各省份开展的专利开放许可试点方案实施工作。[3] 目前，从英国等国家专利开放许可制度实施情况来看，高等学校将专利纳入开放许可的积极性并不高，这阻碍了充分运用专利开放许可制度促进高等学校专利许可实施，此种情况可能与英国对专利开放许可声明法律性质的定位有关。在《英国专利法》中，专利开放许可声明属于要约邀请而非要约：一方面，该声明内容仅限于发布专利权人进行开放许可的意愿，而不涉及具体的许可条件；另一方面，在该声明发布以后专利权人与被许可人需要具体协商谈判才能达成许可合同。[4] 高等学校在专利许可谈判协商能力方面相对较弱，英国对专利开放许可声明的要约邀请属性定位，使其在降低许可谈判成本方面难以发挥明显作用。[5] 从技术领域来说，高等学校科技成果偏重基础理论研究，将其转化为商业产品需要对相应发明创造进行后续开发和转化，在与下游研发单位或者生产单位进行研发成果利益分享时，可能需要更为复杂的专利许可条件交易结构安排，包括在专利开放许可声明中制定延展性专利许可条款。此外，专利开放许可能够减轻高等学校维持专利有效需要支出的年费成本。专利年费减免优惠对专利开

---

[1] Drivas K, Lei Z, Wright B D. Academic Patent Licenses: Roadblocks or Signposts for Nonlicensee Cumulative Innovation? [J]. Journal of Economic Behavior & Organization, 2017, 137: 282-303.

[2] Richards G. University Intellectual Property: A Source of Finance and Impact [M]. Hampshire: Harriman House, 2012: 13.

[3] 国家知识产权局. 国家知识产权局 2022 年 12 月例行新闻发布会 [EB/OL]. (2022-12-28) [2022-12-31]. https://www.cnipa.gov.cn/col/col3117/index.html.

[4] 刘强. 我国专利开放许可声明问题研究 [J]. 法治社会，2021（6）：34-49.

[5] 从另一角度来说，高校在专利许可方面可能会存在经济动力不足的问题。高校研发经费主要来自政府财政资金或者企业合作研发经费，通过专利许可获得额外经济收益的动力并不充分，这既有可能抑制高校通过专利诉讼阻止他人实施专利，也有可能使高校专利许可受到限制。[美] 罗伯特·P. 墨杰斯，彼特·S. 迈乃尔，马克·A. 莱姆利，等. 新技术时代的知识产权法 [M]. 齐筠，张清，彭霞，等译. 北京：中国政法大学出版社，2003：14.

放许可制度充分实施能够发挥重要的激励作用。❶高等学校除可以享受一般专利年费减免优惠政策外，还可以在专利开放许可中延长年费减免期间，为将专利权维持更长周期提供支持。

二、高等学校专利开放许可规则问题

为促进公立高等学校开放许可专利权，可以采用三种路径。第一种路径是，立法机构制定法律规范对公立高等学校专利开放许可提出具体要求。这是强制程度较为突出的路径。《专利法》中的指定实施制度可以与专利开放许可制度相结合。美国《拜杜法案》第 203 条也规定了联邦政府的介入权，联邦政府资助项目承担者如果在合理期限内未实施专利或者不能期待其在合理期限内实施专利，则联邦政府可以行使介入权，要求项目承担者向技术实施单位授予专利许可，或者由联邦政府自行授予实施单位专利许可。❷在美国，国家卫生研究院（National Institutes of Health，简称 NIH）等公共健康相关研究部门曾收到请求其行使介入权的请愿信，尤其是请求针对药品专利行使介入权。❸《专利法》第 49 条对专利权指定实施制度进行了规定。❹按照该条规定，专利指定实施对象的专利权主体限于"国有企业事业单位"。公立高等学校属于该类主体范围，可以作为指定实施专利权的权利主体。在专利指定实施对象专利权客体方面，主要是"对国家利益或者公共利益具有重大意义的"发明专利。在高等学校科技成果中，有部分涉及对国家有重大战略意义的技术领域，或者属于基础性、前沿性的技术领域，可以成为指定实施的专利权对象。在作出专利指定实施决定的政府机关方面，由国务院有关主管部门和省级人民政府报经国务院批准，公立

---

❶ 曹源. 论专利当然许可［M］// 易继明. 私法：第 14 辑第 1 卷. 武汉：华中科技大学出版社，2017：128–259.

❷ 唐素琴，周轶男. 美国技术转移立法的考察和启示——以美国《拜杜法》和《史蒂文森法》为视角［M］. 北京：知识产权出版社，2018：82.

❸ McEwen J G, Bloch D S, Gray R M. Intellectual Property in Government Contracts：Protecting and Enforcing IP at the State and Federal Level［M］. Oxford：Oxford University Press, 2009：55.

❹ 《专利法》第 49 条规定："国有企业事业单位的发明专利，对国家利益或者公共利益具有重大意义的，国务院有关主管部门和省、自治区、直辖市人民政府报经国务院批准，可以决定在批准的范围内推广应用，允许指定的单位实施，由实施单位按照国家规定向专利权人支付使用费。"

高等学校由政府部门主管，应当遵守政府部门对该项事务的管辖和决定。❶ 在专利指定实施的行为范围方面，由相关政府部门作出批准决定时确定实施范围。在专利指定实施主体方面，由相关政府部门具体指定实施专利技术的单位，一般会指定具有实施能力的单位对专利产品进行制造和销售。在给予专利权人的经济回报方面，专利指定实施并非免费实施，被指定实施的单位应当按照国家规定向专利权人支付使用费。❷ 将专利指定实施的范围进行拓展，由政府部门要求国有企事业单位将对国家利益或者公共利益具有重大意义的发明专利进行开放许可，允许具备实施能力的单位通过开放许可实施机制将其转化为现实生产力，将使指定实施机制更具有灵活性和开放性。由于进行开放许可的专利属于国有企事业单位所有，因此不会涉及对外资企业或者民营企业专利权的征用或者限制问题。公立高等学校属于国有事业单位，将其所拥有的专利权通过指定实施加以推广，可以采用由公立高等学校提交专利开放许可声明的方式，以期取得更为广泛的推广效果。

第二种路径是政府部门制定政策规定，要求公立高等学校将其拥有的专利开放许可。政府部门制定政策要求高等学校将专利开放许可，可以克服其自行进行专利许可动力不足的问题。高等学校在对外颁发专利许可的意愿和能力方面存在不足❸，政府部门政策将成为其克服障碍、积极行动的重要推动力量。2015 年《促进科技成果转化法》修改时，为解除高等学校在科技成果转化方面可能面临的法律风险、行政风险而制定了较为宽松的规则，包括赋予高等学校对科技成果专利的处置权，并对相应的处置程序作出要求。在高等学校处置专利权的方式方面，不应限于《促进科技成果转化法》第 18 条所列举的"协议定价、在技术交易市场挂牌交易、拍卖"，能够适用的处置方式将应多元化❹，专利开放许可也将成为重要的处置方式和权利处分形式。高等学校将专利权纳入

❶ 肖尤丹.职务发明权属国家所有研究——兼论中国专利法中的国家所有权［J］.中国科技论坛，2018（11）：77-85.

❷ 唐威.军民融合视域下国防知识产权纠纷处理机制研究［J］.武警学院学报，2020，36（5）：60-64.

❸ 曹源.论专利当然许可［M］// 易继明.私法：第 14 辑第 1 卷.武汉：华中科技大学出版社，2017：128-259.

❹ 王影航.高校职务科技成果混合所有制的困境与出路［J］.法学评论，2020，38（2）：68-78.

开放许可声明后，可以将其视为已经对专利权转化实施，从而为提升高等学校专利开放许可的积极性提供政策保障。《高校专利质量若干意见》已提出推进高等学校专利开放许可的原则要求，可以在此基础上要求高等学校将利用财政资金完成的科技成果全部或者部分进行专利开放许可，从而使专利开放许可制度更为有效地实施，也可以减轻高等学校的专利年费负担。教育行政主管部门对高等学校专利工作的政策引导从促进专利研发和申请，逐步过渡到对专利转化工作的推进，有必要结合专利开放许可制度出台更有针对性的政策措施予以推动。在高等学校专利开放许可实施中，专利许可费定价问题将是相应专利权能否得到有效实施的重要因素。参考政府部门在行使介入权对高等学校专利实施活动进行干预时，可能采用的有偿或者免费两种定价策略，高等学校在依据政府指令或者自主进行专利开放许可时，对专利开放许可费标准也可以制定免费或者收取适当使用费两种模式。❶ 根据公开报道，在部分高等学校已经提交的专利开放许可声明中是免费许可的，这可以在一定程度上免除对高等学校获取政府资助和专利许可费"双重收费"的疑虑，也有利于凸显高校专利的公共性和公益性，使其产生更好的社会效益。❷ 在专利开放许可声明条款方面，政府部门可以为高等学校制定专利开放许可声明示范条款，对高等学校制定专利开放许可声明内容提供更为具体的指导并提出更明确的要求，使高等学校专利开放许可活动更符合公益目的。美国政府部门及公益机构（包括美国国家科学院，National Academy of Sciences，简称 NAS），为受其资助的高等学校或者研究机构向中小企业授予专利许可制定示范条款。❸ 我国政府高等教育主管部门可以对高等学校专利开放许可声明应当具备的相应条款提出较为明确的指导意见，从而使高等学校专利开放许可能够得到更为合理充分的实施。政府主管部门在制定规范性文件要求高等学校开放许可专利时，也有必要为高校保留一定程度的自主权，而不应对不同类型高校或者不同类型专利不加区分地强制要求进行专利

---

❶ Richards G. University Intellectual Property：A Source of Finance and Impact ［M］. Hampshire：Harriman House，2012：17-18.

❷ 王璐.吉林省暨长春市高校院所开放许可专利对接会在长春召开：高校院所首批开放许可专利723 件［N］.东亚经贸新闻，2021-12-02（2）.

❸ Richards G. University Intellectual Property：A Source of Finance and Impact ［M］. Hampshire：Harriman House，2012：20.

开放许可。高校可以保留相当程度的自主权，以避免在专利开放许可中产生不必要的利益冲突，损害技术开发合作方的市场利益或者违反相应的保密义务。❶专利开放许可费标准对高等学校许可费收益有影响，高校对科技成果的处置权在专利开放许可声明发布及内容制定中应有相应体现。

　　第三种路径是政府部门制定指导性文件，对公立高等学校专利开放许可给予政策鼓励和引导。政府部门可以出台相对柔性的指导性政策文件，对公立高等学校由财政资金资助完成的科技成果，鼓励其进行相关专利开放许可。在此模式下，政府通过发布政策措施并发挥行政引导作用，促进高等学校积极响应政府政策，推动政策目标的实现。行政引导并不具备法律强制约束力，但是在科技成果转化等需要专利权主体积极配合的情形下，行政引导能够发挥重要作用。❷我国《专利法》建立的是自愿专利开放许可模式，尚未制定强制专利开放许可规则，行政引导较为契合现有专利开放许可模式。美国国家卫生研究院《研究资助和生物医学研究资源获取与传播合同接受者的原则及指南》、日本综合科学技术会议《生命科学领域研究工具专利许可指南》都采用通过政府资助等形式间接影响上游研发实体的专利许可策略。❸这两份指南均非强制性政策文件，但是承担政府科研项目的单位在取得研发成果专利权后，通常会遵守相应指南的要求，在向下游研发单位颁发专利许可时作出相应的自我限制。这两份指南所针对的主要技术领域是研究工具专利，研究工具是相关技术领域进行技术研发的基础性条件，涉及该领域科学技术的长远发展和持续革新，具有重要的战略意义和公共属性，应当通过专利开放许可推动创新活动。研究工具专利具有关键功能，"例如，科学家可能发现大脑中与认知有关的受体，也可能发现受体基因突变的个体会发展成神经系统疾病。这位科学家可能会为她的发现

---

❶　Richards G. University Intellectual Property：A Source of Finance and Impact［M］. Hampshire：Harriman House，2012：6.

❷　刘鑫.专利当然许可的制度定位与规则重构——兼评《专利法修订草案（送审稿）》的相关条款［J］.科技进步与对策，2018，35（15）：113-118.

❸　曹源.论专利当然许可［M］// 易继明.私法：第14辑第1卷.武汉：华中科技大学出版社，2017：128-259；Stafford K A. Reach-through Royalties in Biomedical Research Tool Patent Licensing：Implications of NIH Guidelines on Small Biotechnology Firms［J］. Lewis & Clark Law Review，2005，9（3）：699-718.

以及筛选与受体相互作用的化合物的方法申请专利"❶。高等学校在研究开发生物基因、智能算法等研究工具方面具有资源优势，相关科技成果产出和专利授权比重较大，有必要通过政策引导推动其将专利纳入开放许可，促进下游研发单位和生产单位更为充分地进行产品研发和制造活动，并产生更好的社会效益。在制定政策规定时，有必要注意对高等学校专利开放许可条件予以适当规制，防止高等学校在专利开放许可声明中增加不合理的限制条款。在国外高等学校专利许可中，曾出现过由于追求经济利益而对专利许可协议制定不合理条款的现象❷，在我国高等学校专利开放许可中，应当注意避免产生此类问题。

此外，应当注意高校通过专利开放许可所获得的许可费收益在单位与发明人之间合理分配的问题。高等学校职务发明创造所产生的专利开放许可费收益，应当根据《专利法》《促进科技成果转化法》《专利法实施细则》等法律法规在高校和科技人员之间进行合理分配。具体分配比例可以按照"就高不就低"的原则，优先适用《促进科技成果转化法》的规定，在专利开放许可费中提取不低于50%的比例分配给发明人，从而激励发明人更好地从事后续研发活动。在专利开放许可中，高校主要依据法律规范所构建的专利开放许可制度和专利行政管理部门提供的专利开放许可声明发布等机制，所花费的专利许可谈判成本较小，可以相应地在专利开放许可费中提取更高比例金额给发明人。在高校科技成果混合所有制改革背景下，高等学校和科技人员将专利权属按照一定比例进行分割，应当允许高校或者科技人员单独将其所拥有的专利权份额进行开放许可，由此可以推动高校科技成果更好地转化和专利开放许可制度有效地实施。❸《专利审查指南修改草案（征求意见稿）》要求全体共有人共同提出专利开放许可申请，否则国家知识产权局将对开放许可声明不予公告，这与《专利法》第14条的规定是存在冲突的。结合《专利法》该条规定，专利共有人不能单独将专利权进行开放许可，而需要经过全体共有人同意。若专利开放许可被定位为

---

❶ Stafford K A. Reach-through Royalties in Biomedical Research Tool Patent Licensing: Implications of NIH Guidelines on Small Biotechnology Firms [J]. Lewis & Clark Law Review, 2005, 9 (3): 699-718.

❷ Zhou C. The Legal Barriers to Technology Transfer under the UN Framework Convention on Climate Change: The Example of China [M]. Singapore: Springer Nature Singapore Pte Ltd., 2019: 103.

❸ 高艳琼，肖博达，蔡祖国，等. 高校职务科技成果混合所有制的现实困境与完善路径 [J]. 科技进步与对策，2021，38（8）：118-125.

类似于专利普通许可，则专利共有人应当有权单独决定颁发专利开放许可。并且，要求由全体共有人共同决定提交专利开放许可声明，将造成权利行使限制过多的问题，不利于高校科技成果混合所有制改革的顺利进行，也不利于高校科技人员通过专利开放许可获得合理的许可费回报。高等学校普遍建立了知识产权管理机构，拥有一定的专利许可谈判能力和经验；相对而言，科技人员在专利许可谈判方面的能力和经验更为薄弱，也更为需要通过专利开放许可制度有效实现专利权的许可和转化。不应强制要求高等学校和科技人员共同发布专利开放许可声明，避免在双方利益诉求不一致时阻碍专利开放许可的进行，以期通过该制度充分促进高校专利的许可和实施。

第二节 公共利益相关专利领域

一、公共利益相关专利开放许可的必要性

专利开放许可制度在不同的技术领域可能会具有不同的实施效果，其中在公共健康等领域有必要得到更为广泛的实施。在药品发明等涉及公共利益的技术领域，利用专利开放许可制度促进专利实施是得到重点关注的问题。为解决公共健康或者其他公共利益领域专利许可问题，可以建立强制颁发专利开放许可的机制。部分技术领域的专利得到开放许可的比例较高。依据有关资料，英国专利开放许可声明主要集中在互联网、数据通信等技术领域，德国专利开放许可声明则主要是在内燃机、机械制造等技术领域。[1] 专利开放许可与开放专利运动有相通之处，两者的价值目标均在于促进该项专利技术在更为广泛的范围内得到实施。这在有效应对各种疫情等涉及公共健康的问题时非常重要。[2] 有学者针对新冠疫情提出就相关专利进行开放许可，以促进相应技术得到更为

---

[1] 易继明.专利法的转型：从二元结构到三元结构——评《专利法修订草案（送审稿）》第8章及修改条文建议 [J].法学杂志，2017，38（7）：41-51.

[2] Yuan X D, Li X T. Pledging Patent Rights for Fighting Against the COVID-19: From the Ethical and Efficiency Perspective [J]. Journal of Business Ethics, 2021, 17: 1-14.

充分的许可和实施。[1] 在英国专利法历史发展进程中，1919 年在该法中引入专利开放许可制度是对其专利许可制度的强化，并且在 1977 年之前其专利开放许可制度发挥了强制外国企业在英国许可使用食品和药品专利的作用。[2] 1970 年《印度专利法》将专利开放许可作为专利强制许可的一种模式，在社会公众对专利产品的需求未得到满足的情况下，可以通过颁发专利开放许可为被许可人"自动"获得专利许可提供便利。[3] 此类专利开放许可主要涉及药品专利或者其他与公共健康密切相关的专利，并且可以涵盖较为宽泛的"社会公众需求未得到满足"情形。[4] 近年来，全球范围内专利许可交易市场增长迅速，有统计数据显示，2006 年世界范围内的专利许可合同金额达到 1000 亿美元。[5] 根据世界知识产权组织的统计，2000—2015 年，知识产权许可交易量从 1000 亿美元增长到 5000 亿美元。[6] 目前，涉及公共健康等领域的专利权实际颁发过许可并进行商业化的比例较低。2014 年，曾有相关统计，在当时美国 210 万件较为活跃的专利中，有 95% 并未进行许可或者市场化实施，其中包括 5 万件由高等学校开发的高价值专利。[7] 通过专利开放许可推进公共利益领域专利实施将能够发挥重要作用。

专利许可对社会公众应对气候变化和公共健康问题具有重要作用。[8]《多哈宣言》着重关注药品专利保护与公共健康问题。该宣言认为，WTO 成员在履行《TRIPS 协定》要求时，在执行规定方面享有相应的灵活性，包括：（a）在适用解释国际公法的习惯规则时，《TRIPS 协定》的规定应根据该协定目

---

[1] 张利国. 突发公共卫生事件中关键专利技术的许可机制及其完善 [J]. 清华法学，2021，15（6）：162–173.

[2] Guellec D, Potterie B V P D L. The Economics of the European Patent System：IP Policy for Innovation and Competition [M]. Oxford：Oxford University Press, 2007：41–42.

[3] Drahos P. The Global Governance of Knowledge：Patent Offices and their Clients [M]. Cambridge：Cambridge University Press, 2010：207.

[4] Gopalakrishnan N S, Anand M. Compulsory Licence Under Indian Patent Law [M] //Hilty R M, Liu K C. Compulsory Licensing：Practical Experiences and Ways Forward. Berlin：Springer–Verlag, 2015：11–42.

[5] Guellec D, Potterie B V P D L. The Economics of the European Patent System：IP Policy for Innovation and Competition [M]. Oxford：Oxford University Press, 2007：1.

[6] Leon I D, Donoso J F. Innovation, Startups and Intellectual Property Management：Strategies and Evidence from Latin America and other Regions [M]. Cham：Springer International Publishing AG, 2017：45.

[7] Leon I D, Donoso J F. Innovation, Startups and Intellectual Property Management：Strategies and Evidence from Latin America and other Regions [M]. Cham：Springer International Publishing AG, 2017：ix.

[8] Nocito A. Innovators Beat the Climate Change Heat with Humanitarian Licensing Patent Tools [J]. Chicago–Kent Journal of Intellectual Property, 2017, 17（1）：164–188.

标和原则进行解释；（b）每个 WTO 成员都有权授予专利强制许可，并有权自主地确定授予专利强制许可的理由；（c）每个 WTO 成员都有权决定构成国家紧急状态或其他极端紧急状态的情况，包括与艾滋病等流行性疾病有关的公共健康问题；（d）依据《TRIPS 协定》中的知识产权用尽规则，每个 WTO 成员都可以自主地制定知识产权用尽的相应规则。❶《多哈宣言》一方面赋予 WTO 成员在颁发药品专利强制许可以解决公共健康危机方面更大的自主权和决定权，另一方面也更为突出《TRIPS 协定》维护公共健康原则在判断 WTO 成员专利保护义务履行模式方面的作用。在印度、巴西、泰国等发展中国家颁发的专利强制许可中，主要针对药品等涉及公共健康的专利，满足相关国家患者对药品的需求，提升药品的可获得性和可负担性，并作为所在国医疗行政管理部门为公众提供药品的补充机制。❷ 其他部分国家专利开放许可制度中的强制专利开放许可对促进药品等公共健康相关产品的充分供给具有重要作用。

在新冠疫情防控中，对新冠药品和疫苗专利采用强制许可的呼声一直存在。❸ 在公共利益相关领域的专利强制许可中，"在药品和食品领域以及相关环境技术领域实施强制许可以满足公共利益的需要，是各国实施强制许可制度以来所普遍采用的"❹。专利权人所提供的专利产品数量若不够充分，政府部门可以通过强制专利开放许可使被许可生产的企业制造足够专利产品，以解决可能产生的公共健康问题。在确定专利开放许可费时，应当对专利权人给予合理而充分的报酬。《TRIPS 协定》第 31 条第 h 项规定："在每一种情况下应向权利持有人支付适当报酬，同时考虑授权的经济价值。"❺ 在决定授予专利强制许可时，

---

❶ 冯寿波 .TRIPS 协议公共利益原则条款的含义及效力——以 TRIPS 协议第 7 条能否约束其后的权利人条款为中心［J］.政治与法律，2012（2）：106-120；WTO 多哈宣言［J］.中国发明与专利，2005（2）：21.

❷ Deere C. The Implementation Game：The TRIPS Agreement and the Global Politics of Intellectual Property Reform in Developing Countries［M］. Oxford：Oxford University Press, 2009：83；Son K B. Importance of the Intellectual Property System in Attempting Compulsory Licensing of Pharmaceuticals：A Cross-sectional Analysis［J］. Globalization and Health, 2019, 15：42.

❸ Vel á squez G. Vaccines, Medicines and COVID-19：How Can WHO Be Given a Stronger Voice？［M］. Cham：South Centre, Springer Nature Switzerland AG, 2021：4.

❹ 刘强 . 交易成本视野下的专利强制许可［M］.北京：知识产权出版社，2010：84.

❺ 联合国贸易与发展会议，国际贸易和可持续发展中心 .TRIPS 协定与发展：资料读本［M］.中华人民共和国商务部条约法律司，译 .北京：中国商务出版社，2013：551.

主要目的并不在于减少专利权人应当获得的经济补偿，而在于克服专利许可中可能存在的信息不对称问题，以及避免专利权人利用谈判地位优势向被许可人和社会公众索取不合理的高额专利许可费。❶ "充分报酬" 要求在专利强制许可中得到体现，也可以延伸到涉及公共健康的强制专利开放许可中。专利强制许可与专利开放许可类似，均能够使专利权人原有的谈判优势地位显著下降，由此专利权人将难以通过禁止令要求被许可人承担过多责任，因而所形成的专利许可费率应当是较为公平合理的。英国《专利实务指南》第 46.39.1 节认为，英国知识产权局在决定颁发专利开放许可时，应当保证药物等产品以最低价格向社会公众供应，并体现专利权人依据专利权所能够获得市场优势。为此，该指南第 46.40 节明确规定："应参照专利权人在过去三年内的研究、开发和促销费用以及销售情况进行评估。" 根据英国《专利实务指南》第 46.41 节，在对专利权人药品研发费用进行评估时，应当排除其支出的配方费用（Formulation Costs）、集中管理费用（Central Administration Costs）和专利部门费用（Patent Department）。在《德国专利法》第 23 条第 3 款中，专利开放许可被许可人支付给专利权人的费用被定位为补偿费（Compensation），而非专利自愿许可中的使用费，这体现了专利开放许可制度的公共利益属性和对专利权人获得经济补偿权利的限制。❷ 关于专利开放许可补偿费所填补的利益范围，主要涉及专利权人研发投入等有形资源投入，对其期望获得的营业利润等额外利益将予以较为严格的限缩，因此很难等同于专利自愿许可中对专利权人商业利益的体现。

在涉及公共利益的药品发明等技术领域，专利研发模式的特点较为符合专利开放许可制度对技术独立性的期望。专利技术之间若存在较强的依赖性或者互补性，则有可能使被许可人面临不得不获得其他相关专利才能实施开放许可专利的情形，这既会推升被许可人对其他专利构成侵权的风险，也会增加专利权人策略性实施机会主义行为的可能性。在药品专利领域，各专利技术之间具有较为明显的独立性，各项专利权与能够独立制造和销售的专利产品之间存在对应关

---

❶ 刘强.交易成本视野下的专利强制许可［M］.北京：知识产权出版社，2010：84.

❷ 曹源.论专利当然许可［M］//易继明.私法：第 14 辑第 1 卷.武汉：华中科技大学出版社，2017：128-259.

系。[1]医药领域的专利权通常对应特定的药物或者其他独立产品，较为符合专利开放许可将单个专利作为许可对象的技术特点，因此该行业领域的专利权人可能会较为倾向于进行专利开放许可。[2]专利权人在提交专利开放许可声明时对专利价值进行评估并制定相应许可费率的成本较低，被许可人对实施专利所面临的其他专利侵权风险也较为容易回避。虽然药品专利开放许可费率可能较高，但是交易成本的降低也能够吸引被许可人进行专利实施，以此促进公共利益的实现。国外部分高等院校针对中低收入国家药品专利许可需求制定的"公平获取许可"（Equitable Access License，简称 EAL）机制具有自治型开放许可的特点，能够为解决发展中国家公共健康问题提供一定支持。"公平获取许可"机制的运行可以概括为三个步骤："（1）大学与被许可方之间的交叉许可和权利回授；（2）第三方通知有意提供中低收入国家（Low-and Middle-Income，简称 LMI）市场，触发'公平获取许可'条款；以及（3）将第三方后续开发技术成果的权利返还给大学。"[3]在我国专利开放许可制度实施中，专利权人及被许可人等当事人能够以此为参照，为扩大专利许可范围以及使有需要者公平获取专利产品提供帮助。

在专利开放许可实施中，专利权人或者专利行政管理部门应当对药品专利的产品质量进行必要的控制，以使其符合强制性的产品质量标准，避免由于专利产品质量问题对专利开放许可制度实施造成负面影响。参考英国《专利实务指南》第 46.59 节，专利行政管理部门在颁发强制专利开放许可时，应当附加质量控制要求并对专利产品质量控制承担相应的监督管理责任；在制定强制专利开放许可声明条款时，对社会公众利益和专利权人利益的侧重保护，可以被包含在专利药品质量控制等条款之中。对于非药品领域的强制专利开放许可，也应当在适当情况下纳入质量控制条款，以保障社会公众及专利权人的利益。被许可人在专利开放许可实施中制造不符合质量标准要求的药品或者其他产品，不仅会危害社会公众的健康权或者其他权益，损害专利权人就专利研发所享有

---

[1]　Grassler F, Capria M A. Patent Pooling: Uncorking a Technology Transfer Bottleneck and Creating Value in the Biomedical Research Field [J]. Journal of Commercial Biotechnology, 2003, 9（2）: 111–118.

[2]　曹源. 论专利当然许可 [M] // 易继明. 私法: 第 14 辑第 1 卷. 武汉: 华中科技大学出版社, 2017: 128–259.

[3]　Chaifetz S, Chokshi D A, Rajkumar R, Scales D, Benkler Y. Closing the Access Gap for Health Innovations: An Open Licensing Proposal for Universities [J].Globalization and Health, 2007, 3（1）.

的市场利益和商业形象，也会对专利开放许可制度本身的有效性和公信力产生不利影响。专利行政管理部门在颁发强制专利开放许可时，应当在一定程度上对专利产品的质量承担监管责任。在自愿专利开放许可中，专利权人可能会提出要求，将被许可人依据专利开放许可生产的专利产品与专利权人生产的专利产品作区别性标识，以防止被许可人的不正当仿冒行为。但是，这种要求可能难以得到专利行政管理部门的认可，原因是专利开放许可不同于专利强制许可，后者不属于自愿型专利许可。参考英国《专利实务指南》第46.61节，在专利强制许可中，可以建立相应机制将被许可人的产品与专利权人的产品相区别，从而防止前者对专利权人原有产品市场产生过于严重的冲击。专利开放许可属于由专利权人自愿颁发的专利许可，区分专利权人产品与被许可人产品的必要性较小。为此，授权专利权人对被许可人产品质量进行监督检查，避免药品市场产生不必要的混乱将显得更为重要。

二、公共利益相关专利开放许可规则问题

公共健康等公共利益领域专利开放许可实施机制问题应当得到有效解决。针对公共健康领域的专利许可问题，应当建立强制专利开放许可规则，作为独立于自愿专利开放许可，又有别于专利强制许可的一种专利许可类型，促进药品发明等领域专利得到更为充分的许可实施机制。[1] 将强制专利开放许可分为管理型强制专利开放许可和法定型强制专利开放许可是对相应制度规范来源的区分。在公共健康领域应当以法定型强制专利开放许可为主要模式，从而为该制度有效实行提供较为坚实的法律规范基础。

对强制专利开放许可的颁发，应当由行政主管部门依据法律规定，基于公共利益的要求作出相应决定。其一，在事由方面，应当基于公共健康问题等公共利益原因作出颁发强制专利开放许可决定。在专利技术领域方面，强制专利开放许可主要涉及药品、疫苗、医疗设备以及相应产品的制造方法、使用方法等相关专利权。[2] 在专利技术实施规模方面，专利权人生产销售的专利产品不能

---

[1] 林秀芹.TRIPs 体制下的专利强制许可制度研究［M］.北京：法律出版社，2006：433-434.
[2] 《法国知识产权法典》第 L613-16 条第 1 款。法国知识产权法典（法律部分）［M］.黄晖，朱志刚，译.北京：商务印书馆，2017：165.

够满足消费者或者其他市场主体需求是颁发强制专利开放许可的条件之一。在专利产品数量缺乏、质量不足或价格过高的情况下，可以基于社会公共利益对相应专利权适用强制开放许可并确定制造专利产品的数量和规模。❶其二，在强制专利开放许可机制的特点方面，应当保持与自愿专利开放许可类似的公共性和开放性。专利行政管理部门在发布强制专利开放许可声明时，应当对专利许可条件予以明确，确定实施该项专利权的主体应当具备的资格或者条件，使专利产品的质量和销售渠道能够得到相应保障。❷在实施机制方面，强制专利开放许可与专利强制许可存在明显差异，属于两项不同类型的专利许可制度。❸公共利益领域的强制开放许可应当保持相应的灵活性，为能够生产制造该专利产品的主体提供充分的参与机会。其三，强制专利开放许可费可以由专利行政部门裁定，或者由专利权人与专利实施者协商确定。在颁发强制专利开放许可费的决定中，有必要规定较为一致的许可费标准，并且兼顾各被许可人实施该项专利权的差异。制定固定许可费率可能难以适应各专利实施主体的差异性和市场环境的变化，应避免引发专利实施者和社会公众对强制专利开放许可合理性的质疑。关于强制专利开放许可费，也可以由专利权人及专利实施者协商确定，在协商不成时由专利行政部门或者法院介入并予以裁决。专利行政管理部门可以具有对强制专利开放许可费进行裁决的职能，并在强制专利开放许可费纠纷介入方面发挥更为积极的作用。

在强制专利开放许可机制中，启动该机制的主体不再限于专利权人，专利行政管理部门及其他行政管理部门均可以依据职权启动该机制，发布专利开放许可声明，允许潜在被许可人实施该专利。对强制专利开放许可而言，专利开放许可中的自愿性将由强制性所取代，专利权人无权阻止专利行政主管部门在未征得其同意的情况下发布专利开放许可声明。在《科学技术进步法》第 32 条第 3 款规定的情形中，不论项目承担者是否实施相关专利，国家均可以行使介

---

❶ 《法国知识产权法典》第 L613-16 条第 2 款。法国知识产权法典（法律部分）[M].黄晖，朱志刚，译.北京：商务印书馆，2017：165.

❷ 《法国知识产权法典》第 L613-17 条第 1 款。法国知识产权法典（法律部分）[M].黄晖，朱志刚，译.北京：商务印书馆，2017：165.

❸ 《法国知识产权法典》第 L613-17 条第 3 款。法国知识产权法典（法律部分）[M].黄晖，朱志刚，译.北京：商务印书馆，2017：165.

入权，对涉及公共利益的专利权进行实施或者指定相关单位实施。在公共健康等领域，由行政管理部门强制颁发专利开放许可是有必要的，能够解决流行性传染病或者其他严重危害公众健康疾病的药品供给和治疗问题，使数量众多的患者可以在合理负担水平上获得相应药品。❶ 在环境保护等其他领域，也有必要通过专利开放许可促进绿色技术的转移和实施。❷ 在强制专利开放许可机制下，专利权人将难以维持原有高昂的药品价格，并且会在合理价格水平确定专利开放许可费率，实现类似专利强制许可制度的功能。专利行政管理部门在作出强制发布药品专利开放许可声明的决定时，应当听取卫生健康行政主管部门的意见，并根据其意见作出相应的决定。❸ 公共健康行政管理部门对公共健康事务较为熟悉，由其提出颁发强制专利开放许可的申请是较为合适的。

强制专利开放许可的对象主要为药品等生物医药领域的专利，此类专利与公共健康联系较为紧密。根据英国、德国等国家专利开放许可制度的实践，生物医药等领域专利权人自愿开放许可的数量较少，难以满足公共健康对药品供给的需求。❹ 跨国医药企业通常较难自愿将专利开放许可，因为这会导致药品生产领域竞争加剧，并且对被许可人生产专利药品质量控制力的减弱，使专利权人难以维持较高药价并取得超额利润。医药企业对专利开放许可可能较为排斥，在必要时需要强制专利开放许可予以介入。《多哈宣言》给予 WTO 成员在颁发药品专利强制许可应对公共健康问题方面更大的自主权和自由度，WTO 成员可以在建立强制专利开放许可机制方面作出更多努力。在《TRIPS 协定》谈判过程中，印度议会对保留《印度专利法》有关强制专利开放许可规则的立场是较为坚持的，其目标也是维护该国相关医药企业的利益。❺ 但是，在 WTO 成立及《TRIPS 协定》生效以后，《印度专利法》不得不删除了药品专利强制开放许可

---

❶ 刘鑫. 专利当然许可的制度定位与规则重构——兼评《专利法修订草案（送审稿）》的相关条款［J］. 科技进步与对策，2018，35（15）：113–118.

❷ 陈峥嵘. 绿色专利优先发展政策体系研究［J］. 科技与法律，2016（4）：680–697.

❸ 在《法国知识产权法典》第 L613–16 条中，工业产权部门是根据公共健康行政部门的要求就专利强制许可作出决定的. 法国知识产权法典（法律部分）［M］. 黄晖，朱志刚，译. 北京：商务印书馆，2017：165.

❹ 曹源. 论专利当然许可［M］// 易继明. 私法：第 14 辑第 1 卷. 武汉：华中科技大学出版社，2017：128–259.

❺ Reddy P T, Chandrashekaran S. Create, Copy, Disrupt: India's Intellectual Property Dilemmas［M］. Oxford：Oxford University Press, 2017：48.

的规定，以满足《TRIPS 协定》对 WTO 成员专利保护义务的要求，❶《印度专利法》原有关于药品专利强制开放许可的条款在 2002 年修改该法律时被删除，主要原因可能是印度对专利强制许可规定使用过于频繁，使其专利开放许可制度也受到一定程度的质疑。❷ 在此基础上，有必要将强制专利开放许可机制适用范围给予适当限制，主要限于与公共健康直接相关的药品专利等领域，并且在实施范围方面予以合理限定，由此可以消除其他 WTO 成员的疑虑，推动强制专利开放许可实施。

在强制专利开放许可的被许可人范围方面，相关实施主体可以是较为广泛的。在强制专利开放许可声明发布时，专利行政部门通常并未确定被许可人的范围，只要是具备实施能力的单位均可以在符合条件的情况下进行实施。此处对实施能力的要求可以适度调整，具备潜在实施能力便可以申请取得被许可人的地位。可以将进口专利产品作为实施的一种方式，而不限于必须本地生产专利产品。专利强制许可是对专利权人独占权的必要威慑，使其有与被许可人达成专利自愿许可协议的迫切性。❸ 对被许可人进行适当资格限制，有助于药品专利产品质量的保障，以及对专利产品既有市场秩序的维护。专利行政部门作为颁发强制专利开放许可的公权力机构，应当担负对被许可人资质进行审查的职责，防止专利开放许可实施权被滥用，避免因专利药品质量问题造成不必要的公共健康风险。

在强制专利开放许可费方面，应当给予专利权人合理而充分的经济补偿。在 1967 年对《印度专利法》修改进行论证时，曾有美国行业协会代表对印度强制开放许可食品药品及化学产品的方法专利，并将许可费率强制定为 4% 公开表示反对，认为这不利于保护创新活动并且带有某种程度的"歧视性"。❹

---

❶ Reddy P T, Chandrashekaran S. Create, Copy, Disrupt: India's Intellectual Property Dilemmas [M]. Oxford: Oxford University Press, 2017: 55.

❷ Racherla U S. Historical Evolution of India's Patent Regime and Its Impact on Innovation in the Indian Pharmaceutical Industry [M] //Liu K C, Racherla U S. Innovation, Economic Development, and Intellectual Property in India and China, ARCIALA Series on Intellectual Assets and Law in Asia. Singapore: Springer Nature Singapore Pte Ltd., 2019: 271–298.

❸ 林秀芹. TRIPs 体制下的专利强制许可制度研究 [M]. 北京: 法律出版社, 2006: 146.

❹ Reddy P T, Chandrashekaran S. Create, Copy, Disrupt: India's Intellectual Property Dilemmas [M]. Oxford: Oxford University Press, 2017: 19.

在印度议会中，也有议员认为允许政府对药品专利强制开放许可，从国外进口相应专利产品，并且不给予专利权人充分经济补偿，可能构成对专有权利的损害。❶1970 年《印度专利法》对药品专利的授权和保护作出较为严格的限制：一方面对药品发明不给予产品专利保护；另一方面对药品方法专利在授权三年以后可由政府给予强制开放许可，并且专利开放许可费率固定为 4%。❷在发展中国家，包括部分中高收入国家，较多地采用专利强制许可应对公共健康问题。2006—2007 年，巴西、泰国等国家针对抗艾滋病药物"依法韦仑"（Efavirenz）颁发过专利强制许可。❸在客观上，专利强制许可具有降低药品价格，提高患者对药品的可获得性和可负担性的效果，但是为平衡专利权人与社会公众的利益，降低药价不宜作为专利强制许可的主要目标，也不应成为强制专利开放许可的主要原因。专利开放许可制度和专利强制许可制度的主要目标应当是减少和克服专利许可中的交易成本，而并非克减专利权人基于专利经济价值应当获得的经济报偿。❹在对专利权限制较为严格的专利强制许可中，也并不否认专利权人有权获得充分报酬或者合理补偿，自愿专利开放许可费在很大程度上应当体现与专利自愿许可相当的经济回报，作为介于两者之间的强制专利开放许可费至少不应低于专利强制许可经济补偿标准。参考英国《专利实务指南》第 46.39 节的相关内容，在专利开放许可中给予专利权人经济补偿的范围方面，可以包括专利权人研发投入、销售投入和合理利润，因此对强制专利开放许可费数额认定时，不仅应当对专利权人已作出投入的补偿，而且可以给予其相应的合理利润。在专利开放许可中，被许可人可能会有多个主体，在对特定被许可人应支付的强制专利开放许可补偿费进行认定时，有必要结合专利权人已经和将会从其他被许可人处收取的许可费加以确定。

---

❶ Reddy P T, Chandrashekaran S. Create, Copy, Disrupt: India's Intellectual Property Dilemmas [M]. Oxford: Oxford University Press, 2017: 25.

❷ Reddy P T, Chandrashekaran S. Create, Copy, Disrupt: India's Intellectual Property Dilemmas [M]. Oxford: Oxford University Press, 2017: 37.

❸ Halabi S F. Intellectual Property and the New International Economic Order: Oligopoly, Regulation, and Wealth Redistribution in the Global Knowledge Economy [M]. Cambridge: Cambridge University Press, 2018: 99—100.

❹ 刘强. 交易成本视野下的专利强制许可 [M]. 北京：知识产权出版社，2010: 127.

为在强制专利开放许可中保障专利权人获得合理许可费的权益，可以为其提供更为充分的程序权利。其中，可以赋予专利权人对被许可人实施强制开放许可专利情况进行监督检查的权利，用以核查被许可人实际生产专利药品的数量、质量和使用范围。尽管强制专利开放许可的被许可人实施专利技术的权利不受专利权人的干涉，但是不代表专利权人不应享有相应的知情权和监督权。在《英国专利法》专利开放许可规则中，英国知识产权局授予的专利开放许可证是包含专利权人的监督检查权利的。根据英国《专利实务指南》第46.70节，在专利开放许可条款中，通常包括授权代表专利权人检查被许可人的账簿和记录的内容，可以由独立会计师进行审计，以核实被许可人应支付的专利使用费金额，如果发现被许可人欠付的许可费超过一定比例，如0.5%或1%，则可能需要由其支付独立会计师的审计费用。由此，被许可人有必要对专利权人行使监督检查的权利提供专业方面的保障。此外，要保护被许可人正常实施专利技术的合法权利不受影响，防止专利权人利用监督检查对被许可人实施活动进行不必要的干扰。该指南第46.70节提及，法院可能会拒绝专利权人在专利开放许可合同中增加更繁重的涉及被许可人提供进口材料样品的验证条款，不允许专利权人检验被许可人关于质量合格或检验外国专利是否被侵犯等事项。在专利开放许可实施中，由于被许可人主体范围的广泛性，并且专利权人与被许可人之间的许可协议缺乏专门限制性条款约束，因此专利权人对被许可人实施专利技术活动进行监督检查是较为困难的❶，在强制专利开放许可中专利权人进行相应监督检查活动并实现知情权的难度也更大。为此，有必要为专利权人对被许可人实施活动的监督检查权提供必要保障。

第三节　反垄断执法领域

一、专利开放许可与反垄断法的互动情形

在专利开放许可制度实施中，专利开放许可与反垄断法存在两个方面的互

---

❶ 刘强.我国专利开放许可声明问题研究［J］.法治社会，2021（6）：34-49.

动关系。在第一个方面，专利开放许可声明有违反反垄断法的风险，专利开放许可声明条款有可能构成专利权人滥用垄断地位的行为内容。专利开放许可声明具有公开性、开放性、法定性等方面特点，专利权人作出专利开放许可声明并给予被许可人实施专利的权利，相对于专利自愿许可而言违反反垄断法的可能性较小，通常可以认为其符合反垄断法的要求，不会构成专利权人滥用权利的情形。❶ 在专利权人实施的滥用垄断地位或者滥用专利权的行为中，拒绝许可专利权是较为常见的行为模式，该行为与专利开放许可存在较为根本的冲突，在专利开放许可声明发布以后很难有拒绝许可行为继续存在的空间。❷ 在整体上，知识产权许可具有促进竞争的效果，可以将知识产权与其他生产要素相结合，推动知识产权价值的实现。❸《美国专利法》第 271 条第（d）款第（4）项通常是将专利权人不授予他人专利许可排除在滥用专利权行为的范围之外。该条第（d）款规定，"在发生侵犯专利权或帮助侵犯专利权中有权寻求救济的专利权人，不得因有下列各款情形之一而否定其行使救济的权利或被视为专利权的滥用或违法扩张专利权：……（4）拒绝许可他人实施或使用其专利权的……"❹。但是，不能排除专利权人在以专利开放许可声明为载体的专利开放许可条件中附加不合理的条件，并成为滥用权利行为的情形。此外，专利权人还有可能策略性地利用专利开放许可声明发布机制，诱使被许可人实施与开放许可专利相关的其他专利，特别是可能需要使用"封锁型"专利权并投入沉淀成本，因而被许可人会在许可谈判中处于劣势地位。❺ 通过强制专利开放许可等反垄断执法措施能较为有效地消除专利权人滥用市场支配地位产生的负面影响。

　　具体分析来说，具有市场支配地位的专利权人在提交专利开放许可声明时，可能对被许可人获得许可附加不合理的条件，从而构成违反垄断法行为的情

❶ 曹源.论专利当然许可［M］// 易继明.私法：第 14 辑第 1 卷.武汉：华中科技大学出版社，2017：128-259.

❷ 张伟君.规制知识产权滥用法律制度研究［M］.北京：知识产权出版社，2008：191-199.

❸ 王先林.知识产权与反垄断法——知识产权滥用的反垄断问题研究［M］.3 版.北京：法律出版社，2020：124.

❹《十二国专利法》翻译组.十二国专利法［M］.北京：清华大学出版社，2013：712.

❺ ［美］威廉·M. 兰德斯，［美］理查德·A. 波斯纳.知识产权法的经济结构［M］.2 版.金海军，译.北京：北京大学出版社，2016：384.

形。❶在科斯定理中，如果交易成本为零，则对经济资源财产权利归属的初始分配不会影响其通过交易达到效益最大化。❷在需要实施反垄断执法措施消除专利权人滥用垄断地位负面影响时，可以采用行政手段强制颁发专利开放许可。《法国知识产权法典》第 L613-16 条第 3 款规定：专利强制许可是以制止不正当竞争行为为目的或在紧急状况下作出时，工业产权主管部长无须寻求与专利权人达成自愿协议。❸专利开放许可的公共性和开放性可能会使被许可人产生信任感以及技术路径方面的依赖，为专利权人附加不合理的条件提供诱因。但是，在专利开放许可制度实施中，有必要注意该项制度可能产生的溢出效应问题，避免当事人对该项制度的策略性利用行为。专利权人在进行专利开放许可时可能会实施搭售其他专利技术或者产品的行为，这将导致不合理地推升被许可人成为机会主义行为受害者的风险，并且会增加被许可人防范此类行为的交易成本。

在专利开放许可声明中，专利权人可能将专利权利内容中制造、使用、销售、许诺销售或者进口的一项或者几项许可给对方，并且保留其他权利内容给自己或者专利自愿许可的被许可人。❹专利权人还有可能在该声明中加入搭售、回授、禁止反言等条款，以维护其市场竞争优势。❺《民法典》第 875 条规定："当事人可以按照互利的原则，在合同中约定实施专利、使用技术秘密后续改进的技术成果的分享办法；没有约定或者约定不明确，依据本法第五百一十条的规定仍不能确定的，一方后续改进的技术成果，其他各方无权分享。"在专利开放许可中，专利权人如果不特别约定或者声明，被许可人将有权享有后续

---

❶　邢卓尔.尚未成为标准必要专利的待开放专利反垄断规制研究［J］.职业技术，2021，20（6）：102-108.

❷　Teece D J. The Tragedy of the Anticommons Fallacy: A Law and Economics Analysis of Patent Thickets and FRAND Licensing［J］. Berkeley Technology Law Journal, 2017, 32（4）: 1489-1526.

❸　法国知识产权法典（法律部分）［M］.黄晖，朱志刚，译.北京：商务印书馆，2017：165.

❹　Halt G B, Donch J C, Fesnak R, Stiles A R. Intellectual Property in Consumer Electronics, Software and Technology Startups［M］. New York: Springer Science+Business Media, 2014: 3. 专利许可协议中的不同类型权利内容之间可能存在默示许可的情况.［英］埃里克·亚当斯，［英］罗威尔·克雷格，［英］玛莎·莱斯曼·卡兹，等.知识产权许可策略：美国顶尖律师谈知识产权动态分析以及如何草拟有效协议［M］.王永生，殷亚敏，译.北京：知识产权出版社，2014：79.

❺　董美根.专利许可合同的构造：判例、规则及中国的展望［M］.上海：上海人民出版社，2012：136-137.

开发技术成果的知识产权，专利许可人拥有对该成果的优先使用权。❶专利权人在专利许可合同中约定被许可人承担回授后续研发成果的义务有可能是合理的，可以得到法律认可并能够执行。在涉及反垄断执法的情况下，通常不会认为回授条款构成违法。❷专利权人通常可以在专利开放许可声明中制定回授条款，但是要避免对被许可人相关研发活动造成不合理的限制。《巴西工业产权法》对专利许可合同履行中后续研发成果的归属也采用类似规则。❸此类条款存在违反反垄断法或者构成专利权滥用的嫌疑，国家知识产权局对此应当严格加以审查，防止其产生非法垄断技术或者限制技术发展等方面的负面影响。除限制性条款外，专利权人也可以在专利开放许可声明中制定提供技术支持或者技术辅助条款，为实施该项专利权向被许可人提供相关技术诀窍或者技术秘密，这有可能成为被许可人有效实施该项专利的技术保障。❹此类条款对被许可人有实质性技术支持作用，应当在对专利开放许可声明审查时予以允许和鼓励。专利权人在提供技术支持时，不应附加不合理的限制条件，比如要求被许可人必须接受专利权人提供的专用设备，或者不得接受除专利权人以外第三人提供的专用设备等。❺还有一种限制性条款是"不质疑条款"，不允许被许可人对专利有效性提出质疑或者向国家知识产权局请求宣告专利权无效。在 1969 年里尔（Lear）案中，美国联邦最高法院推翻了之前长期存在的"被许可人禁止反悔"原则，认为被许可人具有针对被许可专利权提出无效宣告请求的权利，并且认为将本不具备授权条件的专利权宣告无效有着优先于当事人合同权益的公共政策价值。❻2007 年，美国联邦最高法院在梅德因穆恩诉基因泰克（MedImmune v.

---

❶ Devonshire-Ellis C, Scott A, Woollard S. Intellectual Property Rights in China ［M］. 2nd ed. Berlin：Springer-Verlag, 2011：19.

❷ ［美］罗伯特·P.墨杰斯, 彼特·S.迈乃尔, 马克·A.莱姆利, 等.新技术时代的知识产权法 ［M］.齐筠, 张清, 彭霞, 等译.北京：中国政法大学出版社, 2003：941.

❸ Drahos P. The Global Governance of Knowledge：Patent Offices and their Clients ［M］. Cambridge：Cambridge University Press, 2010：247-250.

❹ Davidow J. Patent-Related Misconduct Issues in U.S. Litigation ［M］. Oxford：Oxford University Press, 2010：73.

❺ Davidow J. Patent-Related Misconduct Issues in U.S. Litigation ［M］. Oxford：Oxford University Press, 2010：88-92.

❻ ［美］罗杰·谢科特, ［美］约翰·托马斯.专利法原理 ［M］.2 版.余仲儒, 组织翻译.北京：知识产权出版社, 2016：319.

Genentech）案中认为，专利许可合同的被许可人可以在许可合同有效期间，并且继续支付专利许可费的情况下，对专利权有效性提出质疑。[1] 该案在早前判例基础上拓宽了被许可人请求宣告专利无效的范围。我国《专利法》未对当事人请求宣告专利无效的权利作出任何限制，包括专利开放许可被许可人在内的实施主体均可以提出专利权无效宣告请求。但是，由于专利开放许可的被许可人范围较广泛，因此专利权被请求宣告无效的可能性也较高，被许可人如果有专利开放许可声明给予的专利实施权，又通过无效宣告请求对专利权有效性提出质疑，可能会引发其实施机会主义行为的风险。[2] 在此情况下，专利权人有权在专利开放许可声明中制定不质疑条款，对被许可人请求无效宣告的可能性作适当限制。

在专利开放许可与反垄断法互动关系的第二个方面，专利开放许可能够成为反垄断执法机构在知识产权反垄断案件中的执法措施。在专利开放许可制度实施中，可以将其与防止专利权滥用、反垄断执法机制相衔接。在反垄断执法专利许可领域，可以制定强制开放许可规则并作为执法措施。交易成本问题不仅对专利许可价格形成具有重要影响，对专利许可领域的反垄断法实施也具有特殊含义。施蒂格勒将科斯定理描述为："零交易成本的世界被证明和无摩擦的物质世界一样奇怪。垄断者会得到相应的补偿，从而像竞争者一样行为。"[3] 在专利许可中，如果专利权人与被许可人之间的交易活动不存在交易成本，则不存在专利权人实施滥用垄断地位行为的风险。专利开放许可能够在很大程度上消除交易成本的负面影响，由此克服专利权人违反反垄断法的问题，但是也可能会存在其他方面的垄断问题。2017 年美国司法部和联邦贸易委员会对 1995年发布的《知识产权许可反垄断指南》进行了更新。这份新的反垄断指南认为："在相关领域的研究和开发中，有效地合并两个实际或潜在竞争对手的活动的安

---

[1] Server A C, Singleton P. Licensee Patent Validity Challenges following MedImmune：Implications for Patent Licensing［J］. Hastings Science & Technology Law Journal, 2011, 3（2）：243-440.

[2] Merges R P, Duffy J F. Patent Law and Policy：Cases and Materials［M］. 4th ed. Wilmington：Matthew Bender & Company, Inc., 2007：1298-1299.

[3] 此为科斯对施蒂格勒论文的转述。［美］罗纳德·H.科斯.企业、市场与法律［M］.罗君丽，译∥［美］罗纳德·H.科斯.企业、市场与法律.盛洪，陈郁，译校.上海：格致出版社，上海三联书店，上海人民出版社，2014：28-46.

排可能会损害新产品和服务开发的竞争。知识产权的收购可能会削弱相关反垄断市场的竞争。"❶将专利开放许可作为反垄断执法措施，将是反垄断执法手段的丰富和发展，一方面可以为反垄断执法提供新的路径，另一方面也可以拓展专利开放许可制度实施的领域，充分发挥其制度优势和作用。

在反垄断执法措施方面，将专利开放许可作为消除专利权人企业合并或者滥用垄断地位行为影响的手段，需要以建立强制专利开放许可为前提。《英国专利法》第 50A 条和第 51 条关于在反垄断执法中适用专利开放许可，是以该法第 48 条规定了作为专利强制许可实施类型之一的强制专利开放许可为基础的。❷我国《专利法》专利开放许可制度仅限于自愿专利开放许可，不仅是否提交专利开放许可声明由专利权人自主决定，而且专利开放许可费等核心许可条件也由专利权人确定。强制专利开放许可规则的缺失可能会限制将其作为反垄断执法措施的可能性，也导致该制度对专利权人滥用垄断地位行为的威慑作用难以得到充分发挥。

在反垄断执法程序方面，需要反垄断审查机构与专利行政管理部门的协调与配合。有学者建议："若反垄断执法机构认定权利人实施了专利滥用行为，或权利人以拒绝许可专利的方式实施了滥用市场支配地位行为，则由反垄断执法机构出具调查报告，向专利局提出授予专利强制许可的建议。"❸将强制专利开放许可作为反垄断执法措施，可以在一般专利强制许可基础上实现更为有效的救济。在专利权滥用产生限制竞争负面影响的情况下，专利强制许可能够削弱专利权人的优势地位，但是对专利权人原有竞争优势的影响是有限的，由此会促使反垄断救济措施得到拓展。❹强制专利开放许可能够限制专利权人的市场垄断地位，使其滥用专利权垄断地位的可能性受到抑制，从而恢复较为平衡的市场竞争结构。

---

❶ The U.S. Department of Justice and the Federal Trade Commission，Antitrust Guidelines for the Licensing of Intellectual Property，3.1［EB/OL］.（2017-01-12）[2021-12-02］. https://www.ftc.gov/system/files/documents/ public_statements/1049793/ip_guidelines_2017.pdf.

❷《十二国专利法》翻译组.十二国专利法［M］.北京：清华大学出版社，2013：566-567.

❸ 赵威，孙志凡.关键设施理论下知识产权强制许可实施路径［J］.经济问题，2021（2）：29-36.

❹ 王睿.论专利强制许可在反垄断领域的适用［J］.学术交流，2012（6）：56-59.

专利开放许可在对专利权人滥用垄断地位的规制效果方面比专利强制许可更为显著。在专利权人存在违反反垄断行为时，"若对其实行强制性的当然许可，将为所有意图进入该领域的使用人提供使用的机会，只要其支付了一定的使用费，从而弥补了强制许可和反垄断法规制在最终效果上的不足"❶。专利强制许可一般是反垄断执法领域的事后救济措施，专利开放许可则可以为相关专利技术实施者提供事前许可。专利强制许可中被许可人范围是较为有限的，专利开放许可则可以为不特定的多数技术实施者提供专利许可。不同被许可人获取专利强制许可所需要支付的专利许可费率可能还会有相应差异，但是这种差异应当具有一定合理性；专利开放许可则可以为被许可人提供具有一致性的专利许可费条件，不会因为被许可人情况不同而有区别。因此，适用强制专利开放许可对滥用垄断地位行为进行规制，将产生比一般专利强制许可更为显著的效果。

二、反垄断执法领域专利开放许可规则问题

在反垄断执法领域，可以对专利开放许可制度实施制定具体规则。在知识产权反垄断执法规范中，对知识产权与反垄断价值目标协调问题、知识产权反垄断违法行为认定问题所制定的规则较多，关于知识产权反垄断执法措施和手段的规定较少。一般认为，专利强制许可是知识产权反垄断执法中的常用执法措施之一，可用于解决专利权人拒绝许可、以不合理价格授予专利许可、附加不合理许可条件等多种类型的反垄断违法行为。在我国建立专利开放许可制度以后，可以将其作为专利强制许可及反垄断执法措施的重要内容加以使用。❷英国将强制专利开放许可机制作为专利强制许可措施的重要形式予以规定；在其专利法中，包括对滥用专利权行为的强制专利开放许可以及根据竞争委员会的报告进行强制专利开放许可两种情形。❸《英国专利法》第 50A 条对"合并和市场调查后可行使的权力"进行了规定。该条第 2 款规定，英国政府市场竞争事

---

❶ 唐蕾.我国建立专利当然许可制度的相关问题分析——以《专利法》第四次修改草案为基础 [J].电子知识产权，2015（11）：26-33.

❷ 林秀芹.TRIPs 体制下的专利强制许可 [M].北京：法律出版社，2006：435.

❸ 张伟君.规制知识产权滥用法律制度研究 [M].北京：知识产权出版社，2008：298-300.

务主管部门可以请求知识产权局局长采取行动，包括强制给予专利开放许可。❶
其中，能够适用该规定的情形包括，专利许可条款对被许可人使用专利技术的
方式进行限制，或者对专利权人授予其他专利许可的权利进行限制，以及专利
权人拒绝以合理条件授予专利许可。❷ 根据《英国专利法》第 50A 条第 4 款，
应英国政府企业合并监管部门的要求，英国知识产权局可以对有关企业合并条
款予以取消或者进行修改，且在此基础上发布专利开放许可声明并在专利登记
簿上进行登记，使其他当事人可以获得该项专利权的开放许可。❸ 该项规定赋
予英国知识产权局以颁发专利开放许可的方式解决企业合并中可能出现的经营
者集中及其带来的专利权集中问题。作为创新主体的经营者通过合并等方式集
中，可能会产生垄断地位更为突出，专利权能够带来的垄断利润增加，以及对
创新市场竞争的限制等方面问题。❹ 在认定企业合并可能造成创新市场竞争受到
不合理限制时，专利行政管理部门可以在允许企业合并申请的同时要求其颁发
专利开放许可。在对企业合并进行反垄断审查时，可以采用强制专利开放许可
作为替代解决方案，在允许企业合并时要求合并后的企业授予必要的专利许可，
消除企业合并可能对专利许可市场秩序的负面影响。

在英国专利法上，如果反垄断监管部门所发布报告涉及专利权人滥用垄断
地位的问题，则英国知识产权局可以颁发专利开放许可消除相关违法行为造成
的影响。《英国专利法》第 51 条第 1 款涉及 "竞争委员会的报告可以行使的权
力" 的规定为：专利权人 "从事其开展违反或有可能违反公共利益的反竞争行
为"，相关政府部门负责人可以请求知识产权局局长根据该条款规定颁发强制
专利开放许可。❺ 英国《专利实务指南》第 51.05 节提及，在英国专利开放许可
制度中，"为使知识产权局局长根据《英国专利法》第 51 条采取行动，竞争和
市场管理局的报告必须指出，在损害公众利益的因素中，应当包括专利许可证
中的条款或条件，或拒绝以合理条件发放此类许可证"。《英国专利法》第 51 条

---

❶ 《十二国专利法》翻译组 . 十二国专利法［M］. 北京：清华大学出版社，2013：565.
❷ 《十二国专利法》翻译组 . 十二国专利法［M］. 北京：清华大学出版社，2013：565.
❸ 《十二国专利法》翻译组 . 十二国专利法［M］. 北京：清华大学出版社，2013：565.
❹ 阳东辉 . 论科技创新市场的反垄断法规制［J］. 中南大学学报（社会科学版），2015，21（4）：
91-97.
❺ 《十二国专利法》翻译组 . 十二国专利法［M］. 北京：清华大学出版社，2013：565-566.

第 3 款规定：英国知识产权局如果认为专利权人的行为违反公共利益，特别是专利权人拒绝以合理的条件发放许可证，则有权命令专利权人取消或修改专利许可条件，作为替代措施或者附加措施，有权在专利登记簿中作出相应登记使其他当事人可以获得专利开放许可。❶ 根据该条款的规定，在不涉及企业合并的情形中，如果英国反垄断执法机构认为专利权人拒绝许可或者在许可中限制实施行为构成滥用垄断地位，则可以由英国知识产权局就该项专利发布专利开放许可声明。英国《专利实务指南》第 51.01 节认为："这种申请可能导致取消或修改现有许可证的条件，以及 / 或在登记册中已登记专利的'专利开放许可证'"。在《英国专利法》第 50A 条和第 51 条中，涉及反垄断执法措施的专利开放许可具有强制性，是作为消除专利权人企业合并或者其他滥用垄断地位行为所可能带来的限制竞争负面影响的手段得到适用的。

在专利开放许可制度实施与反垄断执法机制衔接中，需要将作为反垄断执法措施的专利强制许可纳入专利法制度框架，并且将专利开放许可作为专利强制许可实施的模式。为此，应当增加强制专利开放许可相关规定，并且在反垄断行政执法部门或者司法机构作出反垄断措施决定后，由国家知识产权局据此发布专利开放许可声明，使包括反垄断案件当事人在内的该行业领域相关主体能够合理地获得专利实施权。❷ 在各国专利强制许可制度中，存在专利行政管理部门与反垄断执法部门职能衔接机制不明确的问题。作为反垄断法案件的原告，被许可人是否能够依据反垄断执法机构作出的专利权人专利许可行为违反反垄断法的决定，请求专利行政部门授予专利强制许可（包括强制专利开放许可）存在不确定性。《专利法》第 53 条规定的可以适用专利强制许可的情形包括"专利权人行使专利权的行为被依法认定为垄断行为，为消除或者减少该行为对竞争产生的不利影响的"。在反垄断执法机构对专利权人的非法垄断行为作出裁定后，通常会依职权采用包括专利强制许可在内的措施纠正该行为，消除其不利影响。❸ 这将导致一个悖论：反垄断执法机构认为必须采用专利强制许可才能消除非法垄断行为的影响时，通常不会将该问题转交给专利行政执法部

---

❶ 《十二国专利法》翻译组 . 十二国专利法［M］. 北京：清华大学出版社，2013：566.
❷ 林秀芹 .TRIPs 体制下的专利强制许可制度研究［M］. 北京：法律出版社，2006：435.
❸ 宁立志 . 专利的竞争法规制研究［M］. 北京：中国人民大学出版社，2021：19-22.

门；如果反垄断执法机构认为可以采用其他措施消除非法垄断行为影响，则国家知识产权局也不必颁发专利强制许可，以免产生"矫枉过正"的问题。❶《专利实施强制许可办法》（2012 年制定）第 5 条规定："专利权人行使专利权的行为被依法认定为垄断行为的，为消除或者减少该行为对竞争产生的不利影响"，具备实施条件的单位或者个人可以请求给予强制许可；第 11 条第 2 款规定：根据反垄断事由请求给予强制许可的，"请求人应当提交已经生效的司法机关或者反垄断执法机构依法将专利权人行使专利权的行为认定为垄断行为的判决或者决定。"根据该规定，并非由司法机关或者反垄断执法机构将案件移送至国家知识产权局，而是由反垄断案件当事人另行向国家知识产权局提出专利强制许可的请求。这可能会使社会公众认为在该反垄断案件中专利强制许可并非纠正违法垄断行为的必要措施，因此应当增加反垄断执法部门向国家知识产权局移送案件的机制。在反垄断执法部门认为需要通过专利强制许可消除违法垄断行为的影响时，由国家知识产权局颁发专利强制许可，包括强制发布专利开放许可声明。目前，反垄断执法对象通常是针对专利权人与被许可人已经签订的专利许可协议，执法事由主要是专利许可协议条款对被许可人不公平，由执法部门对相关条款及许可条件进行修改和调整，使其达到公平合理的状态。❷ 对专利许可协议内容的法律适用和修改主要涉及反垄断法等相关法律规则，反垄断行政部门可以自行采取相应的执法措施，不必经过国家知识产权局颁发强制专利开放许可。有权颁发专利强制许可的部门可以对相关职能进行协同管理，从而使强制专利开放许可机制更为协调和有效。

作为对专利权人在专利自愿许可中实施滥用垄断地位行为的救济措施，赋予被许可人在此情况下将专利自愿许可转变为专利开放许可的权利是合理的。在专利自愿许可中，专利权人可能实施多种类型的滥用专利权或者垄断地位的行为，在其专利开放许可声明发布后，为被许可人取消不合理的专利许可合同限制条款并免受专利权人违法行为的约束提供了良好契机。《英国专利法》第 46 条第 3 款（b）项允许被许可人向英国知识产权局提出请求，在符合该条要

---

❶ 黄铭杰.智慧财产法之理论与实务——不同意见书［M］.台北：元照出版有限公司，2013：54-55.

❷ 张伟君.规制知识产权滥用法律制度研究［M］.北京：知识产权出版社，2008：236-240.

求的情况下可以实现专利开放许可与专利自愿许可之间的转换。信息不对称是专利权人实行违法垄断行为的重要经济学动因，专利开放许可声明的公开性和公共性能够从根本上解决信息不对称问题，从而消解专利权人策略性专利许可行为的现实土壤。❶ 在专利许可反垄断审查中有本质违法规则（Per se Rule）和合理规则（Rule of Reason）两种适用情形❷，在对专利开放许可的反垄断审查中应当只保留本质违法规则，而排除在原有合理规则下可能判定许可协议违反反垄断法的情形。这意味着，除非专利开放许可声明所设定条款"本质上"违反反垄断法，否则不应当在考虑其他相关因素的基础上再判定其构成违法。在对企业合并专利的反垄断审查中，反垄断执法部门如果认为该项合并会导致专利权的不合理集中，并对下游技术市场或者产品市场的市场结构和竞争造成损害，有可能要求合并后的企业以合理条件许可相关专利❸，专利开放许可能够作为可以选择的模式之一。

在通过专利开放许可实施专利强制许可的机制构建方面，需要协调这两种类型专利许可在性质方面的差异性和程序方面的衔接性问题。其一，专利开放许可主体范围广泛性和专利强制许可相对限定性协调问题。由于专利强制许可对专利权人独占权利限制作用较为明显，因此需要由专利行政管理部门基于被许可人申请给予特别审查和批准，依职权给予专利强制许可的情形较少。在专利强制许可框架下颁发专利开放许可，可能会与《TRIPS协定》第31条第1项规定的"一事一议"原则相冲突。在专利开放许可声明发布后，任何潜在被许可人均无须与专利权人另行协商或者经过国家知识产权局特别同意便可以取得专利实施权，对该项专利权进行实施。国家知识产权局通常是在请求人就专利强制许可提出特别申请的事项范围内进行审查，经认可后方能给予相应的专利强制许可实施权，专利开放许可在授权方面的自动性和便利性，与专利强制许

---

❶ Fackler R. Antitrust Litigation of Strategic Patent Licensing [J]. New York University Law Review, 2020, 95（4）: 1105–1149.

❷ 宁立志，于连超. 专利许可中价格限制的反垄断法分析 [J]. 法律科学（西北政法大学学报），2014, 32（5）: 110–119.

❸ Fackler R. Antitrust Litigation of Strategic Patent Licensing [J]. New York University Law Review, 2020, 95（4）: 1105–1149.

可的特定性和限制性可能产生矛盾。❶为解决该矛盾，可以对强制专利开放许可附加一定的限制条件，在被许可人实施规模和专利许可费率方面提出相应的要求。其二，专利开放许可费率标准制定问题。在国家知识产权局作出专利强制许可的决定后，专利权人和被许可人对专利强制许可使用费仍然可以另行协商，在协商不成的情况下，再由国家知识产权局进行裁决。❷在专利开放许可中，并不存在由专利权人与被许可人协商许可费的程序。国家知识产权局依职权发布或者被许可人申请强制发布专利开放许可时，所确定的专利开放许可费率是否合理可能会有疑问。为此，在专利开放许可声明发布前，反垄断执法机构可以对专利开放许可费率提出建议，由国家知识产权局认可后在专利开放许可声明中公布。自愿专利开放许可费、强制专利开放许可费和一般专利强制许可费均应当合理地体现专利权的经济价值和社会效益。其中，强制专利开放许可对专利权独占地位的限制作用最为明显，反垄断执法机构在认定单个被许可人应当支付的相应许可费时可以向专利权人作适当倾斜，既对专利权人滥用垄断地位给予应有规制，又合理弥补专利权人对专利实施行为控制力减弱所产生的负面影响。

第四节　高新技术专利领域

一、集成型技术专利开放许可问题

（一）技术集成性及专利开放许可侵权风险

在人工智能、3D 打印、云计算、数据库等高新技术领域，专利技术和专利产品相互依赖、相互嵌套的情况比较普遍，技术研发与技术实施具有集成型的特点。❸传统上，一项专利权对应一种独立的专利产品，并且该专利产品能够独

---

❶ 刘强 . 交易成本视野下的专利强制许可［M］. 北京：知识产权出版社，2010：198-199.

❷《专利法》第 62 条："取得实施强制许可的单位或者个人应当付给专利权人合理的使用费，或者依照中华人民共和国参加的有关国际条约的规定处理使用费问题。付给使用费的，其数额由双方协商；双方不能达成协议的，由国务院专利行政部门裁决。"

❸ Spulber D F. Antitrust Policy toward Patent Licensing：Why Negotiation Matters［J］. Minnesota Journal of Law，Science and Technology，2021，22（1）：83-162.

立地得到制造销售并产生市场价值，这属于独立型专利技术，在专利开放许可中较为容易得到被许可人接受并加以实施。随着技术水平不断发展，在一种专利产品中可能包含成千上万项专利，由此形成共进性技术发展的态势、集成型技术的形态和开放式创新的环境。❶ 技术融合是新科技革命的显著特点，当前很多科技创新活动表现为集成创新或二次创新。❷ 累积型创新是专利制度信息公开功能所期望的促进技术创新模式之一，新技术创新成果在技术内容和研发手段方面可能包含较多在先专利权，并且相关在先专利权可能为多个专利权人分别所有。❸ 在累积型创新活动中，专利制度保护力度不断强化的趋势可能会对创新自由产生抑制作用。❹ 在人工智能等高新技术领域，部分专利权属于能够控制下游技术活动的"封锁型"专利，后续研发主体在完成下游研发活动或者进行下游发明实施过程中可能难以绕开相应的上游专利权，这会抑制下游专利权的利用程度，并使后续创新活动效益受到限制。❺ 在集成型技术研发及相关产品制造中，专利权人发布专利开放许可声明后可以使技术实施者避免专利侵权风险，减轻其获得专利许可的交易成本，也降低了需要支付的专利许可费。❻ 在具有集成型特点的云计算技术领域，专利保护力度的增强使专利许可模式的创新显得尤为必要。❼ 技术集成性程度的增强，导致新技术专利开发和使用活动更多地依赖具有互补性的其他专利，这会使专利许可谈判障碍所产生的风险相应提高。❽ 依据资源依赖性和技术依存性理论，集成型专利之间存在较为显著的依赖性，部分专利可能是该行业领域的基础性专利，下游研发主体获得其

---

❶ 熊焰，刘一君，方曦.专利技术转移理论与实务［M］.北京：知识产权出版社，2018：113-114.

❷ 尹锋林.新科技革命、人工智能与知识产权制度的完善［M］.北京：知识产权出版社，2021：7-8.

❸ 李晓秋.专利许可的基本原理与实务操作［M］.北京：国防工业出版社，2018：22.

❹ 袁锋.专利制度的历史变迁：一个演化论的视角［M］.北京：中国人民大学出版社，2021：212.

❺ Zingg R. Foundational Patents in Artificial Intelligence［M］//Lee J A，Hilty R M，Liu K C. Artificial Intelligence and Intellectual Property. Oxford：Oxford University Press，2021：75-98.

❻ 崔艳新.创新驱动与贸易强国：基于技术贸易的视角［M］.北京：知识产权出版社，2019：32.

❼ 王晓燕.云计算的专利适格性分析［J］.暨南学报（哲学社会科学版），2013，35（4）：2-8，161.

❽ 袁晓东，李晓桃.专利池的治理结构分析［J］.科学学与科学技术管理，2009，30（8）：13-18.

专利许可将成为从事相应创新活动所必需的条件。[1] 累积型创新活动效益的提高对专利许可等权益安排机制的依赖程度是较高的，这种情况在开放式创新或者半开放式创新中显得尤为明显。为避免事后利益冲突问题，参与累积型创新活动的各研发主体有必要在从事相关创新活动之前就研发成果权益分配达成协议安排。[2] 专利许可是连接上下游研发主体的重要法律合同形式，因此通过专利开放许可等方式解决权利转移问题较为重要。累积型创新者之间订立知识产权许可协议，能够合理分配技术创新的投资和利润，增进创新成果的经济效益。[3] 专利权人拥有下游创新研发活动的"封锁型"专利权时，会使后续研发活动不得不在获得其专利许可的情况下才能合法开展，否则相应下游创新活动的实施过程可能构成对该项专利的侵权行为，这将使上游专利权人对下游发明成果的利润享有请求权并获得合理分享。[4] 在技术标准专利许可中，被许可人实施其中一项标准必要专利可能是以实施另外一项标准必要专利为基础的，研发主体之间对获取创新技术相互依赖程度的增强，使专利许可和技术转移问题变得更为复杂[5]，专利开放许可对专利许可谈判及履行过程的简化有助于节约创新主体的交易成本，并使技术流转更为便捷。

我国《专利法》已经关注到相互依赖技术的专利许可问题，可以根据相应规则通过专利强制许可的方式加以解决。《专利法》第56条规定了重大改进专利技术实施中基础专利强制许可及其产生的反向专利强制许可问题。[6] 由于专利强制许可实施的可能性较小，因此还需要通过其他专利许可模式克服相互依赖技术专利许可中的交易成本问题。根据相关统计，专利许可较为活跃的产业

---

[1] 张运生，倪珊.高技术企业技术标准竞争力：基于技术标准化过程研究［J］.科技管理研究，2016，36（24）：121–125.

[2] ［日］田村善之.田村善之论知识产权［M］.李扬，等译.北京：中国人民大学出版社，2013：20–21.

[3] 张璟平.知识产权制度的经济绩效［M］.北京：经济科学出版社，2010：22.

[4] 寇宗来.专利制度的功能和绩效［M］.上海：上海人民出版社，2005：104.

[5] 包海波.专利许可交易的微观机制分析［J］.科学学与科学技术管理，2004（10）：76–80.

[6] 《专利法》第56条规定："一项取得专利权的发明或者实用新型比前已经取得专利权的发明或者实用新型具有显著经济意义的重大技术进步，其实施又有赖于前一发明或者实用新型的实施的，国务院专利行政部门根据后一专利权人的申请，可以给予实施前一发明或者实用新型的强制许可。在依照前款规定给予实施强制许可的情形下，国务院专利行政部门根据前一专利权人的申请，也可以给予实施后一发明或者实用新型的强制许可。"

领域比较集中，如生物技术、医药产品、计算机技术等五种主要产业领域的专利许可占所有产业专利许可比重从 2007 年的 46% 提高到 2016 年的 55%。❶ 在集成型技术领域，专利开放许可对扩大专利许可范围并提升专利许可实施效益有重要作用。在基础专利权对重大改进专利技术的实施具有关键意义时，可以要求基础专利权人对其专利权进行开放许可，以促进重大改进专利权得到充分有效的实施，在此基础上，也应当由重大改进专利权人对其专利进行开放许可，使基础专利权人能够实施该重大改进专利权。由此，可以实现基础专利权和重大改进专利权在有效许可和充分实施方面相互促进。

在专利开放许可实施中，被许可人无须向专利权人披露其实施该专利的过程及其在实施过程中所使用的技术，但是部分专利在实施过程中可能会不可避免地使用其他（专利）技术。在英国《专利实务指南》第 46.17 节提及的厄普约翰（Upjohn）案中，涉案专利是在"父专利"实施过程中准备药物活性化合物工艺使用的分支专利，被许可人否认在实施"父专利"过程中使用了该分支专利，也不愿意就该分支专利支付许可费，但是被许可人可能必须在继续实施专利并承担侵权风险与避免侵权并撤回实施专利开放许可的申请之间进行选择。专利池及其交叉许可机制对集成型技术专利许可具有重要促进作用，能够克服交易成本过高、反公地悲剧和专利丛林问题，专利开放许可在开放性与公共性方面能够与具有"半开放性"的专利池许可机制相互衔接。❷ 在药品专利领域，2010 年建立的"药品专利池"（Medicines Patent Pool，MPP）为低收入国家提供药品专利的低价许可或者免费许可，并且在此方面发挥了作用。❸ 专利开放许可制度能够作为专利池等许可机制的法律保障来源之一，为专利池的有效运行提供专利许可模式规则的保障。

---

❶ Katzman R S, Azziz R. Technology Transfer and Commercialization as a Source for New Revenue Generation for Higher Education Institutions and for Local Economies [M] // AI-Youbi A O, Zahed A H M, Atalar A. International Experience in Developing the Financial Resources of Universities. Cham：Springer Nature Switzerland AG, 2021：89–111.

❷ Neville P. MPEG LA's Use of a Patent Pool to Solve the CRISPR Industry's Licensing Problems [J]. Utah Law Review, 2020（2）：535–567.

❸ Ulrich L. Trips and Compulsory Licensing：Increasing Participation in the Medicines Patent Pool in the wake of an HIV/AIDS Treatment Timebomb [J]. Emory International Law Review, 2015, 30（1）：51–84；Medicines Patent Pool [EB/OL]. [2022–01–08].https：// medicinespatentpool.org/.

在专利许可领域，有可能制造某项专利产品的部分关键技术专利已经发布了专利开放许可声明，但是还有部分关键技术专利并未发布专利开放许可声明，对后者而言被许可人需要通过专利自愿许可谈判从专利权人处获得相应的专利许可。❶这种技术集成性较高的情况有可能阻碍专利开放许可制度发挥降低交易成本的作用，但专利权人提交专利开放许可声明的动力可能不会被削弱，因为其还有可能利用专利开放许可诱使被许可人实施其他关键专利；被许可人获得专利开放许可实施权的积极性则有可能受到抑制，因为其不得不面临明确或者潜在地需要得到其他专利许可才能制造开放许可专利产品的情形。通过与专利开放许可相联系的其他类型专利许可等方式，能够较为有效地解决被许可人获得关联技术专利许可的问题，在为被许可人提供必要的专利许可或者侵权豁免的基础上，能够使被许可人更为积极地进行集成型专利技术的研发和实施活动，避免承担过多的专利许可交易成本和专利许可费负担。

（二）集成型技术专利开放许可侵权问题的解决路径

为避免集成型技术专利开放许可实施行为侵权风险问题，可以基于专利默示许可规则为专利开放许可实施者提供必要的专利许可。专利默示许可是与专利明示许可相对应的专利许可模式，能够在一定程度上解决被许可人基于合理预期获得专利许可的问题。根据《民法典》的规定，在民事法律行为中，行为人既可以用积极的明示方式作出意思表示，也可以用消极的默示方式进行意思表示。在专利开放许可实施中，被许可人可能面临需要获得相关专利默示许可的问题。《民法典》第140条对通过默示方式作出的意思表示进行了规定，该条第1款规定："行为人可以明示或者默示作出意思表示。"由此肯定了以默示方式作出意思表示是可以具有法律效力的。在民事法律行为的默示方式中，包括作为和不作为两种类型，前者是指积极行为，后者是消极行为。在专利许可领域，这种积极行为包括对专利产品的销售或者使用，以及对相关专利授予实施许可等。❷专利权人若实施了相关行为，足以让对方当事人推定其有授予专利

---

❶ 曹源.论专利当然许可［M］//易继明.私法：第14辑第1卷.武汉：华中科技大学出版社，2017：128–259.

❷ 杨德桥.合同视角下的专利默示许可研究——以美中两国的司法实践为考察对象［J］.北方法学，2017，11（1）：56–70.

许可的意图，在被许可人实施相应专利技术后专利权人又对此予以否认的，则可能构成普通法上的"禁止反言"。❶此时，应当认为被许可人已经获得专利权人的默示许可，享有专利实施权，不构成专利侵权。当事人保持沉默是默示行为中消极的不作为。沉默并不表示认可，只有在符合相应规定要求时，方能够作为意思表示产生法律效力。❷《民法典》第 140 条第 2 款规定："沉默只有在有法律规定、当事人约定或者符合当事人之间的交易习惯时，才可以视为意思表示。"专利权人如果消极不作为，既无明示意思表示，也无积极行为能够推定其意图，基本上不能认定其已经授予专利许可，被许可人尚未获得专利实施权。

专利开放许可在性质上与专利默示许可具有显著区别，但是在集成型技术专利许可中，这两种专利许可模式可以相互结合。专利权人就特定专利进行开放许可后，若实施该项专利必然涉及对同一专利权人其他相关专利权的实施，则应当认为专利权人就该相关专利权授予了默示许可 ❸，由此可以避免被许可人实施开放许可专利的活动受到不合理的阻碍。开放许可专利与其他专利技术可能在技术上存在集成性和互补性的特点，在此情况下，可以推定专利权人已经就其他关联专利颁发了默示许可，被许可人能够取得合法实施权并对相应技术方案进行实施。结合《民法典》的相应规定，默示行为一般通过作为的方式进行，当事人应当实施一定的积极行为，并且可以作为对方当事人推定其意思表示的根据。专利默示许可在解决被许可人实施相关技术合法性问题的基础上，能够使其免于承担不必要的专利侵权风险。通过对专利默示许可的认定，也可以防止专利权人策略性地利用专利开放许可诱使被许可人实施相关专利，并对其索取高额许可费。在专利默示许可机制下，被许可人实施相关专利并非免费，应当根据专利权的经济价值向专利权人支付许可使用费。❹由此，可以在专利权人应当享有许可费回报和被许可人获得专利实施权之间实现利益平衡，使专利权得到更为有效而合理的实施。专利权人或者被许可人在对

❶　袁真富.知识产权默示许可制度比较与司法实践［M］.北京：知识产权出版社，2018：27-29.
❷　崔建远.合同成立探微［J］.交大法学，2022（1）：7-19.
❸　李闯豪.专利默示许可制度研究［M］.北京：知识产权出版社，2020：54-55.
❹　袁真富.基于侵权抗辩之专利默示许可探究［J］.法学，2010（12）：108-119.

专利产品进行生产、制造或者销售时，还有可能涉及使用该专利权人的其他相关专利权的情形，可能需要通过专利默示许可等规则解决专利许可问题。❶ 例如，开放许可专利产品实施可能会涉及使用其他工艺方法专利或者专用设备专利，开放许可专利方法实施可能会涉及使用其他专用设备专利，开放许可专利产品零部件实施则可能会涉及整体专利产品的制造和使用。❷ 专利权人可能会策略性地利用专利开放许可，在提交专利开放许可声明时，未如实披露该专利产品的关联技术的专利状况，而诱使被许可人实施与该开放许可专利相关联的其他专利权。专利权用尽规则可以为被许可人提供一定程度的保护，但是不能涵盖所有使用该专利产品的情形。❸ 开放许可专利被许可人在实施该项专利时，为避免构成对其他相关专利的侵权行为，应从制度规则方面提供保障。通过专利默示许可，能够赋予被许可人必要的专利许可，从而使其免于在参与开放许可专利实施时承担不必要的专利侵权风险。在上述情形中，应当给予被许可人较为充分的专利默示许可保护，同时要求被许可人向专利权人支付合理的专利许可费。由此，可以防止专利权人基于机会主义行为动机提交专利开放许可声明并发布，同时保障其应获得的许可费利益，促进专利权人与被许可人之间的利益平衡。

二、研究工具专利开放许可问题

研究工具专利在生物科学、人工智能算法等领域是较为典型的专利类型。研发机构通过取得研究工具专利许可能够获取外部知识，节约研发成本和研发

---

❶ 尹新天.中国专利法详解［M］.北京：知识产权出版社，2011：170-171.北京市高级人民法院《专利侵权判定指南（2017）》第131条：专利产品或者依照专利方法直接获得的产品，由专利权人或者经其许可的单位、个人售出后，使用、许诺销售、销售、进口该产品的，不视为侵犯专利权，包括：……（4）方法专利的专利权人或者其被许可人售出专门用于实施其专利方法的设备后，使用该设备实施该方法专利。2016年国家知识产权局《专利侵权行为认定指南（试行）》第2章第2.1.2.1节"基于产品销售产生的专利默示许可"。

❷ 尹新天.中国专利法详解［M］.北京：知识产权出版社，2011：170-171.

❸ 张耕，陈瑜.美国专利默示许可与间接侵权：冲突中的平衡［J］.政法论丛，2016（5）：69-76；［德］约·帕根贝格，［德］迪特里希·拜尔.知识产权许可协议：第6版［M］.谢喜堂，译.上海：上海科学技术文献出版社，2009：23.

时间，有助于克服机会成本问题，有效发挥研发专长并促进创新活动。[1]《TRIPS协定》第 27 条对给予专利保护的发明创造技术领域并未作出限制，因此包括研究工具在内的各种类型技术成果（除法定排除类型以外）均可以受到专利授权和保护。[2] 此类专利的主要功能在于为下游研发活动提供辅助性的工具和材料。例如，生物基因在技术创新中的重要功能在于为药物研发提供基础性研发手段，人工智能则可以为药物筛选提供计算机算法支持。研究工具专利的主要市场价值并非对该工具本身的使用，而是体现在下游研究成果专利的商业化实施中，例如，美国赛图斯公司在聚合酶链式反应专利权中使用延展性专利许可条款。[3] 知识产权保护对科学研究等传统自由领域可能构成威胁，并对研发创新活动造成显著的限制。[4] 特定研究工具可能在相关研究领域具有唯一性和不可替代性，该研究工具的专利权人可能会在专利许可协议中制定权利扩张条款或者定制型许可条款，从而实现其许可费利益最大化，包括要求被许可人对下游研发活动使用该研究工具的对象和范围进行披露和限制。[5] 一方面，部分中小研发企业能够通过研究工具专利和延展性专利许可获得对创新投资的充分回报，这对激励其持续开展研发活动具有重要作用；另一方面，对研究工具给予专利授权和保护可能会限制下游研发活动，给后续研发者在获得专利许可方面带来较高的交易成本和许可费成本负担，因此研究工具发明可专利性问题也曾经引发过学界讨论。[6] 目前，对研究工具发明可专利客体问题已经基本形成共识，应当从

---

[1] Jennewein K. Intellectual Property Management: The Role of Technology-Brands in the Appropriation of Technological Innovation [M]. Heidelberg: Physica-Verlag, 2005: 140.

[2] Saha S. Patent Law and TRIPS: Compulsory Licensing of Patents and Pharmaceuticals [J]. Journal of the Patent and Trademark Office Society, 2009, 91（5）: 364-374.

[3] Heller M A, Eisenberg R S. Can Patents Deter Innovation? The Anticommons in Biomedical Research [J]. Science 1998, 280（5364）: 698-701.

[4] ［澳］彼得·达沃豪斯，［澳］约翰·布雷斯韦特. 信息封建主义 [M]. 刘雪涛，译. 北京：知识产权出版社，2005: 3.

[5] Rodrigues E B. The General Exception Clauses of the TRIPS Agreement: Promoting Sustainable Development [M]. Cambridge: Cambridge University Press, 2012: 173-174.

[6] Stafford K A. Reach-through Royalties in Biomedical Research Tool Patent Licensing: Implications of NIH Guidelines on Small Biotechnology Firms [J]. Lewis & Clark Law Review, 2005, 9（3）: 699-718.

激励对研究工具发明进行开发的角度进行认定，给予其专利权保护。❶在研究工具发明获得专利保护以后，专利权人可能会在与被许可人订立的专利许可合同中寻求制定延展性许可条款，并索取延展性专利许可费。在涉及疾病治疗的蛋白质研究等领域，有研发单位认为研究工具专利已经在很大程度上阻碍了其新技术的研发。❷研究工具专利开放许可将有助于解决下游研发主体获得专利许可的问题。

　　研究工具专利开放许可能够对克服专利丛林和反公地悲剧问题提供帮助。研究工具发明在获得专利保护后，有可能成为研发活动专利分散化、碎片化的重要原因之一，导致创新活动专利许可交易成本提高，阻碍技术创新的有效开展和充分实施。在知识产权领域，对智力成果过度严格的独占权利保护可能会导致获取在先成果使用许可的交易成本过高。❸迈克尔·海勒和里贝卡·艾森博格在《专利权会阻碍创新吗？生物医药研发中的反公地悲剧问题》一文中认为，专利权人就研究工具订立延展性专利许可有可能形成"许可堆积"（Stack Licensing）问题。❹2007年美国司法部和联邦贸易委员会《反垄断执法与知识产权：促进创新和竞争》报告中，对研究工具延展性专利许可的反垄断问题进行讨论指出，研究工具专利许可主要涉及多个研究工具所有者而产生"专利权使用费堆积"，通过协商谈判达成的协议可能会损害下游市场的创新。❺此类专利许可协议赋予研究工具专利权人使用下游研发成果的权利，这种权利包括获取延展性专利许可费收益，下游研究成果专利独占许可使用权，以及决定是否

　　❶　周围.研究工具的可专利性探析——以美国法例为借镜［J］.法学评论，2014，32（6）：106-117；周慧菁，曲三强.研究工具专利的前景探析——兼评专利权实验例外制度［J］.知识产权，2011（6）：9-17，25.

　　❷　Muthukrishnan L, Kamaraj S K. Disruptive Nanotechnology Implications and Bio-Systems-Boon or Bane? ［M］// Keswani C. Intellectual Property Issues in Nanotechnology. Boca Raton：CRC Press，2021：143-162.

　　❸　Digital Opportunity-A Review of Intellectual Property and Growth，An Independent Report by Professor Ian Hargreaves［EB/OL］.（2011-08-02）［2021-12-30］.https：//www.gov.uk/government/publications/digital-opportunity-review-of-intellectual-property-and-growth.

　　❹　Heller M A, Eisenberg R S. Can Patents Deter Innovation? The Anticommons in Biomedical Research［J］.Science，1998，280（5364）：698-701.

　　❺　U.S. Department of Justice and the Federal Trade Commission. Antitrust Enforcement and Intellectual Property Rights：Promoting Innovation and Competition［R］.2007：95.

获得下游研究成果专利的选择权。❶基于延展性专利许可，研究工具专利权人及发明人可以取得超出传统许可模式的竞争优势和市场利益。下游研发活动有可能使用多项研究工具，各项研究工具专利权人均有可能主张订立延展性专利许可协议，下游科技成果开发者不得不面临专利许可费叠加所带来的成本负担过重等问题。❷此外，在就下游成果专利权进行专利转让或者专利许可谈判时，上游研发工具专利权人可以对该转让及许可行为进行干预，从而使相关谈判难以顺利进行及权利流转受到阻碍。❸在研究工具专利开放许可中，专利权人将难以利用其谈判优势地位加强对被许可人研发活动及其后续专利许可行为的介入，减少其对专利市场交易活动不必要的阻碍。

在专利开放许可中，研究工具专利权人有可能主张在开放许可声明中制定延展性许可条款，包括在专利许可费标准设定时采用延展性费用计算模式，主张该研究工具使用者需要向专利权人授予下游研发成果的使用许可（包括独占许可），或者该研究工具使用者需要向专利权人转让下游研究成果的专利权。在此情况下，国家知识产权局能否依据《专利法》《反垄断法》排除专利开放许可声明中此类条款的效力，或者拒绝发布该专利开放许可声明存在疑问。在对该事项进行审查时，需要权衡延展性专利许可为专利权人带来的收益，以及对下游研发活动及专利权转移所带来的阻碍。有观点认为，知识产权制度的主要价值目标在于促进智力成果创新和使用的社会净收益（Net Social Benefit）最大化。❹在研究工具专利开放许可规则中，应当兼顾充分发挥延展性许可条款对专利权人的激励作用，以及克服可能产生的抑制下游研发活动的负面影响。

在对专利开放许可声明进行审查时，如果不允许专利权人在该声明中制定延展性许可条款，则可能挫伤专利权人将研究工具专利纳入专利开放许可的积极性，难以发挥专利开放许可促进研究工具专利在更为广泛的领域得到许可和

---

❶ Heller M A, Eisenberg R S. Can Patents Deter Innovation? The Anticommons in Biomedical Research [J]. Science 1998, 280（5364）：698–701.

❷ 宁立志. 专利的竞争法规制研究［M］. 北京：中国人民大学出版社，2021：198.

❸ Heller M A, Eisenberg R S. Can Patents Deter Innovation? The Anticommons in Biomedical Research [J]. Science, 1998, 280（5364）：698–701.

❹ ［美］罗伯特·P. 莫杰思. 知识产权正当性解释［M］. 金海军，史兆欢，寇海侠，译. 北京：商务印书馆，2019：14.

使用的功能。延展性专利许可条款能够在一定程度上解决专利价值评估困难的问题，在没有"商业产品存在"的情况下，使用专利研究工具的初始许可费用数额可能难以确定，"研究工具所有者和工具使用者可能对工具的适当经济价值有差异较大的看法" ❶。促进终端产品研发的优选许可模式是非独占性许可，而维护研究工具专利权人利益的较好方式则是回授下游研发成果的独占许可权 ❷，因此研究工具专利权人选择专利开放许可能够较好地解决下游研发者获得专利许可实施权的问题。研究工具专利开放许可有助于解决研究工具发明专利许可的谈判周期长、成本高的问题，对促进下游研发活动具有较为明显的作用。对于专利许可谈判能力相对薄弱的高等学校或者科研机构而言，研究工具专利许可谈判交易成本障碍可能使其不得不放弃获得许可，转而使用未受专利保护的处于公共领域的研究工具或者研究材料。❸ 在专利自愿许可谈判中，如果研究工具专利权人制定延展性专利许可条款的行为涉嫌违反反垄断法，则将此类专利强制地纳入开放许可有可能成为反垄断执法措施之一。在此情况下，反垄断执法机构将严格限制专利权人在专利开放许可声明中订立延展性许可条款，专利权人应按照执法机构的要求制定专利开放许可条款内容。

对于研究工具专利开放许可中延展性许可条款可能出现的"专利堆积"问题，可以从两个路径加以解决。一是可以从国家知识产权局有关专利开放许可声明审查政策方面对此类许可条款予以排除。该方式能够较为彻底地解决延展性许可条款"专利堆积"问题，但是也会使研究工具专利权人将相应专利权纳入开放许可的意愿降低，导致专利许可费交易成本过高。在对专利开放许可声明延展性许可条款的审查中，可以对公立研究机构和私营研究机构给予一定程度的区别对待。其中，对公立研究机构应当严格限制其在专利开放许可声明中制定延展性专利开放许可条款 ❹，对由非实施主体（NPE）持有的研究工具专利，

❶ U.S. Department of Justice and the Federal Trade Commission. Antitrust Enforcement and Intellectual Property Rights: Promoting Innovation and Competition [R]. 2007: 94.

❷ Heller M A, Eisenberg R S. Can Patents Deter Innovation? The Anticommons in Biomedical Research [J]. Science, 1998, 280（5364）: 698-701.

❸ Heller M A, Eisenberg R S. Can Patents Deter Innovation? The Anticommons in Biomedical Research [J]. Science, 1998, 280（5364）: 698-701.

❹ Stafford K A. Reach-through Royalties in Biomedical Research Tool Patent Licensing: Implications of NIH Guidelines on Small Biotechnology Firms [J]. Lewis & Clark Law Review, 2005, 9（3）: 699-718.

由于其收取的许可费中只有较少比例能够反馈给实际发明人，因此尤其应当限制其在专利开放许可声明中制定延展性专利许可条款。[1] 由公共机构或者由公共资金资助研发完成的研究工具专利，应当基本上排除专利开放许可声明中的延展性专利许可条款，避免对下游研究开发活动可能产生的障碍。[2] 二是在有限范围内允许专利开放许可中延展性专利许可条款的存在，但是制定较为严格的审查标准，防止"专利堆积"问题造成困扰。对私营企业或者其他研发单位（尤其是中小型私营研发机构）所完成的研究工具专利权，可以适度允许延展性专利许可条款。对专利开放许可声明延展性许可条款而言，在制定反垄断审查标准时，应当比专利自愿许可中的反垄断审查标准更为宽松，从而为专利权人将研究工具专利纳入专利开放许可提供更好的动力。为避免"专利堆积"问题，可以允许被许可人将同一下游研发成果所产生的利润及相关各项研究工具专利开放许可声明中的延展性许可费率结合，并作为在反垄断审查中主张相应条款合法性的事实依据。反垄断执法机构应当将相关各项专利开放许可费均作为影响因素，从而综合判断其是否违反反垄断法。在专利权人的行为构成违反反垄断法时，反垄断执法机构可以要求其将相应专利开放许可声明予以撤回，并重新在合理水平上公布新的专利开放许可费率。

---

[1] Feldman R, Lemley M A. Do Patent Licensing Demands Mean Innovation? [J]. Iowa Law Review, 2015, 101（1）: 137–190.

[2] Public Health Service, DHHS, Principles and Guidelines for Recipients of NIH Research Grants and Contracts on Obtaining and Disseminating Biomedical Research Resources: Final Notice [R]. National Institutes of Health, Federal Register, 1999.

结　　论

　　我国专利开放许可制度的建立丰富了专利许可模式，完善了专利许可规则体系。专利许可交易市场的活跃是专利制度和市场机制成熟的表现，专利开放许可制度的实施有助于交易模式的多元化和交易规模的扩大。专利开放许可不仅是一种新的专利许可交易行为方式，更代表了一种新的专利制度创新发展理念。专利制度的生命不仅在于加强对专利权的法律保护，更在于通过专利交易和实施推动技术成果转化为现实生产力。专利开放许可制度使专利共享对象从专利授权信息层面拓展到专利许可与实施层面，延伸了专利制度开放共享的领域，深化了社会公众对专利制度开放共享理念的认知和参与，能够在一定程度上缓解知识产权客体范围不断扩张所带来的利益冲突与矛盾。从制度规则方面来说，专利开放许可制度使我国专利制度从原有侧重于专利创造和专利保护的规则向注重专利运用和转化实施规则逐步转变。从专利权人等市场主体角度来说，专利开放许可制度能够激励其更为积极地参与开放式创新，并促进专利技术得到更为有效的转化和实施。为此，专利开放许可制度实施机制的合理构建和有效应用将有利于充分实现该项制度的功能和作用，彰显推进专利转化应用和技术成果交易的政策目标。在专利开放许可制度实施中，既要充分调动专利权人和其他相关民事主体的积极性，也要充分发挥专利行政管理机关和司法审判机关的职能。专利开放许可制度能够更好地促进专利自愿许可、专利强制许可等其他类型许可模式的规则发展和充分运用，也能够与开放专利、开放源代码等其他开放创新模式相契合，产生更为显著的制度协同效应。

　　专利开放许可制度及其实施机制概念的厘清有助于其在专利法律制度中合

理定位。《专利法》等法律法规为专利开放许可制度实施机制的构建提供了规则基础。《专利法》第四次修改过程中专利开放许可制度建议规则在自愿性和法定性两个方向上的强化体现了制度的价值倾向。《民法典》能够在法律原则和制度规则方面对专利开放许可制度的适用和实施给予指引。专利开放许可制度实施中应当遵循激励专利许可原则、利益均衡原则、禁止权利滥用原则和"自愿为主、强制为辅"原则等法律原则，这为相应法律规则的解释和适用提供了法律原则的依据。专利开放许可声明属于合同法律制度中的要约，对专利权人产生较强的约束力，专利权人撤回专利开放许可声明的权利应受到一定限制。有必要建立专利开放许可集中发布机制、专利开放许可合同备案机制、专利开放许可年费减免机制等管理机制和激励机制，并充分体现其作用。专利开放许可与技术标准专利许可在机制方面较为契合，应当建立对开放许可专利中所涉及技术标准信息的披露机制。专利开放许可纠纷解决机制应当促进行政调解和司法裁判协同发挥职能。在特定领域，应当充分运用专利开放许可促进高等学校专利许可、公共利益相关领域专利许可，为反垄断执法提供手段和措施，并在集成型技术和研究工具专利许可中更好地发挥作用。

在国际层面，我国专利开放许可制度的有效实施能够进一步体现专利技术市场的日益成熟和科技创新体系的不断完善，有利于兼顾国内外专利权主体的利益，为外国在华跨国企业提供多层次的专利交易机制选择，提升我国专利制度的国际影响力和话语权。我国专利开放许可制度在借鉴其他国家立法经验的基础上具有较为鲜明的特色，既符合国际上专利开放许可制度的基本原则，也能够体现我国专利技术创新与交易活动的特殊之处。我国专利开放许可制度实施机制能够促进该项制度发挥更好的实际效果，从而为各国专利开放许可制度的不断完善和协同发展提供可参照的制度样本。其他国家专利开放许可制度的基本模式定型于一百余年以前，彼时科技水平和创新模式与当前有较大差异。我国专利开放许可制度有其后发优势，已经在国际范围内得到越来越多的关注，能够在新的专利制度变革和科技创新发展背景下为专利开放许可制度的不断革新提供新的动能。可以预见，我国专利开放许可制度将在新的制度环境和发展机遇中得到更好的实施，发挥我国专利制度比较优势，为推动知识产权强国建设目标的实现作出应有的贡献。

参考文献

一、中文专著

［1］鲍新中，张羽．知识产权质押融资：运营机制［M］.北京：知识产权出版社，2019.

［2］陈强，鲍悦华，常旭华．高校科技成果转化与协同创新［M］.北京：清华大学出版社，2017.

［3］崔建远．合同法总论：上卷［M］.2 版．北京：中国人民大学出版社，2011.

［4］崔艳新．创新驱动与贸易强国：基于技术贸易的视角［M］.北京：知识产权出版社，2019.

［5］董亮．累积创新与专利制度：基于产业组织理论的研究［M］.西安：西安交通大学出版社，2014.

［6］董美根．专利许可合同的构造：判例、规则及中国的展望［M］.上海：上海人民出版社，2012.

［7］董美根．知识产权许可研究［M］.北京：法律出版社，2013.

［8］董玉鹏．知识产权与标准协同发展研究［M］.杭州：浙江大学出版社，2020.

［9］杜军．格式合同研究［M］.北京：群众出版社，2011.

［10］杜晓君，马大明．有效率的专利联盟：竞争效应和创新效应研究［M］.北京：中国人民大学出版社，2012.

［11］韩世远．合同法总论［M］.4 版．北京：法律出版社，2018.

［12］侯庆辰．医药专利的产业化［M］.北京：知识产权出版社，2019.

［13］胡波．专利法的伦理基础［M］.武汉：华中科技大学出版社，2011.

［14］黄铭杰．智慧财产法之理论与实务——不同意见书［M］.台北：元照出版有限公司，2013.

［15］蒋志培.技术合同司法解释的理解与适用——解读《最高人民法院关于审理技术合同纠纷案件适用法律若干问题的解释》［M］.北京：科技文献出版社，2007.

［16］康添雄.专利法的公共政策研究［M］.武汉：华中科技大学出版社，2019.

［17］孔军民.中国知识产权交易机制研究［M］.北京：科学出版社，2017.

［18］寇宗来.专利制度的功能和绩效［M］.上海：上海人民出版社，2005.

［19］李闯豪.专利默示许可制度研究［M］.北京：知识产权出版社，2020.

［20］李明德.美国知识产权法［M］.2版.北京：法律出版社，2014.

［21］李攀艺，朱火弟.专利许可交易中的激励性合约研究［M］.重庆：西南交通大学出版社，2011.

［22］李晓秋.专利许可的基本原理与实务操作［M］.北京：国防工业出版社，2018.

［23］林秀芹.TRIPs体制下的专利强制许可制度研究［M］.北京：法律出版社，2006.

［24］刘强.交易成本视野下的专利强制许可［M］.北京：知识产权出版社，2010.

［25］刘学.技术合约与交易费用研究［M］.北京：华夏出版社，2001.

［26］罗娇.创新激励论——对专利法激励理论的一种认知模式［M］.北京：中国政法大学出版社，2017.

［27］马碧玉.专利权交易法律制度研究［M］.北京：中国社会科学出版社，2016.

［28］马海生.专利许可的原则：公平、合理、无歧视许可研究［M］.北京：法律出版社，2010.

［29］马一德.专利法原理［M］.北京：高等教育出版社，2021.

［30］马一德.FRAND案例精选：第二卷［M］.北京：知识产权出版社，2021.

［31］马忠法.应对气候变化的国际技术转让法律制度研究［M］.北京：法律出版社，2014.

［32］宁立志.专利的竞争法规制研究［M］.北京：中国人民大学出版社，2021.

［33］彭玉勇.专利法原论［M］.北京：法律出版社，2019.

［34］邱永清.专利许可合同法律问题研究［M］.北京：法律出版社，2010.

［35］饶戈平.国际组织与国际法实施机制的发展［M］.北京：北京大学出版社，2013.

［36］饶明辉.当代西方知识产权理论的哲学反思［M］.北京：科学出版社，2008.

［37］史尚宽.债法各论［M］.北京：中国政法大学出版社，2000.

［38］宋河发.面向创新驱动发展与知识产权强国建设的知识产权政策研究［M］.北京：知识产权出版社，2018.

［39］孙山.知识产权请求权原论［M］.北京：法律出版社，2022.

［40］孙晓华.技术创新与产业演化［M］.北京：中国人民大学出版社，2012.

［41］唐素琴，周轶男.美国技术转移立法的考察和启示——以美国《拜杜法》和《史蒂文森法》为视角［M］.北京：知识产权出版社，2018.

［42］王彬辉.加拿大环境法律实施机制研究［M］.北京：中国人民大学出版社，2014.

［43］王利明.合同法：上册［M］.2版.北京：中国人民大学出版社，2021.

［44］王利明.合同法研究：第三卷［M］.2版.北京：中国人民大学出版社，2018.

［45］王利明，杨立新，王轶，等.民法学：上［M］.北京：法律出版社，2020.

［46］王瑞贺.中华人民共和国专利法释义［M］.北京：法律出版社，2021.

［47］王先林.知识产权与反垄断法——知识产权滥用的反垄断问题研究［M］.3版.北京：法律出版社，2020.

［48］王汝银，赖李宁，刘树青.专利开放许可运营实践与探索［M］.北京：知识产权出版社，2021.

［49］王伟程，周志舰，郭淑敏，等.技术合同与技术权益——签订技术合同之规范［M］.北京：知识产权出版社，2012.

［50］王泽鉴.民法学说与判例研究［M］.重排合订本.北京：北京大学出版社，2015.

［51］魏延辉.专利制度对经济增长作用效应与效率的研究［M］.北京：经济科学出版社，2017.

［52］吴汉东.中国知识产权制度评价与立法建议［M］.北京：知识产权出版社，2008.

［53］吴汉东.知识产权国际保护制度研究［M］.北京：知识产权出版社，2007.

［54］吴汉东.知识产权制度基础理论研究［M］.北京：知识产权出版社，2009.

［55］吴欣望，朱全涛.专利经济学：基于创新市场理论的阐释［M］.北京：知识产权出版社，2015.

［56］武学超.美国创新驱动大学技术转移政策研究［M］.北京：教育科学出版社，2017.

［57］夏先良.知识论——知识产权、知识贸易与经济发展［M］.北京：对外经济贸易大学出版社，2000.

［58］肖尤丹.开放式创新与知识产权制度研究［M］.北京：知识产权出版社，2017.

［59］熊焰，刘一君，方曦.专利技术转移理论与实务［M］.北京：知识产权出版社，2018.

［60］徐红菊.专利权战略学［M］.北京：法律出版社，2009.

［61］许倞，贾敬敦，张卫星.2021全国技术市场统计年报［M］.北京：科学技术文献出版社，2021.

［62］许舜喨.智慧财产授权理论与实务［M］.台北：五南图书出版股份有限公司，2012.

［63］杨智杰.美国专利法与重要判决［M］.台北：五南图书出版股份有限公司，2018.

［64］殷德生.技术进步、国际贸易与经济转型［M］.北京：北京大学出版社，2015.

［65］尹锋林.新科技革命、人工智能与知识产权制度的完善［M］.北京：知识产权出版社，2021.

［66］尹新天.中国专利法详解［M］.北京：知识产权出版社，2011.

［67］余飞峰.专利激励论［M］.北京：知识产权出版社，2020.

［68］袁锋.专利制度的历史变迁：一个演化论的视角［M］.北京：中国人民大学出版社，2021.

［69］袁真富 . 知识产权默示许可制度比较与司法实践［M］. 北京：知识产权出版社，2018.

［70］岳贤平 . 技术许可中价格契约理论研究［M］. 上海：上海人民出版社，2007.

［71］张寒 . 中国大学技术转移与知识产权制度关系演进的案例研究［M］. 北京：经济管理出版社，2016.

［72］张骞 . 国际文化产品贸易法律规制研究［M］. 北京：中国人民大学出版社，2013.

［73］张建文 . 俄罗斯知识产权立法法典化研究［M］. 北京：知识产权出版社，2011.

［74］张璟平 . 知识产权制度的经济绩效［M］. 北京：经济科学出版社，2010.

［75］张乃根 . 西方法哲学史纲［M］.4 版 . 北京：中国政法大学出版社，2008.

［76］张淑亚 . 台湾地区知识产权制度之评鉴［M］. 北京：法律出版社，2016.

［77］张伟君 . 规制知识产权滥用法律制度研究［M］. 北京：知识产权出版社，2008.

［78］张玉瑞 . 商业秘密法学［M］. 北京：中国法制出版社，1999.

［79］张新锋 . 专利权的财产权属性——技术私权化路径研究［M］. 武汉：华中科技大学出版社，2011.

［80］周围 . 相关市场界定研究——以技术许可协议为视角［M］. 北京：法律出版社，2017.

［81］邹琳 . 英国专利制度的产生和发展研究［M］. 北京：法律出版社，2018.

［82］肖国芳 . 中国高校技术转移绩效研究［M］. 上海：上海交通大学出版社，2019.

［83］刘磊 . 专利法的法益研究［M］. 沈阳：辽宁人民出版社，2017.

［84］本书编写组 . 中国知识产权运营年度报告（2020）［M］. 北京：知识产权出版社，2021.

二、中文译著

［1］［美］布雷登·埃弗雷特，［美］奈杰尔·特鲁西略 . 技术转移与知识产权问

题［M］.王石宝，王婷婷，李娟，等译.北京：知识产权出版社，2014.

［2］［美］E.博登海默.法理学：法律哲学与法律方法［M］.邓正来，译.北京：中国政法大学出版社，2017.

［3］［美］亚历山大·L.波尔托拉克，［美］保罗·J.勒纳.知识产权精要：法律、经济与战略［M］.2版.王肃，译.北京：知识产权出版社，2020.

［4］［美］理查德·波斯纳.法律的经济分析：第7版［M］.中文第2版.蒋兆康，译.北京：法律出版社，2012.

［5］［美］兰宁·G.布莱尔，［美］斯科特·J.莱布森，［美］马修·D.阿斯贝尔.21世纪企业知识产权运营［M］.韩旭，方勇，曲丹，等译.北京：知识产权出版社，2020.

［6］［美］小杰伊·德雷特勒.知识产权许可［M］.王春燕，译.北京：清华大学出版社，2003.

［7］［美］埃里克·弗鲁博顿，［德］鲁道夫·芮切特.新制度经济学：一个交易费用分析范式［M］.姜建强，罗长远，译.上海：格致出版社，上海三联书店，上海人民出版社，2015.

［8］［美］拉里·M.戈德斯坦.专利组合：质量、创造和成本［M］.代丽华，译.北京：知识产权出版社，2020.

［9］［美］拉希德·卡恩.技术转移改变世界：知识产权的许可与商业化［M］.李跃然，张立，译.北京：经济科学出版社，2014.

［10］［美］罗伯特·考特，托马斯·尤伦.法和经济学：第6版［M］.史晋川，董雪兵，等译.北京：格致出版社，2012.

［11］［美］罗纳德·H.科斯.企业、市场与法律［M］.盛洪，陈郁，译.上海：格致出版社，上海三联书店，上海人民出版社，2014.

［12］［美］威廉·M.兰德斯，［美］理查德·A.波斯纳.知识产权法的经济结构［M］.2版.金海军，译.北京：北京大学出版社，2016.

［13］［美］罗伯特·P.墨杰斯，彼特·S.迈乃尔，马克·A.莱姆利，等.新技术时代的知识产权法［M］.齐筠，张清，彭霞，等译.北京：中国政法大学出版社，2003.

［14］［美］罗伯特·P.莫杰思.知识产权正当性解释［M］.金海军，史兆欢，

寇海侠，译．北京：商务印书馆，2019.

［15］［美］罗塞尔·帕拉，［美］帕特里克·沙利文．技术许可战略——企业经营战略的利剑［M］．陈劲，贺丹，黄芹，译．北京：知识产权出版社，2006.

［16］［美］谢尔登·W.哈尔彭，［美］克雷格·艾伦·纳德，［美］肯尼思·L.波特．美国知识产权法原理：第3版［M］．宋慧献，译．北京：商务印书馆，2013.

［17］［美］亨利·切萨布鲁夫，［比利时］维姆·范哈弗贝克，［美］乔·韦斯特．开放式创新：创新方法论之新语境［M］．扈喜林，译．上海：复旦大学出版社，2016.

［18］［美］约瑟夫·熊彼特．经济发展理论——对于利润、资本、信贷、利息和经济周期的考察［M］．何畏，易家祥，等译．北京：商务印书馆，2017.

［19］［美］奥利弗·E.威廉姆森．资本主义经济制度——论企业签约与市场签约［M］．段毅才，王伟，译．北京：商务印书馆，2020.

［20］［美］罗杰·谢科特，［美］约翰·托马斯．专利法原理：第2版［M］．余仲儒，组织翻译．北京：知识产权出版社，2016.

［21］［德］汉斯·布洛克斯，［德］沃尔夫·迪特里希·瓦尔克．德国民法总论：第41版［M］．张艳，译．北京：中国人民大学出版社，2019.

［22］［德］C.W.卡纳里斯．德国商法［M］．杨继，译．北京：法律出版社，2006.

［23］［德］鲁道夫·克拉瑟．专利法——德国专利和实用新型法欧洲和国际专利法：第6版［M］．单晓光，张韬略，于馨淼，译．北京：知识产权出版社，2016.

［24］［德］迪特尔·梅迪库斯．德国民法总论［M］．邵建东，译．北京：法律出版社，2013.

［25］［德］约·帕根贝格，［德］迪特里希·拜尔．知识产权许可协议：第6版［M］．谢喜堂，译．上海：上海科学技术文献出版社，2009.

［26］［德］弗兰克·泰特兹．技术市场交易：拍卖、中介与创新［M］．钱京，冯晓玲，译．北京：知识产权出版社，2016.

［27］［英］休·邓禄普.欧洲统一专利和统一专利法院［M］.张南，张文婧，张婷婷，译.北京：知识产权出版社，2017.

［28］［英］克利斯·弗里曼，［英］罗克·苏特.工业创新经济学：第3版［M］.华宏勋，华宏慈，等译.北京：北京大学出版社，2004.

［29］［英］克里斯汀·格林哈尔希，［英］马克·罗格.创新、知识产权与经济增长［M］.刘劭君，李维光，译.北京：知识产权出版社，2017.

［30］［英］迈克尔·乔伊斯.走进知识产权：知识产权法律、管理及战略的最佳实践［M］.曾燕妮，池冰，许晓昕，等译.北京：知识产权出版社，2020.

［31］［英］埃里克·亚当斯，［英］罗威尔·克雷格，［英］玛莎·莱斯曼·卡兹.知识产权许可策略：美国顶尖律师谈知识产权动态分析及如何草拟有效协议［M］.王永生，殷亚敏，译.北京：知识产权出版社，2014.

［32］［英］史蒂芬·亚当斯.专利信息资源：第3版［M］.董小灵，张雪灵，吴锐，译.北京：知识产权出版社，2017.

［33］［日］柳泽智也，［法］多米尼克·圭尔克.形成中的专利市场［M］.王燕玲，杨冠灿，译.武汉：武汉大学出版社，2014.

［34］［日］田村善之.日本知识产权法：第4版［M］.周超，李雨峰，李希同，译.北京：知识产权出版社，2011.

［35］［日］田村善之.田村善之论知识产权［M］.李扬，等译.北京：中国人民大学出版社，2013.

［36］［日］丸岛仪一.佳能知识产权之父谈中小企业生存之道：将知识产权作为武器！［M］.文雪，译.北京：知识产权出版社，2013.

［37］［日］增井和夫，［日］田村善之.日本专利案例指南：第4版［M］.李扬，等译.北京：知识产权出版社，2016.

［38］［澳］彼得·达沃豪斯，［澳］约翰·布雷斯韦特.信息封建主义［M］.刘雪涛，译.北京：知识产权出版社，2005.

［39］［澳］彼得·德霍斯.知识财产法哲学［M］.周林，译.北京：商务印书馆，2017.

［40］［法］多米尼克·格莱克，［德］鲁诺·范·波特斯伯格.欧洲专利制度经济学——创新与竞争的知识产权政策［M］.张南，译.北京：知识产权出

版社，2016.

［41］［印］罗德尼·D.莱德，［印］阿什文·马德范.知识产权与商业：无形资产的力量［M］.王肃，译.北京：知识产权出版社，2020.

［42］［奥］伊利奇·考夫.专利制度经济学［M］.柯瑞豪，译.北京：北京大学出版社，2005.

［43］联合国贸易与发展会议，国际贸易和可持续发展中心.TRIPS协定与发展：资料读本［M］.中华人民共和国商务部条约法律司，译.北京：中国商务出版社，2013.

［44］国家知识产权局条法司.外国专利法选译［M］.北京：知识产权出版社，2015.

［45］世界知识产权组织.世界知识产权组织知识产权指南：政策、法律及应用［M］.北京大学国际知识产权研究中心，翻译.北京：知识产权出版社，2012.

［46］万勇，刘永沛.伯克利科技与法律评论：美国知识产权经典案例年度评论（2012）［M］.北京：知识产权出版社，2013.

［47］《十二国专利法》翻译组.十二国专利法［M］.北京：清华大学出版社，2013.

［48］俄罗斯联邦民法典［M］.黄道秀，译.北京：北京大学出版社，2007.

［49］俄罗斯知识产权法——《俄罗斯联邦民法典》第四部分［M］.孟祥娟，译.北京：法律出版社，2020.

［50］俄罗斯知识产权法——《俄罗斯联邦民法典》第四部分［M］.张建文，译.北京：知识产权出版社，2012.

［51］［奥地利］博登浩森.保护工业产权巴黎公约指南［M］.汤宗舜，段瑞林，译.北京：中国人民大学出版社，2003.

三、中文论文

［1］安佰生."标准化中的知识产权问题"相关背景政策［M］//国家知识产权局条法司.专利法研究（2013）.北京：知识产权出版社，2015：203-215.

［2］包海波.专利许可交易的微观机制分析［J］.科学学与科学技术管理，2004

（10）：76-80.

［3］伯雨鸿.我国《专利法》第四次修正之评析［J］.电子知识产权，2021（3）：39-48.

［4］卜红星.“互联网+”时代专利开放许可的构建研究［J］.科技与法律，2020（3）：8-13，42.

［5］蔡元臻，薛原.新《专利法》实施下我国专利开放许可制度的确立与完善［J］.经贸法律评论，2020（6）：83-94.

［6］曹源.论专利当然许可［M］∥易继明.私法：第14辑第1卷.武汉：华中科技大学出版社，2017：128-259.

［7］陈琼娣.开放创新背景下清洁技术领域专利开放许可问题研究［J］.科技与法律，2016（5）：944-957.

［8］陈琼娣，黄志勇.共享经济视角下专利技术共享综述：主要模式及发展方向［J］.中国发明与专利，2022，19（2）：53-59.

［9］陈贤凯，宋炳辉.品牌海外发展的基础、挑战与应对——以广东省为样本的研究报告［J］.法治社会，2016（6）：30-40.

［10］陈学宇，郑志柱.我国标准必要专利问题的司法政策研究——技术进步视野下的检视［J］.法治论坛，2020（1）：120-136.

［11］陈扬跃，马正平.专利法第四次修改的主要内容与价值取向［J］.知识产权，2020（12）：6-19.

［12］陈峥嵘.绿色专利优先发展政策体系研究［J］.科技与法律，2016（4）：680-697.

［13］程书锋，佘朝阳.论证明妨碍规则在知识产权诉讼中的适用与完善［J］.电子知识产权，2018（7）：93-99.

［14］崔国斌.知识产权法官造法批判［J］.中国法学，2006（1）：144-164.

［15］崔建远.强制缔约及其中国化［J］.社会科学战线，2006（5）：214-221.

［16］崔建远.合同成立探微［J］.交大法学，2022（1）：7-19.

［17］邓恒，王含.高质量专利的应然内涵与培育路径选择——基于《知识产权强国战略纲要》制定的视角［J］.科技进步与对策，2021，38（17）：34-42.

［18］董美根.我国专利许可合同登记必要性研究［J］.电子知识产权，2012（2）：85-89.

［19］董美根.专利许可合同若干问题研究［J］.电子知识产权，2009（10）：43-48.

［20］董美根.论专利被许可使用权之债权属性［J］.电子知识产权，2008（8）：14-19.

［21］丁文，邓宏光.论专利开放许可制度中的使用费问题——兼评《专利法修正案（草案）》第16条［M］//宁立志.知识产权与市场竞争研究：第7卷.武汉：华中科技大学出版社，2021：67-83.

［22］丁亚琦.论我国标准必要专利禁令救济反垄断的法律规制［J］.政治与法律，2017（2）：114-124.

［23］范晓宇.专利侵权损害赔偿的要件及其举证责任——以《侵权责任法》为切入点［J］.法学杂志，2012，33（1）：147-151.

［24］范雪飞.论质权的留置效力——兼论质权的效力体系［J］.中南大学学报（社会科学版），2013，19（2）：112-118.

［25］冯寿波.TRIPS协议公共利益原则条款的含义及效力——以TRIPS协议第7条能否约束其后的权利人条款为中心［J］.政治与法律，2012（2）：106-120.

［26］冯添.专利法修正案草案二审：推动将创新成果转化为生产力［J］.中国人大，2020（13）：39-40.

［27］冯晓青.知识产权法的公共领域理论［J］.知识产权，2007（3）：3-11.

［28］冯晓青，陈啸，罗娇."高通模式"反垄断调查的知识产权分析——以利益平衡理论为视角［J］.电子知识产权，2014（3）：28-32.

［29］傅启国，万婧，程秀才.知识产权保护中心快速维权机制的检视与重塑研究［J］.中国发明与专利，2021，18（12）：65-70，79.

［30］高艳琼，肖博达，蔡祖国，等.高校职务科技成果混合所有制的现实困境与完善路径［J］.科技进步与对策，2021，38（8）：118-125.

［31］关通.人工智能医疗专利开放许可机制构建研究［J］.南京工程学院学报（社会科学版），2021，21（1）：46-50.

［32］管荣齐.新形态创新成果知识产权保护探析［J］.科技与法律，2017（6）：1-11.

［33］管育鹰.标准必要专利权人的 FRAND 声明之法律性质探析［J］.环球法律评论，2019，41（3）：5-18.

［34］广东省高级人民法院民三庭.审理技术合同纠纷案件中难点热点问题综述［J］.人民司法，2013（5）：49-54.

［35］郭禾.专利权无效宣告制度的改造与知识产权法院建设的协调——从专利法第四次修订谈起［J］.知识产权，2016（3）：14-19.

［36］郭伟亭，吴广海.专利当然许可制度研究——兼评我国《专利法修正案（草案）》［J］.南京理工大学学报（社会科学版），2019，32（4）：16-21.

［37］郭英远，张胜.科技人员参与科技成果转化收益分配的激励机制研究［J］.科学学与科学技术管理，2015，36（7）：146-154.

［38］何华.知识产权全球治理体系的功能危机与变革创新——基于知识产权国际规则体系的考察［J］.政法论坛，2020，38（3）：66-79.

［39］何怀文，陈如文.技术标准制定参与人违反 FRAND 许可承诺的法律后果［J］.知识产权，2014（10）：45-49，71.

［40］何江，金俭.美国标准必要专利的反垄断审查与中国镜鉴——以"FTC 诉高通案"为例［J］.管理学刊，2021，34（2）：94-109.

［41］何炼红.论中国知识产权纠纷行政调解［J］.法律科学（西北政法大学学报），2014，32（1）：155-165.

［42］何培育，蒋启蒙.论专利侵权损害赔偿数额认定的证明责任分配［J］.知识产权，2018（7）：48-59.

［43］何培育，李源信.基于博弈分析的开放许可制度优化研究［J］.科技管理研究，2021，41（12）：165-171.

［44］何治中.反垄断法实施的反垄断——论中国反垄断法的私人执行［J］.南京师大学报（社会科学版），2010（5）：24-30.

［45］胡波.专利共享行为研究［J］.知识产权，2019（12）：71-76.

［46］胡波.知识产权法的形式理性［J］.社会科学研究，2018（1）：106-118.

［47］胡东海.合同成立之证明责任分配［J］.法学，2021（1）：155-166.

［48］胡洪.司法视野下的 FRAND 原则——兼评华为诉 IDC 案［J］.科技与法律，2014（5）：884–901.

［49］胡学军.具体举证责任视角下举证妨碍理论与制度的重构［J］.证据科学，2013，21（6）：659–675.

［50］黄德海，窦夏睿，李志东.创新与中国专利文化［J］.电子知识产权，2013（9）：42–47.

［51］黄燕，吴婧婧，商晓燕.创新激励政策、风险投资与企业创新投入［J］.科技管理研究，2013，33（16）：9–14.

［52］黄玉烨，李建忠.专利当然许可声明的性质探析——兼评《专利法修订草案（送审稿）》［J］.政法论丛，2017（2）：145–152.

［53］吉日木图.论专利权转让不破许可规则［J］.湖北经济学院学报（人文社会科学版），2020，17（1）：94–98.

［54］姜芳蕊，陈晓珍，曹道成.专利纠纷行政调解协议司法确认程序之构建［J］.知识产权，2014（9）：26–31.

［55］蒋逊明.中国专利权质押制度存在的问题及其完善［J］.研究与发展管理，2007（3）：78–84，107.

［56］孔文豪.魏弘博.聚焦全球发展热点 强化知识产权保护［J］.国际学术动态，2020（1）：13–18.

［57］来小鹏，叶凡.构建我国专利当然许可制度的法律思考［M］//国家知识产权局条法司.专利法研究（2015）.北京：知识产权出版社，2018：181–193.

［58］李慧阳.当然许可制度在实践中的局限性——对我国引入当然许可制度的批判［J］.电子知识产权，2018（12）：68–75.

［59］李建伟，李亚超.商事加重责任理念及其制度建构［J］.社会科学，2021（2）：86–94.

［60］李建忠.专利当然许可制度的合理性探析（上）［J］.电子知识产权，2017（3）：14–23.

［61］李建忠.专利当然许可制度的合理性探析（下）［J］.电子知识产权，2017（4）：24–31.

［62］李剑.标准必要专利许可费确认与事后之明偏见——反思华为诉IDC案［J］.中外法学，2017，29（1）：230-249.

［63］李菊丹，宋敏.美国基因专利权利用尽原则的适用与启示［J］.知识产权，2015（2）：93-100.

［64］李娟，李保安，方晗，等.基于AHP-熵权法的发明专利价值评估——以丰田开放专利为例［J］.情报杂志，2020，39（5）：59-63.

［65］李俊峰.法律实施中的私人监督——"罚款分享"制度的经验与启示［J］.社会科学，2008（6）：103-110，191.

［66］李岚，樊爱民.专利产品平行进口的合法性研究［J］.社会科学家，2004（3）：47-50.

［67］李雷，梁平.偏离与回位：专利纠纷行政调解制度重构［J］.知识产权，2014（8）：24-31.

［68］李庆保.市场化模式专利当然许可制度的构建［J］.知识产权，2016（6）：96-101.

［69］李庆满，戴万亮，王乐.产业集群环境下网络权力对技术标准扩散的影响——知识转移与技术创新的链式中介作用［J］.科技进步与对策，2019，36（8）：28-34.

［70］李万君，朱信凯，李艳军.种子法中科技创新规定的演进：动因、特点及启示［J］.中国科技论坛，2019（12）：23-30.

［71］李文江.我国专利默示许可制度探析——兼论《专利法》修订草案（送审稿）第85条［J］.知识产权，2015（12）：78-82.

［72］李显锋，彭夫.论专利普通许可权的法律性质［J］.广西大学学报（哲学社会科学版），2016，38（3）：62-67.

［73］李小健.新修改专利法：激发全社会创新活力［J］.中国人大，2020（20）：22-23.

［74］李晓庆.知识产权惩罚性赔偿的法理剖析与适用进路［J］.学术交流，2021（12）：40-51.

［75］李旭颖，董美根.专利当然许可制度构建中的相关问题研究——以《专利法修订草案（送审稿）》第82、83、84条为基础［J］.中国发明与专利，

2017，14（4）：86-91.

［76］李扬.FRAND 承诺的法律性质及其法律效果［J］.知识产权，2018（11）：3-9.

［77］廖尤仲.评台湾地区"经济部"智慧财产局飞利浦 CD-R 光盘及罗氏药厂克流感专利强制授权案［M］//王立民，黄武双.知识产权法研究：第 7 卷.北京：北京大学出版社，2009：37-63.

［78］林平.标准必要专利 FRAND 许可的经济分析与反垄断启示［J］.财经问题研究，2015（6）：3-12.

［79］林秀芹.中国专利强制许可制度的完善［J］.法学研究，2006（6）：30-38.

［80］凌宗亮.职务发明报酬实现的程序困境及司法应对［M］//国家知识产权局条法司.专利法研究（2013）.北京：知识产权出版社，2015：186-195.

［81］刘承韪.契约法理论的历史嬗迭与现代发展——以英美契约法为核心的考察［J］.中外法学，2011，23（4）：774-794.

［82］刘风景.《民法通则》名称的历史考察与现实价值［J］.社会科学研究，2016（5）：1-8.

［83］刘恒，张炳生.论我国构建专利当然许可制度的必要性——基于我国专利制度运行现状分析［J］.科技与法律，2019（1）：18-25.

［84］刘嘉明.标准必要专利定价困境与出路——"法院—市场主体"二元复合解决模型的构建［J］.法学杂志，2021，42（1）：121-131.

［85］刘建翠.专利当然许可制度的应用及企业相关策略［J］.电子知识产权，2020（11）：94-105.

［86］刘娟，路宏波.我国引入专利开放许可制度的合理性研究——以完善科技成果转化信息汇交机制为核心［J］.中国发明与专利，2018，15（10）：23-27.

［87］刘孔中.论标准必要专利公平合理无歧视许可的亚洲标准［J］.知识产权，2019（11）：3-16.

［88］刘琳，詹映.论专利法第四次修订背景下的专利开放许可制度［J］.创新科技，2020，20（8）：39-44.

［89］刘明江.当然许可期间专利侵权救济探讨——兼评《专利法（修订草案送

审稿）》第 83 条第 3 款 [J].知识产权，2016（6）：76-85.

[90]刘谦.我国专利权评价报告制度研究及其完善建议 [J].中国发明与专利，2015（2）：37-43.

[91]刘强.我国专利开放许可声明问题研究 [J].法治社会，2021（6）：34-49.

[92]刘强.专利开放许可费认定问题研究 [J].知识产权，2021（7）：3-23.

[93]刘强.《民法典》技术合同章商事化变革研究——兼评知识产权法的相关影响 [J].湖南大学学报（社会科学版），2021，35（4）：135-141.

[94]刘廷华，张雪.当然许可专利禁令救济正当性的法经济学分析 [M]//李振宇.边缘法学论坛：2017 年第 2 期.南昌：江西人民出版社，2017：24-28.

[95]刘鑫.专利当然许可的制度定位与规则重构——兼评《专利法修订草案（送审稿）》的相关条款 [J].科技进步与对策，2018，35（15）：113-118.

[96]刘鑫.试验数据专利保护的反垄断问题——以《关于滥用知识产权的反垄断指南》为范本的诠释 [J].上海政法学院学报（法治论丛），2016，31（3）：89-95.

[97]刘鑫.专利许可市场失灵之破解 [J].黑龙江社会科学，2021（2）：74-80.

[98]刘洋.专利制度的产权经济学解释及其政策取向 [J].知识产权，2009，19（3）：29-34.

[99]刘运华.产业化、商品化及标准化阶段专利权经济价值分析研究 [J].南京理工大学学报（社会科学版），2018，31（5）：7-11.

[100]刘运华，曾闻.国外标准必要专利许可费计算方法对中国专利开放许可制度设计的启示 [J].中国科技论坛，2019（12）：108-115.

[101]刘友华，朱蕾.专利纠纷行政调解协议司法确认制度的困境与出路 [J].湘潭大学学报（哲学社会科学版），2020，44（6）：85-91.

[102]林秀芹，刘铁光.论专利许可使用权的性质——兼评《专利法实施条例修订草案》第 15 条与第 99 条 [J].电子知识产权，2010（1）：55-59.

[103]罗娇.论标准必要专利诉讼的"公平、合理、无歧视"许可——内涵、费率与适用 [J].法学家，2015（3）：86-94，178.

[104]罗莉.专利行政部门在开放许可制度中应有的职能 [J].法学评论，

2019，37（2）：61-71.

［105］罗莉.我国《专利法》修改草案中开放许可制度设计之完善［J］.政治与法律，2019（5）：29-37.

［106］罗蓉蓉.美国专利主张实体合法性检视及中国的应对策略［J］.科技进步与对策，2020，37（4）：137-146.

［107］毛昊.中国专利质量提升之路：时代挑战与制度思考［J］.知识产权，2018（3）：61-71.

［108］马碧玉.专利实施许可制度比较考察［J］.云南大学学报（法学版），2015，28（4）：13-18.

［109］马一德.多边贸易、市场规则与技术标准定价［J］.中国社会科学，2019（6）：106-123，206.

［110］马一德.技术标准之许可定价规则的"非国家化"——以可比许可法为中心［J］.法学研究，2022，44（3）：103-124.

［111］马忠法，谢迪扬.专利融资租赁证券化的法律风险控制［J］.中南大学学报（社会科学版），2020，26（4）：58-70.

［112］穆向明.专利当然许可的理论分析与制度构建——兼评《专利法修订草案（送审稿）》的相关条款［J］.电子知识产权，2016（9）：29-35.

［113］倪晓洁.专利开放许可的制度价值及其运行前瞻［J］.中国发明与专利，2019，16（12）：35-40，56.

［114］宁立志，王少南.技术标准中的专利权及其反垄断法规制［M］∥陈小君.私法研究：第22卷.北京：法律出版社，2017：189-222.

［115］宁立志，杨妮娜.专利拒绝许可的反垄断法规制［J］.郑州大学学报（哲学社会科学版），2019，52（3）：15-21.

［116］宁立志，于连超.专利许可中价格限制的反垄断法分析［J］.法律科学（西北政法大学学报），2014，32（5）：110-119.

［117］欧阳石文，孙方涛.完善我国专利制度对不诚信行为的规制［J］.知识产权，2012（11）：77-81.

［118］裴志红，武树辰.完善我国专利许可备案程序的法律思考［J］.中国发明与专利，2012（5）：75-80.

［119］彭玉勇．技术垄断的法律规制——兼论我国《合同法》第329条［J］.电子知识产权，2006（5）：16-19，55.

［120］乔永忠．专利收费制度影响专利行为程度研究［J］.科研管理，2019，40（12）：155-162.

［121］乔岳，郭晶晶．标准必要专利FRAND许可费计算——经济学原理和司法实践［J］.财经问题研究，2021（4）：47-55.

［122］覃腾英．论FRAND谈判前置制度［J］.竞争政策研究，2019（2）：25-37.

［123］覃远春．民法自然债五题略议［J］.河北法学，2010，28（1）：80-86.

［124］渠滢．论专利无效诉讼中的"循环诉讼"问题［J］.行政法学研究，2009（1）：90-95.

［125］桑本谦．法律经济学视野中的赠与承诺——重解《合同法》第186条［J］.法律科学（西北政法大学学报），2014，32（4）：51-58.

［126］上海市第一中级人民法院课题组．知识产权被许可人的诉权研究［J］.东方法学，2011（6）：34-43.

［127］石必胜．专利权用尽视角下专利产品修理与再造的区分［J］.知识产权，2013（6）：14-20.

［128］施天涛．商事法律行为初论［J］.法律科学（西北政法大学学报），2021，39（1）：96-111.

［129］苏平，张阳珂．标准必要专利许可费公开问题研究与对策［J］.电子知识产权，2018（7）：48-55.

［130］孙阳．论专利法律制度中诚实信用原则的规范价值——以《专利法》第二十条为切入点［J］.中国政法大学学报，2021（5）：155-166.

［131］隋彭生．论要约邀请的效力及容纳规则［J］.政法论坛，2004（1）：87-94.

［132］沈健，王国强，钟卫．科技成果转化的指标测度和跨国比较研究［J］.自然辩证法研究，2021，37（7）：58-64.

［133］申素平，周航．公立高校举办者权利义务研究［J］.中国高教研究，2020（6）：38-44.

［134］史彤彪.关于法律和制度名称的片想［J］.比较法研究，2003（3）：109-114.

［135］唐蕾.我国建立专利当然许可制度的相关问题分析——以《专利法》第四次修改草案为基础［J］.电子知识产权，2015（11）：26-33.

［136］唐威.军民融合视域下国防知识产权纠纷处理机制研究［J］.武警学院学报，2020，36（5）：60-64.

［137］汤贞友.论专利当然许可被许可人的独立诉权——基于诉权约定的取得［J］.宜宾学院学报，2019，19（3）：47-54.

［138］田丽丽.论标准必要专利许可中FRAND原则的适用［J］.研究生法学，2015（2）：53-68.

［139］万小丽，冯柄豪，张亚宏，等.英国专利开放许可制度实施效果的验证与启示——基于专利数量和质量的分析［J］.图书情报工作，2020，64（23）：86-95.

［140］万志前，张媛.我国共有专利行使规则的不足与再设计［J］.贵州师范大学学报（社会科学版），2021（5）：130-136.

［141］王冀，蒋丽.对我国专利年费有关行为性质之审视［J］.湖南第一师范学报，2006（3）：145-147.

［142］王超，罗凯中.专利默示许可研究——以机会主义行为规制为视角［J］.邵阳学院学报（社会科学版），2015，14（3）：31-40.

［143］王聪.作为诉源治理机制的行政调解：价值重塑与路径优化［J］.行政法学研究，2021（5）：55-66.

［144］王道平，韦小彦，张志东.基于高技术企业创新生态系统的技术标准价值评估研究［J］.中国软科学，2013（11）：40-48.

［145］王瀚.美国标准必要专利中反向劫持问题研究［J］.学术界，2018（03）：189-199，279-280.

［146］王红霞.论法律实施的一般特性与基本原则——基于法理思维和实践理性的分析［J］.法制与社会发展，2018，24（4）：167-189.

［147］王洪新.专利行政部门在当然许可中的定位［J］.黑龙江省政法管理干部学院学报，2017（5）：16-19.

［148］王金堂，赵许正．中国药品专利强制许可的制度缺陷及改革思路［J］．青岛科技大学学报（社会科学版），2021，37（4）：63-69．

［149］王雷．民法典适用衔接问题研究动态法源观的提出［J］．中外法学，2021（1）：87-101．

［150］王丽慧．公私权博弈还是融合：标准必要专利与反垄断法的互动［J］．电子知识产权，2014（9）：30-36．

［151］王莲峰，张江．知识产权纠纷调解问题研究［J］．东方法学，2011（1）：78-84．

［152］王茂生．论经济法的法律责任及实施机制［J］．山西省政法管理干部学院学报，2003（4）：30-32，38．

［153］王淇．专利法第四次修改概述［J］．中国市场监管研究，2021（1）：34-37．

［154］王睿．论专利强制许可在反垄断领域的适用［J］．学术交流，2012（6）：56-59．

［155］王双龙，刘运华，路宏波．我国建立专利当然许可制度的研究［M］∥国家知识产权局条法司．专利法研究（2015）．北京：知识产权出版社，2018：194-209．

［156］王太平，杨峰．知识产权法中的公共领域［J］．法学研究，2008（1）：17-29．

［157］王霞，易建勋．专利行政调解协议的效力及其固化［J］．知识产权，2017（2）：81-87．

［158］王晓芬．技术标准实施中专利侵权问题研究——兼论最高人民法院就张晶廷案所做出的再审民事判决书［J］．电子知识产权，2016（6）：84-92．

［159］王晓燕．云计算的专利适格性分析［J］．暨南学报（哲学社会科学版），2013，35（4）：2-8，161．

［160］王影航．高校职务科技成果混合所有制的困境与出路［J］．法学评论，2020，38（2）：68-78．

［161］王永红．定量专利分析的样本选取与数据清洗［J］．情报理论与实践，2007（1）：93-96．

［162］王永民.专利开放许可制度的运行规制研究［J］.中阿科技论坛（中英文），2022（1）：115-118.

［163］魏德.反垄断法规制滥用标准必要专利权之反思［J］.北方法学，2020，14（3）：149-160.

［164］魏凤，张红松，陈代谢，等.重视知识产权保护 加快标准化战略布局［J］.中国科学院院刊，2021，36（6）：716-723.

［165］文希凯.当然许可制度与促进专利技术运用［M］//国家知识产权局条法司.专利法研究（2011）.北京：知识产权出版社，2013：227-238.

［166］温芽清，南振兴.国际贸易中知识产权壁垒的识别［J］.国际经贸探索，2010，26（4）：65-71.

［167］文家春，朱雪忠.我国地方政府资助专利费用政策若干问题研究［J］.知识产权，2007（6）：23-27.

［168］吴峰，邓伟.从法律进化角度研究英国专利当然许可制度［J］.河南科技，2020（9）：46-51.

［169］吴汉东.《民法典》知识产权制度的学理阐释与规范适用［J］.法律科学（西北政法大学学报），2022，40（1）：18-32.

［170］吴欣望.专利行为的经济学分析与制度创新［J］.经济评论，2003（4）：22-26，42.

［171］肖北庚.WTO《政府采购协定》之实施机制［J］.现代法学，2002（6）：74-79.

［172］肖冰.日本与德国职务发明报酬制度的立法比较及其借鉴［J］.电子知识产权，2012（4）：48-52.

［173］肖延高，邹亚，唐苗.标准必要专利许可费困境及其形成机制研究［J］.中国科学院院刊，2018，33（3）：256-264.

［174］肖尤丹.著作权文化转型与微观历史研究方法［J］.政法学刊，2009，26（2）：42-50.

［175］肖尤丹.全面迈向创新法时代——2021年《中华人民共和国科学技术进步法》修订评述［J］.中国科学院院刊，2022，37（1）：101-111.

［176］肖尤丹.职务发明权属国家所有研究——兼论中国专利法中的国家所有权

［J］.中国科技论坛，2018（11）：77-85.

［177］谢富纪.科技成果转化需要制度体系支撑［J］.人民论坛，2021（14）：20-23.

［178］谢嘉图.缺陷与重构：当然许可制度的经济分析——以《专利法修稿草案（送审稿）》为中心［J］.西安电子科技大学学报（社会科学版），2016，26（4）：97-103.

［179］谢嘉图.论延长专利保护期的正当溯及既往——一种"开放许可"的解决进路［M］//李雨峰.西南知识产权评论：第8辑.北京：社会科学文献出版社，2020：192-205.

［180］谢伟.中药国际化竞争中专利价值实现的困境与进路——以新冠肺炎疫情、中美贸易摩擦、高价值内需为新契机［J］.科技进步与对策，2022，39（3）：69-76.

［181］邢会强.信息不对称的法律规制——民商法与经济法的视角［J］.法制与社会发展，2013，19（2）：112-119.

［182］邢卓尔.尚未成为标准必要专利的待开放专利反垄断规制研究［J］.职业技术，2021，20（6）：102-108.

［183］熊琦，张文窈.疫情应对中的知识产权保护取舍［J］.法治研究，2022（1）：63-73.

［184］徐东.专利"当然许可"制度的初步探讨［M］//国家知识产权局条法司.专利法研究（2018）.北京：知识产权出版社，2020：190-203.

［185］徐家力.标准必要专利许可费之争——以"高通诉魅族"案为切入点［J］.江苏社会科学，2018（1）：166-172.

［186］徐杰，赵冲.高校知识产权与技术转移问题研究［J］.中国高校科技，2018（5）：38-39.

［187］徐小奔.论专利侵权合理许可费赔偿条款的适用［J］.法商研究，2016，33（5）：184-192.

［188］徐卓斌.技术合同制度的演进路径与司法理念［J］.法律适用，2020（9）：80-87.

［189］许波.我国构建当然许可制度相关问题研究及建议［J］.电子知识产权，

2017（3）：4–13.

［190］许啸宇.标准必要专利的 FRAND 许可规则研究［J］.哈尔滨师范大学社会科学学报，2016，7（4）：99–101.

［191］杨德桥.专利说明书著作权问题研究［J］.中国发明与专利，2018，15（5）：90–98.

［192］杨德桥.合同视角下的专利默示许可研究——以美中两国的司法实践为考察对象［J］.北方法学，2017，11（1）：56–70.

［193］杨德桥.专利契约论及其在专利制度中的实施机制［J］.理论月刊，2016（6）：86–92.

［194］杨德桥.专利默示许可理论基础的评析与重构［J］.河南财经政法大学学报，2020，35（4）：119–135.

［195］杨东勤.确定 FRAND 承诺下标准必要专利许可费费率的原则和方法——基于美国法院的几个经典案例［J］.知识产权，2016（2）：103–109.

［196］阳东辉.论科技创新市场的反垄断法规制［J］.中南大学学报（社会科学版），2015，21（4）：91–97.

［197］杨玲.专利实施许可备案效力研究［J］.知识产权，2016（11）：77–83.

［198］杨秀清.我国知识产权诉讼中技术调查官制度的完善［J］.法商研究，2020，37（6）：166–180.

［199］姚明斌.民法典体系视角下的意思自治与法律行为［J］.东方法学，2021（3）：140–155.

［200］叶若思，祝建军，陈文全，等.关于标准必要专利中反垄断及 FRAND 原则司法适用的调研［M］//黄武双.知识产权法研究：第 11 卷.北京：知识产权出版社，2013：1–31.

［201］易继明.专利法的转型：从二元结构到三元结构——评《专利法修订草案（送审稿）》第 8 章及修改条文建议［J］.法学杂志，2017，38（7）：41–51.

［202］易继明.评中国专利法第四次修订草案［M］//易继明.私法：第 15 辑第 2 卷.武汉：华中科技大学出版社，2018：2–81.

［203］易继明，胡小伟.标准必要专利实施中的竞争政策——"专利劫持"与

"反向劫持"的司法衡量［J］.陕西师范大学学报（哲学社会科学版），2021，50（2）：82-95.

［204］易继明，严晓悦.美国《2021年综合拨款法案》知识产权条款评析［J］.贵州师范大学学报（社会科学版），2022（1）：137-149.

［205］尹锋林，罗先觉.英国许可承诺制度及对我国的借鉴意义［J］.电子知识产权，2010（10）：52-55.

［206］尹然.浅析费用减缴办法的修改及影响［J］.中国发明与专利，2019，16（1）：69-73.

［207］应振芳.意匠多重保护评析［J］.西南政法大学学报，2006（6）：77-84.

［208］于海东.专利许可合同主要条款的起草与审核［J］.中国发明与专利，2016（11）：76-81.

［209］原蓉蓉.论英美合同法中默示条款的补充及其借鉴［J］.学术论坛，2013，36（2）：98-102，111.

［210］原晓爽.专利侵权行为的经济分析［J］.太原理工大学学报（社会科学版），2004（4）：57-61.

［211］袁慧，马建霞，王媛哲.专利运营模式发展研究及其在国内外运用的对比分析［J］.科技管理研究，2017，37（24）：159-164.

［212］袁姣姣.开放许可中专利行政部门的智能化服务制度研究［J］.广东开放大学学报，2021，30（2）：100-106.

［213］袁姣姣.开放许可专利产业化功能的局限性［J］.天水行政学院学报，2019，20（6）：74-79.

［214］袁秀挺.专利侵权诉讼举证制度之审视与重构［J］.中国发明与专利，2018，15（10）：53-61.

［215］袁晓东，蔡宇晨.标准必要专利转让后FRAND承诺的法律效力——英国"无线星球诉三星案"的启示［J］.知识产权，2017（11）：46-50.

［216］袁晓东，李晓桃.专利池的治理结构分析［J］.科学学与科学技术管理，2009，30（8）：13-18.

［217］袁真富.基于侵权抗辩之专利默示许可探究［J］.法学，2010（12）：108-119.

［218］曾铁山，朱雪忠，袁晓东，等．基于市场化导向的我国专利政策功能定位研究［J］．情报杂志，2013，32（7）：131–136，130．

［219］曾学东．专利当然许可制度的建构逻辑与实施愿景［J］．知识产权，2016（11）：84–88．

［220］翟云岭，郭佳玮．租赁权占有对抗效力的二元考察［J］．北方法学，2022，16（3）：26–37．

［221］张炳生，乔宜梦．专利行政调解：比较优势与实现路径［J］．宁波大学学报（人文科学版），2014，27（3）：107–113．

［222］张德峰．从民商法到经济法：市场经济伦理与法律的同步演进［J］．法学评论，2009，27（3）：29–35．

［223］张耕，陈瑜．美国专利默示许可与间接侵权：冲突中的平衡［J］．政法论丛，2016（5）：69–76．

［224］张广良．知识产权价值分析：以社会公众为视角的私权审视［J］．北京大学学报（哲学社会科学版），2018，55（6）：142–149．

［225］张广良．标准必要专利FRAND规则在我国的适用研究［J］．中国人民大学学报，2019，33（1）：114–121．

［226］张吉豫．标准必要专利"合理无歧视"许可费计算的原则与方法——美国"Microsoft Corp. v. Motorola Inc."案的启示［J］．知识产权，2013（8）：25–33．

［227］张力．实践性合同的诺成化变迁及其解释［J］．学术论坛，2007（9）：140–145．

［228］张利国．突发公共卫生事件中关键专利技术的许可机制及其完善［J］．清华法学，2021，15（6）：162–173．

［229］张乃根．涉华经贸协定下知识产权保护相关国际法问题［J］．河南财经政法大学学报，2021，36（3）：44–54．

［230］张鹏．知识产权许可使用权对第三人效力研究［J］．北方法学，2020，14（6）：66–76．

［231］张平．论涉及技术标准专利侵权救济的限制［J］．科技与法律，2013（5）：69–78．

［232］张伟君.默示许可抑或法定许可——论《专利法》修订草案有关标准必要专利披露制度的完善［J］.同济大学学报（社会科学版），2016，27（3）：103-116.

［233］张武军，张博涵.新冠肺炎疫情下药品专利强制许可研究——以瑞德西韦为例［J］.科技进步与对策，2020，37（20）：83-88.

［234］张扬欢.责任规则视角下的专利开放许可制度［J］.清华法学，2019，13（5）：186-208.

［235］张扬欢.论知识产权转让不破许可规则［J］.电子知识产权，2019（10）：42-61.

［236］张耀辉.知识产权的优化配置［J］.中国社会科学，2011（5）：53-60，219.

［237］张友好.论证明妨碍法律效果之择定——以文书提出妨碍为例［J］.法律科学（西北政法大学学报），2010，28（5）：108-114.

［238］张运生，倪珊.高技术企业技术标准竞争力：基于技术标准化过程研究［J］.科技管理研究，2016，36（24）：121-125.

［239］张振宇.技术标准化中的专利劫持行为及其法律规制［J］.知识产权，2016（5）：79-83.

［240］祝建军.标准必要专利禁诉令与反禁诉令颁发的冲突及应对［J］.知识产权，2021（6）：14-24.

［241］祝建军.标准必要专利适用禁令救济时过错的认定［J］.知识产权，2018（3）：46-52.

［242］赵锐.开放许可：制度优势与法律构造［J］.知识产权，2017（6）：56-61.

［243］赵石诚.利益平衡视野下我国专利当然许可制度研究［J］.武陵学刊，2017，42（5）：63-68.

［244］赵万一.民法基本原则：民法总则中如何准确表达？［J］.中国政法大学学报，2016（6）：30-50，160-161.

［245］郑成思.关于法律用语、法律名称的建议［M］//易继明.私法：第4辑第1卷.北京：北京大学出版社，2004：16-17.

［246］郑江淮，冉征．走出创新"舒适区"：地区技术多样化的动态性及其增长效应［J］．中国工业经济，2021（5）：19-37.

［247］赵威，孙志凡．关键设施理论下知识产权强制许可实施路径［J］．经济问题，2021（2）：29-36.

［248］郑伦幸．技术标准化下专利许可制度私法基础的困境及其超越［J］．知识产权，2015（7）：49-54.

［249］郑伦幸．技术标准与专利权融合的制度挑战及应对［J］．科技进步与对策，2018，35（12）：139-144.

［250］郑伦幸．论 FRAND 承诺下标准必要专利许可费的确定方法［J］．法学，2022（5）：146-158.

［251］郑友德，魏光禧．3D 打印开源硬件许可问题探讨［J］．华中科技大学学报（社会科学版），2014，28（5）：71-74.

［252］周海源．职务科技成果转化中的高校义务及其履行研究［J］．中国科技论坛，2019（4）：142-151.

［253］周慧菁，曲三强．研究工具专利的前景探析——兼评专利权实验例外制度［J］．知识产权，2011（6）：9-17，25.

［254］周建军．构建"发展"导向的知识产权制度［J］．上海对外经贸大学学报，2019，26（6）：5-13.

［255］周婷．开放许可制度下的纠纷救济手段及法律责任配置——兼评《专利法（修正案草案）》第50、51、52条［J］．北京政法职业学院学报，2020（1）：68-72.

［256］周敏，李玉洁，易波．论专利实施许可下被许可人的诉讼资格［J］．昌吉学院学报，2006（2）：27-30.

［257］周围．研究工具的可专利性探析——以美国法例为借镜［J］．法学评论，2014，32（6）：106-117.

［258］周伟．关于《中华人民共和国民族区域自治法》法律名称修改的探讨［J］．民族工作，1997（9）：20-23.

［259］周源祥．RAND 许可原则的最新立法与案例发展趋势分析［J］．科技与法律，2016（3）：642-657.

［260］朱广新.要约不得撤销的法定事由与效果［J］.环球法律评论，2012，34（5）：93-106.

［261］朱尉贤.当前我国企业知识产权证券化路径选择——兼评武汉知识产权交易所模式［J］.科技与法律，2019（2）：43-51.

［262］朱晓睿.版权内容过滤措施与用户隐私的利益冲突与平衡［J］.知识产权，2020（10）：64-76.

［263］朱雪忠.辨证看待中国专利的数量与质量［J］.中国科学院院刊，2013，28（4）：435-441.

［264］朱雪忠，李闯豪.论默示许可原则对标准必要专利的规制［J］.科技进步与对策，2016，33（23）：98-104.

［265］资琳.数字时代知识产权与新兴权利的法理论证——"知识产权与相关权利的法理"学术研讨会暨"法理研究行动计划"第八次例会述评［J］.法制与社会发展，2019，25（5）：207-224.

［266］［德］Dieter Ernst，张耀坤，张梦琳，等.全球网络中的标准必要专利——新兴经济体的视角［J］.科学学与科学技术管理，2018，39（1）：65-83.

四、英文专著

［1］Aplin T, Davis J. Intellectual Property Law: Text, Cases, and Materials［M］. 3rd ed. Oxford:Oxford University Press, 2016.

［2］Bainbridge D, Howell C. Intellectual Property Asset Management: How to Identify, Protect, Manage and Exploit Intellectual Property within the Business Environment［M］. London:Routledge, 2014.

［3］Benoliel D. Patent Intensity and Economic Growth［M］. Cambridge:Cambridge University Press, 2017.

［4］Bently L, Sherman B. Intellectual Property［M］. Oxford:Oxford University Press, 2001.

［5］Biga B. The Economics of Intellectual Property and Openness: The Tragedy of Intangible Abundance［M］. London:Routledge, 2021.

[6] Bottomley S. The British Patent System during the Industrial Revolution 1700-1852 [M] . Cambridge:Cambridge University Press, 2014.

[7] Brougher J T. Intellectual Property and Health Technologies: Balancing Innovation and the Publics Health [M] . New York:Springer Science+Business Media, 2014.

[8] Bryer L G, Lebson S J, Asbell M D. Intellectual Property Operations and Implementation in the 21st Century Corporation [M] . Hoboken:John Wiley & Sons, Inc., 2011.

[9] Burk D L, Lemley M A. The Patent Crisis and How the Courts Can Solve It [M] . Chicago:The University of Chicago Press, 2009.

[10] Cauley R F. Winning the Patent Damages Case: A Litigators Guide to Economic Models and Other Damage Strategies [M] . 2nd ed. Oxford:Oxford University Press, 2011.

[11] Chesbrough H W. Open Innovation: The New Imperative for Creating and Profiting from Technology [M] . Boston:Harvard Business School Press, 2003.

[12] Davidow J. Patent-Related Misconduct Issues in U.S. Litigation [M] . Oxford:Oxford University Press, 2010.

[13] Deere C. The Implementation Game: The TRIPS Agreement and the Global Politics of Intellectual Property Reform in Developing Countries [M] . Oxford:Oxford University Press, 2009.

[14] DesForges C D. The Commercial Exploitation of Intellectual Property Rights by Licensing (Business & Economics) [M] . Merrill:Thorogood, 2001.

[15] Devonshire-Ellis C, Scott A, Woollard S. Intellectual Property Rights in China [M] . 2nd ed. Berlin:Springer-Verlag, 2011.

[16] Drahos P. The Global Governance of Knowledge: Patent Offices and their Clients [M] . Cambridge:Cambridge University Press, 2010.

[17] Gassmann O, Bader M A, Thompson M J. Patent Management: Protecting Intellectual Property and Innovation [M] . Cham:Springer Nature Switzerland

AG, 2021.

[18] George A. Constructing Intellectual Property [M] . Cambridge:Cambridge University Press, 2012.

[19] Guan W W. Intellectual Property Theory and Practice: A Critical Examination of Chinas TRIPS Compliance and Beyond [M] . Berlin:Springer-Verlag, 2014.

[20] Guellec D, Potterie B V P D L. The Economics of the European Patent System: IP Policy for Innovation and Competition [M] . Oxford:Oxford University Press, 2007.

[21] Halabi S F. Intellectual Property and the New International Economic Order: Oligopoly, Regulation, and Wealth Redistribution in the Global Knowledge Economy [M] . Cambridge:Cambridge University Press, 2018.

[22] Halt G B, Donch J C, Fesnak R, Stiles A R. Intellectual Property in Consumer Electronics, Software and Technology Startups [M] . New York:Springer Science+Business Media, 2014.

[23] Hull G. The Biopolitics of Intellectual Property: Regulating Innovation and Personhood in the Information Age [M] . Cambridge:Cambridge University Press, 2019.

[24] Jennewein K. Intellectual Property Management: The Role of Technology-Brands in the Appropriation of Technological Innovation [M] . Heidelberg: Physica-Verlag, 2005.

[25] Krauspenhaar D. Liability Rules in Patent Law-A Legal and Economic Analysis [M] . Berlin:Springer-Verlag, 2015.

[26] Kennedy M. WTO Dispute Settlement and the TRIPS Agreement Applying Intellectual Property Standards in a Trade Law Framework [M] . Cambridge: Cambridge University Press, 2016.

[27] Knight H J. Patent Strategy For Researchers and Research Managers [M] . 3rd ed. Chichester:John Wiley & Sons, Ltd., 2013.

[28] Leon I D, Donoso J F. Innovation, Startups and Intellectual Property

Management: Strategies and Evidence from Latin America and other Regions ［M］. Cham:Springer International Publishing AG, 2017.

［29］Liegsalz J. The Economics of Intellectual Property Rights in China: Patents, Trade, and Foreign Direct Investment ［M］. Wiesbaden:Springer Fachmedien, 2010.

［30］Ma M Y. Fundamentals of Patenting and Licensing for Scientists and Engineers ［M］. 2nd ed. Hackensack:World Scientific Publishing Co. Pte. Ltd., 2015.

［31］May C. The Global Political Economy of Intellectual Property Rights ［M］. 2nd ed. London:Routledge, 2010.

［32］McDonagh L. European Patent Litigation in the Shadow of the Unified Patent Court ［M］. Cheltenham:Edward Elgar Publishing Limited, 2016.

［33］McEwen J G, Bloch D S, Gray R M. Intellectual Property in Government Contracts: Protecting and Enforcing IP at the State and Federal Level ［M］. Oxford:Oxford University Press, 2009.

［34］Merges R P, Duffy J F. Patent Law and Policy: Cases and Materials ［M］. 4th ed.Wilmington:Matthew Bender & Company, Inc., 2007.

［35］Parr R L. Royalty Rates for Licensing Intellectual Property ［M］. Hoboken:John Wiley & Sons, Inc., 2007.

［36］Poltorak A I, Lerner P J. Essentials of Licensing Intellectual Property ［M］. Hoboken:John Wiley & Sons, Inc., 2004.

［37］Rodrigues E B. The General Exception Clauses of the TRIPS Agreement: Promoting Sustainable Development ［M］. Cambridge:Cambridge University Press, 2012.

［38］Prud'homme D, Zhang T L. China's Intellectual Property Regime for Innovation: Risks to Business and National Development ［M］. Cham:Springer Nature Switzerland AG, 2019.

［39］Reddy P T, Chandrashekaran S. Create, Copy, Disrupt: India's Intellectual Property Dilemmas ［M］. Oxford:Oxford University Press, 2017.

［40］Reilly R F, Schweihs R P. The Handbook of Business Valuation and Intellectual

Property Analysis〔M〕.New York:The McGraw-Hill Companies, Inc., 2004.

〔41〕Richards G. University Intellectual Property: A Source of Finance and Impact 〔M〕. Hampshire:Harriman House, 2012.

〔42〕Rosen L. Open Source Licensing: Software Freedom and Intellectual Property Law〔M〕. Upper Saddle River:Prentice Hall PTR, 2005.

〔43〕Sundaram J. Pharmaceutical Patent Protection and World Trade Law: The Unresolved Problem of Access to Medicines〔M〕. London:Routledge, 2018.

〔44〕Torremans P. Holyoak and Torremans on Intellectual Property Law〔M〕. 7th ed. Oxford:Oxford University Press, 2013.

〔45〕Taubman A, Wager H, Watal J. A Handbook on the WTO TRIPS Agreement 〔M〕. 2nd ed. Cambridge:Cambridge University Press, 2020.

〔46〕Torti V. Intellectual Property Rights and Competition in Standard Setting Objectives and Tensions〔M〕. London:Routledge, 2016.

〔47〕Udalova N M, Vlasova A S. Intellectual Property in Russia〔M〕. London:Routledge, 2021.

〔48〕Velásquez G. Vaccines, Medicines and COVID-19: How Can WHO Be Given a Stronger Voice?〔M〕. Cham:South Centre, Springer Nature Switzerland AG, 2021.

〔49〕Waelde C, Laurie G, Brown A, Kheria S, Cornwell J. Contemporary Intellectual Property Law and Policy〔M〕. Oxford:Oxford University Press, 2014.

〔50〕Zaby A. The Decision to Patent〔M〕. Berlin:Springer-Verlag, 2010.

〔51〕Zhou C. The Legal Barriers to Technology Transfer under the UN Framework Convention on Climate Change: The Example of China〔M〕. Singapore:Springer Nature Singapore Pte Ltd., 2019.

〔52〕Zhuang W. Intellectual Property Rights and Climate Change: Interpreting the TRIPS Agreement for Environmentally Sound Technologies〔M〕. Cambridge:Cambridge University Press, 2017.

五、英文论文

[1]Bekkersa R, Verspagenb B, Smitsb J. Intellectual Property Rights and Standardization: The Case of GSM [J]. Telecommunications Policy, 2002, 26 (3-4): 171-188.

[2]Bharadwaj A, Singh M, Jain S. All Good Things Mustn't Come to an End: Reigniting the Debate on Patent Policy and Standard Setting [M] // Bharadwaj A, et al. Multi-dimensional Approaches Towards New Technology.Singapore: Springer Nature Singapore Pte Ltd., 2018: 85-116.

[3]Bosworth D S, Mangum R W III, Matolo E C. FRAND Commitments and Royalties for Standard Essential Patents [M] // Bharadwaj A, et al. Complications and Quandaries in the ICT Sector. Singapore: Springer Nature Singapore Pte Ltd., 2018: 19-36.

[4]Cao Y. The Development and Theoretical Controversy of SEP Licensing Practices in China [M] // Bharadwaj A, et al. Multi-dimensional Approaches Towards New Technology. Springer Nature Singapore Pte Ltd., 2018: 149-162.

[5]Chaifetz S, Chokshi D A , Rajkumar R, et al. Closing the Access Gap for Health Innovations: An Open Licensing Proposal for Universities [J].Globalization and Health, 2007, 3 (1).

[6]Cheng H C. Reasonable Patent Licensing in the Supply Chain-A Critical Review of Patent Exhaustion [J]. Wake Forest Journal of Business and Intellectual Property Law, 2014, 14 (2): 344-365.

[7]Chuffart-Finsterwald S. Patent Markets: An Opportunity for Technology Diffusion and FRAND Licensing? [J]. Marquette Intellectual Property Law Review, 2014, 18 (2): 335-367.

[8]Contreras J L. Global Rate Setting: A Solution for Standards-Essential Patents? [J].Washington Law Review, 2019, 94 (2): 701-757.

[9]Contreras J L. FRAND Market Failure: IPXI's Standards-Essential Patent License Exchange [J]. Chicago-Kent Journal of Intellectual Property, 2016,

15（2）: 419-440.

[10]Contreras J L. A Brief History of FRAND: Analyzing Current Debates in Standard Setting and Antitrust Through a Historical Lens［J］. Antitrust Law Journal, 2015, 80（1）: 39-120.

[11]Czychowski C. What Is the Significance of a FRAND License Declaration for Standard Essential Patents with Regard to their Transferability?-News from Germany［J］. GRUR International, 2021, 70（5）: 421-426.

[12]Drivas K, Lei Z, Wright B D. Academic Patent Licenses: Roadblocks or Signposts for Nonlicensee Cumulative Innovation?［J］. Journal of Economic Behavior & Organization, 2017, 137: 282-303.

[13]Dubiansky J E. The Licensing Function of Patent Intermediaries［J］. Duke Law & Technology Review, 2017, 15（1）: 269-302.

[14]Feldman R. Lemley M A. Do Patent Licensing Demands Mean Innovation?［J］. Iowa Law Review, 2015, 101（1）: 137-190.

[15]Fore J, Wiechers I R. Cook-Deegan R, The Effects of Business Practices, Licensing, and Intellectual Property on Development and Dissemination of the Polymerase Chain Reaction: Case Study［J］. Journal of Biomedical Discovery and Collaboration, 2006, 1（7）.

[16]Fackler R. Antitrust Litigation of Strategic Patent Licensing［J］. New York University Law Review, 2020, 95（4）: 1105-1149.

[17]Ghidini G, Trabucco G. Calculating FRAND Licensing Fees: A Proposal of Basic Pro-competitive Criteria［M］// Bharadwaj A, et al. Complications and Quandaries in the ICT Sector. Singapore: Springer Nature Singapore Pte Ltd., 2018: 63-78.

[18]Gopalakrishnan N S, Anand M. Compulsory Licence Under Indian Patent Law ［M］//Hilty R M, Liu K C. Compulsory Licensing: Practical Experiences and Ways Forward. Berlin: Springer-Verlag, 2015: 11-42.

[19]Grassler F, Capria M A. Patent Pooling: Uncorking a Technology Transfer Bottleneck and Creating Value in the Biomedical Research Field［J］. Journal

of Commercial Biotechnology, 2003, 9（2）: 111-118.

[20] Hettinger E C. Justifying Intellectual Property [J]. Philosophy & Public Affairs, 1989, 18（1）: 31-52.

[21] Hovenkamp E, Jonathan M. How Patent Damages Skew Licensing Markets [J]. Review of Litigation, 2017, 36（2）: 379-416.

[22] Howe H R. Property, Sustainability and Patent Law-Could the Stewardship Model Facilitate the Promotion of Green Technology? [M] // Howe H R. Jonathan Griffiths. Concepts of Property in Intellectual Property Law. Cambridge: Cambridge University Press, 2013: 282-305.

[23] Katzman R S, Azziz R. Technology Transfer and Commercialization as a Source for New Revenue Generation for Higher Education Institutions and for Local Economies [M] // AI-Youbi A O, Zahed A H M, Atalar A. International Experience in Developing the Financial Resources of Universities. Cham: South Centre, Springer Nature Switzerland AG, 2021: 89-111.

[24] Kieff F S. Removing Property from Intellectual Property and（Intended?） Pernicious Impacts on Innovation and Competition [M] // Manne G A, Wright J D. Competition Policy and Patent Law under Uncertainty Regulating Innovation. Cambridge: Cambridge University Press, 2011: 416-440.

[25] Layne-Farrar A, Salinger M. The Policy Implications of Licensing Standard Essential FRAND-Committed Patents in Bundles [M] // Bharadwaj A, et al. Complications and Quandaries in the ICT Sector. Singapore: Springer Nature Singapore Pte Ltd., 2018: 37-62.

[26] Lesser W. Whither the Research Anticommons? [M] // Kalaitzandonakes N, et al. From Agriscience to Agribusiness, Innovation, Technology, and Knowledge Management. Cham: Springer International Publishing AG, 2018: 131-144.

[27] Liddicoat J. Standing on the Edge-What Type of "Exclusive Licensees" Should be Able to Initiate Patent Infringement Actions? [J]. International Review of Intellectual Property and Competition Law（IIC）, 2017, 48: 626-651.

[28] Lu Y Z, Poddar S. Patent Licensing in Spatial Models [J]. Economic

Modelling, 2014, 42: 250-256.

[29] Marsoof A. Local Working of Patents: The Perspective of Developing Countries [M] // Bharadwaj A, et al. Multi-dimensional Approaches Towards New Technology. Singapore: Springer Nature Singapore Pte Ltd., 2018: 315-337.

[30] Mesel N D. Interpreting the 'FRAND' in FRAND Licensing: Licensing and Competition Law Ramifications of the 2017 Unwired Planet v Huawei UK High Court Judgements [M] // Bharadwaj A, et al. Multi-dimensional Approaches Towards New Technology. Singapore: Springer Nature Singapore Pte Ltd., 2018: 119-135.

[31] Nocito A. Innovators Beat the Climate Change Heat with Humanitarian Licensing Patent Tools [J]. Chicago-Kent Journal of Intellectual Property, 2017, 17 (1): 164-188.

[32] Goddar H, Kumaran L. Patent Law Based Concepts for Promoting Creation and Sharing of Innovations in the Age of Artificial Intelligence and Internet of Everything [J]. Les Nouvelles-Journal of the Licensing Executives Society, 2019, 54 (4): 282-287.

[33] Hall B H, Christian H. Innovation and Diffusion of Clean/Green Technology: Can Patent Commons Help? [J]. Journal of Environmental Economics and Management, 2013, 66 (1): 33-51.

[34] Heller M A, Eisenberg R S. Can Patents Deter Innovation? The Anticommons in Biomedical Research [J]. Science, 1998, 280 (5364): 698-701.

[35] Yu R, Yip K. New Changes, New Possibilities: China's Latest Patent Law Amendments [J]. GRUR International, 2021, 70 (5): 486-489.

[36] Kesan J P, Hayes C M. FRAND's Forever: Standards, Patent Transfers, and Licensing Commitments [J]. Indiana Law Journal, 2014, 89 (1): 231-314.

[37] Khan B Z. One for All? The American Patent System and Harmonization of International Intellectual Property Laws [M] // Gooday G, Wilf S. Patent Cultures: Diversity and Harmonization in Historical Perspective. Cambridge: Cambridge University Press, 2020: 69-88.

［38］Layne-Farrar A，Padilla A J，Schmalensee R. Pricing Patents for Licensing in Standard-Setting Organizations：Making Sense of FRAND Commitments［J］. Antitrust Law Journal，2007，74（3）：671-706.

［39］Layne-Farrar A，Wong-Ervin K W. Methodologies for Calculating FRAND Damages：An Economic and Comparative Analysis of the Case Law from China，the European Union，India，and the United States［J］. Jindal Global Law Review，2017，8（2）：127-160.

［40］Lemley M A，Shapiro Carl. A Simple Approach to Setting Reasonable Royalties for Standard-Essential Patents［J］. Berkeley Technology Law Journal，2013，28（2）：1135-1166.

［41］Li R，Wang R L. Reforming and Specifying Intellectual Property Rights Policies of Standard-Setting Organizations：Towards Fair and Efficient Patent Licensing and Dispute Resolution［J］. University of Illinois Journal of Law，Technology & Policy，2017（1）：1-48.

［42］Lichtman D. Seventh Annual Baker Botts Lecture：Understanding the RAND Commitment［J］. Houston Law Review，2010，47：1023-1049.

［43］Liu K C. Arbitration by SSOs as a Preferred Solution for Solving the FRAND Licensing of SEPs？［J］. International Review of Intellectual Property and Competition Law（IIC），2021，52（6）：673-676.

［44］Maskus K E. Policy Space in Intellectual Property Rights and Technology Transfer：A New Economic Research Agenda［M］// Correa C，Seuba X. Intellectual Property and Development：Understanding the Interfaces. Singapore：Springer Nature Singapore Pte Ltd.，2019：3-20.

［45］Melamed A D，Shapiro C. How Antitrust Law Can Make FRAND Commitments More Effective［J］. The Yale Law Journal，2018，127（7）：2110-2141.

［46］Muthukrishnan L，Kamaraj S K. Disruptive Nanotechnology Implications and Bio-Systems-Boon or Bane？［M］// Keswani C. Intellectual Property Issues in Nanotechnology. Floride：CRC Press，2021：143-162.

［47］Neville P. MPEG LA's Use of a Patent Pool to Solve the CRISPR Industry's

Licensing Problems［J］. Utah Law Review, 2020（2）: 535-567.

［48］Ooms G, Forman L, Williams O D, Hill P S. Could International Compulsory Licensing Reconcile Tiered Pricing of Pharmaceuticals with the Right to Health? ［J］. BMC International Health and Human Rights, 2014, 14: 37.

［49］Racherla U S. Historical Evolution of India's Patent Regime and Its Impact on Innovation in the Indian Pharmaceutical Industry［M］// LIU K C, Racherla U S. Innovation, Economic Development, and Intellectual Property in India and China, ARCIALA Series on Intellectual Assets and Law in Asia. Singapore: Springer Nature Singapore Pte Ltd., 2019: 271-298.

［50］Ratliff A. Biotechnology and Pharmaceutical R&D and Licensing Trends: You Pays Your Money and Takes Your Chances［J］. Journal of Commercial Biotechnology, 2003, 10（1）: 54-59.

［51］Rosenberg A. Designing a Successor to the Patent as Second Best Solution to the Problem of Optimum Provision of Good Ideas［M］// Lever A. New Frontiers in the Philosophy of Intellectual Property. Cambridge: Cambridge University Press, 2012: 88-109.

［52］Rothman J E. Copyright, Custom, and Lessons from the Common Law［M］// Balganesh S. Intellectual Property and the Common Law. Cambridge: Cambridge University Press, 2013: 230-251.

［53］Taplin R. Cross-border Intellectual Property and Theoretical Models［M］// Taplin R, Nowak A Z. Intellectual Property, Innovation and Management in Emerging Economies. London: Routledge, 2010: 1-14.

［54］Saha S. Patent Law and TRIPS: Compulsory Licensing of Patents and Pharmaceuticals［J］. Journal of the Patent and Trademark Office Society, 2009, 91（5）: 364-374.

［55］Schevciw A. The Unwilling Licensee in the Context of Standards Essential Patent Licensing Negotiations［J］. AIPLA Quarterly Journal, 2019, 47（3）: 369-400.

［56］Server A C, Singleton P. Licensee Patent Validity Challenges following

MedImmune: Implications for Patent Licensing [J]. Hastings Science & Technology Law Journal, 2011, 3 (2): 243-440.

[57] Slowinski P R. Licensing Standard Essential Patents and the German Federal Supreme Court Decisions FRAND Defence I and FRAND Defence II [J]. International Review of Intellectual Property and Competition Law (IIC), 2021, 52: 1446-1464.

[58] Son K B. Importance of the Intellectual Property System in Attempting Compulsory Licensing of Pharmaceuticals: A Cross-sectional Analysis [J]. Globalization and Health, 2019, 15: 42.

[59] Sparks R L, Paschall C D, Park W. Recent Patent Legislation and Court Decisions in the United States: Impact of Validity of Patents and on Obtaining, Licensing, and Enforcing Patents [J]. International In-House Counsel Journal, 2015, 8 (31): 1-12.

[60] Spulber D F. Antitrust Policy toward Patent Licensing: Why Negotiation Matters [J]. Minnesota Journal of Law, Science and Technology, 2021, 22 (1): 83-162.

[61] Stafford K A. Reach-through Royalties in Biomedical Research Tool Patent Licensing: Implications of NIH Guidelines on Small Biotechnology Firms [J]. Lewis & Clark Law Review, 2005, 9 (3): 699-718.

[62] Steele M L. The Great Failure of the IPXI Experiment: Why Commoditization of Intellectual Property Failed [J]. Cornell Law Review, 2017, 102 (4): 1115-1142.

[63] Taubman A S. Rethinking TRIPS: "Adequate Remuneration" for Non-voluntary Patent Licensing [J]. Journal of International Economic Law October, 2008, 11 (4): 927-970.

[64] Taubman A S. Several Kinds of "Should". The Ethics of Open Source in Life Sciences Innovation [M] // Overwalle G V. Gene Patents and Collaborative Licensing Models Patent Pools, Clearinghouses, Open Source Models and Liability Regimes. Cambridge: Cambridge University Press, 2009: 219-243.

［65］Teece D J. The Tragedy of the Anticommons Fallacy：A Law and Economics Analysis of Patent Thickets and FRAND Licensing［J］. Berkeley Technology Law Journal, 2017, 32（4）: 1489-1526.

［66］Ulrich L. Trips and Compulsory Licensing：Increasing Participation in the Medicines Patent Pool in the wake of an HIV/AIDS Treatment Timebomb［J］. Emory International Law Review, 2015, 30（1）: 51-84.

［67］Urias E, Ramani S V. Access to Medicines after TRIPS：Is Compulsory Licensing an Effective Mechanism to Lower Drug Prices? A Review of the Existing Evidence［J］. Journal of International Business Policy, 2020, 3（4）: 367-384.

［68］Wood T A. Launching Patent Licensing for an Emerging Company［J］. University of Dayton Law Review, 2004, 30（2）: 265-274.

［69］Yuan X D, Li X T. Pledging Patent Rights for Fighting Against the COVID-19：From the Ethical and Efficiency Perspective［J］. Journal of Business Ethics, 2021, 17: 1-14.

［70］Zimmeren E V, Overwalle G V. A Paper Tiger? Compulsory License Regimes for Public Health in Europe［J］. International Review of Intellectual Property and Competition Law（IIC）, 2011, 42（1）: 4-40.

［71］Zingg R. Foundation Patents in Artificial Intelligence［M］// Lee J A, Hilty R M, Liu K C. Artificial Intelligence and Intellectual Property. Oxford：Oxford University Press, 2021: 75-98.

后 记

感谢在本人承担国家社会科学基金项目"专利开放许可制度实施机制研究"并开展相关研究工作中给予指导、帮助的各位专家、同仁。

感谢中南大学党委副书记蒋建湘教授，感谢中南大学法学院各位领导和同事。

感谢知识产权出版社为本书出版提供的大力支持。

感谢我指导的孙青山、胡欢、关通等同学在本项目研究中提供的协助。

感谢我的父母、岳父母、爱人王乐、女儿亮亮和儿子堂堂。

刘　强

二〇二三年六月于长沙